面向新工科的电工电子信息基础课程系列教材

教育部高等学校电工电子基础课程教学指导分委员会推荐教材

江苏省高等教育重点建设教材

（2021-2-166）

基于STM32F的嵌入式系统原理与应用

周 杰 周北平 乔 杰 李致金 编著

清華大学出版社

北 京

内 容 简 介

本书首先介绍微计算机相关基础知识和应用,然后系统论述 ARM Cortex-M3 微处理器架构、开发方法及基本汇编语言和程序设计方法,并提供以 STM32F103ZET6 处理器为核心的基础实验平台以及拓展模块。本书详细介绍微处理器多种接口技术,如 GPIO、定时计数器、异步/同步串行通信、DAC/ADC、中断处理以及实时操作系统 FreeRTOS 移植等各种嵌入式接口技术的原理和应用。

根据高等工程专业教育和专业认证的需求,以及对动手能力的培养,本书配有"最小系统""扩展系统""高级拓展系统"3 种实验平台,紧密结合实验平台,配套有基础实验和综合实验。本书实验内容和数量丰富,实例代码均经过平台验证,读者可以直接在实验平台上使用和演练,提高实践和设计能力。

本书内容深入浅出,层次分明,实例丰富,可操作性强,适合作为普通高校电子信息类、计算机类、自动化类、电气类和机械控制类等专业的教学用书,也可作为培训教材或应用型研究生教学的参考资料,还可供从事嵌入式系统应用的工程技术人员参考。

图书在版编目(CIP)数据

基于 STM32F 的嵌入式系统原理与应用/周杰等编著.—北京:清华大学出版社,2023.8
面向新工科的电工电子信息基础课程系列教材
ISBN 978-7-302-63734-9

Ⅰ. ①基… Ⅱ. ①周… Ⅲ. ①微处理器—高等学校—教材 Ⅳ. ①TP332.3

中国国家版本馆 CIP 数据核字(2023)第 103825 号

责任编辑:文 怡 李 晔
封面设计:王昭红
责任校对:郝美丽
责任印制:宋 林

出版发行:清华大学出版社
     网　　址:http://www.tup.com.cn,http://www.wqbook.com
     地　　址:北京清华大学学研大厦 A 座　邮　编:100084
     社 总 机:010-83470000　　　　　　邮　购:010-62786544
     投稿与读者服务:010-62776969,c-service@tup.tsinghua.edu.cn
     质量反馈:010-62772015,zhiliang@tup.tsinghua.edu.cn
     课件下载:http://www.tup.com.cn,010-83470236
印 装 者:三河市龙大印装有限公司
经　　销:全国新华书店
开　　本:185mm×260mm　　印　张:25　　　　字　　数:563 千字
版　　次:2023 年 10 月第 1 版　　　　　　　印　　次:2023 年 10 月第 1 次印刷
印　　数:1~1500
定　　价:79.00 元

产品编号:094748-01

前 言

　　集成电路(IC)芯片与 CPU 控制器行业已成为国内外半导体产业中最具发展活力的领域。在"十三五"期间,据恒州博智数据显示,2021 年中国芯片业的规模已经增长到万亿元级别,年均复合增长率达到 17.9%,是同期全球半导体产业年均复合增长率的近 4 倍。目前,全球半导体行业正经历第三次产业转移,世界半导体产业逐渐向中国大陆转移。未来随着半导体产品国产化的不断加深,控制器芯片行业也将得到更长足的发展,会成为决定国家竞争力的标志。习近平总书记说过:"教育是对中华民族伟大复兴具有决定性意义的事业,高校立身之本在于立德树人。"在教育领域"为党育人,为国育才"的初心使命中,教材是教师教、学生学的重要资料,是教师搞好教书育人工作的具体依据,也是学生获得系统知识,发展智力和提高思想品德觉悟的重要工具。本书在编写过程中与时俱进,注重知识传授与价值引领教育的结合,主要体现在:

　　(1) 加强师生联系,将教学活动由课堂延伸到课外及实验室,构建科学的教学体系;

　　(2) 突出实践教学,虚实结合,构建完整的实验体系;

　　(3) 加强线下和线上 MOOC 课程建设,提供丰富的教学资源和技术手段,创建师生即时沟通渠道;

　　(4) 强调思政建设,使学生明确学习目的,从"要我学"到"我要学"再到"为何学",以培养德才兼备的创新型电子信息类人才为目标。过去数十年,"微机原理与接口技术"课程的教材从讲授 Z80 发展到讲授 Intel 80x86/88 处理器,至今还多有使用。"单片机原理应用"课程的许多教材也还在讲授基于 Intel 8051 内核的单片机。随着科技的进步,多款老旧 IC 芯片已渐渐远离市场,目前基于 ARM Cortex-M 系列内核的处理器芯片已经成为微处理器和微控制器工业应用领域的支柱处理芯片,也出版了相应的教科书。高等院校都在修改人才培养大纲和计划,特别强化实践教学内容。在万物互联的今天,工程师面对的是大数据和复杂工程系统,这对我们的教育提出了更高的要求,需要在教学中实现理论与实践一体化。因此,本书将努力把实践平台和理论教学结合,强化创新工程实践,满足高层次和应用型人才的培养需求。本书具体包含以下内容:

　　第 1 章　微计算机系统基础知识。介绍微计算机基础知识和相关概念定义,以及各种数制计算与转换。概述 ARM 的发展历程及其在社会各领域的应用情况。

　　第 2 章　Cortex-M3 体系结构与芯片。详细介绍 Cortex-M3 体系结构,包含三级流水线、总线结构与组成、中断控制机理以及存储器结构的基本情况。

　　第 3 章　STM32F1 系列处理器。概述 STM32F1 系列处理器产品,详细介绍STM32F103ZET6 处理器的内部结构、时钟树及其内部存储器结构与映像。应用

STM32F103 处理器设计本书的配套实验最小系统、扩展系统和高级实验系统平台,并介绍其仿真开发系统的构建。

第 4 章　STM32 程序设计。介绍硬件设计汇编语言、寻址方式、指令集以及程序设计方法和技巧,详细介绍固件库及其应用方法。

第 5～10 章　各种典型扩展外设。详细介绍 STM32F103 处理器的通用输入/输出接口(GPIO)、中断控制器(NVIC)、定时计数器及其脉宽调制器(PWM)、各种同步异步串行通信口、ADC/DAC、DMA 和 FSMC 控制器,并在几种实验平台上给出相应的实验例子。

第 11 章　FreeRTOS 实时操作系统。鉴于操作系统的优越性,详细介绍 FreeRTOS 操作系统的原理与使用。针对不同应用系统,给出操作系统的裁剪和移植方法,并在配套高级实验平台上实现和演示。

本书所有的实验代码均通过在线平台调试运行。读者可直接在配套实验平台上反复修改运行和演习,熟练掌握各种接口技术的编程和应用技巧。本书还配套其他教学资源,如 PPT 课件、习题库、实验指导书和视频,读者可登录中国大学 MOOC 平台的"微机原理与单片机技术"在线开放课程,或者直接联系作者获取。

特别感谢清华大学出版社在本书的出版过程中给予的指导和大力支持。本书在编写过程中得到南京信息工程大学的相关老师和同学的关心和支持。在此表示衷心感谢!

由于本书涉及面广,ARM 芯片功能强大和应用场景复杂,以及作者的水平和经验有限,本书的疏漏之处在所难免,恳请专家和读者提出批评和指正,以便修订时改正。

编　者

2023 年 10 月

目录

资源下载

目录

目录

目录

目录

第 1 章

微计算机系统基础知识

1.1 概述

微计算机系统的特点是体积小、灵活性大、价格便宜且使用方便。如图1.1所示,自1981年IBM公司推出第一代基于8086/8088微处理器,配以DOS 1.0操作系统的微计算机系统IBM-PC以来,微计算机以其执行结果精确、处理速度快、性价比高、轻便小巧等特点迅速进入社会各个领域,并随技术不断更新、产品快速换代,它已经从单纯的计算工具发展成为能够处理数字、符号、文字、语言、图形、图像、音频、视频等多种信息的强大多媒体工具。现今微计算机被分类为个人计算机、工作站、服务器和工业控制计算机等类型,在运算速度、多媒体功能、软硬件支持环境、易用性等方面都比早期产品有了很大的提高和飞跃。微计算机是指以中央处理器为基础,配以内存储器及输入输出接口和相应的辅助电路而构成完整的硬件系统。微计算机系统要正常工作,还必须包括硬件系统和软件系统两大部分。软件系统分为系统软件和应用软件。系统软件是指管理、监控和高效维护计算机硬件资源的软件,主要包括操作系统(如早期的DOS 1.0到Windows 11)、各种语言处理程序(如汉字处理系统)、数据库管理系统(如Database和Oracle)以及各种工具软件(如Basic、Fortran、C++、Java、MATLAB、Mathematics和Python)等。其中操作系统是系统软件的核心,用户只有通过操作系统才能完成对计算机的各种操作。应用软件是为某种实际应用目的编制的计算机程序,如文字处理软件、图形/图像处理软件、网络通信软件、财务管理软件、CAD软件以及各种程序包等。

图1.1　IBM PC及其中央处理器8088 CPU

从20世纪80年代开始,在广泛的应用领域需求拉动下,以超大规模集成电路技术的迅猛发展为先导,形成了以微处理器MPC为主的满足许多更具个性和灵活性应用需求的微控制器芯片,也称为单片机。如图1.2所示,单片机也是一种集成电路芯片,是采用超大规模集成电路技术把具有数据处理能力的中央处理器(CPU)、随机存储器(RAM)、只读存储器(ROM)、多种I/O口和中断系统、定时器/计数器,可能还包括显示驱动电路、脉宽调制电路、模拟多路转换器、A/D转换器等电路都集成到一块硅片上构成的一个小而完善的微计算机系统,还可配以通用灵活的操作系统,如常用的μC/OS-Ⅱ和FreeRTOS。单片机已经由Intel 4004 4位和Intel Z80/MCS8051 8位单片机,发展到运行速度可达4GHz的7nm ARM高速单片机,它也被称为微控制器。随着时代的进步与科技发展,该技术的应用也日渐成熟,广泛应用于社会各领域,还可与各种外设配合形成功能强大的微计算机系统。人们也越来越重视微控制器在智能电子技术方面的开发和应用,在自动测量和智能仪表中,都能看到微控制器的身影。在工业领域,人们将电子信息技术成功运用,让电子信息技术与单片机技术相融合,有效提高了微控制器应用效果。作为计算机技术中的一个分支,微控制器技术在电子产品领域的应用,丰富了电子产品的功能,为智能化电子设备的开发和应用提供了新的出路,实现了智能化电子设备的创新与发展。

图 1.2　Intel 8051 单片机和 ARM STM32 微控制器

1.2　微计算机的基本构成

1.2.1　基本概念

1. 常用名称和信息存储量术语

由于计算机都采用二进制编码方式表示数、字符、指令和其他控制信息,因此在存储、传送或操作数据时,作为一个单元的一组二进制码字称为字(Word),其二进制位的位数称为字长,最小单位称为位(Bit)。位就是存放的一位二进制数,即 0 或 1,它是计算机系统中最小的存储单位,其详细说明如表 1.1 所示。

表 1.1　二进制数常用术语

名　　称	含　　义	位　　数	特　　点
位(Bit)	计算机能表示和处理的最小数字单位	1 位	固定位数
字节(Byte)	1 字节定义为固定的 8 位	8 位	固定位数
字(Word)	一个完整二进制数字串,称为一个字	16、32、64 位	可变位数

2. 信息存储量术语

信息存储量是度量存储器存放程序和数据的数量。其度量单位是字节,1 字节等于8 位。8 个二进制位为一个字节单位。作为信息存储量为一个英文字母占 1 字节(字节常用 B 表示)的存储空间,一个中文汉字占 2 字节的存储空间。另外,通常英文标点占 1字节,中文标点占 2 字节。其存储量术语如表 1.2 所示。

表 1.2　信息存储量术语

缩写名称	存储量	中文名	英文名
1KB	1024B	千字节	Kilobyte
1MB	1024KB	兆字节	Megabyte
1GB	1024MB	吉字节	Gigabyte

缩 写 名 称	存储量	中 文 名	英 文 名
1TB	1024GB	太字节	Trillionbyte
1PB	1024TB	拍字节	Petabyte
1EB	1024PB	艾字节	Exabyte
1ZB	1024EB	泽字节	Zettabyte
1YB	1024ZB	尧字节	Yottabyte
1BB	1024YB	千亿亿亿字节	Brontobyte

3. 主要硬件与软件开发术语

计算机的基本硬件系统由运算器、控制器、存储器、输入设备和输出设备五大部件组成。运算器和控制器等部件被集成在一起统称为中央处理单元(CPU)。CPU 是硬件系统的核心,用于完成各种算术、逻辑运算及控制功能。存储器是计算机系统的记忆设备。与微计算机硬件相关的主要术语如表 1.3 所示。

表 1.3　硬件主要术语

名　称	含　义
地址空间	地址空间是指对存储器编码的范围。所谓编码就是对每一个物理存储单元分配一个号码,称为"编址"。分配一个号码给一个存储单元的目的是便于找到它,以便完成数据的读写,称为"寻址"。地址空间也称为寻址空间
总线	总线是构成计算机系统的高速功能部件,如存储器、通道等互相连接的物理通路
Flash	Flash 是一种存储装置,当电源关掉后存储在 Flash 内存中的资料并不会流失,但在写入资料时必须先将原本的资料清除掉,然后才能再写入新的资料,缺点是写入速度比较慢
堆栈	堆栈是一个特殊存储区,属于 RAM 空间的一部分,堆栈用于函数调用、中断切换时保存和恢复现场数据。堆栈有一个特性,即第一个放入堆栈中的物体总是被最后拿出来,称为先进后出(First-In/Last-Out,FILO)
时钟	时钟周期是由中央处理单元 CPU 时钟定义的定长时间间隔,是 CPU 工作的最小时间单位,也称节拍脉冲或 T 周期(即主频率的倒数),它是处理操作的最基本的单位
定时计数器	定时计数器具有定时和计数两大功能。计数是指对外部脉冲信号进行计数,每来一个脉冲,计数值加 1;当信号脉冲很有规律时,比如 1s 来一个,通过计数多少个脉冲就知道过了多长时间,计数功能就可以演化为定时功能使用
模数/数模转换器	模数转换器(A/D 转换器,ADC)是指一个将模拟信号转变为数字信号的元件。数模转换器 DAC 则相反
互联通信接口	互联通信接口是指 CPU 和子系统之间的接口,如串行 USART 接口。CPU 可集成许多遵循国际标准的通信接口,如 I2C、SPI、CAN 以及 Ethernet 和 USB 接口

计算机软件(Software)是指计算机系统中的程序和文档,程序是计算任务的处理对象和处理规则的描述。文档是为了便于了解程序所需的阐明性资料。程序必须装入机器内部才能工作,文档一般是给人看的,不一定装入机器。软件多用于某种特定目的,如

控制生产过程,需要完成某些工作的。软件通常分为系统软件和应用软件两大类,其常用术语如表 1.4 所示。

表 1.4 软件开发主要术语

名　称	含　义
汇编语言	汇编语言(Assembly Language)是一种用于电子计算机、微处理器、微控制器或其他可编程器件的低级语言,亦称为符号语言。在不同的设备中,汇编语言对应着不同的机器语言指令集,通过汇编过程转换成可执行的机器代码
高级语言	高级语言(High-level Programming Language)是一种独立于机器、面向过程或对象的语言,通常也是一种近似于日常会话的语言。其也不是特指的某一种具体的语言,包括很多编程语言,如现今流行的 Java、C♯、Python、Lisp、Prolog、FoxPro 等,它们的语法和命令格式各不相同
机器代码	机器代码(Machine Code)指计算机科学中编译器或汇编器处理源代码后所生成的代码。在计算机科学中,可执行代码(Executable Code)是指将目标代码连接后形成机器能够直接执行的代码
助记符	助记符(Memonic)是便于人们记忆、并能描述指令功能和指令操作数的符号,助记符由表明指令功能的英语单词或其缩写来表示。采用助记符来编写程序,比用机器语言编写的二进制代码编程要方便许多,它在一定程度上简化了编程过程,方便了编程技术人员
模块化	按照功能将一个软件切分成许多部分单独开发,然后再组装起来,每个部分即为独立模块。其优点是便于控制质量、便于多人团队合作、便于扩充功能等,它已经是软件工程中的一种重要开发方法
编译程序	为提高运行效率和对源程序的保密,编译程序是一种可以一次性将源程序转换成可执行代码的程序开发软件。生成可以在操作系统下直接执行的程序,且它的运行速度比用解释程序执行快得多,但是要求全部源程序的语法都必须正确,这样做的缺点是不利于调试工作
Bug	Bug 为程序中隐藏的功能缺陷或错误。由于现在的软件复杂程度早已超出了一般人意识能控制的范围,就像 Windows XP 这样的较成熟的操作系统也会不定期地公布 Bug,以完善系统稳定性
可移植性	由于硬件体系结构不同,可导致在某一类型机器上开发的软件不能在另一类计算机上运行,所以开发出来的程序,如果完全不用修改或只需极少量的修改便能在其他种类的计算机上运行,这通常称为可移植性好

1.2.2　冯·诺伊曼和哈佛结构

最早出现的计算机中仅内含固定用途的程序,如仅有固定的数学计算程序,它不能当作文书处理,更不能玩游戏。若想改变此程序,就必须更改线路、更改结构甚至重新设计全新的计算机。当时的计算机并没有想到未来能设计成灵活的可编程化处理器。20世纪初,科学家们开始争论制造可以进行数值计算的机器应该采用什么样的体系结构。由于过去数千年来人们一直习惯使用十进制这种计数方法,因此一开始研制模拟计算机的呼声更为响亮。在 20 世纪 30 年代中期,德国科学家冯·诺伊曼大胆地提出抛弃十进制,采用二进制作为数字计算机的数制基础。他预测这样就可预先编制计算程序,然后由计算机按照人们事前制定的顺序来执行数值计算工作。

微计算机是指由微处理器作为 CPU 的计算机,由大规模集成电路组成的、体积较小的电子计算机。其特点是体积小、灵活性大、价格便宜与使用方便。这类计算机的普遍特征就是占用很小的物理空间。如图 1.3 所示,微计算机通常主要由运算器、控制器、存储器、输入设备和输出设备五大部分组成。其中存储器又分内存储器和外存储器。通常把输入设备及输出设备统称为外围设备。而运算器和控制器又称为中央处理器(CPU)。微计算机配以相应的外围设备(如打印机、显示器、磁盘机和磁带机等)及其他专用电路、电源、面板、机架和足够的软件所构成的系统就称为微计算机系统。在微计算机系统中,CPU 是通过公共总线(Bus)进行相互间信息传输,以此对计算机的所有硬件以及软件资源进行控制调配。CPU 也是执行通用运算的核心硬件,是整个系统的运算和控制核心,其功能主要是解释计算机指令以及处理计算机软件中的数据。它负责读取指令,对指令译码并执行指令的核心部件,主要包括两个部分,即控制器和运算器,其中还包括高速缓冲存储器及实现它们之间联系的数据和控制总线。

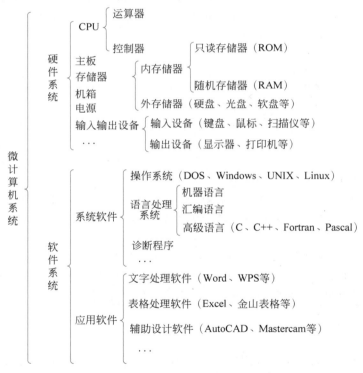

图 1.3　微计算机系统软硬件组成框图

控制器(Controller):是指按照预定顺序改变主电路或控制电路的接线和改变电路中的电阻值来控制电动机的启动、调速、制动与反向的主控装置。控制器由程序状态寄存器(PSR)、系统状态寄存器(SSR)、程序计数器(PC)、指令存储器等组成,其作为“决策机构”,主要任务是发布命令,发挥着整个计算机系统操作的协调与指挥作用。

运算器(Arithmetic Unit)：是指在 CPU 中可进行各种算术和逻辑运算操作的部件，算术逻辑单元是其 CPU 核心部分。它包括算术逻辑单元(ALU)、中间寄存器(IR)、运算累加器(ACC)、描述字寄存器(DR)、B 寄存器等主要部件，它们通过总线结构共同协调完成各种算术和逻辑运算。在具体 CPU 内核设计中，其各部件的具体名称视具体要求有所不同。

数据总线(Data Bus)：是指在 CPU 与 RAM 以及 I/O 外设接口之间来回传送需要处理或需要存储的数据所使用的通路。数据总线用于传送数据信息，是双向三态形式的总线，既可以把 CPU 的数据传送到存储器或 I/O 接口等其他部件，也可以将其他部件的数据传送到 CPU。数据总线位数是微型计算机的一个重要指标，通常与微处理的字长一致。例如，Intel 8086 微处理器字长 16 位，其数据总线宽度也是 16 位，本书讲解的 Cortex-M3 CPU 的数据总线宽度为 32 位。注意，这里所说的数据的含义是广义的，可以是真正的数据，也可以是指令代码或状态信息，甚至可以是一个控制信息。因此在实际工作中，数据总线上传送的并不一定仅仅是真正意义上的数据。

地址总线(Address Bus)：用来指定在 RAM(Random Access Memory)中存储的数据的地址，也可以指 I/O 外设的地址。地址总线是专门用来传送地址的通路，由于地址只能从 CPU 传向外部存储器或 I/O 接口，所以地址总线总是单向三态的，这与数据总线不同。地址总线的位数决定了 CPU 可直接寻址的内存空间大小，如 8 位微机的地址总线为 16 位，则其最大可寻址空间为 64KB；地址总线若为 20 位，则其可寻址空间为 1MB；本书介绍的 Cortex-M3 内核处理器地址总线为 32 位，其寻址空间范围为 1GB。

控制总线(Control Bus)：将处理器 CPU 控制单元(Control Unit)的信号，传送到 RAM 存储器和周边 I/O 外设的通路。控制总线主要用来传送控制信号和时序信号。在控制信号中，有的是 CPU 送往存储器和 I/O 接口电路的，如读/写信号、片选信号、中断响应信号等。也有其他部件反馈给处理器 CPU 的，如中断申请信号、复位信号、总线请求信号、设备就绪信号等。因此，控制总线的传送方向由具体控制信号决定，一般是双向的总线结构。控制总线的位数视系统的实际控制需要而定，主要取决于 CPU 的性能和需求。

1. 冯·诺伊曼结构

冯·诺伊曼结构(Von Neumann Architecture)也称普林斯顿结构，是一种将程序指令存储器和数据存储器合并在一起的计算机设计结构。该结构指导了将存储装置与中央处理器分开的概念，因此，依该结构设计出的计算机又称存储程序型计算机。借由创造一组指令集结构，并将所谓的运算转化成一串程序指令的执行细节，让此机器更有弹性。借着将指令当成一种特别形态的静态资料，一台存储程序型计算机可轻易改变其程序，并在程序控制下改变其运算内容。其存储程序型概念也可让程序执行时自动修改程序的运算内容。此设计动机之一就是可让程序自行增加内容或改变程序指令的内存位置，因为早期的设计都要使用者手动修改。但随着计算机的发展，自动修改特色已被现代程序设计所抛弃。根据冯·诺伊曼体系结构构成的计算机，必须具有如下功能：把需要的程序和数据送至计算机中；必须具有长期记忆程序、数据、中间结果及最终运算结果的能力;能够完成各种算术运算、逻辑运算和数据传送等数据加工处理的能力;能够根据需要控制程序走向,并能根据指令控制机器的各部件协调操作;能够按照要求将处理结果输出给用户。目前使用冯·诺伊曼结构的中央处理器和微控制器有 Intel 8086/8088、ARM 公司的 ARM7 系列以及 MIPS 系列 3 种处理器等。其中,MIPS 处理器在 32 位和 64 位嵌入式领域中历史悠久。冯·诺伊曼结构原理如图 1.4 所示。

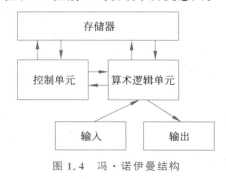

图 1.4 冯·诺伊曼结构

从计算机诞生起,冯·诺伊曼体系结构占据着主导地位。几十年来,计算机体系结构理论并没有新的内容出现。随着使用计算机解决的问题规模越来越大,对计算机运算速度的要求越来越高,需求极大地促进了计算机体系结构的发展,出现了诸如数据流结构、并行逻辑结构和归约结构等新的非冯·诺伊曼体系结构。在冯·诺伊曼结构的计算机中,软件和硬件完全分离,比较适合进行数值计算,此局限严重束缚了现代计算机的进一步发展。

而非数值处理应用领域对计算机性能的要求越来越高,这就亟须突破传统计算机体系结构的框架,寻求新的体系结构来解决实际应用问题,因此出现了并行计算机、数据流计算机以及量子计算机以及 DNA 计算机等非冯·诺伊曼计算机结构。

2. 哈佛结构

哈佛结构(Harvard Architecture)是一种将程序指令存储和数据存储分开的微计算机体系结构。中央处理器首先到程序指令存储器中读取程序指令内容,解码后得到数据地址,再到相应的数据存储器中读取数据,并进行下一步的执行操作。程序指令存储和数据存储分开,数据和指令的存储可以同时进行,可以使指令和数据有不同的数据宽度,如 Microchip 公司的 PIC16 芯片的程序指令是 14 位宽度,而数据是 8 位宽度。哈佛结构的微处理器通常具有较高的执行效率。其程序指令和数据指令分开组织和存储,执行时可以预先读取下一条指令。目前使用哈佛结构的中央处理器和微控制器有很多,除Microchip 公司的 PIC 系列芯片,还有摩托罗拉公司的 MC68 系列、Zilog 公司的 Z8 系列、ATMEL 公司的 AVR 系列、本书讲述的 ARM 公司的 ARM 系列以及大多数 DSP。哈佛体系结构原理如图 1.5 所示。

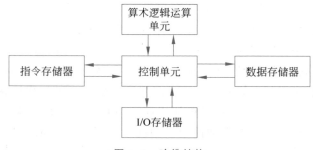

图 1.5 哈佛结构

因此哈佛结构是为了高速数据处理而设计的。此体系对数据和指令是分开存储的，因此可以同时读取指令和数据，大大提高了数据吞吐率。其缺点是结构复杂，在采用哈佛结构时，在计算机中必须安装两块硬盘（一块装程序、一块装数据）、两条内存（一条存储指令、一条存储数据），这种设计就使得计算机系统更复杂。

1.2.3 8086/8088 与 ARM 体系

1. 8086/8088 处理器

8086 是 1978 年 Intel 公司依据冯·诺伊曼结构开发的处理器。8086 是 16 位微处理器芯片，x86 架构的鼻祖。1981 年 Intel 推出了 Intel 8088，这是拥有 16 根外部数据总线的微处理器，也是首次用于 IBM PC（个人计算机）的处理器，它开创了全新的微机时代，其内部结构框图如图 1.6 所示。从 8088 开始，PC 的概念开始在全世界范围内发展起来，8088 的后代还有 Intel 80188、80288 和 80388 处理器。8088 与 8086 具有类似的体系结构。两者的执行部件 EU 完全相同，其指令系统、寻址能力和程序设计方法都相同，所以两种处理器完全兼容。8086 与 8088 的主要区别在于：

（1）8088 的指令队列长度是 4 字节，8086 的指令队列长度是 6 字节。

（2）8088 的 BIU 内数据总线宽度是 8 位，而 EU 内数据总线宽度是 16 位，对 16 位数的存储器读/写操作需要两个读/写周期才能完成。8086 的 BIU 和 EU 内数据总线宽度是 16 位。

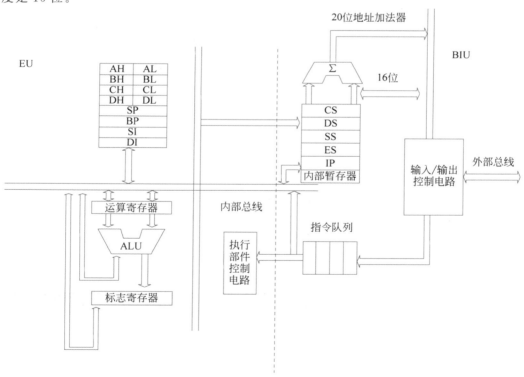

图 1.6　8086/8088 处理器内部功能框图

（3）8088外部数据总线只有8条（AD7～AD0），即内部是16位，对外是8位，因此8088也称为准16位机。

2. ARM体系处理器

现在ARM（Advanced RISC Machine）是微计算机系统的核心处理器，ARM处理器是英国Acorn公司设计的基于哈佛体系、低功耗的第一款RISC（Reduced Instruction Set Computer，精简指令集计算机）微处理器。ARM处理器是32位设计，但也配备16位指令集，比等价32位代码节省达35%，能保留32位系统的所有优势。其已经广泛使用在嵌入式系统中。ARM既是一家知名公司的名字，也是一类微处理器的通称，还被认为是一种技术的名称。1990年，ARM公司成立于英国剑桥，主要出售芯片设计技术的授权。采用ARM技术知识产权IP核的微处理器，即通常所说的ARM微处理器，其应用已遍及工业控制、消费类电子产品、通信系统、网络系统、无线系统等各类市场。基于ARM技术的微处理器应用已占据32位RISC微处理器75%以上的市场份额，ARM技术正在逐步大规模渗入社会生活的各个方面。

ARM公司是专门从事基于RISC技术芯片设计开发的公司，作为知识产权供应商，它不直接从事芯片生产，而是转让设计许可由合作公司生产各具特色的芯片，世界各大半导体生产商从ARM公司购买其设计的ARM微处理器内核，根据各自不同的应用领域，加入适当的外围电路，从而形成自己的ARM特色微处理器芯片进入市场。Atmel、Broadcom、Cirrus Logic、Freescale、Qualcomm、富士通、Intel、IBM、英飞凌科技、任天堂、恩智浦半导体、OKI电气工业、三星电子、Sharp、STMicroelectronics、德州仪器、VLSI、华为、中兴、三星半导体、NEC、SONY、飞利浦和NI等众多大型半导体公司，以及微软、Sun和MRI等软件公司，都使用ARM公司的授权，这使得ARM技术更易获得更多的第三方工具、制造、软件的支持，又使整个系统成本降低，使产品更容易进入市场被消费者所接受，更具有竞争力。

（1）ARM架构演变：20世纪80年代中期，Acorn公司在为其下一代计算机挑选合适的处理器。因在市场上无法找到合适的处理器，便决定自己设计一款处理器，即一台RISC指令集的计算机，称为ARM。后来Acorn公司没落了，而处理器设计部门被分了出来，组成了一家新公司——ARM。ARM也可以视为架构体系，它是一个32位RISC处理器架构，广泛地用于许多嵌入式系统设计。如表1.5所示，ARM架构已经从1985年的ARMv1架构诞生，到2021年发布的ARMv9架构。其中处理器核Cortex-A32/Cortex-A35/Cortex-A53/Cortex-A57/Cortex-A72/Cortex-A73采用的是ARMv8架构，这也是ARM公司的首款能支持64位指令集的处理器架构。

表1.5　ARM架构演变与其处理器家族

年　　份	架　　构	处理器家族
1985	ARMv1	ARM1
1986	ARMv2	ARM2、ARM3
1990	ARMv3	ARM6、ARM7
1993	ARMv4	StrongARM、ARM7TDMI、ARM9TDMI

续表

年　份	架　构	处理器家族
1998	ARMv5	ARM7EJ、ARM9E、ARM10E、XScale
2001	ARMv6	ARM11、ARM Cortex-M
2004	ARMv7	ARM Cortex-A、ARM Cortex-M、ARM Cortex-R
2011	ARMv8	Cortex-A50
2021	ARMv9	Cortex-X3、Cortex-A715、Cortex-A510 Refresh

表 1.5 中左侧是 ARM 架构,右侧是基于此架构的处理器系列家族,可称处理器核。经过多年发展,ARM 首个最成功的处理器是 ARM7TDMI,其功能强大应用广泛,就是基于 ARMv4 架构设计的。

(2) 开发工具概述:ARM 应用软件开发工具根据功能的不同,分为编译软件、汇编软件、链接软件、调试软件、嵌入式实时操作系统、函数库、评估板、JTAG 仿真器以及在线仿真器等。目前有数十家公司提供以上不同类别的产品,用户在选用 ARM 处理器开发嵌入式系统时,选择合适的开发工具可以加快开发进度,节省成本。因此一套含有编辑软件、编译软件、汇编软件、链接软件、调试软件、工程管理及函数库的集成开发环境(IDE)是必不可少的,至于嵌入式实时操作系统、评估板等其他开发工具则可根据软件规模和开发计划选用。使用集成开发环境开发,包括编辑、编译、汇编、链接等工作全部可在 PC 上完成,调试工作则需要配合其他的模块或产品方能完成。ARM 开发常用的集成开发环境是 Keil-MDK。Keil-MDK 是 Keil 公司 Microcontroller Develop Kits 的缩写,包括 ARM 编译器和 μVision4 集成开发环境,支持软件仿真调试,支持主流厂商 ARM 内核和 Cortex-M3 内核芯片。在搭建好软件仿真环境后,还需要进行硬件仿真调试,即在线仿真。也有许多种可无缝连接的主流仿真器,如 ULINK2、JLINK、H-JTAG 和 AK-100,开发者可视情况选用。

1.2.4　微计算机编程与操作系统

1. 计算机编程

编程就是与计算机对话,让计算机理解你的意思,从而完成各种功能目标。例如人的计算速度不如计算机快,答案不如它准,所以可把任务交给计算机。如人们想玩游戏,便可利用程序和计算机交流,通过计算机生成游戏。程序语言分三大类:机器语言、汇编语言、高级语言。机器语言是二进制数码,汇编语言是用助记符代替操作码,高级语言是接近人类的语言的程序语言,包括 VC、VB、VF、Basic、HTML、Pascal 等,具有易学和易懂等优点。编写不同类型的程序需要使用不同类型的语言,如可视化窗口程序可用 VC 编写,而网页可用 HTML 编写等。

过去在 Z80 和 8051 系统编程时,特别是在操作系统出现以前,还采用汇编语言编程。随着系统越来越复杂,功能越发强大,近年来,在嵌入式系统设计编程时,主要采用 C 语言编程,部分底层代码会用到汇编语言编程。汇编语言有助于理解硬件,利于优化代码的理解,所以就学习而言,应该先掌握汇编语言再精通嵌入式 C 语言。注意,嵌入式

C 语言和 PC 上使用的 C 语言是有区别的,前者与硬件密切相关。

2. 操作系统

操作系统与计算机硬件并非一起诞生的,它是在使用计算机的过程中,为了满足两大需求:提高资源利用率和增强计算机系统性能,同时伴随着计算机技术本身及其应用的日益发展,而逐步形成和完善起来的。操作系统已经发展了近半个世纪,其覆盖的范围包括:个人计算机操作系统、工业应用操作系统和移动端操作系统。本书主要讲述开源嵌入式系统操作系统,即实时操作系统(RTOS)。不同的公司也出品过多种嵌入式操作系统,如:常见的通用型嵌入式操作系统有 Linux、VxWorks 和 Windows,常用的专用嵌入式操作系统有 Smart Phone、Pocket PC 和 Symbian 等。操作系统按实时性又可分为两类:非实时嵌入式操作系统主要面向消费类电子产品,包括 PDA、移动电话、机顶盒、电子书、Web-Phone 等,如微软面向手机应用的 Smart Phone 操作系统;实时嵌入式操作系统主要面向控制、通信等领域,满足实时控制要求的 RTOS 操作系统包括 μClinux、μC/OS-Ⅱ、eCos、FreeRTOS、embOS、RTX、VxWorks、QNX 和 NuttX 等,国产的 RTOS 操作系统包括 djyos(都江堰操作系统)、Alios Things、Huawei LiteOS、RT-Thread 和 SylixOS 等。本书第 11 章将详细介绍 FreeRTOS 操作系统,其特点、功能以及缺点简述如下。

相对于 μC/OS-Ⅱ 和 embOS 等商业操作系统,FreeRTOS 操作系统是一款轻量级的、完全免费的操作系统,具有源码公开、可移植、可裁剪、调度策略灵活的特点,可以方便地移植到各种单片机上运行。作为一个轻量级的操作系统,FreeRTOS 提供的功能包括任务管理、时间管理、信号量、消息队列、内存管理、记录功能等,可满足小规模应用系统的开发需要。FreeRTOS 内核支持优先级调度算法,每个任务可根据重要程度的不同被赋予一定的优先级,处理器 CPU 总是让处于就绪态的、优先级最高的任务先运行。另外,FreeRTOS 内核同时支持轮换调度算法,可允许不同的任务使用相同的优先级。在没有更高优先级任务就绪的情况下,同一优先级的任务可共享 CPU 的使用时间。

相对于常用的 μC/OS-Ⅱ 操作系统,FreeRTOS 操作系统存在其不足之处。在操作系统的服务功能上,如 FreeRTOS 只提供了消息队列和信号量的实现,无法以后进先出的顺序向消息队列发送消息。另外,FreeRTOS 只是一个操作系统内核,需外扩第三方的 GUI(图形用户界面)、TCP/IP 协议栈、文件系统(FS)等才能实现一个较复杂的系统,不易与其他 μC/GUI、μC/FS、μC/TCP-IP 系统等实现无缝结合。但是在嵌入式设计领域,FreeRTOS 是不多的同时具有实时性、开源性、可靠性、易用性和多平台支持等特点的实时操作系统。目前 FreeRTOS 已经发展到支持包含 x86、Xilinx 和 Altera 等几十种硬件平台,其应用前景越来越多地受到业内的瞩目。

1.3 数制与编码

数制(Numerical System)也称为"计数制",是用一组固定的符号和统一的规则来表示数值的方法。通过数千年发展和实际需求,形成了常用的如十进制/二进制/八进制/十六进制等数制。任何一类数制都包含两个基本要素:基数和位权。虽然计算机能极快地进行运算,但其内部使用数制法并不是人类在实际生活中使用的十进制数制,而是只包含 0 和 1 两个数值的二进制数制。当然不同的数制间可以进行进制转换,可以把输入计算机的十进制数转换成二进制数进行计算,计算后的结果又由二进制数转换成十进制数,这都可由操作系统或应用程序自动完成。操作系统和应用程序形成了计算机系统的软件系统,要学会编写软件系统,就必须了解数制以及数制间的转换。后面将简述计算机系统常用数制以及转换方法。编码(Coding)是指用代码表示各组数据资料,使其成为可利用计算机进行处理和分析的信息。代码是用来表示事物的记号,它可以用数字、字母、特殊的符号或它们之间的组合表示。因计算机使用只包含 0 和 1 两个数值的二进制,因此通过数十年的发展形成了一系列编码标准,表示各种数据,如常用美国信息交换标准编码(ASCII 码,见附录 A)以及中国信息交换用汉字编码(汉字国标码)。

1.3.1　二进制/十进制/十六进制

1．十进制

十进制(Decimal,D)是人们在日常生活中最熟悉的进位计数制。在十进制中,数字用 0/1/2/3/4/5/6/7/8/9 这 10 个符号来描述。数制的计数规则是逢十进一,借一当十。如十进制数据 1234D 表示数值 $1\times10^3+2\times10^2+3\times10^1+4\times10^0$。

2．二进制

二进制(Binary,B)是随数字电路发展而形成的。在所有计算机系统中均采用二进制数制。在二进制中,任何数都用 0 和 1 两个符号描述。计数规则是逢二进一,借一当二。如二进制数据 1010B 表示数值 $1\times2^3+0\times2^2+1\times2^1+0\times2^0$。

3．十六进制

为撰写表示容易又编写程序方便,发展过程中自然形成了常用的十六进制(Hexadecimal,H)。人们在计算机指令代码编写和数据表示时大多使用十六进制。在十六进制中数值用 0/1/…/9 和 A/B/…/F(或 a/b/…/f)16 个符号来描述 16 个数。计数规则是逢十六进一,借一当十六。如十六进制数 F8A0H 表示数值 $F\times16^3+8\times16^2+A\times16^1+0\times16^0$。

1.3.2　数制间的转换

数制间转换即进制间的转换,通常指二进制、十六进制以及十进制之间的相互转换。在计算机编程中,直接针对硬件的编程中非常常见,目的是使硬件接口对应标识更清楚,程序员阅读更容易。在此主要介绍最常用的二进制、十进制、十六进制 3 种进制之间相互的转换,在转换时要注意转换的方法以及步骤,特别是数制转换时,要注意构成中要分为整数部分、小数部分、小数点的位置以及正负号等。转换过程中要想不出现错误就需要经常练习,才能熟能生巧。如表 1.6 所示是常用数制间转换和表示方法。

表 1.6　十六进制/二进制/十进制数制的关系表

十六进制 H	二进制 B	十进制 D	十六进制 H	二进制 B	十进制 D
0	0000	0	8	1000	8
1	0001	1	9	1001	9
2	0010	2	A	1010	10
3	0011	3	B	1011	11
4	0100	4	C	1100	12
5	0101	5	D	1101	13
6	0110	6	E	1110	14
7	0111	7	F	1111	15

1. 十进制与二进制转换

十进制数转换为二进制数时,由于整数和小数的转换方法不同,所以先将十进制数的整数部分和小数部分分别转换后,再加以合并。十进制整数转换为二进制整数采用"除 2 取余,逆序排列"法。具体做法是用 2 整除十进制整数,可以得到一个商和余数;再用 2 去除商,又会得到一个商和余数,如此进行,直到商为小于 1 时为止,然后把先得到的余数作为二进制数的低位有效位,后得到的余数作为二进制数的高位有效位,依次排列起来。例如,255=11111111B。注意,在转换过程中按高低位顺序排列。

十进制小数转换成二进制小数采用"乘 2 取整,顺序排列"法。具体做法是用 2 乘十进制小数,可以得到积,将积的整数部分取出,再用 2 乘余下的小数部分,又得到一个积,再将积的整数部分取出,如此进行,直到积中的小数部分为零,此时 0 或 1 为二进制的最后一位。或者达到所要求的精度为止。例 0.625=0.101B,同样请注意按顺序排列,先取的整数作为二进制小数的高位有效位,后取的整数作为低位有效位。

在二进制转为十进制时,用小数点前或者整数要从右到左用二进制的每个数去乘以 2 的相应次方并递增,小数点后则是从左往右乘以二的相应负次方并递减。也可总结为如下通用公式:

$$abcde.fgh = e \times 2^0 + d \times 2^1 + c \times 2^2 + b \times 2^3 + a \times 2^4 + f \times 2^{-1} + g \times 2^{-2} + h \times 2^{-3}$$

2. 二进制与十六进制转换

二进制和十六进制的互相转换比较重要。不过这二者的转换不需要计算,每个程序员只需看到二进制数,马上就能将其转换为十六进制数,反之亦然。具体做法就是在二进制转为十六进制时,只要从低位开始每 4 位组成一组,高位在不足 4 位时补零,然后把每 4 位一组转换成十六进制数即可。反过来,在十六进制数转二进制数时,把每位十六进制数直接写成 4 位二进制数排列即可,其相互对应关系如表 1.6 所示。

如果熟悉以上数制转换,十进制与十六进制的转换就非常容易了。另外,在一些特殊应用中也用八进制,这是一种以 8 为基数的计数法,采用 0/1/2/3/4/5/6/7 八个数字,逢八进一。八进制的数和二进制数可以按位对应,即八进制一位对应二进制 3 位,因此也常应用在计算机语言中。如想深入学习,可以参考相关图书。

1.3.3 数值数据编码

数据是所有能输入到计算机并被计算机程序处理的符号的介质的总称,是用于输入计算机进行处理,具有一定意义的数字、字母、符号和模拟量等的通称。对数据的处理使得数据表征对象十分广泛丰富,也随之变得越来越复杂。如前所述的十进制数可用于广泛表征各种处理对象等,十六进制数是为了程序员阅读和编写程序更为便利而产生。但就计算机内部处理过程,数据均只能表征为二进制数来处理。因此,为了灵活高效地处理数据,数据的表征分为"有符号数法"和"无符号数法"。无符号数使用整个字长的全部二进制位来表示数值,不设置符号位。有符号数使用二进制位的最高位为符号位,其他二进制位表示其数值。在表示有符号数时,符号位是 0 为正数,1 为负数。通常我们也把一个数在机器内的二进制形式称为机器数,且把这个数本身称为该机器数的真值。如下例所示:

真值＋52(十进制表示的真值)＝00110100B(8 位二进制形式的真值)

真值－52＝10110100B

为了便于硬件统一实现有符号数的数学运算(加减乘除),如做减法也是通过加法操作来完成,因此逐渐出现如"原码""补码""反码"等编码方式,它们之间的关系如图 1.7 所示。首先要注意:原码、反码、补码都是机器数的具体表现形式。下面介绍它们的概念及其优缺点。

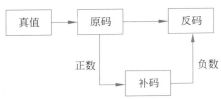

图 1.7 原码、补码和反码之间关系图

(1)原码:原码是指一个二进制数左边加上符号位后所得到的码,且当二进制数大于 0 时,符号位为 0;二进制数小于 0 时,符号位为 1;二进制数等于 0 时,符号位可以为 0 或 1。原码的优点是直观易懂,机器数和真值间的转换很容易,用原码能实现乘和除运算的规则简单。缺点就是用于加和减运算规则较复杂。如:

① 8 位二进制无符号数的表示范围为 0～255,如其最大值为 11111111。

② 8 位二进制有符号数的表示范围为－127～＋127,其二进制最小值为 01111111,二进制最大值为 11111111。

(2)反码:反码通常是用来由原码求补码或者由补码求原码的过渡码。对正数来说,反码跟原码是一样的。对负数来说,反码就是原码符号位除外,其他位按位取反。根据定义,应注意得到机器数反码的整数和小数中 0 的表示形式各有两种:"＋0"和"－0"不一样。以 8 位机器数为例,整数的"＋0"原码为 00000000,反码为 00000000;整数的"－0"原码为 10000000,反码为 11111111。小数的"＋0"原码为 00000000,反码为 00000000;小数的"－0"原码为 10000000,小数的"－0"反码为 11111111。在使用反码运算时,应注意以下问题:

① 运算中符号位与数值位一样参加运算。

② 符号位运算有进位时,则需要把进位送回到最低位去相加。

③ 两个二进制数分别取反码相加等于相加后取反。

（3）补码：补码的概念比较复杂，但是运算更方便，因此补码主要用来运算，并可减少硬件的复杂度。在此先介绍"模"的概念。模是一个计数系统能够表示的数的最大容量，记为 M。因此对于 n 位的计数系统，其模为 2^n。请特别注意，模的概念对应的是最大容量，也就是能放多少个数，而不是最大值。例如，4 位无符号二进制数，最大值是 $1111=15$，其最大容量是 $2^4=16$，所以其模是 16。仔细看一下，就会发现模的一个有趣的特性，而补码就是由这个特性引出来的。比如对于 4 位二进制系统，最大值是 15，此时加 1，就是 16 了，二进制就是 10000；而因为系统是 4 位的，所以第 5 位的 1 将被舍弃，这样 16 在机器的实际存储是 0000（＝0）。有趣之处就是，2^n 和 0 具有相同的表现形式。再举一个例子，对于钟表其模是 12。我们知道钟表时针指向 12 时，可将时针顺时针往前拨 8 个格，这时时针指向 8；若逆时针拨 4 个格，时针也指向 8。也就是说，在模为 12 的系统中，加 8 和减 4 的效果是相同的。因此 8 就是－4 关于 12 的补码。由以上范例，可得补码的特点和如何取得为：

① 如果知道"模"，在求一个负数的补码时，只要该负数加上模可得。

② 在求一个正数减一个负数时，可以用此正数加上它的补码得到结果。

③ 正数的补码就是其本身。

④ 负数的补码是在其原码的基础上，符号位不变，其余各位取反，最后＋1。

⑤ 对于负数，无法直观看出补码数值，这时也需要转换成原码再计算其数值。

⑥ 基于补码的加减法。

• 无符号位的加减法直接进行。

• 有符号数一般是以补码的形式进行，因为这样就可以将有符号数的运算转换成和无符号数那样简单——符号位和数值位都参与计算，获得的结果就包含了正确的符号位和数值位。

⑦ 运算规则。

• $[X+Y]$（补码）＝$[X]$（补码）＋$[Y]$（补码）。

• $[X-Y]$（补码）＝$[X]$（补码）＋$[-Y]$（补码）。

（4）BCD 码：BCD 码（Binary-Coded Decimal）是用 4 位二进制数来表示 1 位十进制数中的 0～9 这 10 个数码的，是一种二进制的数字编码形式，用二进制编码的十进制代码。BCD 编码形式是利用了 4 个二进制位来存储一个十进制的数字，使二进制和十进制之间的转换得以快捷完成。这种编码技巧最常用于会计计算机系统的设计，因为会计制度经常需要对很长的数字串作准确的计算。相对于浮点式记数法，采用 BCD 码既可保存数值的精确度，又可免去使计算机作浮点运算时所耗费的时间。此外，对于其他需要高精确度的计算，BCD 编码亦很常用。BCD 码可分为有权码和无权码两类。其中常见的有权 BCD 码有 8421 码、2421 码、5421 码，无权 BCD 码有余 3 码、余 3 循环码、格雷码等。BCD 码也可按使用需要分为压缩 BCD 码和非压缩 BCD 码，在此不详细介绍。

1.3.4　字符数据编码

追溯计算机的发展历史，计算机起源于美国，所以对于以英语为母语的美国人来说，

256 个字符绰绰有余。计算机系统硬件不识别字符,只能识别 0 和 1,要想计算机能识别字符,就只有用特定的 01 序列代表字符。最早出现的字符编码(Character Encoding)就是以处理西文为主。字符编码也称为字集码,是把字符集中的字符编码为指定集合中的某一对象,以便文本资料能在计算机中存储和通过通信网络的传递。常见的例子包括将拉丁字母表编码成摩斯电码和 ASCII(American Standard Code for Information Interchange)码以及 IBM EBCDIC(Extended Binary Coded Decimal Interchange Code)码。各种字符集逐渐成为标准,其 ASCII 码表见附录 A。其中,ASCII 码将字母、数字和其他符号编号,并用 7 位的二进制表示这个整数。通常会额外使用一个扩充位,以便于以 1 字节的方式存储。下面详细介绍常用的中英文字符编码。

1. ASCII 西文编码

ASCII 码是由美国国家标准学会(American National Standard Institute)制定的、标准的单字节字符编码方案,用于表示基于文本的数据。ASCII 码起始于 20 世纪 50 年代后期,1967 年确定最终方案。它最初是美国国家标准,供不同计算机在相互通信时用作共同遵守的西文字符编码标准,它已被国际标准化组织(ISO)定为国际标准,称为 ISO-646 标准,适用于所有拉丁文字母。ASCII 码指定的 7 位或 8 位二进制数组合表示 128 或 256 种可能的字符。标准 ASCII 码也叫基础 ASCII 码,使用 7 位二进制数表示所有的大写和小写字母,数字 0~9、标点符号,以及在美式英语中使用的所有特殊控制字符。标准 ASCII 码由 7 位二进制数表示,但在计算机系统中,数字和字母都是用 ASCII 码存储的,存储器均以字节为单位寻址。因此,一个英文字母或半角的数字、标点符号在存储器中通常占一个字节。正是有了 ASCII 码等国际标准,才使得计算机能准确地处理各种字符集文字,能够识别和存储各种文字资料,并且能在计算机之间、各民族和国家之间实现有效信息传输,推动计算机网络的快速发展。

2. 汉字编码

汉字编码(Chinese Character Encoding)是为汉字设计的一种便于输入计算机的代码。由于电子计算机现有的输入键盘与英文打字机键盘完全兼容,因此,如何输入非拉丁字母的文字便成了多年来研究的课题。汉字信息处理系统必须考虑的问题一般包括编码、输入、存储、编辑、输出和传输。其中编码是最重要的,做不好编码,汉字就不能进入计算机。与西文字符相比,实现汉字编码的困难体现在以下几个方面:

(1) 汉字数量庞大。包括简化字,汉字总数已超过 6 万。

(2) 字形复杂。常用的有古体/今体、繁体/简体和正体/异体等,而且笔画相差悬殊,少的只有一笔,多的达 36 笔。

(3) 存在大量一音多字和一字多音的现象。

所以汉字编码和使用远比西文复杂很多,通过多年发展才逐渐形成了成熟的汉字编码系统。如图 1.8 所示,计算机汉字信息处理的存储运算的代码有 4 种:输入码、国标码、内码和字形码,共同组成完整的汉字信息处理系统。下面介绍各种编码的具体含义。

(1) 输入码:由于现在计算机输入键盘均为美式西文标准键盘,汉字输入编码就是在此标准键盘上以不同的排列组合来对输入汉字进行编码,因此出现了多种汉字输入方

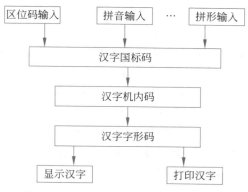

图 1.8　计算机汉字编码输入/输出流程

式,包括拼音编码和字形编码。常用的如微软拼音编码,以及采用字形编码的五笔输入法。

(2) 国标码:也称为汉字交换码,用于在计算机之间交换信息,占用 2B 空间,每个字节的最高位均为 0,因此可以表示的汉字数为 2^{14},即 16 384 个。在设计字符集中,所有汉字和字符符号分在 94 个区,每个区有 94 位。每个汉字和字符用 2 字节表示,第一字节为区码,第二字节为位码,均用 2 位十六进制数表示。将此汉字区位码的高位字节、低位字节各加十六进制数 20H,便得到国标码。国标码有 1980 年由国家标准局颁布的 GB 2312—1980 规定的 7445 个汉字,交换码为标准汉字编码。

(3) 机内码:汉字内码是用于在设备和信息处理系统内部存储、处理、传输汉字的代码。无论使用何种输入码,进入计算机后就立即被转换为机内码。规则是将国标码的高位字节、低位字节各自加上十六进制数 80H。例如,"中"字的内码以十六进制表示时应为 F4E8。加 80H 的目的是使汉字内码区别于西文的 ASCII 码,因为 ASCII 码的高位均为 0,而汉字内码的每个字节的高位均为 1。

(4) 字形码:表示汉字字形的字模数据,因此也称为字模码,是汉字的输出形式。通常用点阵、向量函数等表示。字形码用点阵表示时,是指这个汉字字形点阵的代码。日常应用中根据输出汉字的要求不同,点阵的多少也不同。如清晰度较低的简易型汉字为 16×16 点阵,较高清晰度的汉字为 48×48 点阵等。如果一个点阵在存储器中占用一位,那么对于 48×48 的点阵,一个汉字字形码需要占用的存储器空间为 288 字节。可见汉字计算机处理需要较大的存储器空间。

汉字作为语言称为汉语,又称中文。汉语包含书面语以及口语两部分。古代书面汉语称为文言文,现代书面汉语一般指现代标准汉语。书面语相对比较统一,所使用的汉字是世界上使用人数最多、应用范围很广的书面用字。为进行信息交换,各汉字使用地区都制定了一系列汉字字符集标准,主要包括:

(1) GB2313 字符集——收入汉字 6763 个,符号 715 个,总计 7478 个字符,这是中国大陆普遍使用的简体字符集。楷体-GB2313、仿宋-GB2313、华文行楷等市面上绝大多数字体支持显示这个字符集,也是大多数输入法所采用的字符集。

(2) BIG-5 字符集——收入 13 060 个繁体汉字,808 个符号,总计 13 868 个字符,目前普遍使用于中国台湾、中国香港等地区。

(3) GBK 字符集——又称大字符集(即 GB 国标+K 扩展),包含以上两种字符集汉字,收入 21 003 个汉字,882 个符号,共计 21 885 个字符,包括了中日韩(CJK)统一汉字 20 902 个、扩展 A 集(CJK Ext-A)中的汉字 52 个。宋体、隶书、黑体、幼圆、华文中宋、华文细黑、华文楷体、标楷体(DFKai-SB)、Arial Unicode MS、MingLiU、PMingLiU 等字体支持显示 GBK 字符集。

（4）GB18030 字符集——包含 GBK 字符集、CJK Ext-A 全部 6582 个汉字，共计 27 533 个汉字。宋体-18030、方正楷体（FZKai-Z03）、书同文楷体（MS Song）宋体（ht_cjk＋）、香港华康标准宋体（DFSongStd）、华康香港标准楷体、CERG Chinese Font、韩国 New Gulim，以及微软 Windows Vista 操作系统提供的宋、黑、楷、仿宋等字体均支持此字符的显示。

（5）ISO/IEC10646/Unicode 字符集——这是全球可以共享的编码字符集，两者相互兼容，涵盖了世界上主要语文的字符，其中包括简繁体汉字，计有 CJK 统一汉字 20 902 个、CJK Ext-A 6582 个、Ext-B 42 711 个，共计 70 195 个汉字。SimSun-ExtB 宋体、MingLiU-ExtB 细明体能显示全部 Ext-B 汉字。

（6）汉字构形数据库 2.3 版——内含楷书字形 60 082 个、小篆 11 100 个、楚系简帛文字 2627 个、金文 3459 个、甲骨文 177 个、异体字 12 768 组。

1.4 微计算机应用领域

近年来，以微处理器为核心的微计算机系统＋操作系统，广泛应用于仪器仪表、医疗设备、机器人、家用电器和移动终端等领域。基于功能齐全和内核处理速度快的微处理器的广泛应用已形成了一个广阔的市场，计算机厂家已经开始大量地以插件方式向用户提供 OEM 产品，再由用户根据自己的需要选择一套适合的 CPU 板、存储器板以及各式 I/O 插件板，从而构成专用的嵌入式计算机系统，并将其嵌入到自己期望设计的系统设备中。本书所介绍的 ARM Cortex-M3 CPU 微计算机系统，主要可应用于如下领域。

1．工业控制

近年来，基于微控制器芯片的工业自动化设备获得了长足的进步，目前已经有大量应用。微计算机网络化是提高生产效率和产品质量、减少人力投入的主要途径，特别是在工业过程控制、数字机床、电力系统、电网安全、电网设备监测、石油化工系统中。

2．交通管理

在车辆导航、流量控制、信息监测与汽车服务方面，微计算机系统技术获得了广泛的应用，内嵌 GPS 和北斗模块的手机，以及其他 GSM 模块的移动定位终端已经在运输行业获得了成功的应用。目前，GPS 和北斗设备已经从尖端产品逐步进入了普通百姓的家庭。

3．智能家电

智能家电将成为微计算机系统最大的应用领域，冰箱、空调等的网络化、智能化将引领人们的生活步入一个崭新的空间。即使你不在家里，也可以通过电话线、无线手机以及网络进行远程控制。

4．家庭智能管理系统

水、电和煤气的远程自动抄表，安全防火、防盗系统，其中嵌有的专用控制 CPU 的微计算机系统将代替传统的人工检查，并实现更高、更准确和更安全的性能。

5. POS网络及电子商务

微计算机系统可应用于公共交通无接触智能卡(Contactless Smart Card，CSC)发行系统、公共电话卡发行系统、自动售货机以及各种智能ATM终端。智能化将全面走入人们的生活，到时手持一个带有微处理器智能卡的设备就可以行遍天下。

6. 环境工程与自然监控

微计算机可应用于水文资料实时自动监测、防洪体系及水土质量自动监测、堤坝安全、地震监测、实时气象信息监测、水源和空气污染自动监测。在很多环境恶劣、地况复杂的地区，均可利用微计算机系统实现无人智能监测。

## 第 2 章

Cortex-M3体系结构与芯片

2.1 概述

　　Cortex-M3 的内核是 32 位的。在处理器领域,可能有一些不同于通用 32 位处理器应用的要求。例如在工控领域,用户可能要求具有更快的中断速度。基于 Cortex-M3 的处理器采用了 Tail-Chaining 中断技术,它完全基于硬件进行中断处理,最多可减少 12 个时钟周期数,在实际应用中可减少 70% 的中断。另外,Cortex-M3 处理器采用了新型的单线调试(Single Wire)技术,设计了一个专门用于调试的引脚,从而节约了大量的调试工具成本。同时在 Cortex-M3 处理器中还集成了大部分存储控制器,这样开发者可以直接在 CPU 处理器外连接 Flash 存储器,降低了设计难度和应用障碍。Cortex-M3 处理器芯片内部结构框图如图 2.1 所示。

图 2.1　Cortex-M3 处理器芯片内部结构框图

2.2 Cortex-M3 内核结构

2.2.1 Cortex-M3 内核组成与特点

　　Cortex-M3 内核采用了哈佛体系结构,拥有独立的指令总线和数据总线,可以同时访问指令和数据。指令总线和数据总线共享同一个 4GB 存储器空间。其内核主要包含 5 部分:乘法器、控制逻辑、Thumb 指令译码器、寄存器组以及内部接口。Cortex-M3 处理器广泛采用时钟选通等先进技术,使之获得优异的能效比,详细内容请见 3.3 节。Cortex-M3 内核架构如图 2.2 所示,其主要由 Cortex-M3 处理器核心 CM3Core、可嵌套中断向量控制器 NVIC、总线阵列 AHB、存储保护单元 MPU、Flash 分区与断点 FPB、数据监测点与跟踪 DWT、仪表跟踪宏单元 ITM、嵌入跟踪宏单元 ETM、跟踪端口接口单元 TPIU、AHB 访问接口、串口线或 JTAG 调试口、CoresightROM 表、唤醒中断控制器 WIC 等组成。Cortex-M3 内核是 Cortex-M3 处理器的核心,它的主要特点有:

　　(1) Cortex-M3 是一个典型的 32 位处理器内核。其内部的数据传输通路是 32 位,寄存器是 32 位,存储器接口是 32 位。

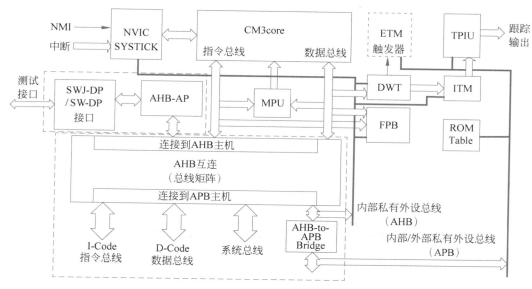

图 2.2 Cortex-M3 内核架构图

（2）Cortex-M3 为哈佛架构。拥有独立的指令总线和数据总线,取指令与数据访问可以同时进行。支持所有的 16 位 Thumb 指令集和 32 位 Thumb-2 指令集,但不能执行 ARM 指令。

（3）数据存储支持小端和大端模式。工作模式分为处理模式（Handler Mode）和线程模式（Thread Mode）。

（4）指令执行设计为三级流水线形式。拥有 32 位单周期乘法和硬件除法快速执行指令。

（5）指令执行过程中支持 Thumb 状态和调试状态,以及支持 ARMv6 架构的 BE8/LE 和非对齐访问特点。

2.2.2 Cortex-M3 总线

如图 2.2 所示的各类总线是各种功能部件之间传送信息的公共通信干线,它就是由导线组成的传输线束。按所传输的信息种类,可划分为数据总线、指令总线和控制总线,分别用来传输数据、数据地址和控制信号。总线是一种内部结构,它是处理器、内存、输入/输出设备之间传递信息的公用通道。几乎所有的部件均通过总线连接,从而形成了计算机硬件系统。下面介绍 Cortex-M3 总线结构。

（1）I-Code 指令总线：I-Code 总线是一条基于 AHB-Lite 总线协议的 32 位总线,负责 0x00000000～0x1FFFFFFF 地址范围的取指令操作。取指令以字的长度执行,即使是对于 16 位指令也如此。因此,Cortex-M3 处理器内核可以一次取出两条 16 位 Thumb 指令。

（2）D-Code 数据总线：D-Code 总线也是一条基于 AHB-Lite 总线协议的 32 位总线,负责 0x00000000～0x1FFFFFFF 地址范围的数据访问操作。尽管 Cortex-M3 支持非对齐访问,但你绝不会在该总线上看到任何非对齐的地址,这是因为处理器的总线接口会把非对齐的数据传送都转换成对齐的数据传送。因此,连接到 D-Code 总线上的任何设备都只需支持 AHB-Lite 的对齐访问,不需要支持非对齐访问。

(3) 系统总线:系统总线也是一条基于 AHB-Lite 总线协议的 32 位总线,负责 0x20000000~0xDFFFFFFF 和 0xE0100000~0xFFFFFFFF 地址范围的所有数据传送。取指令和数据访问都算上,与 D-Code 总线一样,所有的数据传送都是对齐的。

(4) 外部私有外设总线:这是一条基于 APB 总线协议的 32 位总线。此总线负责 0xE0040000~0xE00FFFFF 地址范围的私有外设访问。由于此 APB 存储空间的一部分已经被 TPIU、ETM 以及 ROM 表使用了,只留下了 0xE0042000~E00FF000 地址范围这个区间用于配接附加的或者私有外设。

2.3 基于 Cortex-M3 内核的处理器体系结构

Cortex-M3 内核是处理器的 CPU 核心。基于 Cortex-M3 处理器的 CPU 还需要很多其他组件。在芯片制造商得到内核的使用授权后,它们就可以把 Cortex-M3 内核用在自己的硅片设计中,添加相关存储器、外设、I/O 以及其他功能块。不同厂家设计的处理器会有不同的配置,包括存储器容量、类型和外设等都各具特色。下面详细介绍 Cortex-M3 处理器内部体系结构。

2.3.1 工作模式

模式(Pattern)就是解决某一类问题的方法论,把解决某类问题的方法论总结归纳到理论高度就是模式。模式就是一种指导,在一个良好的指导下,有助于完成任务,达到事半功倍的效果。处理器模式就代表一组特定的应用或某类问题的解决方案。过去在开发 Z80、Intel 8051 以及 PIC 单片机时,由于解决问题单一而且简单,所以并未考虑和设计区分处理器工作模式。随着处理器功能的强大,且引入了操作系统,使得产品功能众多而且性能优越。如智能手机,其主要功能是语音数据通信/上网功能,但还有拍照、娱乐以及资料处理。为消除相互间的不利影响,提高应用效率,就出现了手机不同的工作模式,如待机模式与飞行模式等。不同应用会有不同模式,不同模式用于解决不同的问题,因此,在 Cortex-M3 处理器中引入了两种工作模式,分别是处理模式(Handler Mode)和线程模式(Thread Mode)。在处理器中引入模式也是为了区别普通用户应用程序代码与中断/异常服务程序代码。

Cortex-M3 处理器也提供一种存储器保护机制,使得普通用户代码不能意外或恶意随意执行涉及系统要害的操作,因此处理器为程序赋予了两种工作等级,分别是特权级(Privileged Level)和用户级(User Level)。在特权级状态,程序可以访问系统所有资源,而且程序功能比用户级多。在用户级状态,程序对有些资源的访问受到限制,甚至禁止访问。

如图 2.3 所示,Cortex-M3 处理器的工作模式和工作等级共有 3 种组合:

线程模式+用户级、线程模式+特权级、处理模式+特权级。在运行主应用程序时(线程模式),既可以使用特权级,也可以使用用户级。但是不论任何原因产生的任何异

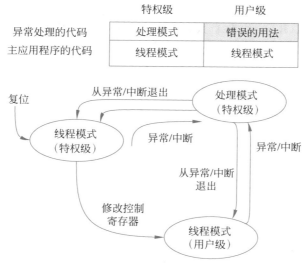

图 2.3 Cortex-M3 处理器模式与其操作模式转换结构图

常,异常处理程序必须在特权级下运行,异常返回后将回到产生异常之前的工作等级。在处理器复位后,默认进入线程模式+特权级。如图 2.4 所示,在特权级下,可通过设置控制寄存器的 CONTROL[0] 位进入用户级。而在用户级下不能再试图修改 CONTROL[0] 位返回特权级。如果在用户级下想进入特权级,必须先执行一条系统调用指令(SVC),去触发 SVC 异常,在该异常的服务程序中修改 CONTROL[0] 位,从而重新进入特权级。因此要从用户级进入到特权级的唯一途径就是异常。如果在程序执行过程中触发了异常,那么处理器总是先切换进入特权级,并且在异常结束退出时返回先前的工作等级,此时也可以在返回前修改 CONTRIOL[0] 位来指定异常返回后的工作等级。

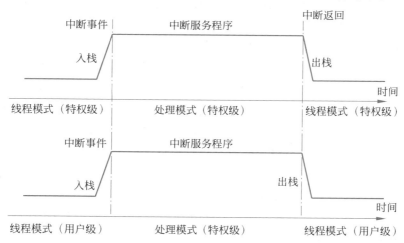

图 2.4 线程模式与处理模式相互转换过程

Cortex-M3 处理器的工作等级和堆栈指针的选择均由控制寄存器控制。处理器只能在特权级下才能进行控制寄存器的设置,因此在 CONTROL[0] 位为 0(线程模式+特权级)时,在异常处理的始末,处理器始终处于特权级,只发生工作模式的转换,如图2.4所示。若在CONTROL[0]位为1(线程模式+用户级)时,则在异常处理的始末,工作模式和工作等级均要发生变化,如图2.5所示。

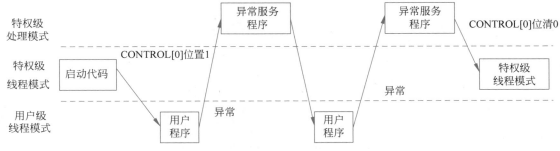

图2.5 特权级和用户级间切换

如前所述,通过引入特权级和用户级,就能够在直接硬件上限制某些不受信任的程序或者未调试好程序随意地配置和修改重要的处理器寄存器,从而提高系统的可靠性。对拥有存储器保护单元MPU的处理器,它还可以作为特权机制的补充,保护关键重要的存储器不被破坏,从而使操作系统不会轻易受某个应用程序的崩溃或者恶意使用的影响,而伤害到整个系统的运行。处理器的工作模式和权限级别的划分,使得处理器运行更加安全稳定,不会因一些小的失误或者简单的恶意操作而使得系统崩溃。

2.3.2 三级流水线

流水线是处理器中必不可少的部分,是指将指令处理过程拆分为多个步骤,并通过多个硬件处理单元并行执行来加快指令执行速度的过程。其具体执行过程与工厂中的流水线类似,并因此得名。作为类比,处理指令就是流水线传送带上的产品,各个硬件处理单元就是流水线旁的工人。在使用流水线的处理器中,一个指令的执行不是在一个定时周期中完成的,而是被分到多个定时周期中去完成,从而形成分任务,但是与此同时多个指令的分任务可以被设计为同时处理。由于这些分任务比整个指令要简单,因此可以通过使用流水线来虚拟提高定时周期频率。虽然每个指令需要多个周期后才能完成,但是通过多个指令的并行运算使在每个周期内就可以完成一个指令的执行,因此通过这个方法可以提高整体速度。一条流水线的每个分步骤称为流水线级。任何处理器在执行一条指令的时候,主要有3个步骤:取指、译码、执行。如果处理器仅串行执行程序,即:执行完一条指令后,再执行下一条指令的3个步骤中每个步骤都耗时1s。如果整个程序共10条指令,那么这个程序总的执行时间是30s。这太慢了。有没有办法让它提速3倍呢?研究可发现取指、译码、执行阶段分别占用的处理器硬件是完全不同的,这样就使得如下的并行操作得以进行,如图2.6所示,在对第1条指令进行译码时,可以同时对第2条指令进行取指操作;在对第1条指令进行执行时,可以同时对第2条指令进行译码操作,对第3条指令进行取指操作。这样就可以将该程序的运行总时间减少近2/3,提速近3倍。此并行运行指令的方式称为流水线操作。

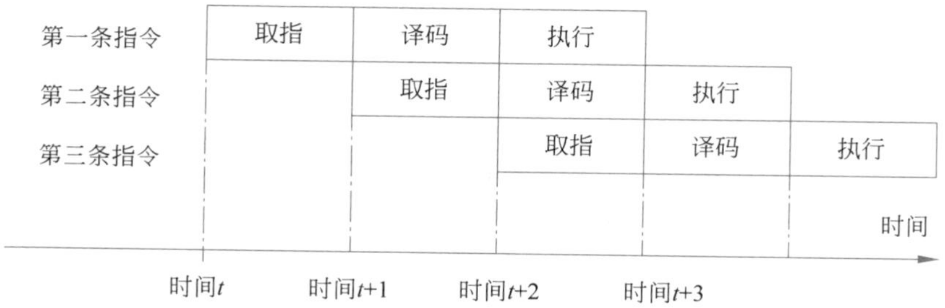

图 2.6　Cortex-M3 三级流水线示意图

在处理器遇到程序分支、中断异常以及断点时,之前的流水线取指令和译码结果会被丢弃,程序运行直接跳转到相应的指令处取指,从而开始形成新的流水线。此过程称为流水线的清洗(Pipeline Flushing)。如果程序设计中这样的过程过多,即使得被丢弃的流水线步骤过多,则会影响处理器运行。因此 Cortex-M3 处理器支持一定数量的AMR v7-M 新指令,以避免过多的微跳转分支。另外,在处理器内核的预取单元中设计有一个指令缓冲区,允许后续指令执行前先在此缓冲区中排队,使得能在执行未对齐的32 位 Thumb 指令时,避免流水线断流。设置缓冲区机制不会增加流水线负担,也不会导致流水线性能的下降。

2.3.3　寄存器

寄存器(Register)是集成电路中非常重要的一种存储单元,通常由触发器组成。寄存器可分为电路内部使用的寄存器和充当内外部接口的寄存器两类。寄存器是中央处理器的重要组成部分,是有限存储容量的高速存储部件,可用来暂存指令、数据和地址。寄存器是处理器内部的重要部件,一般包括通用寄存器、专用寄存器和控制寄存器。在处理器中,包含的寄存器有指令寄存器(IR)、程序计数(PC)寄存器、累加器(ACC)寄存器以及诸多特殊功能寄存器等,因此寄存器是处理器内部重要的数据存储资源,是程序员能直接使用的硬件资源。由于寄存器的存取速度比内存快,所以在用汇编语言编写程序时,要尽可能充分利用寄存器的存储功能。寄存器一般用来保存程序的中间结果,为随后的指令快速提供操作数,从而避免把中间结果存入内存,再读取内存的操作。由于寄存器的数量和容量都有限,不可能把所有中间结果都存储在寄存器中,所以程序员要对寄存器进行适当的调度优化。根据指令的要求,如何安排适当的寄存器,避免操作数过多的传送操作是一项细致而又周密的工作。寄存器的优化分配策略是一个高级程序员应该时刻关注的重要问题。

Cortex-M3 处理器拥有字长全是 32 位的通用寄存器 R0~R15 及其他一些特殊寄存器。Cortex-M3 处理器拥有的主要寄存器如图 2.7 所示,其中,R0~R7 称为低寄存器组。所有处理器指令都能访问它们。在处理器复位后,这些寄存器的初始值是不可预料的,因此程序员在初始化程序时常常会清 0 或赋予所需的值。R8~R12 称为高寄存器组。下面详细说明通用寄存器 R13、R14 和 R15 以及特殊功能寄存器。

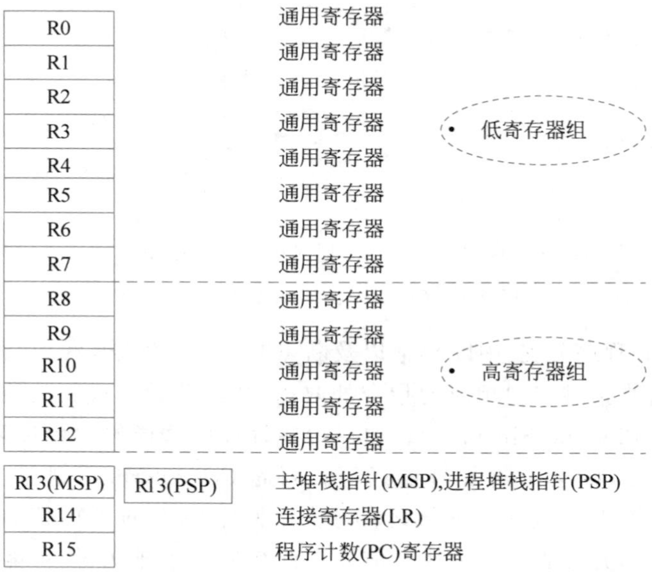

R0	通用寄存器
R1	通用寄存器
R2	通用寄存器
R3	通用寄存器
R4	通用寄存器
R5	通用寄存器
R6	通用寄存器
R7	通用寄存器
R8	通用寄存器
R9	通用寄存器
R10	通用寄存器
R11	通用寄存器
R12	通用寄存器

- 低寄存器组
- 高寄存器组

R13(MSP)	R13(PSP)	主堆栈指针(MSP),进程堆栈指针(PSP)
R14		连接寄存器(LR)
R15		程序计数(PC)寄存器

图 2.7　Cortex-M3 处理器寄存器组

1. R13 堆栈指针

在 Cortex-M3 处理器内核中有两个堆栈指针,因此可以支持两个堆栈。当引用 R13 (或写作 MSP 和 PSP)时,引用到的是当前正在使用的那一个,另一个必须用特殊的指令来访问(MRS 和 MSR 指令)。这两个堆栈指针分别是:

(1) 主堆栈指针 MSP,或写作 SP_main。这是默认的堆栈指针,它由操作系统 OS 内核、异常服务例程以及所有需要特权访问的程序代码来使用。

(2) 进程堆栈指针 PSP,或写作 SP_process。它用于常规的应用程序代码。

过去的简单处理器都只有一个堆栈指针 SP,现代的复杂处理器因要处理多任务才设计了多个堆栈指针。注意,并不是每个应用都必须同时使用两个堆栈指针,简单的应用程序只使用 MSP 就够了。堆栈指针用于访问堆栈,并且 PUSH 指令和 POP 指令默认使用 SP。至于使用 MSP 还是 PSP,视处理器工作模式而定。堆栈含义及其具体工作流程和方法如图 2.8 所示。

2. R14 连接寄存器

当运行程序调用一个子程序时,由 R14 存储返回地址。与大多数其他处理器不同,ARM 为了减少访问内存的次数(访问内存的操作往往要 3 个以上指令周期,带 MMU 和 cache 的就更加不确定),把返回地址直接存储在寄存器中。这样足以使很多只有一级子程序调用的代码无须访问内存(堆栈内存),从而提高子程序调用的效率。若多于一级,则需要把前一级的 R14 值压到堆栈里。在编程时应尽量只使用寄存器保存中间结果,只是在迫不得已时才去访问内存。在 RISC 处理器中,为了强调访问操作越过了处理器的界线,并且带来了对性能的不利影响,对此取了一个专业的术语"溅出"。

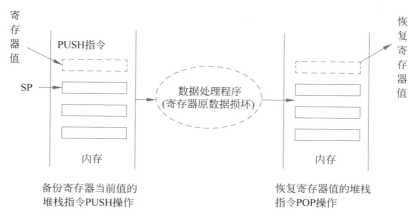

图 2.8 堆栈原理及其工作流程

3. R15 程序计数寄存器

R15 程序计数寄存器指向当前的程序地址。通过修改它可以改变程序的执行流程。

除 R0～R15 寄存器外,Cortex-M3 处理器还拥有多个特殊功能寄存器。特殊功能寄存器是用来对处理器片内各功能模块进行管理、控制、监视的控制寄存器和状态寄存器。它们也是处理器中最具有特色的部分,几乎所有功能的增加和扩展都是通过增加特殊功能寄存器来达到。Cortex-M3 处理器还设计有 3 类特殊功能寄存器,即程序状态寄存器(Program State Register,PSR)、中断屏蔽寄存器(Interrupt Mask Register,IMR,又分为 PRIMASK、FAULTMASK 和 BASEPRI)和控制寄存器(Control Register,CR)。表 2.1 详细说明这些重要的特殊功能寄存器。

表 2.1 Cortex-M3 特殊功能寄存器

寄存器名称	功 能 说 明
xPSR	记录 ALU 标志,如零、进位、负数、溢出标志,执行状态以及当前服务中断号
PRIMASK	除不可屏蔽中断(NMI),除能所有的中断
FAULTMASK	除能所有的 Fault,NMI 不受影响。被除能的 Fault 可"上访"
BASEPRI	除能所有优先级不高于某具体数值的中断行为
CONTROL	定义特权状态,且决定使用哪个堆栈指针

4. 程序状态寄存器

Cortex-M3 程序状态寄存器是 32 位的,在其内部又可分为 3 个子状态寄存器:应用程序运行状态寄存器(APSR)、中断号寄存器(IPSR)、执行状态寄存器(EPSR)。通过处理器 MRS/MSR 指令,以上 3 个 PSR 既可以单独访问,也可以 2 个组合或者 3 个组合进行组合访问。在使用三合一的方式访问时,应使用名字 xPSR 或者 PSR。Cortex-M3 程序状态寄存器各标志位的含义如图 2.9 所示。

各标志位定义如下:

- N——负条件码标志位(Negative),运算结果小于 0,N=1,大于或等于 0,N=0。
- Z——零条件码标志位(Zero),运算结果为 0,Z=1。

	31	30	29	28	27	26:25	24	23:20	19:16	15:10	9	8	7	6	5	4:0
APSR	N	Z	C	V	Q											
IPSR														异常号		
EPSR						ICI/IT	T			ICI/IT						

	31	30	29	28	27	26:25	24	23:20	19:16	15:10	9	8	7	6	5	4:0
xPSR	N	Z	C	V	Q	ICI/IT	T			ICI/IT			异常号			

图 2.9　Cortex-M3 程序状态寄存器各标志位的含义

- C——进位条件码标志位(Carry),运算指令产生进位(无符号加法溢出),C=1。
- V——溢出条件码标志(Overflow),运算溢出(有符号加法溢出),V=1。
- Q——饱和条件码标志位(Sticky Saturation)。
- IPSR——在处于线程模式时,此位域为0;在特权模式下,此位域为当前异常的异常号。
- EPSR——T位:Thumb状态,T=1;ARM状态,T=0。ICI就是可中断-可继续指令位区。

5. 中断屏蔽寄存器

中断由异步的外部事件引起。外部事件及中断响应与正在执行的指令不存在关系。处理器一般必须接收和处理来自内外设的中断请求。按照是否可以被屏蔽,中断分为两大类:不可屏蔽中断(或非屏蔽中断)和可屏蔽中断。不可屏蔽中断源一旦提出请求,处理器必须无条件响应,而对可屏蔽中断源的请求,处理器可以响应,也可以不响应。因此什么叫屏蔽中断?如何允许中断?如何实现中断?处理器设计中就出现了中断屏蔽寄存器IMR。Cortex-M3处理器中有3个中断屏蔽寄存器PRIMASK、FAULTMASK和BASEPRI。表2.2详细说明了此3个寄存器功能。

表 2.2　3个中断屏蔽寄存器功能

名　　称	功　　能
PRIMASK	此为1位的寄存器。当其置1,关闭所有可屏蔽的异常,仅NMI与硬件错误可响应。其默认值为0,表示未关中断
FAULTMASK	此为1位的寄存器。当其置1,仅NMI可响应。所有其他的异常,包括中断和与Fault,全部关闭。其默认值为0,表示未关异常
BASEPRI	该寄存器最多有9位,其位数由表达优先级的位数决定。它定义被屏蔽优先级的阈值。当寄存器被设置成某个值后,所有优先级号大于或等于此值的中断均被关闭。如果被设置为0,则不关闭任何中断。它的默认值也为0

注意:在使用中只有处理器在特权级下,必须使用MRS和MSR指令才能访问这3个寄存器。这3个中断屏蔽寄存器在复杂系统设计时较为重要。如像对时间要求较为

敏感的任务,有时采取 PRIMASK 和 BASEPRI 设置为关闭中断来保证任务完成。另外,有时在任务偶然崩溃时,常常会出现很多不同 Fault,这时操作系统会及时关闭 FAULTMASK,从而关闭故障中断处理机能,这样可防止产生一些连锁重大故障。为实现快速开关中断处理机能,Cortex-M3 专门设计了 CPSID 关中断和 CPSIE 开中断两条指令。

　　6. 控制寄存器(Control Register,CR)

　　控制寄存器用于控制和确定处理器的操作模式以及当前执行任务的特性。Cortex-M3 控制寄存器只使用了最低两位,用于定义特权级别和选择当前使用的堆栈指针。第一位用于定义特权级别(CONTROL[0]),第二位用于选择当前使用哪个堆栈指针(CONTROL[1])。同样,必须使用 MRS 和 MSR 指令才能访问控制寄存器(CR)。具体详见表 2.3。

表 2.3　控制寄存器(CR)

位	功　　能
CONTROL[1]	0：选择主堆栈指针 MSR 1：选择进程堆栈指针 PSP 处理模式下只允许使用 MSP
CONTROL[0]	0：特权级线程模式 1：用户级线程模式 处理模式永远是特权级

- CONTROL[1]：清 0 表示选择主堆栈指针 MSP(复位后的默认值);置 1 表示选择进程堆栈指针 PSP。在用户模式下,CONTROL[1]位总是 0。在线程模式中则可以为 0 或者 1。仅当处理器处于特权级的线程模式下,才可写此位,其他情况下禁止写入。在异常中断返回时,也可通过修改链接寄存器 LR 的位 2 实现处理器的模式转换。
- CONTROL[0]：清 0 表示特权级的线程模式;置 1 表示用户级的线程模式。用户模式永远都是特权级的。仅当特权级下操作时才允许写该位,一旦进入了用户级,唯一返回特权级的途径,就是触发一个软中断,再由服务程序改写该位。

2.4　存储器结构及其管理机制

2.4.1　存储器分类与特点

　　存储器(Memory)是一种利用半导体、磁性介质等技术制成的存储数据的部件。存储器的主要功能是存储程序和各种数据,并能在计算机运行过程中高速、自动地完成程序或数据的存取。有了存储器,计算机才能有记忆功能,才能保证正常工作。按照用途存储器可分为主存储器和辅助存储器,还可分为外部存储器和内部存储器。从使用功能上,存储器分为随机存储器(Random Access Memory,RAM)和只读存储器(Read Only Memory,ROM)。另外,近年来出现的 Flash 存储器也已经得到广泛应用。

（1）RAM 的特点：可以读出，也可以写入。读出时并不损坏原来存储的内容，只有写入时才修改原来所存储的内容。断电后存储内容立即消失，即具有易失性。RAM 可分为动态 RAM（Dynamic RAM，DRAM）和静态 RAM（Static RAM，SRAM）两大类。DRAM 的特点是集成度高，主要用于大容量内存储器。SRAM 的特点是存取速度快，主要用于高速缓冲存储器。

（2）ROM 的特点：只能读出原有的内容，不能由用户再写入新内容。原来存储的内容是采用掩膜技术由厂家一次性写入的，并永久保存下来。它一般用来存放专用的固定的程序和数据。不会因断电而丢失。

（3）CMOS 存储器的特点：它是一种只需要极少电量就能存放数据的芯片。由于耗能极低，CMOS 内存可以由集成到主板上的一个小电池供电，这种电池在计算机通电时还能自动充电。因为 CMOS 芯片可以持续获得电量，所以在关机后，它也能保存有关计算机系统配置的重要数据。

（4）Flash 存储器也称闪速存储器，其主要特点是：在不加电的情况下能长期保持存储的信。就其本质而言，Flash 存储器属于 EEPROM（电擦除可编程只读存储器）类型。它既有 ROM 的特点，又有很高的存取速度，而且易于擦除，重写和功耗很小。现在大量用来存放专用的或固定的程序和数据。

2.4.2 Cortex-M3 存储器分区

Cortex-M3 处理器中常用的存储器有保存程序代码的 Flash 存储器、保存程序运行数据的静态 RAM、电可擦除只读存储器 EEPROM。Cortex-M3 是 32 位地址线的 ARM 处理器内核，有多家公司的单片机采用这个内核，它可支持 4GB 存储空间。所有程序存储器、数据存储器、寄存器和输入/输出接口均被组织在一个 4GB 的线性地址空间范围内，这 4GB 空间包括 Flash、SRAM 和 EEPROM 存储器，它们均有一个单一固定的存储器映射。如图 2.10 所示，程序可以在代码区、内部 SRAM 区和外部 RAM 区执行。

如图 2.10 所示，Cortex-M3 处理器存储器映射区 4GB 地址空间范围主要分为以下六大区域，其具体含义如下：

（1）代码区（Code，0x00000000～0x1FFFFFFF，共 512MB）。此区域用于存放指令代码，存好后只读不可改，一般采用 Flash 存储器。Cortex-M3 处理器的指令总线与数据总线是分开的，最理想的情况是把指令代码放到代码区，使得取指令和数据访问各自使用自己的总线。当然指令代码也可以放在代码区、内部 SRAM 区和外部 RAM 区中进行执行。

（2）片上 SRAM 区（0x20000000～0x3FFFFFFF，共 512MB）。此区域存放数据，此区域常常由芯片厂商决定使用多大的内存，通过系统总线访问，其内容随时可读可写。此区域最底部的 1MB 范围是位带区（0x20000000～0x200FFFFF）可存放 8KB 布尔变量。如图 2.11 所示，其每一位膨胀成一个 32 位的字地址，称为"位带别名区"（0x22000000～0x23FFFFFF）地址范围。

（3）片上外设区（Peripheral，0x40000000～0x5FFFFFFF，共 512MB）。此区域为片

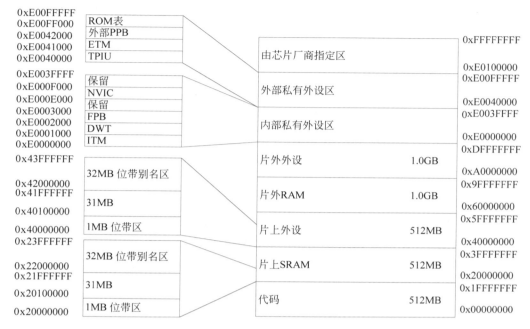

图 2.10 Cortex-M3 存储器定义与映射

上外设寄存器地址区,可由各芯片厂商布局自己各式各样的特色外部设备。主要由片上外设使用,用于映射诸片上外设的寄存器。与图 2.11 相同,该区域最底部的 1MB 范围是位带区(0x40000000～0x400FFFFF)可存放 8KB 布尔变量。每位膨胀成一个 32 位的字地址,形成"位带别名区"(0x42000000～0x43FFFFFF)地址范围。注意,在片上外设区不允许执行指令。

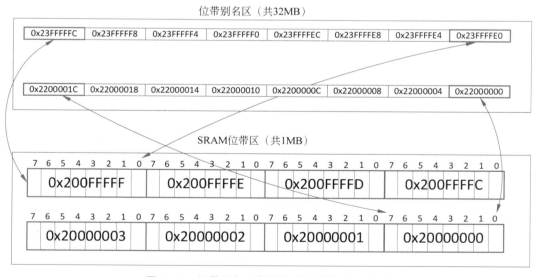

图 2.11 位带区与位带别名区的膨胀对应关系

(4) 片外 RAM 区(0x6000000～0x9FFFFFF,共 1GB)。此区域为片外扩展随机存储区 RAM,在当片内资源不够时,可进行扩展。外部 RAM 区用于连接外部 RAM,未设有位带区,可允许在此区域存放指令并运行。

(5) 片外设备区(External Device,0xA000000～0xDFFFFFF,共 1GB)。此区域为片外扩展设备区,用于连接外部设备。注意,在此区域不能执行指令。

(6) 专用总线区(Private Bus,0xE000000～0xE00FFFFF,共 1MB)。此区域为 Cortex-M3 处理器内核的系统级组件与私有总线,分两部分:内部私有外设区 (0xE000000～0xE003FFFF,共 256KB)和外部私有外设区(0xE040000～0xE00FFFFF, 共 768KB)。AHB 专用外设总线对应于内部私有外设区,只用于 Cortex-M3 处理器内部的 AHB 外设,如嵌套向量中断控制器(NVIC)、闪存地址重载以及断点单元(FPB)、数据观察点单元(DWT)、仪器化跟踪宏单元(ITM)、SYSTICK 等。APB 专用外设总线对应于外部私有外设区,只用于 Cortex-M3 处理器内部的 APB 设备,如跟踪端口接口单元(TPIU)、嵌入式跟踪宏单元(ETM)以及 ROM 表等。在内部私有外设区中,NVIC 区域也称为"系统控制空间"(SCS),映射有 SysTick、MPU 以及指令代码调试控制所用的寄存器。此外,Cortex-M3 还允许芯片厂商添加其他片上 APB 外设到 APB 专用外设总线上并通过 APB 总线来访问的外设。

(7) 芯片厂商指定区(0xE0100000～0xFFFFFFFF,共 511MB)。此区域通过系统总线来访问,注意,在此区域不允许执行指令。

Cortex-M3 提供了此预先定义好的存储器地址映射表,极大地方便了软件在各种基于 Cortex-M3 的 CPU 间的移植。此存储器系统与传统 ARM 架构相比,Cortex-M3 已经脱胎换骨了,其存储系统功能概览如下:

- 它的存储器映射是预定义的,如图 2.10 所示,访问哪个存储区还规定了哪个位置使用哪条总线。
- Cortex-M3 存储器系统也支持所谓的"位带"(bit-band)操作。

为支持位带操作,Cortex-M3 使用普通的加载/存储指令来对单一的位进行直接读写。如图 2.11 所示,在此处理器中设置有两个区中实现了位带,其中一个是 SRAM 区的最低 1MB 范围,另一个则是片上外设区的最低 1MB 范围。这两个区中的地址除了可以像普通的 RAM 一样使用外,它们还都有自己的"位带别名区",位带别名区把每位膨胀成一个 32 位的字地址。通过位带别名区访问这些字地址时,就可以达到直接访问原始位的目的。支持位带操作的两个内存区的地址范围是:

0x20000000～0x200FFFFF(SRAM 区中的最低 1MB 存储区)

0x40000000～0x400FFFFF(片上外设区中的最低 1MB 存储区)

对于 SRAM 位带区的某位,记它所在字节地址为 A,位序号为 $n(0{\leqslant}n{\leqslant}7)$,则该位在别名区的地址为:

$$AliasAddr = 0x22000000 + ((A - 0x20000000) \times 8 + n) \times 4$$
$$= 0x22000000 + (A - 0x20000000) \times 32 + n \times 4$$

对于片上外设位带区的某位,记它所在字节的地址为 A,位序号为 $n(0 \leqslant n \leqslant 7)$,则该位在别名区的地址为:

$$\text{AliasAddr} = 0x42000000 + ((A - 0x40000000) \times 8 + n) \times 4$$
$$= 0x42000000 + (A - 0x40000000) \times 32 + n \times 4$$

式中,"×4"表示一个字为 4 字节,"×8"表示 1 字节中有 8 位。设置位带操作为什么能够提高效率? 如在传统的写操作包含读、改、写这 3 个步骤。因此,在过去未设置位带区功能时,当需要改变一个位的状态时需要进行的详细操作包括:

- 屏蔽相关事件。
- 从相关 RAM 或寄存器中读取数据。
- 对数据的相关位进行改写。
- 将改写过后数据写回 RAM 和寄存器。
- 开放相关事件。

有位带功能时,写操作只需要直接对相关位进行改写即可。综上所述,通过操作位带别名区来操作位带区中的某位,所需编程指令较少,处理器执行效率较高,操作也更方便。例如,若需要对位带区 0x20000000 地址的 Bit2 进行读写,则其操作详细流程如图 2.12 所示。

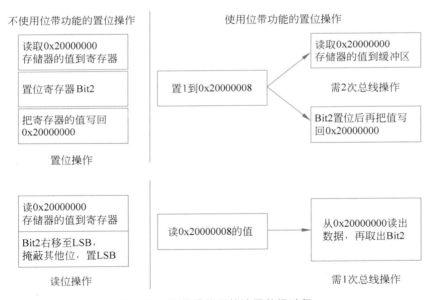

图 2.12 位带操作区的读写数据过程

根据位带区的特点,位带操作只适用于数据访问,不适合于取指操作,即位带区不适合存放指令程序和运行程序。通过使用位带区功能,可以把多个不同使用目的的布尔型数据打包放在一起,且可以方便自由地独立访问。这样可以显著提高操作编程的方便性、处理效率和安全性。另外,在复杂多任务执行环境中,以前的"读—改—写"3 步操作,在指令执行期间可能会被中断,这就可能会对一些高可靠性应用带来出错风险。位操作的直接读写能大大降低这种风险。

2.4.3　Cortex-M3 非对齐访问和互斥访问

Cortex-M3 的存储器系统支持非对齐访问和互斥访问。处理器的存储器的此特性是到了 ARMv7M 架构时才出现的。Cortex-M3 支持在单一的访问中使用非对齐的传送,数据存储器的访问无须对齐。非对齐数据传送机制如图 2.13 所示。

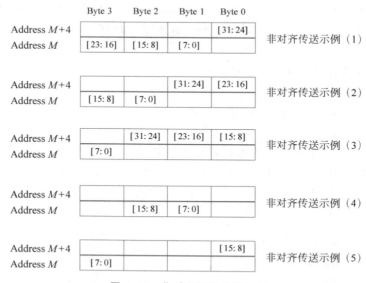

图 2.13　非对齐数据传送示例

1. 非对齐数据传送

在 Cortex-M3 处理器中,非对齐的数据传送只发生在常规的数据传送指令中,其他的指令则不支持。如多个数据的加载存储(LDM/STM)、堆栈操作(PUSH/POP)、互斥访问(LDREX/STREX)以及相关位带操作指令。注意,在处理非对齐数据时容易出错,因此程序员应该养成好习惯,总是保持地址对齐。为此,程序员可以设置 NVIC,使之监督地址对齐,保证数据访问的可靠性和安全性。在 Cortex-M3 处理器中,用互斥访问取代了 ARM 处理器中的 SWP 指令。互斥访问的理念同 SWP 指令非常相似,不同点在于,在互斥访问操作下允许互斥体所在的总线被其他 MASTER 访问,也允许被其他运行在本机上的任务访问,但是 Cortex-M3 处理器能驳回有可能导致竞态条件的互斥访问。互斥访问分为加载/存储,相应的指令有 LDREX/STREX、LDREXH/STREXH、LDREXB/STREXB,分别对应字、半字、字节数据的处理和访问,且当时用互斥访问时,这些指令必须成对使用。如 LDREX 指令与 LDR 相同,而 STREX 的不同之处是 STREX 指令的执行是可以被驳回的。如以 LDREX/STREX 为例,详见下面指令的运行。

$$LDREX \quad Rxf, \quad [Rn, \#offset]$$
$$STREX \quad Rd, \quad Rxf, \quad [Rn, \#offset]$$

执行结果如下:

- 当处理器同意执行 STREX,Rxf 的值会被存储到(Rn+offset)处,且把 Rd 的值更新。

- 若处理器驳回了 STREX 的执行,则不会发生存储动作,并且把 Rd 的值更新为 1。

驳回规则:只有在 LDREX 执行后最近的一条 STREX 才能成功执行。在其他情况下, 驳回此 STREX。

- 中途有其他 STR 指令执行。
- 中途有其他的 STREX 指令执行。

2. Cortex-M3 存储器系统支持小端和大端配置

Cortex-M3 处理器支持小端和大端配置,此为数据在存储器中的存储方式。在绝大多数情况下,Cortex-M3 处理器用户都使用小端模式。为了避免麻烦,厂商推荐使用小端配置。在系统设计中采用大端配置的外设时,可使用 REV 和 REVH 指令来完成端配置的转换。在复位时,Cortex-M3 处理器初始化确定使用哪种端配置,且运行中不得改变。指令预取永远使用小端配置,而且在配置存储空间的访问时也永远采用小端配置,包括 NVIX、FPB 等。外部私有总线地址区 0xE0000000~0xE00FFFFF 也永远使用小端配置。小端配置就是数据的高位字节存储在高位地址所指存储单元,数据的低位字节存储在低位地址所指存储单元。如存储 0x12345678 值到 0x00004000 地址所指的存储器单元,其小端和大端配置含义详见图 2.14。

地址	0x00004000	0x00004001	0x00004002	0x00004003
内容	0x78	0x56	0x34	0x12

地址	0x00004000	0x00004001	0x00004002	0x00004003
内容	0x12	0x34	0x56	0x78

图 2.14 存储器小端与大端配置

2.5 中断以及异常

2.5.1 中断及异常的概念

中断是指计算机系统运行过程中,出现某些意外情况需主机干预时,能自动停止正在运行的程序并转入处理新情况的程序,处理完毕后又能返回原被暂停的程序继续运行。中断可以由硬件产生,也可由软件产生。硬件中断导致处理器通过一个上下文切换来保存执行状态,软件中断则通常作为处理器指令集中的一个指令,以可编程的方式直接指示这种上下文切换,并将处理过程导向一段中断处理程序。在计算机多任务处理,尤其是在实时系统中,中断非常有用。因此,中断是一种使处理器中止正在执行的程序而转去处理特殊事件程序的操作,这些引起中断的事件称为中断源,它们可能是来自内部以及外部的外设的输入/输出请求,也可以是一些异常事故或其他内部原因。所以中断可以是正常的,是我们期待的运行流程;也可以是非法的或者错误的运行流程,它通常也称为"异常",顾名思义,是非正常中断。异常通常是指处理器内部出现的中断,即在处理器执行特定指令时出现的非法情况。同时异常也称为同步中断,因此只有在一条指令

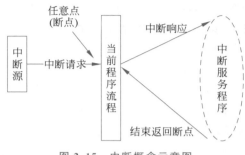

图 2.15 中断概念示意图

执行后才会发出中断,不可能在指令执行期间发生异常。中断基本概念流程如图 2.15 所示。

中断常可分为屏蔽中断和非屏蔽中断两类。可由程序控制其屏蔽的中断称为屏蔽中断或可屏蔽中断。屏蔽时处理器将不接受此类中断,反之不能由程序控制其屏蔽,处理器一定要立即处理的中断称为非屏蔽中断或不可屏蔽中断。非屏蔽中断主要用于断电、电源故障等重大的以及必须立即处理的情况。在处理器响应中断时,不需要执行查询程序。而由被响应中断源向处理器发向量地址的中断称为向量中断,反之为非向量中断。采用向量中断法可以提高中断响应速度和效率。因此在处理器中采用中断的主要目的有:

(1)提高处理器效率。因计算机系统中处理的任务很多,通过中断可以协调它们之间的工作。在计算机内外设需要交换信息时,向处理器发出中断请求,处理机及时响应并作相应处理,否则处于各自独立的并行工作状态可能引起混乱。

(2)维持计算机系统可靠工作。在计算机系统中,程序员不能直接干预和操纵机器,必须通过中断系统向系统发出请求,来实现人为干预。例如,在程序运行过程中,若在存储区出现越界访问,则有可能引起程序混乱或相互破坏。为避免此类事件的发生,由存储管理部件进行实时监测,一旦发生越界访问,就向处理器发出中断请求,处理器会立即采取保护措施。

(3)满足实时处理要求。在实时系统中,各种监测和控制装置可能会随机实时地向处理机发出各种中断请求,处理器需要尽快响应并进行处理。

(4)提供故障现场处理手段。通常系统中设有各种故障检测和错误诊断的硬件和软件,一旦发现故障或错误,立即发出中断请求,进行故障现场记录和隔离,为进一步处理提供必要的依据。

为完成复杂任务,现在处理器的中断系统都具有多个中断源,当多个中断源同时向处理器请求中断,要求处理器为其服务时,处理器如何处理? 如何顺利且有条不紊地完成处理进程? 为此在处理器设计中出现“开中断和关中断”“中断优先级别”“中断嵌套”“中断向量”“中断分类”等与中断相关的概念。下面说明其中的主要术语以及相关使用方法。

1. 开中断和关中断

关中断和开中断其实就是像我们生活中的开关一样。关中断是为了保护一些不能中途停止执行的程序而设计的。通常处理器进行的是时分复用,即每个时钟周期内处理器只能执行一条指令。即使在多个程序同时运行时,处理器也是不断交替地将这些程序的指令一条一条地分别执行,由于处理器执行指令的速度足够快,所以感觉上是多个程序在同时执行,但从微观上看,则是处理器在不同的极短时间段内执行着不同程序的单条指令。处理器在这些指令之间的切换就是通过中断来实现的。例如,在出现了异常事件后又恢复正常时,处理器就会忙于恢复事件出现之前的工作环境,也称恢复现场。在恢复现场时,处理器是不允许被其他的程序打扰的,此时就要启动关中断,处理器不再响应其他的中断请求。当现场恢复完毕后,处理器就启动开中断,恢复所有的正常程序。

2. 保护现场和恢复现场

在处理器运行程序进入中断时需要保护现场,在退出中断时要恢复现场。因为在处理器运行指令程序时一般都要用到多个寄存器,特别是累加器、状态寄存器以及多类专用寄存器等。中断程序是属于一种处理突发性甚至是非正常事件的程序,在正常运行程序的任意时刻都可能出现中断。在进入中断时累加器中可能保存着重要数据,如果中断程序也要使用累加器,则需要将累加器数据保存起来,否则在退出中断时累加器中的原数据就会丢失,从而产生严重错误。保护现场就是进入中断程序保存所有需要用到的寄存器的数据,恢复现场就是退出中断程序时恢复保存寄存器的数据。保护现场的通常方法是将现场重要寄存器的数据先推入"堆栈"保存,然后中断程序再使用这些寄存器。恢复现场就是在返回被中断程序前,从堆栈弹出这些寄存器的值,从而恢复中断前的状态。所有操作均需要堆栈操作来实现,一般通用寄存器的保护和恢复需要用专门的堆栈操作指令(如 PUSH 和 POP 指令)来完成,返回地址的保护和恢复在相应子程序调用和返回指令操作中自动完成。

3. 中断响应与撤除

中断响应是当处理器发现有中断请求时,中止现行程序执行,并自动引出中断处理程序的过程。同时把断点地址自动送入堆栈进行保护,以便处理器执行结束中断程序后能正确返回到原被中断的位置继续执行原有程序。不同处理器的中断处理过程各具特色,各中断源的中断服务程序的入口地址由其具体设计的中断系统确定。在早期的简单处理器中是由硬件产生中断标识码,形成相应的中断服务入口。现在处理器是根据中断号获取中断向量值,由向量值来获取对应中断服务程序的入口地址值。为了让处理器容易由中断号查找到对应的中断向量,就需要在内存中建立一张查询表,称为中断向量表。由于中断分优先级,如果多个中断源同时产生,那么程序会按照优先级从高到低依次查询,因为突出了方向性,所以称为向量。在中断请求完成后,返回被中断程序之前,该中断请求标志应该被撤除,否则处理器执行完中断程序后又会被误判而错误地再一次进入同样的中断处理程序。

2.5.2 Cortex-M3 中断控制器 NVIC

ARM 处理器的 Cortex-M3 内核中设计有"嵌套向量中断控制器"(Nested Vectored Interrupt Controller,NVIC),它与内核有很深的"私交",即与内核是紧耦合的。其 NVIC 提供如下的功能:

1. 可嵌套中断支持

中断嵌套是指中断系统正在执行一个中断服务时,有另一个优先级更高的中断提出中断请求,这时会暂时终止当前正在执行的级别较低的中断源的服务程序,去处理级别更高的中断源,待处理完毕,再返回到被中断了的中断服务程序继续执行的过程。

2. 向量中断支持

在中断发生并开始响应后,Cortex-M3处理器会自动定位一张中断向量表,并根据中断号从表中查找出中断服务程序的入口地址,处理器以此地址跳转执行相对应程序。在Cortex-M3内核NVIC中断控制器中,再解释其中断和异常目的。在Cortex-M3内核NVIC中,其中断也叫内核异常,因此一般有以下概念:

(1)中断是指系统停止当前正在运行的程序转而其他服务,可能是程序接收了比自身高优先级的请求,或者是人为设置中断,一般认为中断属于正常现象。

(2)异常是指由于处理器本身故障、程序故障或者请求服务等引起的错误,异常属于不正常现象。

Cortex-M3内核支持256个中断,其中包含了16个内核异常和240个外部中断,并且具有256级的可编程中断级别设置。通常外部中断写作IRQ♯♯。另外,在STM32处理器中并没有使用Cortex-M3内核的全部资源,而是只采用了它的一部分。即STM32处理器设计有84个中断,包括16个内核异常和68个可屏蔽中断,具有16级可编程的中断优先级。Cortex-M3内核NVIC的中断向量表如表2.4所示。

表2.4 Cortex-M3内核NVIC的中断向量表

编号	类型	优先级	说明
0	N/A	N/A	无异常
1	复位	−3(最高)	复位
2	NMI	−2	不可屏蔽中断(外部NMI输入引脚)
3	硬件错误	−1	所有被除能的错误,都将上访成此硬件错误。在FAULTMASK未置位时,硬件错误服务程序被强制执行。错误被除能的原因为"被禁用"或被PRIMASK/BASEPRI屏蔽。若FAULTMASK置位,则硬件错误被除能,彻底关闭
4	存储管理错误	可编程	存储器管理错误,可由访问违例、访问非法位置以及企图在非程序执行区取指令,引发该错误
5	总线错误	可编程	由总线系统收到的错误响应
6	用法错误	可编程	由程序错误导致的异常
7~10	保留	N/A	N/A
11	SVCall	可编程	执行系统服务调用指令(SVC)引发的异常
12	调试监视器	可编程	调试监视器(数据观察点、断点或外部调试请求)
13	保留	N/A	N/A
14	PendSV	可编程	系统设备而设的"可悬挂请求"
15	SysTick	可编程	系统滴答定时器
16	IRQ♯0	可编程	外部中断♯0
17	IRQ♯1	可编程	外部中断♯1
…	…	…	…
255	IRQ♯239	可编程	外部中断♯239

3．动态优先级调整支持

为使处理器能及时响应并处理发生的各种所有中断,在设计时会根据引起中断事件的重要性和紧迫程度,将各中断源分为若干级别,称作中断优先级(Priority)。在实际系统中,常常遇到多个中断源同时请求中断的情况,这时处理器必须确定首先为哪个中断源服务,以及服务的顺序。处理器一般先响应优先级最高的中断请求,当处理器正在处理某一中断时,要能响应另一个优先级更高的中断请求,而屏蔽掉同级或较低级的中断请求,这样就形成了中断嵌套。

在 Cortex-M3 中,中断与异常的优先级非常重要,它是影响中断异常能否被响应,以及能否得到及时响应的关键因素。优先级的数值越小,优先级别越高。高优先级别中断异常可以抢占低优先级别的响应。如表 2.4 所示,复位、NMI 和硬件错误 3 个系统异常具有固定的优先级别,且为负数,从而高于任何其他中断和异常。其他中断和异常的优先级别均可编程设置,但不能为负数。在 Cortex-M3 中,支持 3 个系统级固定高优先级和高达 256 级的可编程优先级,且支持 128 级抢占。厂家在设计基于 Cortex-M3 内核的芯片时,可以裁剪可编程优先级别的数量,因此,实际的芯片可支持的优先级数会减少,可形成如只支持 8 级、16 级或 32 级优先级别。如图 2.16 所示为优先级配置寄存器。对 Cortex-M3 来说,其 8 位优先级配置寄存器,允许的最小位数为 3 位,即处理器最少配置 8 级优先级别。在优先级别用 3 位或 4 位表示时,如图 2.17 所示。

Bit7	Bit6	Bit5	Bit4	Bit3	Bit2	Bit1	Bit0
用户优先级			未使用，读回值是0				

图 2.16 优先级配置寄存器

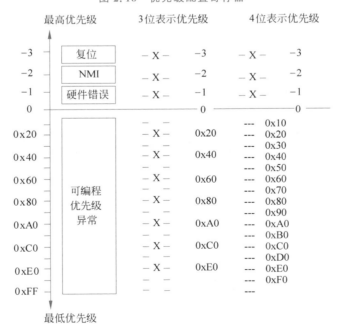

图 2.17 中断优先级

　　另外,在 Cortex-M3 中有两个优先级的概念:"抢占式优先级"和"响应优先级",有人也把响应优先级称作亚优先级或副优先级,每个中断源都需要被指定这两种优先级。抢占式优先级高的中断可以打断抢占式优先级低的中断,这时不用管响应优先级;响应优先级只是在两个或者多个抢占式优先级相同的中断同时到来时进入响应优先级高的中断,若进入这个中断之后再来一个抢占式优先级相同但是响应优先级更高的中断,则不会打断已有的中断。

　　因此,Cortex-M3 把 256 级优先级分为抢占式优先级和副优先级,支持最多 128 个抢占式优先级,此抢占式优先级就决定了其抢占行为。其优先级分组规定为副优先级至少1 位,抢占式优先级最多 7 位,有 128 个抢占式优先级。如表 2.5 所示,Cortex-M3 也允许在 Bit7 处进行分组,此时所有的位均用来表示副优先级,无任何位表示抢占式优先级,使得优先级编程的中断异常之间不会产生抢占,也使得其中断机制失效。此机制对复位、NMI 和 Fault 三种系统异常无效,它们只要出现就立即无条件抢占所有优先级。

表 2.5　抢占式优先级和副优先级

优 先 级 组	抢占式优先级位段	副优先级位段	备　　注
0	[7:1]	[0:0]	至少 1 位
1	[7:2]	[1:0]	
2	[7:3]	[2:0]	
3	[7:4]	[3:0]	
4	[7:5]	[4:0]	
5	[7:6]	[5:0]	
6	[7:7]	[6:0]	
7	没有	[7:0]	全部位

　　在 Cortex-M3 内核 NVIC 中断控制器中设有一个 32 位的应用程序中断及复位控制寄存器(AIRCR),该寄存器中有一个位段名为"优先级分组"位段 PRIGROUP。此位段的值对每个优先级可配置的中断异常均有影响。此寄存器的各位段含义如表 2.6 所示。例如,在采用 3 位[7:5]表示优先级且优先级组由位 5 开始分组时,则可得到 4 级抢占式优先级。由此可得优先级的具体情况如图 2.18 所示。

表 2.6　中断及复位寄存器优先级各位段含义

位　　段	名　　称	读或写	复位值	含　　义
[31:16]	VECTKEY	R/W	—	对该寄存器的写操作,必须同时写入 0x05FA,否则写操作被忽略。若读取此半字,则为 0xFA05
[15:15]	ENDIANESS	R	—	大小端设置:1 表示大端,0 表示小端
[10:8]	PRIGROUP	R/W	0	优先级分组,表示第几位开始分
[2:2]	SYSRESETREQ	W	—	请求芯片控制逻辑产生一次复位
[1:1]	VECTCLRACRIVE	W	—	所有异常状态信息清零
[0:0]	VECTRESET	W	—	仅复位处理器内核(除调试逻辑)

　　软件也可以在其运行期间更改中断的优先级,即在运行某个 ISR 中间修改了自己对应中断的优先级,且此中断又有新的实例处于挂起(Pending)状态中,也不会因自己打断自己而出现重入风险。由以上的 NVIC 中断控制器设计可以看到,Cortex-M3 内核的中

断处理和设置功能强大而且复杂,因此设置中要反复论证系统流程确保正确,并在开机初始化时一次性设置好。

4. 中断延迟大大缩短

Cortex-M3 内核还设计了自动的现场保护与恢复、咬尾和晚到异常处理机制等处理措施,从而缩短中断嵌套时的延迟时间,提高处理器高效响应中断流程。其咬尾中断和晚到中断异常概念说明如下。

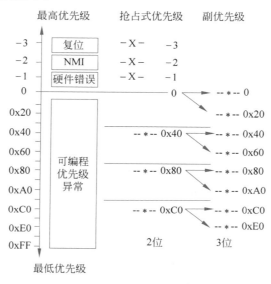

图 2.18　优先级分组设置图

（1）咬尾中断:Cortex-M3 内核设计时为缩短中断延迟做了很多努力。为此新增了"咬尾中断"(Tail-Chaining)机制。当处理器在响应某异常时,若发生了其他异常,但它们优先级不够高,则被阻塞。在当前的异常执行返回后,系统处理悬起的异常时,倘若还是先 POP,然后又把 POP 出来的内容 PUSH 回去,这就成了"砸锅炼铁再铸锅",白白浪费了 CPU 时间。在复杂系统中还有很多紧急的事件悬而未决,因此 Cortex-M3 不会过度地 POP 这些寄存器,而是继续使用上一个异常已经 PUSH 好的成果,这样就消灭这种浪费。这样看上去好像后一个中断异常就把前一个中断异常的尾巴咬掉了,前前后后就只执行了一次入栈/出栈操作。因此这两个异常之间的时间沟就变窄了很多。

（2）晚到异常:Cortex-M3 的中断处理还设计有另一个机制,它强调了优先级的作用,这就是"晚到异常处理"。当 Cortex-M3 对某异常的响应序列还处在早期:在入栈的阶段,尚未执行其服务例程时,若此时收到了高优先级异常的请求,则本次入栈就成了为高优先级中断所做的了,即此后入栈后,将执行高优先级异常的服务例程。

5. 中断可屏蔽

中断可屏蔽是指处理器既可以屏蔽优先级低于某个阈值的中断异常,也可全部屏蔽所有的中断异常。设置此机制是为了在某些特殊或者对时序要求特别苛刻的应用中,使任务能顺利执行而不被干扰出现问题。因此为中断可屏蔽,Cortex-M3 处理器设置了

BASEPRI、PRIMASK 和 FAULTMASK 中断异常屏蔽寄存器组。只有在特权级下,才允许访问这 3 个寄存器。其详细机制和功能如表 2.7 所示。

表 2.7　BASEPRI、PRIMASK 和 FAULTMASK 中断异常屏蔽寄存器

名　字	功　能　描　述
BASEPRI	该寄存器最多有 9 位(由表达优先级的位数决定)。定义了被屏蔽优先级的阈值当它被设置为某个值后,所有优先级号大于或等于此值的中断都被关。若设置成 0,则不关断任何中断,0 为默认值
PRIMASK	单一比特的寄存器。置 1 后,就关掉所有可屏蔽异常,只剩下 NMI 和硬件错误可以响应。默认值是 0,表示没有关闭中断
FAULTMASK	单一比特的寄存器。置 1 后,只有 NMI 可以响应。默认值为 0,表示没有关异常

注意:在 NVIC 中断控制器的访问地址为 0xE000E000,除软件触发中断寄存器可以在用户级模式下访问外,其他所有的中断控制寄存器、中断状态寄存器均只能在特权模式下访问。访问均可按字/半字/字节进行访问。另外,以上的 3 个特殊的中断屏蔽寄存器的访问,只能通过 MRS、MSR、CPSID 和 CPSIE 指令来进行读写访问。

6. 中断向量表的重定位

为方便存储器的配置,处理器的中断向量表可以重新定位,即可以通过设置寄存器使中断向量表映射到存储器空间的其他合适地方。因此,一个工作任务程序可装入与其地址空间不一致的存储空间,这种对有关地址部分的调整称为重定位。处理器就必须要重新找到中断向量表地址,然后根据偏移,对号入座再找到中断地址。中断向量表的起始地址和偏移,主要目的是告诉处理器该向量表是位于 Flash 还是 RAM 存储区域。

Cortex-M3 的 NVIC 中断控制器允许向量表重定位,即从其他地址处开始定位各中断异常向量。此地址可以是代码区,也可以是 RAM 区。为实现在 RAM 区修改向量的入口地址,NVIC 中设有一个向量表偏移量寄存器(Vector Table Offset Register,VTOR),地址为 0xE000ED08,通过修改它的值即可定位向量表。在开发过程中,最开始的中断向量表一般放在 Flash 的零地址,这是因为 ARM 的 SP 指针和复位地址分别位于 0x00 和 0x04 地址的原因。一般也会把其他中断向量表也放到这里,不过在程序运行时,因为可能需要修改中断向量表的中断处理函数,所以也会将中断向量表在程序初始化时复制到 RAM 中去。向量表偏移量寄存器 VTOR 的具体含义如表 2.8 所示。

表 2.8　向量表偏移量寄存器 VTOR 位分配表

位	名　称	功　能
[31:30]	*	保留位(在某些设备中,这些位是 TBLOFF biylileld 的一部分,如下所述)
[29(31):7]	TBLOFF	向量可移动基本偏移场。它包含表基距内存映射底部的偏移量位 [29:7]。(位[31:7]适用于 Cortex-M3 修订版 r2pl 及更高版本) 注意: 位[29](位 31 在 Cortex-M3 修订版 r2pl 及更高版本中)决定向量表是在代码还是 SRAM 存储器区域中 (1) 0=code (2) I=SRAM
[6:0]	*	保留位

在需要修改 VTOR 寄存器时是有一定要求的，必须先求出系统中共有多少个向量，再把这个数字向上增大到 2 的整数次幂，而且起始地址必须对齐到后者的边界上。若共有 32 个中断，则共有 32＋16（系统异常）＝48 个向量，向上增大到 2 的整数次幂后值为 64，因此地址必须能被 $64 \times 4 = 256$ 整除，因此合法的起始地址可以是 0x0、0x100 和 0x200 等。Bit[29] 为 0，表示向量表放置在代码区域，Bit[29] 为 1，表示放置在 SRAM 区域。因为 Cortex-M3 处理器的寻址范围为 4GB，其中 0x00000000～0x1FFFFFFF 是代码区域，0x20000000～0x3FFFFFFF 是 SRAM 区域，所以直接将偏移地址写入 SCB_VTOR 寄存器。也可不用关心 Bit[29]，因为它本身在地址划分上已经保证了偏移地址所在的区域。

当需要动态改变中断向量表或者重定位时，向量表的起始处必须包括主堆栈指针 MSP 的初值、复位向量、NMI、硬件错误服务程序。因为在引导过程中可能发生 NMI 和硬件错误，所以在向量表起始处应包含这两种重要异常。在进行中断向量表的重定位时，可以在 SRAM 中留出一块区域存储向量表。在引导程序结束后，就可以启用存储在 SRAM 中的向量表，以实现中断向量表的动态调整。

7. 中断挂起进程

什么是挂起？挂起进程在操作系统中可以定义为暂时被淘汰出内存的进程。因为计算机的资源是有限的，所以在资源不足的情况下，操作系统需要对在内存中的程序进行合理的安排，其中有的进程被暂时调离出内存，当条件允许时，会被操作系统再次调回内存，重新进入等待执行的状态，即就绪状态。系统在超过一定的时间后也可能对此挂起进程没有任何动作。引起挂起的原因主要有：

（1）终端用户的请求需要。当终端用户在自己的程序运行期间发现有可疑问题时，希望使自己的程序暂停执行。若此时进程正处于就绪状态而未执行，则该进程暂不接受调度，以方便研究其执行情况或对程序进行修改。

（2）父进程的请求需要。有时父进程希望挂起自己的某个子进程，以便分析和修改子进程，或者协调各子进程间的活动。

（3）负荷调节的需要。当实时系统中的工作负荷较重，可能影响到对实时任务的控制时，可由系统把一些不重要的进程挂起，以保证系统能正常运行。

（4）操作系统的需要。操作系统有时希望挂起某些进程，以便检查运行中的资源使用情况或进行记账处理。

中断输入及其挂起和响应的过程的几种可能情况：

（1）在具体执行进程中，若当前中断优先级较低，则该中断就被挂起并对其挂起状态进行标注。即使后来中断源取消了此中断请求，在系统中它的优先级最高的时候，也会因它的挂起状态而得到处理器响应。若在中断响应前，其挂起状态被清除了，则中断被撤销。

（2）在中断服务程序开始执行后，此中断进入了"活跃"状态，其挂起状态标志被硬件自动撤销。在中断服务程序执行完毕并且返回后，才能对此中断的新请求予以响应。新请求也由硬件自动挂起标志位。另外，在此中断执行过程中也可把自己对应的中断重新挂起。

（3）若某中断请求信号一直保持，则此中断就会在上次服务例程返回后再次被挂起，因此用户需要适时按需要修改中断信号。

（4）若在中断得到响应之前,其中断请求信号呈现多个中断脉冲形式,则被视为一次中断请求,此多个脉冲信号被全部忽略。

（5）若在中断服务程序执行中,中断请求释放了,在此中断服务程序返回前又被重新置为有效,则处理器会记住此动作,重新挂起该中断请求。

8. 中断具体流程

Cortex-M3 内核的中断响应序列包括:

（1）入栈。Cortex-M3 处理器的中断响应会自动保存现场。过程为依次将 xPSR、PC、LR、R12、R0～R3 压入堆栈;响应异常时正在使用哪个堆栈指针,则压入哪个堆栈,进入中断服务例程后,将一直使用 MSP 指针。处理器先把 PC 和 xPSR 的值入栈,是为了尽早地启动服务例程指令的预取,以及更新 xPSR 的 IPSR 段的值。假设入栈开始时 SP 的值为 N,中断时需要入栈保存的寄存器及其顺序情况如表 2.9 所示。

表 2.9 中断保存寄存器及其顺序情况

地 址	寄 存 器	保存的顺序
旧 SP($N-0$)	原内容	—
($N-4$)	xPSR	2
($N-8$)	PC	1
($N-12$)	LR	8
($N-16$)	R12	7
($N-20$)	R3	6
($N-24$)	R2	5
($N-28$)	R1	4
新 SP($N-32$)	R0	3

（2）取向量。在数据总线执行入栈操作的时候,指令总线正在执行取向量操作,即正从向量表中找出正确的中断向量,然后在服务程序入口处预取指令。处理器在取向量和入栈是同时进行的。

（3）更新寄存器:在中断开始响应之后,执行服务程序之前,需要更新一系列寄存器。

• SP:入栈会把 SP 更新到新的位置,中断服务程序由 MSP 负责堆栈的访问。

• PSR:IPSR 位段会被更新为新响应的异常编号。

• PC:PC 将指向服务程序的入口地址。

• LR:LR 的用法将被重新解释,其值将更新为一种特殊的值,称为 EXC_RETURN,并将在异常返回时使用。

在中断响应时,NVIC 中断控制器也需更新一些寄存器,例如,新响应异常的悬起位被清除,其活动位被激活。

Cortex-M3 内核的中断返回流程包括:

（1）PC 恢复。Cortex-M3 的中断返回流程需要一个特定的动作来触发,这个动作就是将 EXC_RETURN 送往 PC 寄存器,例如,"BX LR;"在启动了中断返回序列后,将继续执行以下操作。在进入中断服务程序后,LR(R14)寄存器的值会被更新为特殊的值

EXC_RETURN(原已压入堆栈的值);执行完中断服务程序后,只要把这个值送往 PC,就会启动中断返回流程。EXC_RETURN 各位段情况如表 2.10 所示。

表 2.10 EXC_RETURN 各位段情况

位	定 义
Bit[31:4]	EXC_RETURN 的标识,全为 1
Bit[3]	0 表示返回后进入处理模式,1 表示返回后进入线程模式
Bit[2]	0 表示返回后使用 MSP,1 表示返回后使用 PSP
Bit[1]	保留
Bit[0]	0 表示返回 ARM 状态,1 表示返回 Thumb 状态,在 Cortex-M3 中必须为 1

合法的 EXC_RETURN 值:

- 0xFFFFFFF1——返回用户处理模式。
- 0xFFFFFFF9——返回线程模式,并使用 MSP。
- 0xFFFFFFFD——返回线程模式,并使用 PSP。

如果处理器运行在线程模式,且使用 MSP 时被中断,则在中断服务程序中:

EXC_RETURN=0xFFFFFFF9;

如果在线程模式,且使用 PSP 时被中断,则在中断服务例程中:

EXC_RETURN=0xFFFFFFFD;

如果在处理模式时被中断,则在中断服务例程中:

EXC_RETURN=0xFFFFFFF1;

(2)出栈。将先前压入堆栈的寄存器恢复,堆栈指针也更新。

(3)更新 NVIC 寄存器。异常返回,其相应的活动位将被硬件清除。

2.5.3 Cortex-M3 系统级中断与异常特点

1. 复位

在处理器复位状态后,Cortex-M3 首先读取下列两个 32 位整数的值:从地址 0x00000000 处取出 MSP 的初始值;从地址 0x00000004 处取出 PC 的初始值(这个值是复位向量),LSB 必须是 1,然后从这个值所对应的地址处取指令。如图 2.19 所示,它与传统的 ARM 架构不同,其实也与绝大多数的单片机不同。传统的 ARM 架构总是从 0 地址开始执行第一条指令,它们的 0 地址处总是一条跳转指令。在 Cortex-M3 中,0 地址处提供 MSP 的初始值,然后就是向量表(向量表在以后还可以被移至其他位置)。向量表中的数值是 32 位的地址,而不是跳转指令。向量表的第一个条目指向复位后应执行的第一条指令。

图 2.19 复位流程取 MSP 和向量过程

因为处理器使用的是向下生长的满栈,所以 MSP 的初始值必须是堆栈内存的末地

址加 1。例如,若堆栈区域设在 0x20007C00～0x20007FFF,则 MSP 的初始值必须是
0x20008000。向量表跟随在 MSP 的初始值之后(即第 2 个表目)。注意,因为处理器是
在 Thumb 态下执行,所以向量表中的每个数值都必须把 LSB 置 1(奇数)。因此,如在
图 2.20 中使用 0x101 来表示地址 0x100。当 0x100 处的指令得到执行后,才正式开始程
序的执行。在此之前初始化 MSP 是必需的,因为可能第 1 条指令还没执行就会被 NMI
或其他 Fault 打断。MSP 初始化好后就已经为服务程序准备好了堆栈。

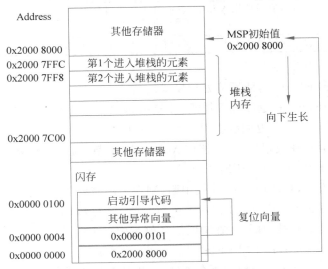

图 2.20　复位过程的 MSP 及 PC 处理流程

2. Fault 异常

Cortex-M3 内核正常工作时都是按照指令顺序执行的。当发生异常或者中断时,将
打断正在执行的动作,进而执行异常或中断的服务程序。异常系统具有保障 Cortex-M3
工作的安全性和健壮性的作用。异常类型分为复位(Reset)、不可屏蔽中断(NMI)、硬件
错误(HardFault),中断处理错误包括存储管理错误(Memory Manage Fault)、总线错误
(Bus Fault)、用法错误(Usage Fault)、系统调用(SVC)、可悬挂系统调用(PendSV)、系统
节拍(SysTick)等。在此主要讨论以下比较特殊的错误异常,如硬件错误。

硬件错误是总线错误、存储器管理错误以及用法错误上访(Escalation)的结果。如
果这些错误的服务程序无法执行,它们就会成为"硬伤",上访成硬件致命错误。另外,在
读取中断异常向量时产生的总线错误也按硬件错误来处理。在处理器的 NVIC 中断控
制器中有一个硬件错误状态寄存器 HFSR,它能指出产生硬件错误的原因。如果不是由
于读取中断异常向量造成的,则硬件错误服务程序必须检查其他的错误状态寄存器,以
最终决定是谁上访引起的错误。因此对于硬件错误,常常有以下几种具体原因:数组越
界;内存溢出,访问越界;堆栈溢出,程序跑飞。

3. 中断处理错误

(1) 存储管理错误(Memory Manage Fault)——存储器管理错误许多与 MPU 有关,

其诱因常常是某次访问触犯了 MPU 设置的保护策略。某些非法访问,例如,在不可执行的存储器区域试图取指,也会触发一个存储器管理错误,而且即使没有 MPU 也会触发。因此存储器管理错误的常见诱因有:

① 访问了 MPU 设置区域覆盖范围之外的地址。

② 往只读区域写数据。

③ 在用户级下访问了只允许在特权级下访问的地址等。

(2) 总线错误(Bus Fault)——当 AHB 总线接口在传送数据时,若回复了一个错误信号(Error Response),则会产生总线错误,产生的场合可以是:

① z 取指,通常称为"预取流产"。

② z 数据读和写,通常称为"数据流产"。具体通常在指令预取中止、入栈错误、数据读写中止以及无效存储区域读写访问等。如在 Cortex-M3 处理器中执行如下动作也可以触发总线异常:

① 中断处理起始阶段的堆栈 PUSH 动作,称为"入栈错误"。

② 中断处理收尾阶段的堆栈 POP 动作,称为"出栈错误"。

③ 在处理器启动中断处理序列(Sequence)后的向量读取时。这是较为罕见的特殊情况,常被归类为硬件错误。

(3) 用法错误(Usage Fault)——通常用法错误发生场合有:

① 执行了未定义的指令。

② 由于 Cortex-M3 不支持协处理器,而执行了协处理器指令。但是也可以通过 Fault 异常机制来使用软件来模拟协处理器的功能,从而可方便在其他 Cortex 架构的处理器间进行移植。

③ 因为 Cortex-M3 不支持 ARM 状态,在尝试进入 ARM 状态,所以用法错误会常在切换时产生。因此用户可利用此机制来测试处理器是否支持 ARM 状态。

④ 若在 LR 中包含了无效和错误的值,则产生无效的中断返回。

⑤ 使用多重加载和存储指令时,地址没有对齐。

⑥ 访问 NVIC 中断控制器对应控制位时,出现除数为零或任何未对齐的访问,也会产生用法错误。

2.5.4　Cortex-M3 中断及异常嵌套与返回途径

1. 中断和异常嵌套及使用注意事项

中断嵌套是指中断系统正在执行一个中断服务时,有另一个优先级更高的中断源提出中断请求,这时会暂时终止当前正在执行的级别较低的中断服务程序,去处理级别更高的中断源,待处理完毕,再返回到被中断了的中断服务程序继续执行的过程。嵌套其实就是更高一级的中断源的"加塞儿"行为,处理器正在执行着中断,又接受了更急的另一件"急件",转而处理更高一级中断源的行为。Cortex-M3 内核的 NVIC 中断控制器具有完备的中断嵌套机制。用户可通过为每个中断建立规划合适的中断优先级,即可由 NVIC 实施中断嵌套控制。其嵌套机制有以下特点:

(1) 用户可对 NVIC 中断控制器和处理器相关寄存器的设置,方便地确定每个中断源的优先级别。在处理器响应某个中断异常时,所有优先级别低于它的中断异常均不能抢占它,且它自己也不能抢占自己。

(2) NVIC 中断控制器在中断嵌套过程中能对现场的某些寄存器进行自动入栈和出栈操作。此操作能及时保护相关现场的寄存器内容,避免了由于中断嵌套而破坏运行环境,造成在中断结束后不能返回从而使得系统瘫痪的问题,因此嵌套中要特别注意堆栈溢出现象。在中断嵌套很深时,对堆栈的容量压力较大可能导致堆栈溢出。堆栈溢出对系统运行是致命的,可造成系统功能紊乱或甚至死机。

(3) 在中断嵌套中,相同的中断异常具有不可重复中断的特性。只有在当前中断异常服务例程结束后,才能继续再次响应自己的新请求。因为每个中断源均配置优先级别,在处理期间同级或低级中断异常源均要挂起或阻塞等待。

2. 异常和中断返回途径

当异常中断服务程序执行完毕之后,需要一个"异常返回"动作流程,从而恢复先前的系统状态,使被中断的程序继续执行。从形式上看,有 3 种途径可以触发异常返回流程,其具体如表 2.11 所示。

表 2.11 异常/中断返回 3 种途径及相关指令

返回指令	原理
BX<reg>	当 LR 存储 EXC_RETURN,试用 BX LR 即可返回
POP {PC}和 POP {…, PC}	在服务程序中,LR 值会常常被压入堆栈。此时可用 POP 把 LR 存储的 EX_RETURN 值弹入 PC,启动处理器的中断返回程序
LDR 和 LDM	把 PC 作为目的寄存器,也可启动中断返回程序

无论使用以上哪种返回指令,都需要用到先前存储到 LR 中的 EXX_RETURN,将 EXC_RETURN 送往 PC。在系统处理器启动了中断返回流程后,将执行以下操作:

(1) 出栈。恢复先前压入堆栈的寄存器的值。内部的出栈顺序与入栈时的相对应。堆栈指针的值也恢复更新。

(2) 更新 NVIC 中断控制器相关寄存器。在中断异常返回时,相关的活动位将被硬件清除。对于外部中断,如果中断输入再次被置为有效,那么悬起位也将再次置位,新的中断响应序列也随之再次执行。

2.5.5 高级中断技术

中断返回流程通常为:
(1) 执行 POP 指令以恢复现场;
(2) 处理挂起的异常;
(3) 执行 PUSH 指令保护现场。

处理器在 POP 和 PUSH 指令所涉及的现场可能很大程度相同,会浪费处理器时间。因此,Cortex-M3 内核的中断设计为缩短中断延迟做了许多努力,形成了咬尾和晚到异常处理机制等高级中断技术。

1. 咬尾中断机制

在处理器响应某些异常时,若又发生其他异常,但它们优先级不够高,则它们会被阻塞。在当前的异常执行返回后,系统处理悬起的异常时,倘若还是先 POP,然后又把POP 处理的内容 PUSH 回去,就会白白浪费 CPU 时间。因此,Cortex-M3 设计机制不会再 POP 这些寄存器,而是继续使用上一个异常已经 PUSH 好的结果,减少了 POP 和PUSH 操作的耗时。这样后一个异常把前一个的尾巴咬掉了,只执行了一次 PUSH 和POP 操作。于是这两个异常之间的"时间沟"变窄了很多,咬尾中断机制与响应时序如图 2.21 和图 2.22 所示。

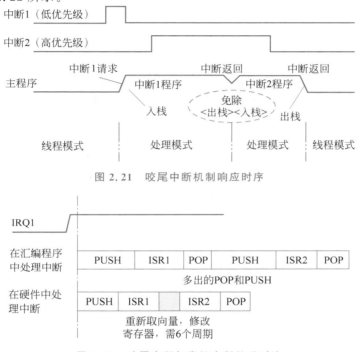

图 2.21 咬尾中断机制响应时序

图 2.22 咬尾中断与常规中断处理对比

2. 晚到中断机制

Cortex-M3 的中断处理还有另一个高级中断机制,它强调了优先级的作用,称为"晚到的异常处理"。当 Cortex-M3 对某异常的响应序列还处在早期:入栈的阶段,尚未执行其他服务程序时。如果此时收到了更高优先级异常的请求,则本次入栈就成了高优先级中断先执行了。入栈后,将执行高优先级的异常服务程序。可见高优先级的异常虽然来晚了,却因为优先级高使得服务程序被先处理,低优先级异常的入栈操作变成了为高优先级异常的入栈。若在响应某低优先级异常♯1 的早期,检测到了高优先级异常♯2,则只要异常♯2 没有太晚,就能以"晚到中断"的方式处理,在入栈完毕后执行 ISR♯2 的指令。晚到中断机制时序流程如图 2.23 所示。

若异常♯2 来得太晚,以至于已经执行了 ISR♯1 的指令,则按普通的抢占处理,这会需要更多的处理器时间和额外 32B 的堆栈空间。在 ISR♯2 的指令执行完毕后,以"咬尾

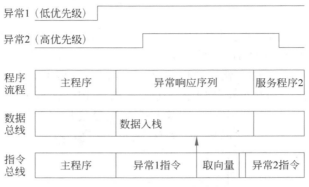

图 2.23　晚到中断机制执行时序流程

中断"的方式来启动 ISR♯1 的指令执行。

2.6　基于 Cortex-M3 内核的 STM32 处理器

STM32 处理器为 32 位 CPU,其 Cortex-M3 内核采用哈佛体系结构,拥有 32 位的数据总线、寄存器以及存储器接口。指令总线和数据总线相互独立,取指令与数据访问可并行处理,极大地提升了处理器性能。Cortex-M3 内核拥有多条总线接口,均已针对各自的应用场合优化过,且可并行工作。另外,指令总线和数据总线共享同一个统一规划好的存储器空间。针对复杂应用,在需要更多的存储系统时,Cortex-M3 内核提供了一个可选的 MPU 控制器,在需要时可使用外部 Cache。Cortex-M3 内核还附赠了很多调试组件,用于在硬件上支持程序员的调试操作,可完成如指令断点和数据观察等功能。为支持更高级别的调试工作,还有其他可选组件,其中包括指令跟踪和多种类型的调试接口等。

2.6.1　STM32 处理器特点

1. 处理器属于高性能处理器

许多指令都是单周期的,包括乘法相关指令。指令总线和数据总线被分开,取指令和访内存可以并行。编程具有更多的灵活性,许多数据操作现在能用更短的代码,因此其代码密度较高,对存储器的需求更少。其取指令都按 32 位处理,因此使得同一周期最多可以取出两条指令,给数据传输留下了更多的带宽。

2. 具有强大的中断处理功能

内建的嵌套向量中断控制器支持多达 240 条外部中断输入。向量化的中断功能极大地缩短了中断延迟,因为不再需要软件去判断中断源。中断的嵌套也是在硬件水平上实现的,不需要软件代码来实现。Cortex-M3 处理器 NVIC 中断控制器能自动将 R0～R3、R12、LR、PSR 和 PC 推入堆栈,并且在返回时自动弹出它们,加速了中断的响应。另外,NVIC 支持对每一路中断设置不同的优先级,使得中断管理极富弹性。至少可支持 8 级优先级,而且能动态地修改优先级。优化的中断响应还设有高级中断机制:"咬尾中断机制"和"晚到中断机制"。对不可屏蔽中断 NMI,除非系统被彻底锁定,处理器会在第一时间予以响应。对于很多安全-关键(Safety-Critical)的应用,此类中断不可或缺。

3. 具有低功耗

Cortex-M3 内核支持节能模式,可通过使用等待中断指令(WFI)和等待事件指令(WFE),内核可以进入睡眠模式,并且能以不同的方式唤醒。另外,模块的时钟是尽可能分开供应的,所以在睡眠时可以关闭大多数不使用的"功能模块",以节省能耗。

4. 拥有强大的位寻址操作

Cortex-M3 内核支持"位寻址带"操作,分别在内部 SRAM 区和片上外设区的最低 1MB 的两个空间中实现了位带。数据读写还可以采用大端和小端模式,并且支持非对齐的数据访问。

5. 先进的 Fault 处理机制

支持多种类型的异常和 Fault 处理,使故障诊断更容易,系统工作更可靠。通过引入影子堆栈指针机制,将系统程序使用的堆栈和用户程序使用的堆栈划清界限,再配上可选的 MPU,使处理器能够完全满足软件健壮性和可靠性的严格要求。

2.6.2 编程模式与调试工具简述

Cortex-M3 处理器采用 ARMv7-M 架构,包括所有 16 位 Thumb 指令集和基本的 32 位 Thumb-2 指令集架构,Cortex-M3 处理器不能执行 ARM 指令集。Cortex-M3 处理器支持两种工作模式:线程模式和处理模式。

(1)在复位时处理器进入"线程模式",异常返回时也会进入该模式,特权和用户(非特权)模式代码能够在"线程模式"下运行。

(2)出现异常模式时处理器进入"处理模式",在处理模式下,所有代码都是特权访问的。Cortex-M3 处理器有两种工作状态:Thumb 状态和调试状态。

- Thumb 状态:这是 16 位和 32 位"半字对齐"的 Thumb 和 Thumb-2 指令的执行状态。
- 调试状态:处理器停止并进行调试,进入该状态。

Cortex-M3 处理器在支持传统的 JTAG 基础上,还支持更新、更好的串行线调试接口。其常用开发工具包括 Keil、ULINK、IAR 和 JLink 仿真器。

第 3 章

STM32F1系列处理器

3.1　STM32F1 系列处理器简介

STM32 系列处理器是意法半导体(ST)公司推出的基于 Cortex-M3 内核的 32 位 MCU。目前这个系列包含多个子系列,分别是 STM32 小容量产品、STM32 中容量产品、STM32 大容量产品和 STM32 互联型产品。在众多 STM32 系列产品中,STM32F1 系列基础型处理器无疑占据了极其重要的地位。该系列产品功能强大,满足了工业、医疗和消费类市场的各种应用需求。凭借该系列的产品,意法半导体公司在全球 ARM Cortex-M 微控制器领域处于领先地位。

STM32F1 系列处理器包含 5 个产品线,分别为 STM32F100-24MHz、STM32F101-36MHz、STM32F102-48MHz、STM32F103-72MHz 和 STM32F105/107-72MHz。它们的引脚、外设和软件均兼容。STM32 系列产品命名规则如图 3.1 所示。

图 3.1　STM32 系列处理器产品命名规则

3.2 STM32F103ZET6 处理器架构和主要特性

3.2.1 芯片和引脚定义

STM32F103ZET6 处理器采用 LQFP144 封装,其引脚图如图 3.2 所示。从封装类别和引脚图均可以看出,STM32F103ZET6 芯片总共引出了 144 个引脚,就引脚数量而言比 51 系列的单片机复杂很多。

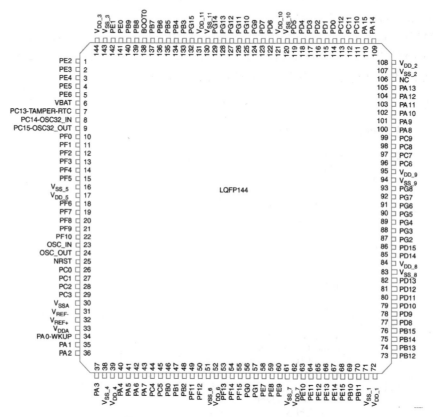

图 3.2 STM32F103ZET6 的引脚图

STM32F103ZET6 的各个引脚都有其特定的功能及特性。由于其引脚数量较多,故在此仅列出其中编号为 1~50 的引脚定义,具体如表 3.1 所示。如果需要使用其他的引脚或者查找详细的引脚信息,请自行查阅意法半导体公司的官方手册和说明书。

表 3.1 STM32F103ZET6 的部分主要引脚定义

引脚编号	引脚名称	类型	I/O电平	复位后的主要功能	复用功能	
					默认情况	重映射后
1	PE2	I/O	FT	PE2	TRACECK/FSMC_A23	—
2	PE3	I/O	FT	PE3	TRACED0/FSMC_A19	—

引脚编号	引脚名称	类型	I/O电平	复位后的主要功能	复用功能	
					默认情况	重映射后
3	PE4	I/O	FT	PE4	TRACED1/FSMC_A20	—
4	PE5	I/O	FT	PE5	TRACED2/FSMC_A21	—
5	PE6	I/O	FT	PE6	TRACED3/FSMC_A22	—
6	VBAT	S	—	VBAT	—	—
7	PC13-TAMPER-RTC	I/O	—	PC13	TAMPER-RTC	—
8	PC14-OSC32_IN	I/O	—	PC14	OSC32_IN	—
9	PC15-OSC32_OUT	I/O	—	PC15	OSC32_OUT	—
10	PF0	I/O	FT	PF0	FDMC_A0	—
11	PF1	I/O	FT	PF1	FDMC_A1	—
12	PF2	I/O	FT	PF2	FDMC_A2	—
13	PF3	I/O	FT	PF3	FDMC_A3	—
14	PF4	I/O	FT	PF4	FDMC_A4	—
15	PF5	I/O	FT	PF5	FDMC_A5	—
16	VSS_5	S	—	VSS_5	—	—
17	VDD_5	S	—	VDD_5	—	—
18	PF6	I/O	—	PF6	ADC3_IN4/FSMC_NIORD	—
19	PF7	I/O	—	PF7	ADC3_IN5/FSMC_NREG	—
20	PF8	I/O	—	PF8	ADC3_IN6/FSMC_NIOWD	—
21	PF9	I/O	—	PF9	ADC3_IN7/FSMC_CD	—
22	PF10	I/O	—	PF10	ADC3_IN8/FSMC_INTR	—
23	OSC_IN	I	—	OSC_IN	—	—
24	OSC_OUT	I	—	OSC_OUT	—	—
25	NRST	I/O	—	NRST	—	—
26	PC0	I/O	—	PC0	ADC123_INI0	—
27	PC1	I/O	—	PC1	ADC123_INI1	—
28	PC2	I/O	—	PC2	ADC123_INI2	—
29	PC3	I/O	—	PC3	ADC123_INI3	—
30	VSSA	S	—	VSSA	—	—
31	VREF−	S	—	VREF−	—	—
32	VREF+	S	—	VREF+	—	—
33	VDDA	S	—	VDDA	—	—
34	PA0-WKUP	I/O	—	PA0	WKUP/USART2_CTS ADC123_IN0 TIM2_CH1_ETR TIM5_CH1/TIM8_ETR	—

引脚编号	引脚名称	类型	I/O电平	复位后的主要功能	复用功能	
					默认情况	重映射后
35	PA1	I/O	—	PA1	USART2_RTS ADC123_IN1 TIM5_CH2/TIM2_CH2	—
36	PA2	I/O	—	PA2	USART2_TX/TIM5_CH3 ADC123_IN2/TIM2_CH3	—
37	PA3	I/O	—	PA3	USART2_RX/TIM5_CH4 ADC123_IN3/TIM2_CH4	—
38	VSS_4	S	—	VSS_4	—	—
39	VDD_4	S	—	VDD_4	—	—
40	PA4	I/O	—	PA4	SPI1_NSS USART2_CK DAC_OUT1/ADC12_IN4	—
41	PA5	I/O	—	PA5	SPI1_SCK DAC_OUT2/ADC12_IN5	—
42	PA6	I/O	—	PA6	SPI1_MISO TIM8_BKIN/ADC12_IN6 TIM3_CH1	TIM1_BKIN
43	PA7	I/O	—	PA7	SPI1_MOSI TIM8_CH1N/ADC12_IN7 TIM3_CH2	TIM1_CH1N
44	PC4	I/O	—	PC4	ADC12_IN14	—
45	PC5	I/O	—	PC5	ADC12_IN15	—
46	PB0	I/O	—	PB0	ADC12_IN8/TIM3_CH3 TIM8_CH2N	TIM1_CH2N
47	PB1	I/O	—	PB1	ADC12_IN9/TIM3_CH4 TIM8_CH3N	TIM1_CH3N
48	PB2	I/O	FT	PB2/Boot1	—	—
49	PF11	I/O	FT	PF11	FSMC_NIOS16	—
50	PF12	I/O	FT	PF12	FSMC_A6	—

注意：(1) I=输入(Input)；O=输出(Output)，S=电源(Supply)。

(2) FT=可容忍5V电压。

如表3.1所示,处理器在复位后通常保留引脚的默认功能,即大部分都是作为普通的输入/输出引脚使用。芯片提供的强大的引脚复用功能是其灵魂所在,比如可以用作串口通信引脚、ADC采集引脚以及定时器通道引脚等。在STM32F103ZET6这款处理器芯片中,复用功能还可分为默认情况下的复用功能和重映射后的复用功能。这些复用功能的使用都需要提前对引脚的输入/输出模式以及时钟等进行正确的配置,而重映射的配置则比默认复用功能的配置多一些步骤。可能有读者了解过STC12或者STC15系列的单片机,这些单片机的引脚在使用时也需要对输入/输出模式等进行配置,但是配置寄存器数目相对较少,就其复杂程度和功能而言远不如 STM32 系列处理器。

3.2.2 系统架构

STM32F103ZET6 的系统架构如图 3.3 所示,其主要由以下部件构成:

(1) Cortex-M3 内核 DCode 总线和系统总线。

(2) 通用 DMA1 和通用 DMA2。

(3) 内部 SRAM。

(4) 内部闪存存储器。

(5) FSMC。

(6) AHB 到 APB 的桥(AHB2APBx),它连接所有的 APB 设备。

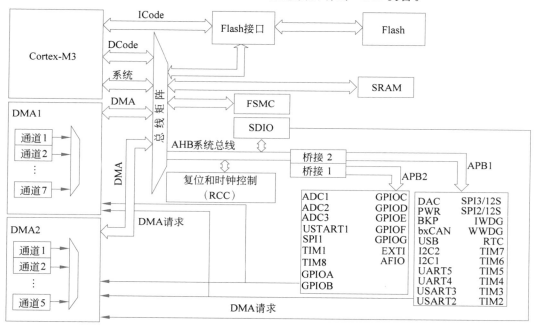

图 3.3 STM32F103ZET6 的系统架构

这些部件都是通过一个多级的 AHB 总线架构相互连接的,该总线架构的主要组成部分及其功能如表 3.2 所示。

表 3.2 AHB 总线架构的主要组成部分及其功能

名　　　称	功　　　能
ICode 总线	此总线将 Cortex-M3 内核的指令总线与闪存指令接口相连接。指令预取在此总线上完成
DCode 总线	此总线将 Cortex-M3 内核的 DCode 总线与闪存存储器的数据接口相连接(用于常量加载和调试访问)

名　　称	功　　能
系统总线	此总线连接 Cortex-M3 内核的系统总线(外设总线)到总线矩阵,总线矩阵负责协调内核和 DMA 间的访问
DMA 总线	此总线将 DMA 的 AHB 主控接口与总线矩阵相连,总线矩阵负责协调 CPU 的 DCode 和 DMA 到 SRAM、闪存和外设的访问
总线矩阵	总线矩阵协调内核系统总线和 DMA 主控总线之间的访问仲裁,仲裁采用轮换算法。在互联型产品中,总线矩阵包含 5 个驱动部件(CPU 的 DCode、系统总线、以太网 DMA、DMA1 总线和 DMA2 总线)和 3 个从部件(闪存接口FLITF、SRAM 和 AHB2APB 桥)。在其他产品中总线矩阵包含 4 个驱动部件(CPU 的 DCode、系统总线、DMA1 总线和 DMA2 总线)和 4 个被动部件(FLITF、SRAM、FSMC 和 AHB2APB 桥)
AHB/APB 桥(APB)	两个 AHB/APB 桥在 AHB 和两个 APB 总线间提供同步连接。APB1 操作速度限于 36MHz,APB2 全速操作,最高为 72MHz

3.2.3　主要特性

STM32F103ZET6 的处理性能优越,应用广泛。下面列出该处理器的主要特性。

(1) 内核。

① 基于 ARM 的 Cortex-M3 架构的 32 位处理器,最高工作频率为 72MHz。

② 能做单周期乘法和硬件除法。

(2) 存储器。

① 512KB 的闪存。

② 64KB 的 SRAM。

③ 带有 4 个片选信号的灵活的静态存储器控制器(FSMC),可支持 Compact Flash、SRAM、PSRAM、NOR 和 NAND 存储器扩展。

(3) 时钟、复位和电源管理。

① 芯片和 I/O 引脚的供电电压为 2.0～3.6V。

② 上电/断电复位(POR/PDR)、可编程电压检测器(PVD)。

③ 4～16MHz 晶体振荡器。

④ 内嵌有经过出厂调校的 8MHz 的 RC 振荡器。

⑤ 内嵌有带校准的 40kHz RC 振荡器。

⑥ 带校准功能的 32kHz RTC 振荡器。

(4) 低功耗。

① 支持睡眠、停机和待机模式。

② V_{BAT} 为 RTC 和后备寄存器供电。

(5) 拥有 3 个 12 位模数转换器(ADC)。

(6) 拥有 2 个 12 位数模转换器(DAC)。

(7) DMA 控制器。

① 12 通道 DMA 控制器。

② 支持的外设包括定时器、ADC、DAC、SDIO、I2S、SPI、I2C 和 USART。

（8）调试模式。

① 串行单线调试（SWD）和 JTAG 接口。

② Cortex-M3 嵌入式跟踪宏单元（ETM）。

（9）快速 I/O 接口（PA～PG）。

拥有多达 7 个快速 I/O 接口，每个接口包含 16 根 I/O 引脚，所有 I/O 引脚都可以映像到 16 个外部中断。几乎所有接口均可容忍 5V 信号。

（10）多达 11 个定时器。

拥有 4 个 16 位通用定时器、2 个 16 位 PWM 定时器、2 个看门狗定时器、系统滴答定时器和 2 个 16 位基本定时器。

（11）多达 13 个通信接口。

拥有 2 个 I2C 接口、5 个 USART 接口、3 个 SPI 接口、1 个 CAN 接口、1 个 USB 2.0 全速接口和 1 个 SDIO 接口。

（12）拥有循环校验码（CRC）计算单元。

（13）工作温度：－40～＋105℃。

由上述特性可以看出，STM32F103ZET6 处理器的内部资源非常丰富，尤其是定时器和通信接口等资源。STM32F103ZET6 芯片由于功能强大，且具有的低功耗等特点，非常适合用于医疗器械和工业控制等应用领域。

3.3 STM32F103ZET6 的时钟树

时钟结构是处理器整体结构的重要组成部分。STM32 系列处理器共有 5 个时钟源，分别为高速内部时钟（High Speed Internal，HSI）、高速外部时钟（High Speed External，HSE）、低速内部时钟（Low Speed Internal，LSI）、低速外部时钟（Low Speed External，LSE）和锁相环倍频输出（Phase Locked Loop，PLL）。由于 STM32F103ZET6 的时钟系统为树状结构，故也称为时钟树，具体如图 3.4 所示。在 STM32F103ZET6 处理器中主要的时钟及其简要说明如表 3.3 所示。由如图 3.4 所示的时钟树结构，可得出以下结论：

（1）HSI、HSE 或 PLL 可用来驱动系统时钟（SYSCLK）。

（2）LSI、LSE 作为二级时钟源。40kHz 低速内部 RC 时钟（LSI）可以用于驱动独立看门狗和通过程序选择驱动 RTC。

（3）用户可通过多个预分额器配置 AHB、高速 APB（APB2）和低速 APB（APB1）的频率。其中，AHB 和 APB2 的最高频率是 72MHz，APB1 的最高频率是 36MHz。

（4）RCC 将 AHB 时钟（HCLK）8 分频后作为 Cortex 系统定时器（SysTick）的外部时钟。通过对 SysTick 控制与状态寄存器的设置，可选择上述时钟或 Cortex（HCLK）时钟作为 SysTick 时钟。

（5）ADC 时钟由高速 APB2 时钟经 2 分频、4 分频、6 分频或 8 分频后获得。

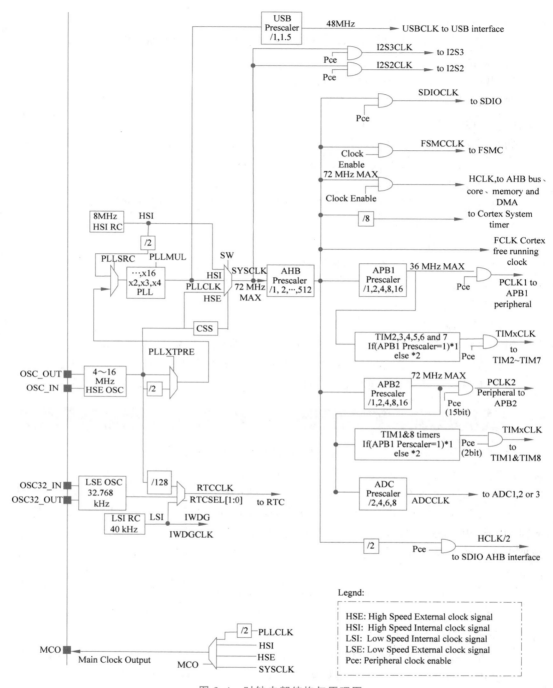

图 3.4　时钟内部结构与原理图

（6）SDIO 接口的时钟频率固定为 HCLK/2。

（7）定时器时钟频率分配由硬件分为两种情况自动设置。如果相应的 APB 预分额系数是 1,定时器的时钟频率与所在 APB 总线频率一致；否则定时器的时钟频率被设为与其相连的 APB 总线频率的 2 倍。

（8）当某个部件不被使用时，任一个时钟源都可被独立地启动或关闭，由此可优化系统功耗。

表 3.3　STM32F103ZET6 的主要时钟及其简要说明

时 钟 名 称	简 要 说 明
HSE 时钟	高速外部时钟（HSE）可以由外部晶体或陶瓷谐振器产生，也可以由用户外部时钟产生。一般采用外部晶体或陶瓷谐振器产生 HSE 时钟。在 OSC_IN 和 OSC_OUT 引脚之间连接 4～16MHz 外部振荡器为系统提供精确的主时钟
HSI 时钟	HSI 时钟由内部 8MHz 的 RC 振荡器产生，可直接作为系统时钟或在 2 分频后作为 PLL 输入。HSI RC 振荡器能够在不需要任何外部器件的条件下提供系统时钟，并且它的启动时间比 HSE 晶体振荡器短。然而由于其时钟频率精度较差，HSI 时钟常作为备用时钟源
PLL 时钟	内部 PLL 可以用来倍频 HSI RC 的输出时钟或 HSE 晶体输出时钟。PLL 的设置必须在其被激活前完成。在 PLL 被激活之后，这些参数不能被改动。如果需要在应用中使用 USB 接口，那么 PLL 必须被设置为输出 48MHz 或 72MHz 时钟，用于提供 48MHz 的 USBCLK 时钟
LSE 时钟	LSE 晶体是一个 32.768kHz 的低速外部晶体或陶瓷谐振器。它为实时时钟或者其他定时功能提供一个低功耗且精确的时钟源
LSI 时钟	LSI RC 担当着低功耗时钟源的角色，它可以在停机和待机模式下保持运行，为独立看门狗和自动唤醒单元提供时钟。LSI 时钟频率约为 40kHz（在 30～60kHz）
系统时钟（SYSCLK）	系统复位后，HSI 振荡器被选为系统时钟。当时钟源被直接或通过 PLL 间接作为系统时钟时，它将不能被停止。只有当目标时钟源准备就绪了（经过启动稳定阶段的延迟或 PLL 稳定），从一个时钟源到另一个时钟源的切换才会发生。在被选择时钟源没有就绪时，系统时钟的切换不会发生
RTC 时钟	通过设置备份域控制寄存器（RCC_BDCR）中的 RTCSEL[1:0]位，RTCCLK 时钟源可由 HSE/128、LSE 或 LSI 时钟提供
看门狗时钟	如果独立看门狗已经由硬件选项或软件启动，LSI 振荡器将被强制在打开状态，并且不能被关闭。在 LSI 振荡器稳定后，时钟供应给 IWDG

由图 3.4 和表 3.3 可看出，STM32F103ZET6 处理器具有多个时钟频率，分别供给内核和不同外设模块使用。其中高速时钟用于中央处理器等高速设备，低速时钟用于外设等低速设备。STM32 处理器因为低功耗的需要，各个模块可分别独立开启时钟。因此，当需要使用某个外设模块时，就要先使能该模块对应的时钟。这一点也需要格外注意，在实际开发中很容易因时钟设置的疏忽而导致外设不能工作。

3.4　STM32F103ZET6 存储器组织及其映像

程序存储器、数据存储器、寄存器和输入/输出接口被组织在同一个 4GB 的线性地址空间范围内。可访问的存储器空间被分成 8 个主要块，每个块大小为 512MB，具体如表 3.4 所示。其他没有分配给片上存储器和外设的存储器空间都是保留的地址空间。

同时数据字节以小端格式存放在存储器中。一个字中的最低地址字节是该字的最低有效字节,而最高地址字节是最高有效字节。

表 3.4　4G 存储器空间划分

序　号	用　　途	地　址　范　围
Block0	Flash	0x0000 0000～0x1FFF FFFF(512MB)
Block1	SRAM	0x2000 0000～0x3FFF FFFF(512MB)
Block2	片上外设	0x4000 0000～0x5FFF FFFF(512MB)
Block3	FSMC bank1 & bank2	0x6000 0000～0x7FFF FFFF(512MB)
Block4	FSMC bank3 & bank4	0x8000 0000～0x9FFF FFFF(512MB)
Block5	FSMC 寄存器	0xA000 0000～0xCFFF FFFF(512MB)
Block6	未使用	0xD000 0000～0xDFFF FFFF(512MB)
Block7	Cortex-M3 内部外设	0xE000 0000～0xFFFF FFFF(512MB)

8 个主要块中最重要的是 Block0、Block1 和 Block2,Block0 用于设计 Flash。STM32F03ZET6 处理器的 Flash 最大为 512KB,包含 Flash、预留、系统存储器、选项字节、boot 设置。Block1 用于设计 SRAM,STM32F103ZET6 处理器的 SRAM 最大为 64KB;Block2 用于片内外设,包括 APB1、ABP2、AHB 和部分预留空间。STM32F103ZET6 中内置外设的地址范围如表 3.5 所示。除去部分保留未使用的地址空间外,大部分地址范围均可以供给用户开发使用。

表 3.5　内置外设的地址范围

地　址　范　围	外　　设	总　　线
0x5000 0000～0x5003 FFFF	USB OTG 全速	
0x4003 0000～0x4FFF FFFF	保留	
0x4002 8000～0x4002 9FFF	以太网	
0x4002 3400～0x4002 3FFF	保留	
0x4002 3000～0x4002 33FF	CRC 循环校验码	
0x4002 2000～0x4002 23FF	闪存存储器接口	
0x4002 1400～0x4002 1FFF	保留	AHB
0x4002 1000～0x4002 13FF	复位和时钟控制(RCC)	
0x4002 0800～0x4002 0FFF	保留	
0x4002 0400～0x4002 07FF	DMA2	
0x4002 0000～0x4002 03FF	DMA1	
0x4001 8400～0x4001 7FFF	保留	
0x4001 8000～0x4001 83FF	SDIO	
0x4001 4000～0x4001 7FFF	保留	
0x4001 3C00～0x4001 3FFF	ADC3	
0x4001 3800～0x4001 3BFF	USART1	
0x4001 3400～0x4001 37FF	TIM8 定时器	APB2
0x4001 3000～0x4001 33FF	SPI1	
0x4001 2C00～0x4001 2FFF	TIM1 定时器	
0x4001 2800～0x4001 2BFF	ADC2	

地 址 范 围	外　　设	总　　线
0x4001 2400～0x4001 27FF	ADC1	
0x4001 2000～0x4001 23FF	GPIO 接口 G	
0x4001 2000～0x4001 23FF	GPIO 接口 F	
0x4001 1800～0x4001 1BFF	GPIO 接口 E	
0x4001 1400～0x4001 17FF	GPIO 接口 D	
0x4001 1000～0x4001 13FF	GPIO 接口 C	APB2
0x4001 0C00～0x4001 0FFF	GPIO 接口 B	
0x4001 0800～0x4001 0BFF	GPIO 接口 A	
0x4001 0400～0x4001 07FF	EXTI	
0x4001 0000～0x4001 03FF	AFIO	
0x4000 7800～0x4000 FFFF	保留	
0x4000 7400～0x4000 77FF	DAC	
0x4000 7000～0x4000 73FF	电源控制（PWR）	
0x4000 6C00～0x4000 6FFF	后备寄存器（BKP）	
0x4000 6800～0x4000 6BFF	bxCAN2	
0x4000 6400～0x4000 67FF	bxCAN1	
0x4000 6000～0x4000 63FF	USB/CAN 共享的 512B SRAM	
0x4000 5C00～0x4000 5FFF	USB 全速设备寄存器	
0x4000 5800～0x4000 5BFF	I2C2	
0x4000 5400～0x4000 57FF	I2C1	
0x4000 5000～0x4000 53FF	UART5	
0x4000 4C00～0x4000 4FFF	UART4	
0x4000 4800～0x4000 4BFF	USART3	
0x4000 4400～0x4000 47FF	USART2	
0x4000 4000～0x4000 3FFF	保留	APB1
0x4000 3C00～0x4000 3FFF	SPI3/I2S3	
0x4000 3800～0x4000 3BFF	SPI2/I2S2	
0x4000 3400～0x4000 37FF	保留	
0x4000 3000～0x4000 33FF	独立看门狗（IWDG）	
0x4000 2C00～0x4000 2FFF	窗口看门狗（WWDG）	
0x4000 2800～0x4000 2BFF	RTC	
0x4000 1800～0x4000 27FF	保留	
0x4000 1400～0x4000 17FF	TIM7 定时器	
0x4000 1000～0x4000 13FF	TIM6 定时器	
0x4000 0C00～0x4000 0FFF	TIM5 定时器	
0x4000 0800～0x4000 0BFF	TIM4 定时器	
0x4000 0400～0x4000 07FF	TIM3 定时器	
0x4000 0000～0x4000 03FF	TIM2 定时器	

　　表 3.5 中每个地址范围的第一个地址为对应外设的首地址，该外设的相关寄存器地址都可以用"首地址＋偏移量"的方式找到其绝对地址。

3.5 最小系统

处理器CPU的最小系统就是让处理器能正常工作并发挥其功能时所必需的组成部分,也可理解为处理器能正常运行的最小环境。最小系统一般分为5个部分,分别为:

(1) 处理器芯片。运行任务程序及执行相应的控制动作。

(2) 时钟电路。为处理器运行程序提供时钟源。

(3) 复位电路。使处理器内部各个模块处于确定的初始状态。

(4) 系统电源。提供系统工作电源。

(5) 调试电路。提供运行程序的下载和运行监控。

要使STM32处理器能正常运行,必须具备以上5个电路。由于STM32处理器内部已经集成了时钟电路和调试电路,所以STM32处理器只需带有复位电路和提供工作电源,便可正常运行。但是为了让STM32处理器能提供灵活、可靠、稳定、抗干扰性较强的控制动作,最小系统可能还需具备其他附加电路。在此以STM32F103ZET6处理器为例,介绍一个完整的最小系统实例。

3.5.1 复位电路

如图3.5所示,最简单的复位电路可由电容串联电阻构成,其基本原理为电容的充放电过程。我们知道,电容的电压不能突变,当系统上电时处理器的RST脚将会出现一个持续的高电平,并且这个高电平持续的时间由电路的电容值的充电过程决定。STM32处理器的RST脚检测持续20μs以上的高电平后,就会对处理器进行复位操作。所以适当组合 RC 的取值就可以保证系统可靠的复位。

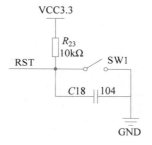

图3.5 复位电路

3.5.2 时钟电路

如图3.6所示,为了提供更为精准的时钟信号,处理器可采用外置时钟电路,其主要由晶振、电容和电阻构成。处理器内部振荡器在外部接续晶振和电容的作用下产生自激振荡,为处理器提供8MHz的正弦信号。时钟电路相当于处理器的心脏,它的每次跳动,也称振荡节拍,都控制着处理器执行代码的工作节奏。振荡节拍慢时系统工作速度就慢,振荡节拍快时系统工作速度就快。

在很多控制系统中都要用到实时时钟(Real Time Clock,RTC)电路,而确保RTC工作计时准确的关键部分就是32.768kHz的晶体振荡电路。STM32F1处理器除了具有主时钟电路外,还内置了RTC时钟。只需要在OSC32IN和OSC32OUT两引脚间外接晶振即可实现。如图3.7所示,可采用基于EPSON的FC-135/FC-135R贴片音叉晶振或使用C2系列圆柱体晶振(32.768kHz)搭建的晶振电路产生32.768kHz的正弦波以提供实时时钟信号。

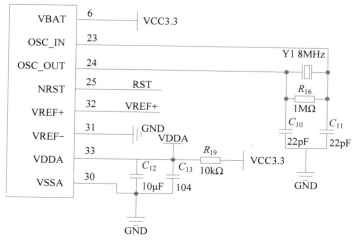

图 3.6　主时钟电路

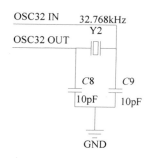

图 3.7　32.768kHz RTC 晶振外接电路图

3.5.3　电源 DC-DC 转换电路

　　由于 STM32F1 处理器电源采用 3.3V 供电。一般常用的电源是 5V。如 TTL 电平也为 5V,市场售卖的电源和 USB 接口提供的均是 5V,所以需要对电压进行降压处理。此 DC-DC 电路使用了 AMS1117-3.3 DC-DC 转换芯片,可将 5V 转换为 3.3V 提供处理器使用。其具体 DC-DC 转换电路如图 3.8 所示。

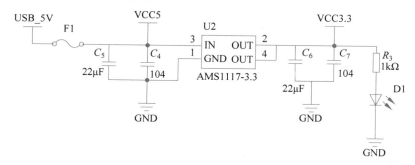

图 3.8　直流 DC-DC 电源转换电路

3.5.4 系统调试电路 JTAG

系统调试电路 JTAG(Joint Test Action Group,联合测试行动小组)是一种国际标准测试协议,主要用于芯片内部测试以及对系统进行仿真和调试。JTAG 技术是一种嵌入式调试技术,它在处理器芯片内部封装了专门的测试电路 TAP(Test Access Port,测试访问口),通过专用的 JTAG 测试工具对内部节点进行测试。目前大多数比较复杂的器件都支持 JTAG 协议,如 ARM、DSP 和 FPGA 器件等均支持 JTAG。标准的 JTAG 接口具有 4 线数据信号:TMS、TCK、TDI 和 TDO,分别对应为测试模式选择、测试时钟、测试数据输入和测试数据输出。JTAG 测试也允许多个器件通过 JTAG 接口串联在一起联调,形成一个 JTAG 链,能分别实现对各个器件的测试。JTAG 接口还常用于实现 ISP(In-System Programmable,在系统编程)功能,如对 Flash 器件进行编程等。通过 JTAG 接口,可对芯片内部的所有部件进行访问,因而它是开发调试嵌入式系统的一种简洁高效的手段。目前 JTAG 接口的连接器有两种标准,即 14 针接口和 20 针接口连接标准,其具体引脚定义分别如图 3.9 与图 3.10 以及表 3.6 与表 3.7 所示。

VREF	p	1	2	p	GND
TRST_N	i	3	4	p	GND
TDI	i	5	6	p	GND
TMS	i	7	8	p	GND
TCK	i	9	10	p	GND
TDO	o	11	12	od	SRST_N
VREF	p	13	14	p	GND

图 3.9 JTAG 14 针接口定义和信号名称

VREF	p	1	2	nc	—
TRST_N	i	3	4	p	GND
TDI	i	5	6	p	GND
TMS	i	7	8	p	GND
TCK	i	9	10	p	GND
—	nc	11	12	p	GND
TDO	o	13	14	p	GND
SRST_N	od	15	16	p	GND
—	nc	17	18	p	GND
—	nc	19	20	p	GND

20针不带RTCK

VREF	p	1	2	nc	—
TRST_N	i	3	4	p	GND
TDI	i	5	6	p	GND
TMS	i	7	8	p	GND
TCK	i	9	10	p	GND
RTCK	o	11	12	p	GND
TDO	o	13	14	p	GND
SRST_N	od	15	16	p	GND
—	nc	17	18	p	GND
—	nc	19	20	p	GND

20针带RTCK

图 3.10 JTAG 20 针接口定义引脚

表 3.6 JTAG 14 针接口引脚定义

引脚和信号	信 号 定 义
1、13	VREF 接电源
2、4、6、8、10、14	GND 接地
3 TRST_N	测试系统复位信号
5 TDI	测试数据串行输入
7 TMS	测试模式选择
9 TCK	测试时钟
11 TDO	测试数据串行输出
12 SRST_N	目标系统复位信号

表 3.7　JTAG 20 针接口定义引脚名称描述

引脚和信号	信 号 定 义
1 VREF	目标板参考电压,接电源
2 nc	未连接
3 TRST_N	测试系统复位信号
4、6、8、10、12、14、16、18、20	GND 接地
5 TDI	测试数据串行输入
7 TMS	测试模式选择
9 TCK	测试时钟
11 RTCK	测试时钟返回信号
13 TDO	测试数据串行输出
15 SRST_N	目标系统复位信号
17、19 nc	未连接

3.5.5　其他辅助电路

通常在设计控制系统时,为保证系统稳定工作,常在所有的电源引脚旁边放置一个 0.1μF 的电容滤波,用来滤除电源的噪声杂波。具体连接如图 3.11 所示。

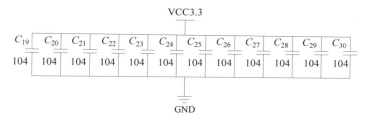

图 3.11　电源高频噪声杂波滤波电路

在复位后程序启动,如图 3.12 所示,通常可使用 Boot0/Boot1 均置为 0,即均为低电平。Cortex-M3 内核的器件有 3 种启动方式,Cortex-M4 有 4 种,可通过 Boot0、Boot1 引脚的电平进行选择。如第 2 章所述,STM32 的 3 种启动模式对应的存储介质均是芯片内置的,它们是:用户闪存(芯片内置的 Flash);SRAM(芯片内置的 RAM 区),也称为内存;系统存储器,即芯片内部一块特定的区域,芯片出厂时在这个区域预置了一段 Bootloader,也就是通常说的 ISP 程序。这个区域的内容在芯片出厂后没有人能够修改或擦除,即它是一个 ROM 区,它是使用 USART1 作为通信接口。

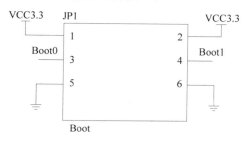

图 3.12　Boot0/Boot1 设置和对应启动模式

应用系统通常还需要设计状态 LED 指示电路。如图 3.13 所示,两盏状态指示灯 LED1 和 LED2 进行系统工作状态的显示。LED1 和 LED2 分别与主芯片的 GPIO 引脚连接,串联电阻为限流电阻,防止电流过大损坏发光二极管。LED 指示灯数量可根据应用需求增减。

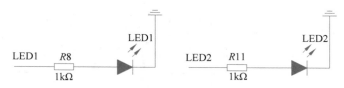

图 3.13　状态指示灯 LED1 和 LED2 电路

键盘是用于操作设备运行的一种指令和数据输入装置,也指经过系统安排操作一台机器或设备的一组功能键。键盘是计算机最常用也是最主要的输入设备,通过键盘可以将英文字母、数字以及标点符号等输入到系统中,从而向处理器发出命令以及输入数据等。如图 3.14 所示,键盘的设计非常简单,但是必须配以处理器驱动程序才能完成相关功能。另外,为防止按键抖动,常常还配以防抖动辅助电路。防抖动辅助功能可以采用硬件电路或软件来实现。

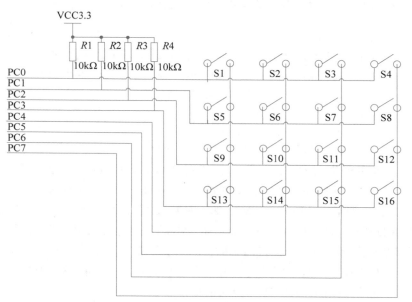

图 3.14　键盘 4×4 矩阵电路示意图

数码管显示电路也称作辉光管,是一种可以显示数字和其他信息的电子设备。玻璃管中包括一个金属丝网制成的阳极和多个阴极。大部分数码管阴极的形状为数字。管中充以低压气体,通常大部分为氖加上一些汞和/或氩。给某一个阴极充电,数码管就会发出颜色光,由管内的气体种类决定,一般都是橙色或绿色。如图 3.15 所示,数码管动态显示器是应用系统中最为广泛的一种显示器,常用数码管引脚定义如图 3.15 所示。数码管的 8 个显示笔画 A、B、C、D、E、F、G、DP,用于显示日常生活和工作中实用的数字和小数点。也可利用多个数码管排列显示各种数值。

如图 3.15 中的 A、B、C、D、E、F、G、DP 分别可与处理器的 GPIO 接口或驱动 IC 集成电路相连,用来控制显示数字的形状。Q3、Q4、Q5、Q6、Q7、Q8 这 6 个三极管是用来驱动和片选数码管,用于打开或关闭某一位数码管的显示。RA1、RA0、RA3、RA2、RA5、RA4 分别接在处理器的其

图 3.15　数码管示意图

他 GPIO 接口上,通过控制这些三极管的基极电平来打开或关闭数码管的显示,即起到"使能"作用。其电路原理如图 3.16 所示。

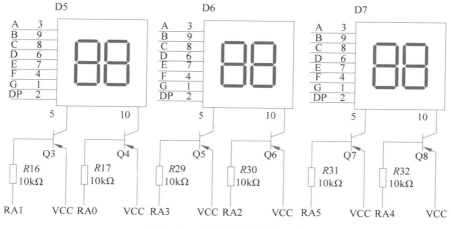

图 3.16　多位数码管设计电路

3.6　STM32 最小系统和拓展实验平台

如图 3.17 所示为一款简单实用完整的最小系统。在该最小系统电路中,除处理器 CPU 电路、晶振电路、电源电路等必要的电路外,还设计了 LED 电路、数码管电路、按键电路和 LCD 电路等拓展辅助功能电路。

LED 电路包含 12 个可编程使用的 LED 灯,其分别连接于 CPU 芯片的 PE5、PE6、PF0～PF8 和 PF12 接口引脚。另外,LED 灯可以根据颜色分为 3 组,分别对应红、绿、黄这 3 种颜色,可用于编程模拟交通灯的功能。由电路图可以看出,发光二极管 LED0～LED11 的正极均通过限流电阻连接于 3.3V 电源,负极则直接连在 GPIO 引脚上。因此在用户编程时,若使某个 GPIO 引脚输出信号为低电平,则对应的 LED 灯亮;反之输出高电平,则 LED 灯灭。

数码管电路包含两个可供编程使用的数码管,每个数码管通过移位寄存器 74HC595 芯片连接于 CPU 芯片的 GPIO 引脚。其中 74HC595 芯片的引脚功能描述如表 3.8 所示。例如,数码管 P1 连接 74HC595 芯片 U6 的 1～7 脚,U6 的 11、12、14 脚连接 CPU 芯片的 PA7、PA6、PA5。如此便可以通过 CPU 芯片来控制 74HC595 芯片的输出,再以此

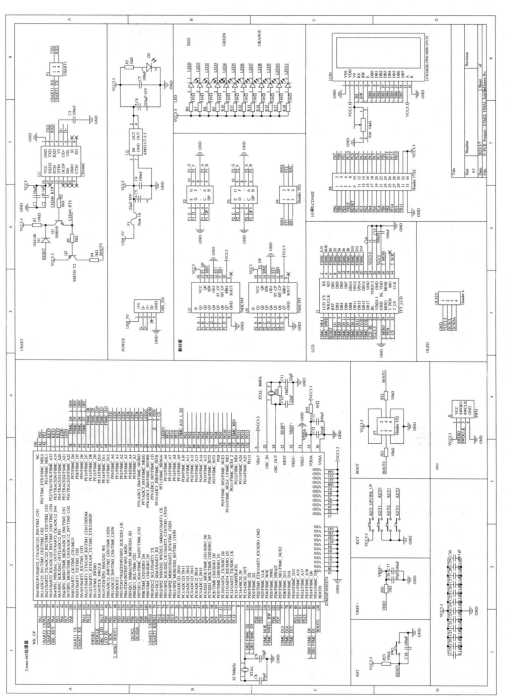

图 3.17 实验最小系统电路图

输出来驱动数码管显示。此外,还需要注意,此电路中使用的是共阴极数码管,因此其公共端需要接地处理。

表 3.8　74HC595 IC 引脚功能描述

符　号	引　　脚	描　　述
Q0~Q7	15 脚、1~7 脚	8 位并行数据输出
GND	8 脚	地
SOUT	9 脚	串行数据输出
MR♯	10 脚	主复位(低电平有效)
SH_CP	11 脚	数据输入时钟线
ST_CP	12 脚	输出存储器锁存时钟线
OE♯	13 脚	输出有效(低电平有效)
SIN	14 脚	串行数据输入
VCC	16 脚	电源

按键电路包含 4 个独立按键,即 KEY_UP、KEY1、KEY2、KEY3。由电路图可以看出,4 个按键的一端分别连接于 CPU 芯片的 PA0、PE2、PE3、PE4 引脚,而另一端的接法稍有区别。其中,按键 KEY_UP 的另一端直接连接于 3.3V 电源,而按键 KEY1~KEY3 的另一端则直接接地。因此,当我们使用按键时,对于电路接法不同的按键常常要使用不同的初始化配置。就 STM32F103ZET6 这款芯片而言,如果需要使用这 4 个按键,则要提前将 PA0 配置为下拉输入模式,并将 PE2~PE4 配置为上拉输入模式。LCD 电路提供了一组 LCD 接口用于外接 LCD 显示屏。当需要使用 LCD 模块时,只需要将特定的 LCD 模块插入如图 3.17 所示的 LCD 接口,然后即可通过 GPIO 引脚初始化和控制 LCD 模块的显示,操作起来非常方便实用。

3.7　STM32 实验环境构建

由于 STM32 开发板上已经设计了一键下载电路,因此硬件实验环境构建特别简单,主要分为以下几步:

(1) 置启动模式。Boot1 接 GND,Boot0 接 VCC,配置从系统存储器启动。Boot 原理图如图 3.18 所示,也就是将 1 脚和 3 脚、4 脚和 6 脚分别短接。一般来说,也就是为了从串口下载程序。

(2) 连接 USB 转串口芯片与主芯片的对应引脚。串口接线原理如图 3.19 所示。转串口芯片的 TXD 和 RXD 这两个引脚并未直接与 STM32F103ZET6 的 USART1 对应引脚相连,中间隔了一个标准的排针接口。因此,如果想要利用 USART1 下载程序,需要将 1 脚和 2 脚、3 脚和 4 脚分别短接。

(3) 用 USB 线连接开发板与 PC 端。USB 接口原理图如图 3.20 所示。由于使用了一键下载电路,我们只需要利用一根 USB 线就可以实现供电和通信这两大功能,接线特别方便、简单,不需要额外连接串口线。开发板的 USB 接口采用的是 mini USB,该接口和信号线的实物图分别如图 3.21 和图 3.22 所示。

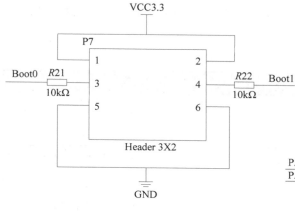

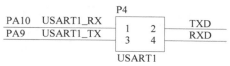

图 3.18　Boot 原理图　　　　　　图 3.19　串口接线原理图

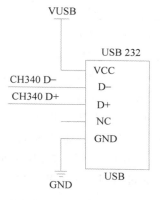

图 3.20　USB 接口原理图　　　　　图 3.21　mini USB 接口

经过上述的几个步骤以后,STM32 的硬件实验环境已经构筑完成,下面只需要进行软件开发环境的配置。实际开发系统的实物如图 3.23 所示。

图 3.22　mini USB 信号连接线　　　　图 3.23　实验系统连接与开发示意图

3.8　STM32 软件开发与仿真环境构建

1. MDK 软件安装

首先从 Keil 官网获取 MDK 软件安装包。安装包是一个扩展名为 .exe 的可执行文件,本节中均以 MDK5.27 版本为例。下载完成之后,单击 mdk527.exe 文件进行安装,如图 3.24 所示。

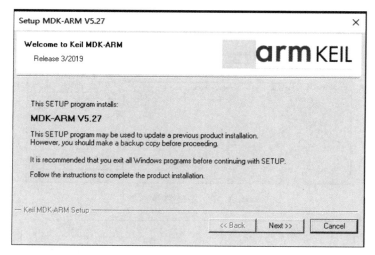

图 3.24 MDK5.27 安装界面

然后单击 Next 按钮,进入 License Agreement 界面,如图 3.25 所示,选择同意协议内容。

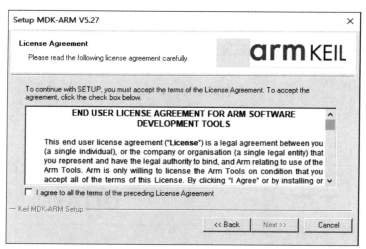

图 3.25 License Agreement 界面

接着单击 Next 按钮,选择软件安装路径,如图 3.26 所示。这里选择创建一个 Keil_v5 文件夹,同时应注意文件夹不要命名为中文或带有空格。

再单击 Next 按钮,填写个人信息,如图 3.27 所示。

填完信息之后再单击 Next 按钮就正式开始了软件安装,安装界面如图 3.28 所示。

软件安装成功后单击 Finish 按钮会弹出 Pack Installer 界面,如图 3.29 所示。这里单击关闭按钮即可,因为我们后面会通过已下载好的包进行安装。

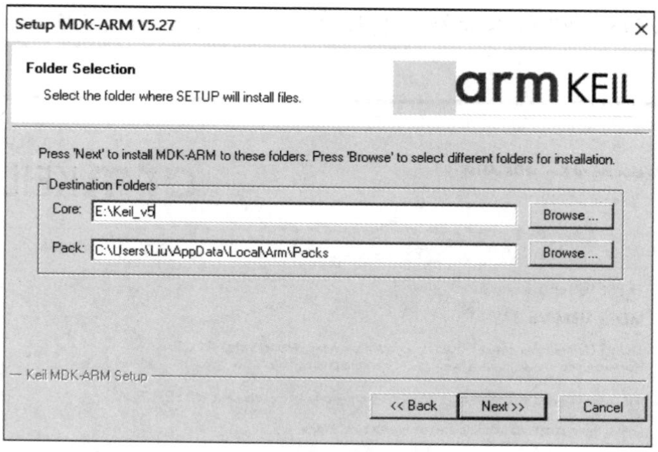

图 3.26　安装路径选择

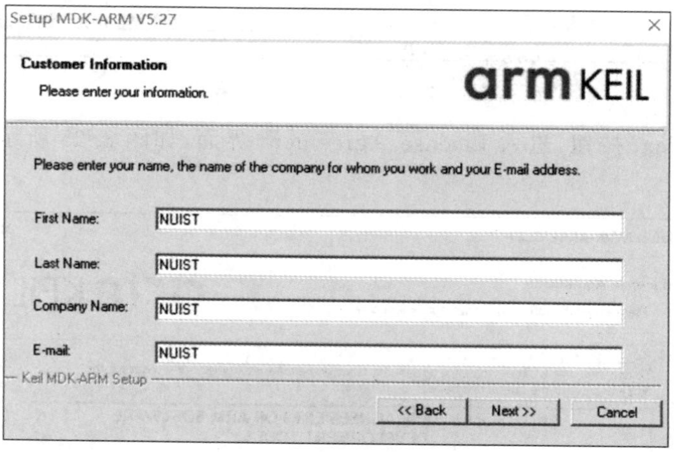

图 3.27　填写个人信息

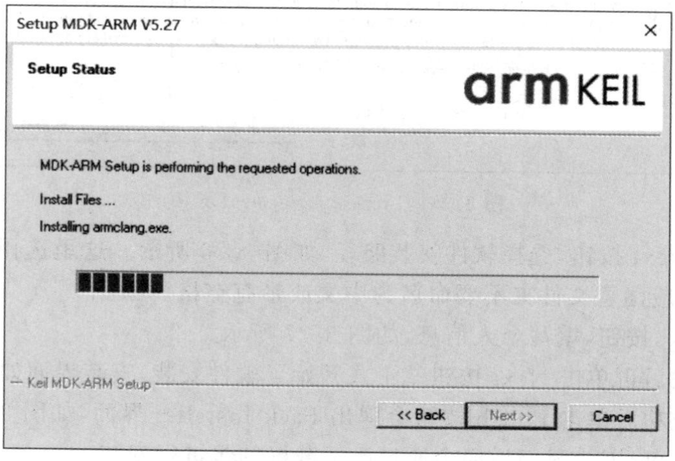

图 3.28　软件安装界面

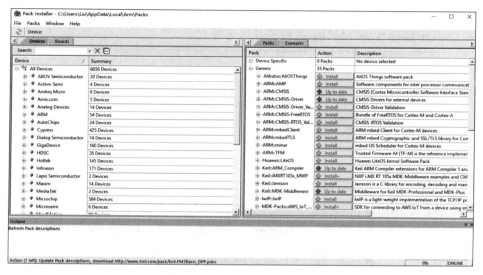

图 3.29 Pack Installer 界面

2. STM32F1 器件包安装

我们需要从 Keil 官网获取 STM32F1 系列芯片的器件包,下载完成后如图 3.30 所示。双击其中的 Keil.STM32F1xx_DFP.2.3.0 文件即可进行安装。安装界面如图 3.31 所示,单击其中的 Next 按钮开始安装,过程也比较简单。

图 3.30 STM32F1 系列芯片的器件包

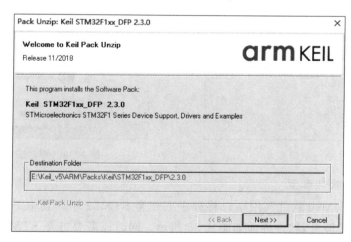

图 3.31 STM32F1 器件包安装

在用 Keil 创建实际工程时都会弹出如图 3.32 所示的设备选择界面。如果器件包安装成功了,其中就会有 STM32F1 系列芯片供选择。

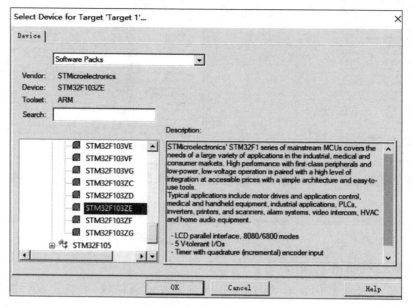

图 3.32　设备选择界面

3. 安装 USB 转串口驱动

本节中使用的转串口芯片是 CH340 系列,驱动文件可以从沁恒微电子官网获取。下载成功后得到一个名为 CH341SER.INF 的文件,双击该文件进行安装。驱动安装界面如图 3.33 所示,单击"安装"按钮即可。如果没有安装驱动会导致计算机无法识别串口,也就无法通过串口下载程序。

安装成功后会弹出提示对话框,如图 3.34 所示。

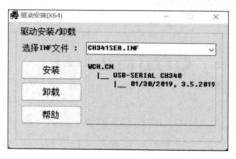

图 3.33　驱动安装

图 3.34　驱动安装成功

4. FlyMcu 软件配置

通常使用 FlyMcu 软件利用串口将程序下载至 STM32 中。其中 FlyMcu 是免安装的,直接双击打开即可,软件界面如图 3.35 所示。同时还需要打开 STM32 的电源,这样串口才能被检测到并用于下载程序。

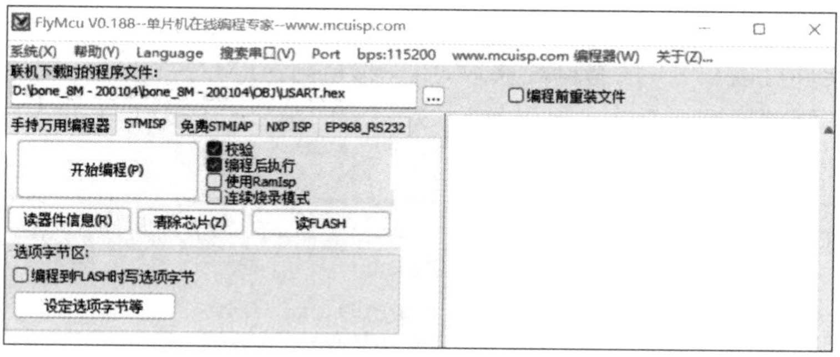

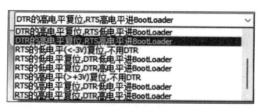

图 3.35　FlyMcu 软件界面

此外,使用该软件时有以下几点需要注意:

(1) 对于 STM32F1 系列芯片来说波特率可设置为任意值。

(2) 选中"校验"和"编程后执行"这两个选项,不要选中"编程到 FLASH 时写选项字节"。

(3) 在界面下方选择"DTR 高电平复位,RTS 高电平进 BootLoader"。当单击打开 FlyMcu 的下拉列表框时,可以看到有很多不同的配置方案,如图 3.36 所示。这里之所以这样选择,其实是与一键下载电路的电路结构有关,如图 3.37 所示。FlyMcu 通过 USB 信号线控制 CH340 转串口芯片的 DTR 和 RTS 引脚的输出,这两个输出进而控制 Q1 和 Q2 的导通与截止,从而进一步影响 RESET 和 BOOT0 这两个引脚的电平。这样就实现了一键下载功能。

图 3.36　DTR 和 RTS 配置

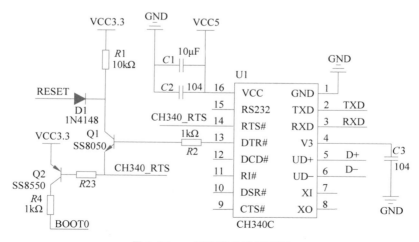

图 3.37　一键下载电路原理图

5. 固件库文件下载

固件库文件可以从 ST 的官网处获取,用于移植到 STM32 工程中。本节中使用的是
V3.5.0 版本,固件库解压后文件夹名称为 STM32F10x_StdPeriph_Lib_V3.5.0,其目录
结构如图 3.38 所示。

图 3.38　固件库文件目录结构

其中,_htmresc 文件夹中是一些官方的 logo 图片,Project 文件夹中是官方模板工程
示例,Utilities 文件夹中是官方评估模板例程,Libraries 文件夹中则是移植工程时需要用
到的固件库的相关源码。

6. 新建工程模板

(1) 首先新建一个文件夹,后面所建立的工程都可以放在这个文件夹中,这里将之命
名为 STM32_Project。

(2) 单击 Project→New μVision Project 菜单命令,如图 3.39 所示。然后将目录定位到
刚才建立的 STM32_Project 文件夹之下。先在这个文件夹下建立子文件夹 Project,再定位
到 Project 文件夹下,将工程命名为 Template,单击"保存"按钮,如图 3.40 所示。

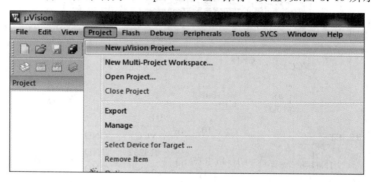

图 3.39　新建工程

接下来会出现一个选择 CPU 的界面,也就是选择芯片型号,如图 3.41 所示。因为
使用的主芯片 CPU 为 STM32F103ZET6,所以在这里选择 STMicroelectronics→
STM32F1 Series→STM32F103→STM32F103ZET6。

(3) 单击 OK 按钮,MDK 会弹出 Manage Run-Time Environment 对话框,如图 3.42
所示。

图 3.40 定义工程名称

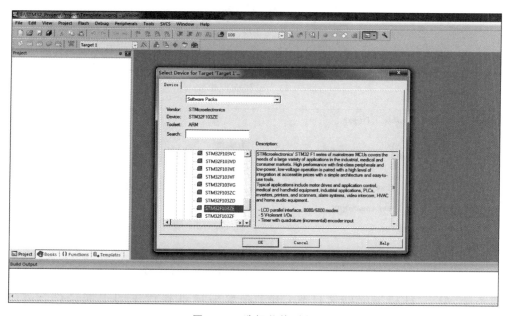

图 3.41 选择芯片型号

这是 MDK5 新增的一个功能,在这个界面中可以添加自己需要的组件,从而方便构建开发环境。在这里直接单击 Cancel 按钮即可,然后得到如图 3.43 所示的界面。

至此,我们只是创建了一个框架,还需要添加启动代码,以及相关的.c 文件等。

(4) 现在可以看到 Project 文件夹下包含 2 个文件夹和 2 个文件,如图 3.44 所示。

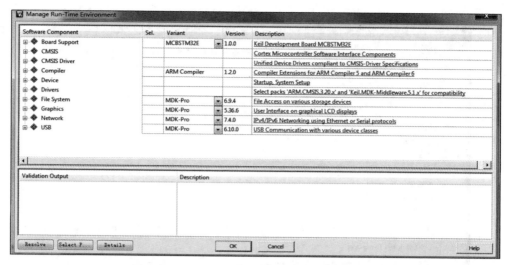

图 3.42　Manage Run-Time Environment 对话框

图 3.43　工程初步建立

图 3.44　工程 Project 目录文件

在此必须说明,Template. uvoptx 是工程文件,不能轻易删除。Listings 和 Objects 文件夹是 MDK 自动生成的文件夹,用于存放编译过程产生的中间文件。为了与 MDK5.1 之前版本工程兼容,在此把两个文件夹删除。新建一个 OBJ 文件夹,用来存放编译中间文件。

（5）在 STM32_Project 文件夹下新建 3 个文件夹,分别是 CORE、OBJ 和 STM32F10x_FWLib,如图 3.45 所示。CORE 用来存放核心文件和启动文件,OBJ 用来存放编译过程文件以及. hex 文件,STM32F10x_FWLib 用来存放 ST 官方提供的库函数源码文件。已有的 Project 文件夹除了用来放工程文件外,还用来存放主函数文件 main. c 以及 system_

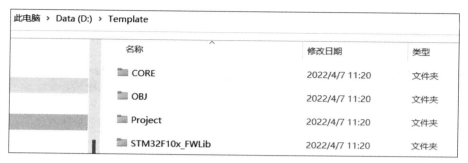

图 3.45　工程目录

stm32f10x. c 等其他文件。

（6）将官方固件库中的源码文件复制到建立的工程目录下面。打开官方固件库包，定位到之前准备好的固件库包的目录 STM32F10x_StdPeriph_Lib_V3. 5. 0\Libraries\STM32F10x_StdPeriph_Driver 下面，将该目录下面的 src、inc 文件夹复制到刚才建立的STM32F10x_FWLib 文件夹下面，如图 3. 46 所示。其中 src 存放固件库的相关. c 文件，inc 存放对应的. h 文件。

此电脑 › Data (D:) › Template › STM32F10x_FWLib		
名称 ^	修改日期	类型
📁 inc	2022/4/7 11:20	文件夹
📁 src	2022/4/7 11:20	文件夹

图 3.46　官方库源码文件夹

（7）将固件库中相关的启动文件复制到工程目录 CORE 之下，具体如表 3. 9 所示。复制成功后 CORE 文件夹如图 3. 47 所示。

表 3.9　CORE 文件夹所需文件

源文件所在目录	文 件 名
STM32F10x_StdPeriph_Lib_V3. 5. 0\Libraries\CMSIS\CM3\CoreSupport	core_cm3. c、core_cm3. h
STM32F10x_StdPeriph_Lib_V3. 5. 0\Libraries\CMSIS\CM3\DeviceSupport\ST\STM32F10x\startup\arm	startup_stm32f10x_hd. s

此电脑 › Data (D:) › Template › CORE			
名称 ^	修改日期	类型	大小
📄 core_cm3.c	2010/6/7 10:25	C 文件	17 KB
📄 core_cm3.h	2011/2/9 14:59	H 文件	84 KB
📄 startup_stm32f10x_hd.s	2011/3/10 10:52	S 文件	16 KB

图 3.47　CORE 文件夹

(8) 将固件库中的相关文件复制到 Project 文件夹下，具体如表 3.10 所示。复制成功后 Project 文件夹如图 3.48 所示。

表 3.10　Project 文件夹所需文件

源文件所在目录	文 件 名
STM32F10x_StdPeriph_Lib_V3.5.0\Libraries\CMSIS\CM3\DeviceSupport\ST\STM32F10x	stm32f10x.h、system_stm32f10x.c、system_stm32f10x.h
STM32F10x_StdPeriph_Lib_V3.5.0\Project\STM32F10x_StdPeriph_Template	main.c、stm32f10x_conf.h、stm32f10x_it.c、stm32f10x_it.h

图 3.48　Project 文件夹中的文件

(9) 前面 8 个步骤，将需要的固件库相关文件复制到了自己的工程目录下面。下面再将这些文件加入自己的工程中去。右击 Target1，选择 Manage Project Items，如图 3.49 所示。

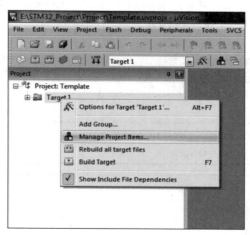

图 3.49　选择 Manage Project Items

(10) 弹出如图 3.50 所示界面后，在 Project Targets 一栏中将 Target 名字修改为 Template，然后在 Groups 一栏删掉 SourceGroup1，新建 3 个分组：PROJECT、CORE 和

FWLIB。最后单击 OK 按钮，可以看到自己的 Target 名字以及 Groups 的情况，如图 3.51 所示。

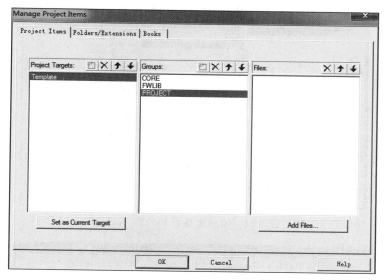

图 3.50 新建分组

（11）下面向分组中添加自己工程需要的文件。按照步骤（10）的方法，右击 Template，选择 Manage Project Items，然后选择需要添加文件的分组。这里第一步选择 FWLIB，然后单击右下角的 Add Files 按钮，定位到刚才建立的目录 STM32F10x_FWLib/src，将里面所有的文件选中并单击 Add 按钮，最后单击 Close 按钮。可以看到 Files 列表中包含了添加的文件，如图 3.52 所示。

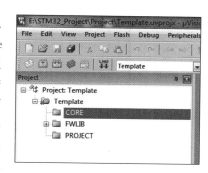

图 3.51 工程主界面

（12）用同样的方法，定位到 CORE 和 PROJECT 分组，添加需要的文件。这里 CORE 下面需要添加的文件为 core_cm3.c、startup_stm32f10x_hd.s（注意，默认添加时文件类型为.c，也就是添加 startup_stm32f10x_hd.s 启动文件时，需要选择文件类型为 All files 才能看得到这个文件），PROJECT 下面需要添加的文件为 main.c、stm32f10x_it.c 和 system_stm32f10x.c，分别如图 3.53 和图 3.54 所示。如此就把需要添加的文件添加到自己的工程中了，最后单击 OK 按钮，回到工程主界面。最终的工程结构如图 3.55 所示。

（13）接下来选择编译中间文件存放目录。右击 Template，单击 Options for Target 'Template'，如图 3.56 所示。然后在如图 3.57 所示的界面中，选择上面新建的 OBJ 文件夹。注意，如果不设置 Output 路径，那么默认的编译中间文件存放位置就是 MDK 自动生成的 Objects 文件夹和 Listings 文件夹。另外，需选中 Create HEX File 复选框，这样编译项目代码时才会生成.hex 文件。

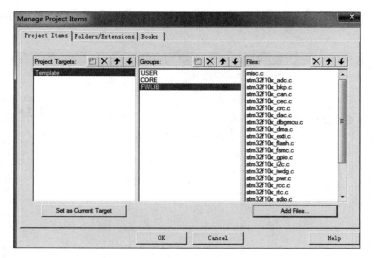

图 3.52　添加文件到 FWLIB 分组

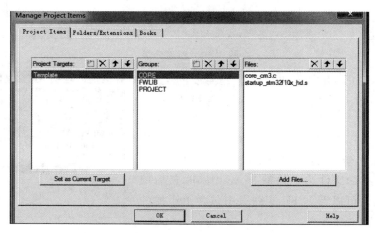

图 3.53　添加文件到 CORE 分组

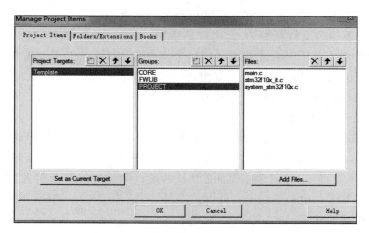

图 3.54　添加文件到 PROJECT 分组

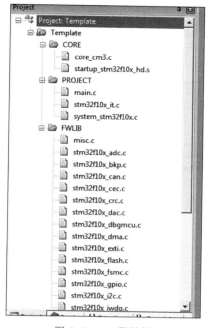

图 3.55　工程结构

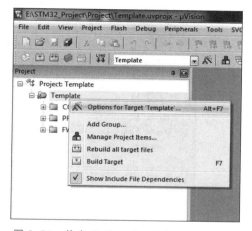

图 3.56　单击 Options for Target 'Template'

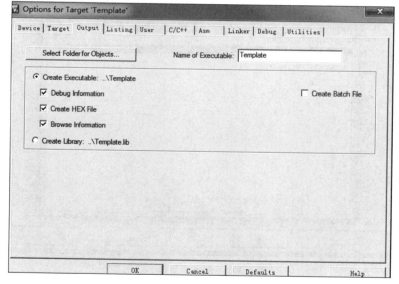

图 3.57　选择编译后的存放目录

（14）接下来还需要配置工程代码的头文件路径。回到工程主菜单，右击 Template，单击 Options for Target 'Template'。然后选择 C/C++选项卡，单击 Include Paths 右边的"…"按钮，如图 3.58 所示。接着会弹出一个添加路径的对话框，如图 3.59 所示，将图上面的 3 个目录添加进去，最后单击 OK 按钮。

（15）配置宏定义变量。因为 Version 3.5 版本的库函数在配置和选择外设时是通过

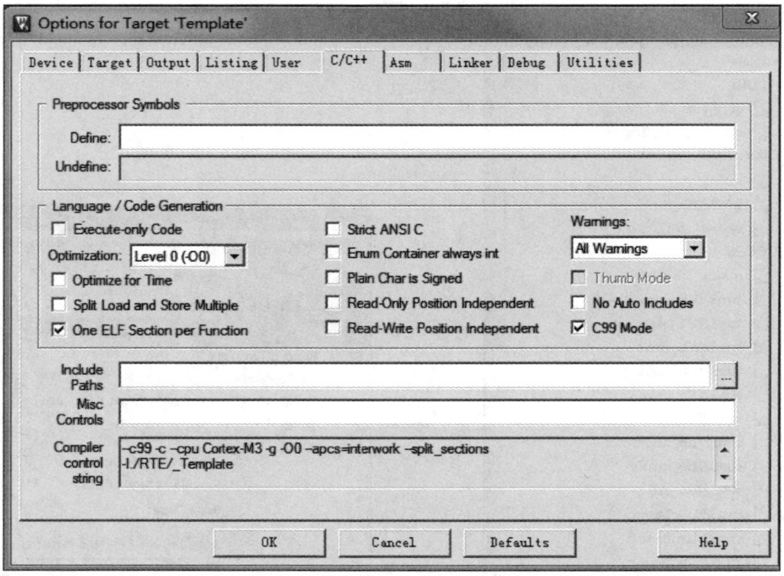

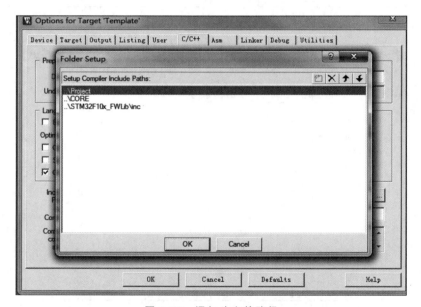

图 3.58　C/C++选项卡

图 3.59　添加头文件路径

宏定义完成的,所以需要配置一个全局的宏定义变量。按照步骤(14),定位到 C/C++选
项卡,然后填写"STM32F10X_HD,USE_STDPERIPH_DRIVER"到 Define 输入框中,
如图 3.60 所示。最后单击 OK 按钮。

　　经过上述的步骤后,工程模板建立完成。下面就可以开始编写代码和调试程序工
作了。

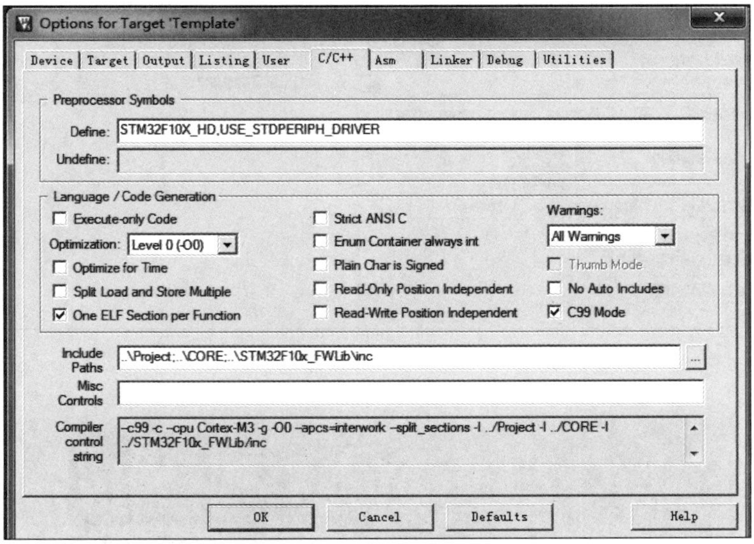

图 3.60　添加全局宏定义标识符到 Define 输入框

7. 编译和下载程序

在进行编译之前，需要打开 Project 下的 main.c 文件，编写好主程序，之后可以进行编译。编译结果如图 3.61 所示，结果显示没有错误。

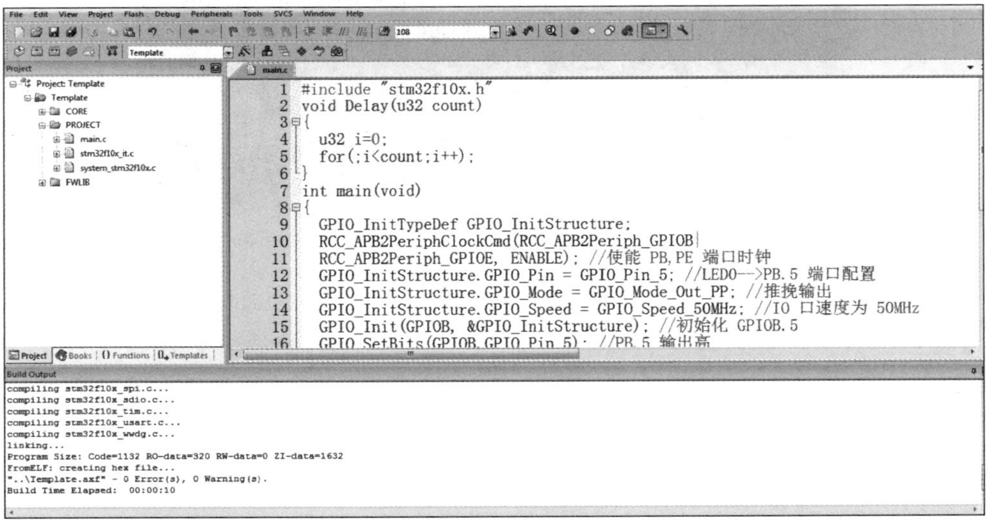

图 3.61　编译代码

工程编译成功以后，就可以下载程序到开发板了。下载程序时，只需要在 FlyMcu 中选择好对应的.hex 文件，并且确保配置正确，然后单击"开始编程"按钮就可以进行下载了。如图 3.62 所示，可以从进度条看到程序下载成功。

运行程序，结果如图 3.63 所示，可控制点亮 12 个 LED 显示灯。

图 3.62　下载程序

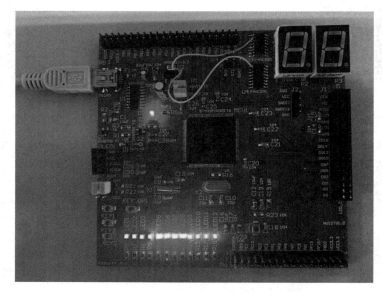

图 3.63　在基础开发实验板上观看程序运行结果

第

4 章

STM32程序设计

4.1 汇编语言简介

4.1.1 计算机语言

计算机的运行涉及硬件及程序。编写计算机程序有 3 种不同层次的计算机语言可供选择,即机器(Machine)语言、汇编(Assemble)语言和高级(High Level)语言。它们之间的关系如图 4.1 所示。

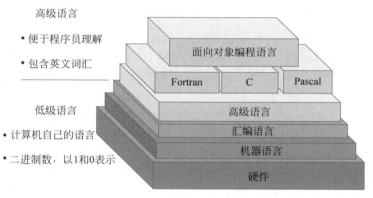

图 4.1　3 种不同层次的计算机语言

机器语言是用二进制数表示的指令,是与硬件关系最紧密的语言,是处理器唯一能够直接识别和执行的形式。缺点是不直观,不易识别、理解和记忆,因此现在编写、调试程序时都不采用这种形式的语言。

汇编语言是机器语言的一个高级形式,为了使程序员能够很好地记忆这些机器指令,简化工作,产生了汇编语言。汇编语言用英文缩写形式的助记符表示对应的指令。与机器语言相比,编写、阅读和修改都比较方便,不易出错。用汇编语言编写的程序必须"翻译"成机器语言程序,或称目标代码才能执行。这种翻译称为汇编(Assemble),程序汇编成为机器代码后,与处理器的汇编语言形式的指令相对应。目前常利用软件自动完成汇编工作,这种软件称为汇编工具(Assembler)。

高级语言不针对某种具体的计算机体系,通用性强,大量用于科学计算和事务处理,如 C/C++ 语言、Java 语言等。用高级语言编程不需了解计算机内部结构和原理。语言形式更接近英语,具有易读、易编写的特点,且结构比较简洁,对于非计算机专业人员比较易于掌握。但是用高级语言编写的源程序同样必须"翻译"为机器语言后才能执行。"翻译"软件称为编译程序。

4.1.2 汇编语言的语法结构

在汇编语句模块中,源代码行的一般格式如下:

{symbol|label}{instruction|pseudo_instruction}{;comment}

即

{符号|标号} {指令|伪指令助记符} {;注释}

其中,

（1）符号：在 ARM 汇编语言中,符号可以用于表示变量、数字常量和地址。当符号代表地址时又称为标号。符号命名遵守以下规则：

① 在符号名中可以使用大写字母、小写字母、数字字符或下画线字符。

② 除了局部标号外,不允许在符号名的第一个字符位置使用数字字符。

③ 符号名中对大写字母、小写字母是区分的。

④ 在符号名中所有的字符都是有意义的。

⑤ 在它们的作用范围内,符号名必须是唯一的。

⑥ 符号名必须不使用内建变量名、预定义寄存器名和预定义协处理器名。

⑦ 符号名应该不使用与指令助记符或指示符相同的名字。

（2）标号：标号(label)是符号的一种,代表存储器中指令或数据地址,在汇编期间通过计算,得到标号的地址。标号的生成方式有以下 4 种：

① 基于 PC 的标号。基于 PC 的标号表示程序计数器 PC 加或减一个数值常数。使用这样的标号作为分支指令的目标,或访问嵌入在代码区域中少量的数据项。如果要定义基于 PC 的标号,可以在一条指令前放置一个标号,或者使用定义常数指示符定义标号。常用的定义常数的指示符包括 DCB、DCD(详见 4.3.2 节)。

② 基于寄存器的标号。基于寄存器的标号通常用 MAP 和 FILED 伪指令定义,也可以用于 EQU 伪指令定义,这种标号在汇编时被处理成寄存器的值加或减一个数字常量。

③ 绝对地址。绝对地址是数值常数,是在 $0\sim2^{32}-1$ 范围内的整数,它们直接给出了存储器的地址,绝对地址常用于异常处理例程和访问存储器映像的 I/O 接口地址。

④ 局部标号。当标号以数字开头时,其作用范围为当前段,这种标号又称为局部标号(local label)。局部标号使用 $0\sim99$ 范围内的一个数,可以有选择地在其后跟随一个表示当前范围的符号。

（3）指令：指令构成执行性语句,用于表示处理器指令,它在源程序汇编时产生可供计算机执行的指令代码。每一条指令语句都可以表示计算机所具有的一个基本操作。例如,

$$\text{MOV R1}, \sharp 0x1245$$

这条指令表示将十六进制的数据 0x1245 送到寄存器 R1 中,它所对应的二进制机器语言是 0xF241245。其中的 MOV 是操作码,R1 和 $\sharp 0x1245$ 分别称为第一操作数和第二操作数。

（4）伪指令助记符：伪指令助记符用于说明性语句。在汇编语言程序里,有一些助记符与指令系统的助记符不同,而且没有相应的操作码,我们把这样的助记符称为伪指令。它是用于指示汇编程序如何汇编源程序的。如定义符号、分配存储单元、初始化存储器、过程怎么设置等,所以伪指令本身不占用存储单元。

（5）注释：注释是为了阅读程序方便由编程人员加上的,并不影响程序的执行和功能。注释部分必须以分号";"开头,一般都写在它所注释的指令的后面或者某段程序的开始,注释本身只用于对指令功能加以说明,使程序便于理解。

4.2 寻址方式与指令系统

4.2.1 Cortex-M3 指令组成结构

指令是计算机完成某种指定操作的命令,程序是以完成一定任务为目的的有序指令组合。指令的集合称为指令系统或指令集。不同处理器有不同的指令系统。M3 处理所使用的指令用一般格式表示如下:

{Label} < opcode > {S}{cond} < operand1 >, < operand2 > {,operand3} {;注释}

其中,<>中的内容是必不可少的,{}中的内容为可选项(可省略不写)。

一般格式中< opcode >即指令操作码,像本书使用的 Cortex-M3 的指令集可以分为数据传送指令、数据处理指令、跳转指令、程序状态寄存器(PSR)处理指令和异常产生指令等几大类。有些资料把加载/存储指令单独作为一类指令,本书将这类指令归到数据处理类指令的数据传送指令中进行介绍。Cortex-M3 指令集的内容见 4.2.3 节。所有ARM 指令均可以在指令操作码助记符后跟随后缀。在一般格式中,可能会出现两种操作码助记符后缀。

(1) 操作码助记符后缀{S}:用法是在数据处理指令附加后缀 S 或不加 S。代表可以根据处理结果,选择更新或不更新 CPSR 中的条件码标志。例如,

```
ADDS R3,R5,R6    ; 助记符后缀 S,选择了更新 CPSR 中的条件码标志
                 ; 根据 R5 + R6 的和,更新 N、Z、C、V 标志位
ADD R3,R5,R6     ; 由于没有出现助记符后缀 S 执行本指令,不更新 N、Z、C、V 标志位
```

(2) 条件码助记符后缀{cond}:其含义是依据 APSR 中的条件码标志 N、Z、C、V 状态,有条件地被执行,而不需要使用分支指令实现条件分支。每一条指令执行前都要根据 APSR 中的条件码标志[简称标志位(如表 4.1 所示)]和指令中的条件码助记符后缀(如表 4.2 所示)有条件地执行。指令中的条件码助记符后缀确定在哪种情况下这条指令被执行,若 N、Z、C 和 V 标志的状态满足指令中条件码助记符后缀的要求,则指令被执行,否则指令被忽略。

表 4.1　APSR 中常用的标志位

标志位	位序号	功能描述
N	31	负数(上次操作的结果是个负数)
Z	30	零(上次操作的结果是 0)。当数据操作的结果为 0,或者比较/测试的结果为 0 时,Z 置位
C	29	进位/借位(上次操作导致了进位或者借位)。C 用于无符号数据处理,就是当加法进位及减法借位时 C 被置位。C 还充当移位指令的中介
V	28	溢出(上次操作的结果导致了数据的溢出)。该标志用于带符号的数据处理

表 4.2 指令中的条件码助记符后缀

条件码助记符后缀	CPSR中的条件码标志	含 义	条件码助记符后缀	CPSR中的条件码标志	含 义
EQ	Z＝1	相等	HI	C＝1并且Z＝0	无符号数大于
NE	Z＝0	不等	LS	C＝0或Z＝1	无符号数小于或等于
CS/HS	C＝1	无符号数大于或等于	GE	N＝V	带符号数大于或等于
CC/LO	C＝0	无符号数小于	LT	N＜＞V	带符号数小于
MI	N＝1	负	GT	Z＝0并且(N＝V)	带符号数大于
PL	N＝0	正或0	LE	Z＝1或（N＜＞V）	带符号数小于或等于
VS	V＝1	溢出	AL	忽略	总是执行
VC	V＝0	不溢出			

4.2.2 寻址方式

寻址方式是指处理器根据指令中给出的地址信息来寻找操作数物理地址的方式。要操作的数据,即操作数。操作数必须保存在以下地方:①由指令直接给出;②寄存器;③内存单元。因此寻址方式分为由指令直接给出的寻址、去往寄存器的寻址、去往内存单元的寻址。目前 ARM 指令系统支持以下几种常见的寻址方式。

1. 立即寻址

立即寻址也叫立即数寻址,操作数本身就在指令中给出,取出指令也就得到了操作数。这个操作数称为立即数,立即数的前面有♯号。立即数可以写成十进制的格式,也可以写成十六进制数的格式。在数据的前面加上前缀以示区别:十进制数据没有前缀,十六进制数据的前缀为 0x。例如,

```
ADD   R0, R0, ♯0x80          ;将R0 + 0x80 赋值给R0
```

上面的指令中,立即数要求以"♯"为前缀,对于以十六进制表示的立即数,还要求在"♯"后加上"0x"。

2. 寄存器寻址

寄存器寻址是利用寄存器中的数值作为操作数,这种寻址方式是各类微控制器经常采用的一种方式,也是执行效率较高的寻址方式。例如,

```
ADD   R0,R1,R2               ;将寄存器 R1 和 R2 的内容相加,结果存放在寄存器 R0 中
```

3. 寄存器间接寻址

寄存器寻址是利用寄存器中的数值作为操作数的地址,而操作数本身存放在存储器中。例如,

```
LDR   R0,[R1]                ;将以 R1 的值为地址的存储器中的数据传送到 R0 中
```

4. 寄存器移位寻址

在该寻址方式中,在寄存器寻址得到操作数后再进行移位操作,得到最终的操作数。例如,

```
MOV  R0,R2,LSL,#3              ;R2 的值左移 3 位(R2 的数值 * 8),结果赋给 R0
```

可采用的移位操作如下:

LSL——逻辑左移(Logical Shift Left),寄存器中字的低端空出的位补 0。

LSR——逻辑右移(Logical Shift Right),寄存器中字的高端空出的位补 0。

ASL——算术左移(Arithmetic Shift Left),与逻辑左移 LSL 相同。

ASR——算术右移(Arithmetic Shift Right),移位过程中符号位不变,即若源操作数是正数,则字的高端空出的位补 0,否则补 1。

ROR——循环右移(Rotate Right),由字的低端移出的位填入字的高端空出的位。

RRX——带扩展的循环右移(Rotate Right eXtended),操作数右移一位,高端空出的位用进位标志 C 的值来填充,低端移出的位填入进位标志位。

5. 基址变址寻址

基址变址寻址就是将寄存器中的内容与指令中给出的地址偏移量(可以是正数或者负数)相加,从而得到操作数的有效地址。变址寻址方式常用于访问某基地址附近的地址单元。采用变址寻址方式的指令有以下几种常见形式。

偏移量寻址(offset addressing):[Rn,♯offset],将 Rn＋♯offset 作为操作数的地址。

预索引寻址(pre-indexed addressing):[Rn,♯offset]!,将 Rn＋♯offset 作为操作数的地址,执行指令后,将 RN＋♯offset 赋给 Rn。

后索引寻址(post-indexed addressing):[Rn],♯offset,将 Rn 作为操作数的地址,执行指令后,将 Rn＋♯offset 赋给 Rn。

寄存器偏移寻址(register offset addressing):[Rn,Rm{,LSL,♯n}];寄存器偏移寻址中,将 Rn＋Rm(将 Rm 逻辑左移 n 位,可选)的内容作为操作数的地址。

例如,

```
LDR   R0,[R1,♯4]      ;将 R1 的内容加上 4 形成操作数的地址,从中取得的操作数写入 R0
LDR   R0,[R1,♯4]!     ;将 R1 的内容加上 4 形成操作数的地址,从中取得的操作数写入 R0 后,
                      ;再将 R1 的内容自增 4 字节。其中"!"表示指令执行完毕把最后的数据
                      ;地址写入 R1
LDR   R0,[R1],♯4      ;以 R1 的内容作为操作数的有效地址,从中取得操作数存入 R0 中,然后,
                      ;R1 的内容自增 4 字节
LDR   R0,[R1,R2]      ;将 R1 的内容加上 R2 的内容形成操作数的地址,
                      ;从中取得操作数写入 R0 中
```

6. 多寄存器寻址

采用多寄存器寻址方式,一条指令可以完成多个寄存器值的传递。这种寻址方式可以用一条指令完成传送最多 16 个通用寄存器的值。例如,

```
LDMIA  R0,{R1,R2,R3,R4}   ;R1 <-[R0], R2 <-[R0＋4], R3 <-[R0＋8], R4 <-[R0＋12]
```

该指令的后缀 IA 表示在每次执行完成加载/存储操作后,R0 按字长度自动增加,因此,指令可将连续存储单元的值传送到 R1~R4。该指令也可以写为

```
LDMIA R0,{R1 - R4}
```

7. 相对寻址

与基址变址方式相类似,相对寻址以程序计数器(PC)的当前值为基地址,指令中的地址标号作为偏移量,将两者相加之后得到操作数的有效地址。例如:以下程序段完成子程序的调用和返回,跳转指令 BL 采用了相对寻址方式:

```
BL   NEXT                  ;跳转到子程序 NEXT 处执行
  NEXT
  …
  MOV  PC,LR               ;从子程序返回
```

8. 堆栈寻址

堆栈是一种数据结构,按先进后出的方式工作,使用一个称作堆栈指针的专用寄存器指示当前的操作位置,堆栈指针总是指向栈顶。当堆栈指针指向最后压入堆栈的数据时,称为满堆栈(Full Stack),而当堆栈指针指向下一个将要放入数据的空位置时,称为空堆栈(Empty Stack)。同时,根据堆栈的生成方式,又可以分为递增堆栈(Ascending Stack)和递减堆栈(Decending Stack)。当堆栈由低地址向高地址生成时,称为递增堆栈;当堆栈由高地址向低地址生成时,称为递减堆栈。ARM 处理器支持如表 4.3 所示的 4 种类型的堆栈工作方式:

表 4.3　ARM 处理器支持的堆栈工作方式

堆栈工作方式	含　　义
满递增堆栈	堆栈指针指向最后压入的数据,且由低地址向高地址生成
满递减堆栈	堆栈指针指向最后压入的数据,且由高地址向低地址生成
空递增堆栈	堆栈指针指向下一个将要放入数据的空位置,且由低地址向高地址生成
空递减堆栈	堆栈指针指向下一个将要放入数据的空位置,且由高地址向低地址生成

ARM 处理器可通过指令进行设置,例如,

```
STMFD   SP!,[R1 - R7,LR]        ;将 R1~R7 和 LR 压入堆栈,满递减堆栈
LDMED   SP!,[R1 - R7,LR]        ;将堆栈中的数据取回到 R1~R7 和 LR 寄存器,空递减堆栈
```

9. 块复制寻址

块复制寻址用于寄存器数据的批量复制,实现从由基址寄存器所指示的一片连续存储器到寄存器列表所指示的多个寄存器传送数据。块复制寻址与堆栈寻址不同,堆栈寻址中数据的存取是面向堆栈的,块复制寻址中数据的存取面向寄存器指向的存储单元的。

在块复制寻址方式中,基址寄存器传送一个数据后有如表 4.4 所示的 4 种增长方式。

表 4.4　地址增长方式

增 长 方 式	含　　义
IA(Increment After operating)	每次传送数据后地址增加 4
IB(Increment Before operating)	每次传送地址前地址增加 4
DA(Decrement After operating)	每次传送地址后地址减少 4
DB(Decrement Before operating)	每次传送地址前地址减少 4

对于 32 位 ARM 指令,每次地址增加和减少的单位都是 4 字节。例如:

```
STMIA  R0!,{R1～R7}   ;将 R1～R7 的数据保存到 R0 指向的存储器中,存储器指针在保存第一
                      ;个值之后增加 4,向上增长,R0 作为基址寄存器
STMIB  R0!,{R1～R7}   ;将 R1～R7 的数据保存到存储器中,存储器指针在保存第一个值之前
                      ;增加 4,向上增长,R0 作为基址寄存器
```

此外,基址寄存器不允许为 R15,寄存器列表可以为 R0～R15 的任意组合。

4.2.3　Cortex-M3 指令集

Cortex-M3 的指令集是加载/存储型的,即指令集仅能处理寄存器中的数据,而且处理结果都要放回寄存器中,对存储器的访问则需要通过专门的加载/存储指令来完成,每个指令都有相对应的机器码。Cortex-M3 的基本指令如表 4.5 所示。

表 4.5　Cortex-M3 的基本指令及功能描述

指令助记符	功 能 描 述
数据传送类指令	
MOV,MOVS	数据传送指令(寄存器加载数据,既能用于寄存器间的传输,也能用于加载 16 位立即数)
MVN,MVNS	数据取反传送指令
MOVW	把 16 位立即数放到寄存器的低 16 位,高 16 位清零
MOVT	把 16 位立即数放到寄存器的高 16 位,对低 16 位无影响
MRS	传送特殊功能寄存器的内容到通用寄存器指令
MSR	传送通用寄存器到特殊功能寄存器的指令
ADR	读取基于 PC 相对偏移的地址值或基于寄存器相对地址值的伪指令
LDR(Load bit)	从存储器中加载字到一个寄存器的数据传输指令
LDRB,LDRBT	从存储器中加载字节到一个存储器的数据传输指令。LDRBT 用于非特权访问
LDRH,LDRHT	从存储器中加载半字到一个寄存器的数据传输指令。LDBHT 用于非特权访问
LDRD	从连续的地址空间加载双字(64 位整数)到 2 个寄存器
LDM(Load multiple)	从一片连续的地址空间中加载若干个字,并选中相同数目的寄存器放进去
LDMDB,LDMEA()	加载多个字到寄存器,并且在加载前自减基址寄存器。LDMDB 和 LDMEA 作用相同
STR(Store)	把一个寄存器按字存储到存储器的数据传输指令
STRB,STRBT	把一个寄存器按低字节存储到存储器的数据传输指令。STRBT 用于非特权访问

指令助记符	功 能 描 述
STRSB,STRSBT	把一个寄存器按低字节存储到存储器的带符号数据传输指令。STRSBT 用于非特权访问
STRH,STRHT	把一个寄存器按低半字节存储到存储器的数据传输指令。STRHT 用于非特权访问
STRSH,STRSHT	把一个寄存器按低半字节存储到存储器的带符号数据传输指令。STRSBT 用于非特权访问
STRD	存储 2 个存储器组成的双字到连续的地址空间中
STM	存储若干寄存器中的字到一片连续的地址空间中,占用相同数目的字
STMDB,STMEA	存储多个字到存储器,并且在存储前自减基址寄存器。STMDB 和 STMEA 作用相同
STMIA,STMFD	存储多个字到存储器,并且在存储后自增基址寄存器。STMIA 和 STMFD 作用相同
PUSH	压入多个寄存器到栈中
POP	从栈中弹出多个值到寄存器中
LDREX	加载字到寄存器中,并且在内核中标明一段地址进入了互斥访问状态
LDREXB	加载字节到寄存器中,并且在内核中标明一段地址进入了互斥访问状态
LDREXH	加载半字到寄存器中,并且在内核中标明一段地址进入了互斥访问状态
STREX	检查将要写入的地址是否已进入了互斥访问状态,若是,则存储寄存器的字
STREXB	检查将要写入的地址是否已进入了互斥访问状态,若是,则存储寄存器的字节
STREXH	检查将要写入的地址是否已进入了互斥访问状态,若是,则存储寄存器的半字
CLREX	在本地处理器上清除互斥访问状态的标记(先前由 LDREX/LDREXH/LDREXB 做的标记)
数据处理类指令	
ADD,ADDS	加法指令
ADC,ADCS	带进位加法指令
ADDW	宽加法(可以加 12 位立即数)
SUB,SUBS	减法指令
SBC,SBCS	带借位减法指令
SUBW	宽减法(可以减 12 位立即数)
RSB,RSBS	逆向减法指令
MUL,MULS	32 位乘法指令
UMULL	无符号长乘法(两个无符号的 32 位整数相乘得到 64 位的无符号积)
SMULL	带符号长乘法(两个无符号的 32 位整数相乘得到 64 位的带符号积)
MLA	乘加运算指令
UMLAL	无符号长乘加(两个无符号的 32 位整数相乘得到 64 位的无符号积,再把积加到另一个无符号的 64 位整数中)
SMLAL	带符号长乘加(两个无符号的 32 位整数相乘得到 64 位的带符号积,再把积加到另一个带符号的 64 位整数中)
MLS	乘减
UDIV	无符号除法

续表

指令助记符	功 能 描 述
SDIV	带符号除法
AND,ANDS	按位逻辑与指令
ORR,ORRS	按位逻辑或指令
ORN,ORNS	把源操作数按位取反后,再执行按位或操作
EOR,EORS	按位异或指令
BIC,BICS	按位清零指令(把一个与另一个无符号数的反码按位与)
NEG	取二进制补码
CMP	比较指令(比较两个数并且更新标志)
CMN	比较反值指令(把一个数据与另一个数据的二进制补码相比较,并且更新标志)
TEQ	测试是否相等(对两个数执行异或,更新标志但不存储结果)
TST	位测试指令(执行按位与操作,并且根据结果更新 Z 但不存储结果)
LSL,LSLS	逻辑左移(如无其他说明,所有移位操作都可以一次移动最多 31 位)
LSR,LSRS	逻辑右移
ASR,ASRS	算术右移
ROR,RORS	循环右移
RRX,RRXS	带进位位的逻辑右移一位(最高位用 C 填充,执行后不影响 C 的值)
REV	在一个 32 位寄存器中反转字节顺序
REVH/REV16	把一个 32 位寄存器分成两个 16 位数,在每个 16 位数中反转字节顺序
REVSH	对一个 32 位整数的低半字执行字节反转,再带括号扩展成 32 位数
RBIT	位反转(把一个 32 位整数用二进制表达后,再旋转 180°)
SXTB	带符号扩展一个字节到 32 位
SXTH	带符号扩展一个半字到 32 位
UXTB	无符号扩展一个字节到 32 位(高 24 位清零)
UXTH	无符号扩展一个半字到 32 位(高 16 位清零)
CLZ	计算前导零的数目
SBFX	从一个 32 位整数中提取任意长度和位置的位段,并且带符号扩展成 32 位整数
UBFX	无符号位段提取
BFC	位段清零
BFI	位段插入
USAT	无符号饱和操作(但是源操作数是带符号的)
SSAT	带符号的饱和运算
跳转类指令	
B	无条件跳转指令
B<cond>	条件跳转指令
BL	带返回的跳转指令。用于调用一个子程序,返回地址被存储在 LR 中
BLX	带返回和状态切换的跳转指令
CBZ	比较,如果结果为 0 就转移(只能跳到后面的指令)
CBNZ	比较,如果结果非 0 就转移(只能跳到后面的指令)

续表

指令助记符	功能描述
TBB	以字节为单位的查表转移。从一个字节数组中选一个 8 位向前跳转地址并转移
TBH	以半字为单位查表转移。从一个半字数组中选一个 16 位前向跳转的地址并转移
IT	If-Then
NOP	无操作
其他指令	
SVC	系统服务调用
BKPT	断点指令。若使能了调试,则进入调试状态(停机),否则产生调试监听器异常。在调试监听器异常被使能时,调用其服务例程;若连调试监听器异常也被除能,则只能触发于一个 Fault 异常
CPSIE	使能 PRIMASK(CPSIE i)/FAULTMASK(CPSIE f)——将相应的位清零
CPSID	除能 PRIMASK(CPSIE i)/FAULTMASK(CPSIE f)——将相应的位清零
SEV	发送事件
WFE	休眠并且在发生事件时被唤醒
WFI	休眠并且在发生中断时被唤醒
ISB	指令同步隔离(与流水线和 MPU 等相关)
DSB	数据同步隔离(与流水线、MPU 和 Cache 等有关)
DMB	数据存储隔离(与流水线、MPU 和 Cache 等有关)

下面分别阐述各类指令的用法和特点。

4.2.3.1 数据传送指令

处理器的基本功能之一就是数据传送,数据传送指令用于在寄存器和寄存器之间,寄存器和存储器之间进行数据的双向传输。Cortex-M3 处理器中的数据传送类型包括:在两个寄存器之间传送数据或者把立即数加载到寄存器;在寄存器与存储器之间传送数据;批量数据加载/存储指令;在通用寄存器和特殊功能寄存器之间传送数据;堆栈操作。下面分别进行介绍。

1. 在两个寄存器间传送数据或者把立即数传送给寄存器

1) MOV 指令

MOV 指令可将一个寄存器、被移位的寄存器或一个立即数传送到目的寄存器。MOV 指令的格式为

```
MOV{S}{条件}    目的寄存器,源操作数
```

其中,S 选项决定指令的操作是否影响 CPSR 中标志位的值,当没有 S 时指令不更新 CPRS 中条件标志位的值。例如,

```
MOV      R1,R0                        ;将寄存器 R0 的值传送到寄存器 R1
```

若执行该指令前,R0 的内容是 ♯x000007e2,则执行该指令后,R1 的内容变为 ♯000007e2,R0 的内容不变。再如,

```
MOV     PC,R14              ;将寄存器 R14 的值传送到 PC,常用于子程序返回
MOV     R1,R0,LSL♯3         ;将寄存器 R0 的值左移 3 位后传送到 R1
```

2) MVN 指令(数据取反传送指令)

MVN 指令可将一个寄存器、被移位的寄存器或一个立即数的内容取反后传送到目的寄存器。MVN 指令的格式为

```
MVN{S}{条件}    目的寄存器,源操作数
```

其中,S 决定指令的操作是否影响 CPSR 中条件标志位的值,当没有 S 时指令不更新 CPSR 中条件标志位的值,例如,

```
MVN     R0,♯0x36            ;执行指令后,R0 中的值将变为 0xffffffc9
MVN     R0,♯0               ;将立即数取反传送到寄存器 R0 中,执行指令后 R0 = -1
```

MOVW 指令把 16 位立即数放到寄存器的低 16 位,高 16 位清零。

MOVT 指令把 16 位立即数放到寄存器的高 16 位,不影响低 16 位。例如,

```
MOVT    R3,♯0xF123          ;将 0xF123x 写入 R3 的高 16 位,低 16 位不变
```

2. 在寄存器与存储器之间传送数据(加载/存储指令)

Cortex-M3 处理器支持加载(Load)/存储(Store)指令,用于在寄存器和存储器之间传送数据,加载指令(LDR 类指令)用于将存储器中的数据传送到寄存器中,存储指令(STR 类指令)则把寄存器的内容存储到存储器中。最常用的格式如表 4.6 所示。

表 4.6   常用的存储器访问指令

存储器访问指令	功能描述
LDR Rd,[Rn,♯offset]	从地址 Rn+♯offset 处读取一个字送到 Rd
LDRB Rd,[Rn,♯offset]	从地址 Rn+♯offset 处读取一个字节送到 Rd
LDRH Rd,[Rn,♯offset]	从地址 Rn+♯offset 处读取一个半字送到 Rd
LDRD Rd1,Rd2,[Rn,♯offset]	从地址 Rn+♯offset 处读取一个双字(64 位整数)送到 Rd1(低 32 位)和 Rd2(高 32 位)中
STR Rd,[Rn,♯offset]	把 Rd 中的字存储到地址 Rn+♯offset 处
STRB Rd,[Rn,♯offset]	把 Rd 中的低字节存储到地址 Rn+♯offset 处
STRH Rd,[Rn,♯offset]	把 Rd 中的低半字存储到地址 Rn+♯offset 处
STRD Rd1,Rd2,[Rn,♯offset]	把 Rd1(低 32 位)和 Rd2(高 32 位)的双字存储到地址 Rn+offset 处

1) LDR 指令

LDR 指令的格式为

```
LDR{条件}    目的寄存器,<存储器地址>
```

LDR 指令用于从存储器中将一个 32 位的字数据传送到目的寄存器中。通常用于从存储器中读取 32 位的字数据到通用寄存器。当程序计数器 PC 作为目的寄存器时,指令从存储器中读取的字数据被当作目的地址,可以实现程序流程的跳转。例如,

```
LDR     R0,[R1,R2]          ;将存储器地址为 R1 + R2 的字数据读入寄存器 R0 新地址 R1 + R2 写入 R1
```

2）LDRB 指令

LDRB 指令的格式为

LDRB{条件}　　目的寄存器,<存储器地址>

LDRB 用于从存储器中将一个 8 位的字节数据传送到目的寄存器中,同时将寄存器的高 24 位清零。指令通常用于从存储器中读取 8 位的字节数据到通用寄存器,然后对数据进行处理,例如,

LDRB R0,[R1,♯8]　　　;将存储器地址为 R1+8 的字节数据存入寄存器 R0,并将 R0 的高 24 位清零

3）LDRH 指令

LDRH 指令的格式为

LDRH{条件}　　目的寄存器,<存储器地址>

LDRH 用于从存储器中将一个 16 位的半字数据传送到目的寄存器中,同时将寄存器的高 16 位清零。通常用于从存储器中读取 16 位的半字数据到通用寄存器,然后对数据进行处理。例如:

LDRH　　　R0,[R1]

4）STR 指令

STR 指令的格式为

STR{条件}　　源寄存器,<存储器地址>

STR 用于从源寄存器中将一个 32 位的字节数据传送到存储器中。使用方式可参考指令 LDR。

STR　R0,[R1]　　　　　;将寄存器 R0 中的字节数据写入以 R1 为地址的存储器

5）STRB 指令

STRB 指令的格式为

STRB{条件}　　源寄存器,<存储器地址>

STRB 用于从源寄存器中将一个 8 位的字节数据传送到存储器中。该字节数据为源寄存器中的低 8 位。例如,

STRB　　　R0,[R1]

6）STRH 指令

STRH 指令的格式为

STRH{条件}　　源寄存器,<存储器地址>

STRH 用于从源寄存器中将一个 16 位的半字数据传送到存储器中。该半字数据为源寄存器中的低 16 位。例如,

STRH　　　R0,[R1,♯8]

3. 批量数据加载/存储指令（LDM/STM 指令）

处理器所支持的批量数据加载/存储指令可以一次在一片连续的存储器单元和多个

寄存器之间传送数据,批量加载指令用于将存储器中一片连续的数据传送到多个寄存器,批量数据存储指令则完成相反的操作。批量数据加载/存储指令的格式为

LDM(或 STM){条件}{类型}基址寄存器{!},寄存器列表{^}

LDM(或 STM)用于从由基址寄存器所指示的一片连续存储器到寄存器列表所指示的多个寄存器之间传送数据,其常见的用途是将多个寄存器的内容入栈或出栈。其中,{!}和{^}为可选后缀。{!}后缀表示最后的地址写回到基址寄存器中;{^}后缀表示不允许在用户模式和系统模式下运行,{类型}为以下几种情况:

IA,IB,DA,DB,FD,ED,FA,EA

具体含义请参见 4.3 节的介绍。常用的批量数据加载/存储指令如表 4.7 所示。

表 4.7　常用的批量数据加载/存储指令

指　　令	功　能　描　述
LDMIA Rd!,{寄存器列表}	从 Rd 处读取多个字,并依次送到寄存器列表中的寄存器。每读一个字后 Rd 自增一次,16 位宽度
STMIA Rd!,{寄存器列表}	依次存储寄存器列表中各寄存器的值到 Rd 给出的地址。每存一个字后 Rd 自增一次,16 位宽度
LDMIA.W Rd!,{寄存器列表}	从 Rd 处读取多个字,并依次送到寄存器列表中的寄存器,每读一个字后 Rd 自增一次,32 位宽度
LDMDB.W Rd!,{寄存器列表}	从 Rd 处读取多个字,并依次送到寄存器列表中的寄存器,每读一个字后 Rd 自减一次,32 位宽度
STMIA.W Rd!,{寄存器列表}	依次存储寄存器列表中各寄存器的值到 Rd 给出的地址。每存一个字后 Rd 自增一次,32 位宽度
STMDB.W Rd!,{寄存器列表}	存储多个字到 Rd 处,每存一个字前 Rd 自减一次,32 位宽度

例如,

```
LDMFD    R13!,{R0,R4-R12,PC}        ;将堆栈内容恢复到寄存器{R0,R4-R12,LR}
```

4. 通用寄存器与特殊功能寄存器间传送数据

处理器支持特殊功能寄存器访问指令,用于在特殊功能寄存器和通用寄存器之间传输数据,特殊功能寄存器访问指令有两条:MRS 特殊功能寄存器到通用寄存器的数据传输指令;MSR 通用寄存器到特殊功能寄存器的数据传送指令。

1) MRS 指令

MRS 指令的格式为

```
MRS{条件}    通用寄存器,特殊功能寄存器(APSR,IPSR,PSR,EPSR,xPSR 或 CONTROL)
```

MRS 用于将特殊功能寄存器的内容传送到通用寄存器中。该指令用于以下几种情况:当在需要改变特殊功能寄存器的内容时,可用 MRS 将特殊功能寄存器的内容读入通用寄存器,修改后再写回特殊功能寄存器;当在异常处理或进程切换时,需要保存特殊功能寄存器的值,可用该指令读出特殊功能寄存器的值后再保存。例如,

```
MRS     R0,APSR            ;传送 APSR 的内容到 R0
```

2）MSR 指令

MSR 指令的格式为

MSR{条件} 特殊功能寄存器,通用寄存器

MSR 用于将通用寄存器的内容传送到特殊功能寄存器的特定域中。该指令通常用于恢复或改变特殊功能寄存器的内容。例如,

```
MSR    APSR,R0                ;传送 R0 的内容到 APSR
```

5. 堆栈操作指令(PUSH 和 POP 指令)

堆栈操作指令包括寄存器入栈及出栈指令。实现低寄存器和 LR 寄存器入栈等操作。堆栈地址由 SP 寄存器设置,堆栈可为满递减堆栈。指令格式如下:

```
PUSH{寄存器列表[,LR]}
POP{寄存器列表[,PC]}
```

其中,寄存器列表是入栈/出栈低寄存器列表,即为 R0~R7。可选 LR 是入栈时的寄存器,PC 是出栈时的寄存器。例如,

```
PUSH   {R0,R4 - R7,LR}        ;将低寄存器 R0、R4~R7 入栈,LR 也入栈
POP    {R0,R4 - R7,PC}        ;将堆栈中的数据弹出到低寄存器 R0、R4~R7 及 PC 中
```

堆栈是按特定顺序进行存取的存储区,操作顺序可分为"后进先出"和"先进后出"两种类型。堆栈寻址是隐含的,使用一个专门的堆栈指针指向一块存储区域,指针所指向的存储单元就是堆栈的栈顶。堆栈可分为两种:向上生长——向高地址方向生长,称为递增堆栈;向下生长——向低地址方向生长,称为递减堆栈。

堆栈指针指向最后压入的堆栈的有效数据项,称为满堆栈;堆栈指针指向下一个要放入的空位置,称为空堆栈。因此就有 4 种类型的堆栈,也即递增和递减的满堆栈和空堆栈的组合。

(1)满递增:通过增大存储器的地址向上增长,堆栈指针指向内含有效数据项的最高地址,其指令如 LDMFA/STMFA 等。

(2)空递增:通过增大存储器的地址向上增长,堆栈指针指向堆栈上的第一个空位置,其指令如 LDMEA/STMEA 等。

(3)满递减:通过减小存储器的地址向下增长,堆栈指针指向内含有效数据项的最低地址,其指令如 LDMFD/STMFD 等。

(4)空递减:通过减小存储器的地址向下增长,堆栈指针指向堆栈下的第一个空位置,其指令如 LDMED/STMED 等。

堆栈寻址指令举例如下:

```
STMFD   SP!,{R1 - R7,LR}       ;将 R1~R7 和 LR 入栈。为满递减堆栈
LDMFD   SP!,{R1 - R7,LR}       ;数据出栈,放入 R1~R7 和 LR 寄存器。为满递减堆栈
```

4.2.3.2　数据处理类指令

1. 算术运算指令

算术逻辑运算指令可完成算数与逻辑的运算,指令不但将运算结果保存在目的的寄

存器,同时更新 CPSR 中相应的条件标志位。

1) 加法指令 ADD

ADD 指令的格式为

ADD{S}{条件}　　目的寄存器,操作数 1,操作数 2

ADD 用于把两个操作数相加,并将结果存放到目的寄存器。操作数 1 应是一个寄存器,操作数 2 可以是一个寄存器、被移位的寄存器或一个立即数。例如,

ADD　　R0,R1,R2　　　　　　　;R0 = R1 + R2

2) 带进位加法指令 ADC

ADC 的指令格式为

ADC{S}{条件}　　目的寄存器,操作数 1,操作数 2

ADC 用于把两个操作数相加,再加上 CPSR 中的 C 条件标志位的值,并将结果存放到目的寄存器中。它使用一个进位标志位,可以做比 32 位大的数的加法。请注意,不要忘记设置 S 后缀来更新进位标志。操作数 1 应是一个寄存器,操作数 2 可以是一个寄存器、被移位的寄存器或一个立即数。例如,

ADCS　　R0,R4,R8 ;R0 = R4 + R8 并加上 C 条件标志位的值,同时根据结果设置 CPSR 的进位标志位

3) 减法指令 SUB

SUB 指令的格式为

SUB{S}{条件}　　目的寄存器,操作数 1,操作数 2

SUB 用于把操作数 1 减去操作数 2,并将结果存放到目的寄存器中。操作数 1 应是一个寄存器,操作数 2 可以是一个寄存器、被移位的寄存器或一个立即数。该指令可用于有符号数或无符号数的减法运算。例如,

SUB　　R0,R1,R2　　　　　　　　;R0 = R1 − R2

4) 带借位减法指令 SBC

SBC 指令的格式为

SBC{S}{条件}　　目的寄存器,操作数 1,操作数 2

SBC 可用于把操作数 1 减去操作数 2,再减去 CPSR 中的 C 条件标志位的反码,并将结果存放到目的寄存器中。操作数 1 是一个寄存器,操作数 2 可以是一个寄存器、被移位的寄存器或一个立即数。该指令使用进位标志来表示借位,它可以做大于 32 位数的减法。请注意,不要忘记设置指令 S 后缀来更新进位标志。该指令可用于有符号数或无符号数的减法运算。例如,

SBCS　　R0,R1,R2　　　　　　　　　;R0 = R1 − R2 − !C,并根据结果设置 CPSR 的进位标志位

5) 逆向减法指令 RSB

RSB 指令的格式为

RSB{S}{条件}　　目的寄存器,操作数 1,操作数 2

RSB 称为逆向减法指令,用于把操作数 2 减去操作数 1,并将结果存放到目的寄存器中,操作数 1 是一个寄存器,操作数 2 可以是一个寄存器、被移位的寄存器或一个立即数。该指令可用于有符号数或无符号数的减法运算。例如,

```
RSB    R0,R1,R2              ;R0 = R2 - R1
```

6)乘法指令

乘法指令可分为运算结果为 32 位和运算结果为 64 位两类,指令中的所有操作数、目的寄存器必须为通用寄存器,不能对操作数使用立即数或被移位的寄存器。乘法指令共有以下 7 条。

(1)32 位乘法指令 MUL。

MUL 指令的格式为

```
MUL{条件}{S}    目的寄存器,操作数 1,操作数 2
```

MUL 完成将操作数 1 与操作数 2 的相乘的运算,并把结果保存到目的寄存器中,同时可以根据运算结果设置 CPSR 中相应的条件标志位。其中,操作数 1 和操作数 2 均为 32 位有符号或无符号数所在的寄存器。例如,

```
MUL     R0,R1,R2         ;R0 = R1 * R2
MULS    R0,R1,R0         ;R0 = R1 * R0,同时设置 CPSR 中的相关条件标志位
```

(2)32 位乘加指令 MLA。

MLA 指令的格式为

```
MLA{条件}    目的寄存器,操作数 1,操作数 2,操作数 3
```

MLA 完成将操作数 1 与操作数 2 相乘的运算,再将成绩加上操作数 3,并把结果保存到目的寄存器中。其中操作数 1 和操作数 2 均为 32 位的有符号数或无符号数。例如,

```
MLA     R0,R1,R2,R3          ;R0 = R1 * R2 + R3
```

(3)64 位有符号数乘法指令 SMULL。

SMULL 指令的格式为

```
SMULL{条件}    目的寄存器 Low,目的寄存器 High,操作数 1,操作数 2
```

SMULL 完成将操作数 1 与操作数 2 相乘的运算,并把结果的低 32 位放到目的寄存器 Low 中,结果的高 32 位放置到目的寄存器 High 中。其中操作数 1 和操作数 2 均为 32 位的有符号数。例如,

```
SMULL R0,R1,R2,R3                ; R0 = (R2 * R3)的低 32 位,R1 = (R2 * R3)的高 32 位
```

(4)64 位有符号数乘加指令 SMLAL。

SMLAL 指令的格式为

```
SMLAL{条件}    目的寄存器 Low,目的寄存器 High,操作数 1,操作数 2
```

SMLAL 完成将操作数 1 与操作数 2 相乘的运算,并把结果的低 32 位与目的寄存器 Low 中的值相加后保存回目的寄存器 Low 中,结果的高 32 位与目的寄存器 High 中的值相加后保存回目的寄存器 High 中。其中,操作数 1 和操作数 2 均为 32 位的有符号

数。对于目的寄存器 Low,在指令执行前存放 64 位加数的低 32 位,执行指令后存放结果的低 32 位。

对于目的寄存器 High,在指令执行前存放 64 位加数的高 32 位,执行指令后存放结果的高 32 位。例如,

```
SMLAL R0,R1,R2,R3                    ; R0 = (R2 * R3)的低 32 位 + R0,R1 = (R2 * R3)的高 32 位 + R1
```

(5) 64 位无符号数乘法指令 UMULL。

UMULL 指令的格式为

```
UMULL{条件}      目的寄存器 Low,目的寄存器 High,操作数 1,操作数 2
```

UMULL 完成将操作数 1 和操作数 2 相乘的运算,并把结果的低 32 位放置到目的寄存器 Low 中,结果的高 32 位放置到目的寄存器 High 中。其中,操作数 1 和操作数 2 均为 32 位的无符号数。例如,

```
UMULL R0,R1,R2,R3                    ; R0 = (R2 * R3)的低 32 位,R1 = (R2 * R3)的高 32 位
```

(6) 64 位无符号数乘加指令 UMLAL。

UMLAL 指令的格式为

```
UMLAL{条件}      目的寄存器 Low,目的寄存器 High,操作数 1,操作数 2
```

UMLAL 完成将操作数 1 与操作数 2 相乘的运算,并把结果的低 32 位与目的寄存器 Low 中的值相加后保存回目的寄存器 Low 中,结果的高 32 位与目的寄存器 High 中的值相加后保存回目的寄存器 High 中。其中操作数 1 和操作数 2 均为 32 位的无符号数。

对于目的寄存器 Low,在指令执行前存放 64 位加数的低 32 位,执行指令后存放结果的低 32 位。对于目的寄存器 High,在指令执行前存放 64 位加数的高 32 位,执行指令后存放结果的高 32 位。例如,

```
UMLAL R0,R1,R2,R3                    ; R0 = (R2 * R3)的低 32 位 + R0,R1 = (R2 * R3)的高 32 位 + R1
```

(7) 32 位减乘指令 MLS。

MLS 指令的格式为

```
MLS{条件}        目的寄存器,操作数 1,操作数 2,操作数 3
```

MLS 完成将操作数 1 与操作数 2 相乘的运算,再将乘积减去操作数 3,再把结果保存到目的寄存器中。其中操作数 1 和操作数 2 均为 32 位的有符号数或无符号数。例如,

```
MLS R0,R1,R2,R3; R0 = R1 * R2 - R3
```

7) 除法指令

处理器支持 32 位的硬件除法指令,指令中的所有操作数、目的寄存器必须为通用寄存器,不能对操作数使用立即数或被移位的寄存器,同时目的寄存器和操作数 1 必须是不同的寄存器。除法指令分为无符号除法指令和有符号除法指令。

无符号除法指令格式如下:

```
UDIV.W Rd,Rn,Rm
```

有符号除法指令格式如下：

```
SDIV.W Rd,Rn,Rm
```

运算结果是 Rd＝Rn/Rm,余数被丢弃。例如,

```
LDR   r0， = 300
MOV   R1，  #7
UDIV.W R2，  R0，  R1
```

则 R2＝300/7＝44。为了捕捉被零除的非法操作,编程中可以在 NVIC 的配置控制寄存器中置位 DIVBYZERO 位。若出现了被零除的情况,则会引发一个用法 Fault 中断。若没有任何措施,则 Rd 将在除数为零时被清零处理。

2. 逻辑运算指令

1）逻辑运算指令 AND

AND 指令的格式为

```
AND{S}{条件}        目的寄存器,操作数 1,操作数 2
```

AND 用于在两个操作数上进行逻辑与运算,并把结果保存在目的寄存器中。操作数 1 应是一个寄存器,操作数 2 可以是一个寄存器、被移位的寄存器或一个立即数。该指令常用于屏蔽操作数 1 的某些位。例如,

```
AND    R0,R0,#3                ;该指令保持 R0 的 0、1 位,其余位清零
```

2）逻辑或指令 ORR

ORR 指令的格式为

```
ORR{S}{条件}        目的寄存器,操作数 1,操作数 2
```

ORR 用于在两个操作数上进行逻辑或运算,并把结果保存到目的寄存器中。操作数 1 应是一个寄存器,操作数 2 可以是一个寄存器、被移位的寄存器或一个立即数。该指令常用于设置操作数 1 的某些位。例如,

```
ORR   R0,R0,#3       ;该指令将立即数 3 取反后与 R0 进行逻辑或操作,结果保存在 R0 中
```

3）逻辑或非指令 ORN

ORN 用于在两个操作数上进行逻辑或非运算,并把结果保存到目的寄存器中。操作数 1 应是一个寄存器、操作数 2 可以是一个寄存器、被移位的寄存器或一个立即数。该指令常用于设置操作数 1 的某些位。例如,

```
ORN   R0,R0,#3       ;该指令将立即数取反后与 R0 进行逻辑或操作,结果保存在 R0
```

4）逻辑异或指令 EOR

EOR 指令的格式为

```
EOR{S}{条件}        目的寄存器,操作数 1,操作数 2
```

EOR 用于在两个操作数上进行逻辑异或运算,并把结果保存到目的寄存器中。操作数 1 应是一个寄存器,操作数 2 可以是一个寄存器、被移位的寄存器或一个立即数。该指令常用于反转操作数 1 的某些位。例如,

```
EOR      R0,R0,#3        ;该指令反转 R0 的 0、1 位,其余位保持不变
```

5）位清除指令 BIC

BIC 指令格式为

```
BIC{S}{条件}      目的寄存器,操作数 1,操作数 2
```

BIC 用于清除操作数 1 的某些位,并把结果放置到目的寄存器中。操作数 1 应是一个寄存器,操作数 2 可以是一个寄存器、被移位的寄存器或一个立即数。操作数 2 为 32 位的掩码,如果在掩码中设置了某一位,则清除这一位;未设置的掩码其余位保持不变。例如,

```
BIC   R0,R0,#0x0b              ;该指令清除 R0 中的位 0、1 和 3,其余位保持不变
```

6）取二进制补码指令 NEG

取二进制补码指令 NEG 用于取存储器内容的二进制补码,指令格式如下:

```
NEG   <Rd>,<Rm>                ;Rd = ～Rm + 1
```

4.2.3.3 移位指令

移位指令可以与其他指令组合使用,也可以独立使用。所有移位指令如表 4.8 所示。

表 4.8 移位指令

指　　　令	功　能　描　述
LSL Rd，Rn，# imm5 ；Rd＝Rn≪imm5 LSL Rd，Rn ；Rd≪＝Rn LSL. W Rd，Rm，Rn ；Rd＝Rm≪Rn	逻辑左移
LSR Rd，Rn，# imm5 ；Rd＝Rn≫imm5 LSR Rd，Rn ；Rd≫＝Rn LSR. W Rd，Rm，Rn ；Rd＝Rm≫Rn	逻辑右移
ASR Rd，Rn，# imm5 ；Rd＝Rn · ≫imm5 ASR Rd，Rn ；Rd · ≫＝Rn ASR. W Rd，Rm，Rn ；Rd＝Rm · ≫Rn	算术右移
ROR Rd，Rn ；Rd　＝Rn ROR. W Rd，Rm，Rn ；Rd＝Rm　Rn	循环右移
RRX. W Rd，Rn ；Rd＝(Rn≫1)＋(C≪31) RRXS. W Rd，Rn ；tmpBit＝Rn & 1 ；Rd＝(Rn≫1)＋(C≪31)；C＝tmpBit	带进位的右移一位。亦可写作 RRX{S} Rd。 注意：此时 Rd 也要担当 Rn 的角色

若对移位和循环指令加上后缀 S,则这些指令会更新进位 C。若是 Thumb-2 的 16 位指令集,则总是更新 C 位。图 4.2 给出了一个直观的移位结果。

4.2.3.4 跳转指令

1. 指令 B

B 指令的格式为

```
B{条件}   目的地址
```

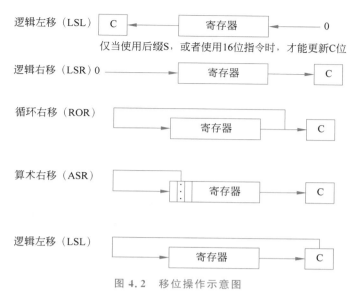

图 4.2　移位操作示意图

B 是最简单的跳转指令。一旦遇到 B 指令,处理器将立即跳转到给定的目的地址,从那里继续执行。注意,存储在跳转指令中的实际值是相对当前 PC 值的一个偏移量,而不是一个绝对地址,它的值由汇编器来计算。它是 24 位有符号数,左移两位后带符号扩展为 32 位,表示的有效偏移为 26 位(跳转范围:前后 32MB 的地址空间内)。例如,

```
B        Label         ;程序无条件跳转到标号 Label 处执行
CMP      R1,＃0
BEQ      Label         ;当 CPSR 寄存器中的 z 条件码置位时,程序跳转到标号 Label 处执行
```

2. 指令 BL

BL 指令的格式为

BL{条件}　　目的地址

BL 是另一个跳转指令,但跳转之前,会在寄存器 R14 中保存 PC 的当前内容,因此可以通过将 R14 的内容重新加载到 PC 中,返回到跳转指令之后的那个指令处执行。该指令是实现子程序调用的一个基本且常用的手段。例如,

BL Label　　　　　　;当程序无条件跳转到标号 Label 处时,同时将当前的 PC 值保存到 R14 中

3. 指令 BLX

BLX 指令的格式为

BLX　目的地址

BLX 从 ARM 指令集跳转到指令中所指定的目的地址,并将处理器的工作状态由 ARM 状态切换到 Thumb 状态,该指令同时将 PC 寄存器的当前内容保存到寄存器 R14 中。因此当子程序使用 Thumb 指令集,而调用者使用 ARM 指令集时,可通过 BLX 指令实现子程序的调用和工作状态的切换。同时子程序的返回可通过将寄存器 R14 值复制到 PC 寄存器来完成。

4.2.3.5 其他指令

1. 异常产生指令

ARM 处理器支持的异常指令有如下两条：

SWI(软件中断指令)
BKPT(断点中断指令)

2. SWI 指令

SWI 指令的格式为

SWI{条件} 24 位的立即数

SWI 用于产生软件中断,以便用户程序能调用操作系统的系统程序。操作系统在 SWI 的异常处理程序中提供相应的服务系统,指令中 24 位的立即数指定用户程序调用系统例程的类型,相关参数通过通用寄存器传递。当指令中 24 位的立即数被忽略时,用户程序调用系统例程的类型由通用寄存器 R0 的内容决定,同时参数通过其他通用寄存器传递。例如,

SWI 0x02   ;该指令调用系统编号为 02 的系统例程

3. BKPT 指令

BKPT 指令的格式为

BKPT 16 位的立即数

BKPT 产生软件断点中断,它可用于程序的检查调试。

4. 其他指令

SEV——发送事件;

WFE——休眠并且在发生事件时被唤醒;

WFI——休眠并且在发生中断时被唤醒;

ISB——指令同步隔离(指令与流水线和 MPU 部件有关);

DSB——数据同步隔离(指令与流水线、MPU 和 Cache 部件有关);

DMB——数据存储隔离(指令与流水线、MPU 和 Cache 部件有关)。

4.3 基于 Cortex-M3 处理器的汇编语言程序设计

4.3.1 ARM 汇编语言中的常量、变量、表达式及运算符

1. 常量和变量

1) 变量

程序设计中的变量是指其值在程序运行过程中可以改变的量。变量有 3 种类型:数值变量、逻辑变量和字符串变量。变量的类型不能被改变,变量的值可以被改变,且它有全局变量和局部变量之分。数值变量的大小不能超出一个 32 位数所能表示的范围,逻辑变量只有{TRUE}和{FALSE}两种情况,字符串变量的长度不应超过 512B,最小长度为 0。

2）常量

程序设计中的常量是指其值在程序的运行过程中不能被改变的量。所支持常量有数值常量、逻辑常量和字符串常量。数值常量一般为 32 位整数，当作为无符号数时，其值的取值范围为 $0 \sim 2^{32}-1$。当作为有符号数时，其取值范围为 $-2^{31} \sim 2^{31}-1$。在汇编语言中，通常使用 EQU 来定义数值常量。数值常量一旦定义，其数值就不能再修改。数值常量有下列表示方式。

（1）十进制：在表达式中可以直接表达，如 1、2.32 等。

（2）十六进制：使用前缀 0x，如 0x002、0xlc 等。

（3）n 进制数：格式为 n_XXX，其中 n 的取值范围是 $2 \sim 9$，XXX 是这个基数下的数值。

逻辑常量只有两种取值：{TRUE}和{FALSE}，注意带大括号。

字符串常量为一个固定的字符串，用于程序运行时的信息提示，用双引号表示。

2. 表达式与运算符

在程序设计中，也经常使用各种表达式。表达式一般由变量、常量、运算符和括号构成。常用的表达式有数值表达式、逻辑表达式和字符串表达式。

1）数值表达式及运算符

数值表达式一般由数值常量、数值变量、数值运算符和括号构成。常用运算符如下。

（1）算术运算符。

算术运算符包括 +、-、*、\ 和 MOD 等，它们分别代表加、减、乘、除和取余数运算。例如，以 X 和 Y 表示两个数值表达式，表 4.9 列出了 X 和 Y 的算术运算表达式。

表 4.9　数值表达式的算术运算

算术运算表达式	说　明	算术运算表达式	说　明
X+Y	X 与 Y 的和	X/Y	X 除以 Y 的商
X-Y	X 与 Y 的差	X:MOD:Y	X 除以 Y 的余数
X*Y	X 与 Y 的乘积		

（2）移位运算。

移位运算包括 ROL、ROR、SHL 和 SHR 等。若以 X 和 Y 表示两个数值表达式，则 X 和 Y 的移位运算表达式如表 4.10 所示。

表 4.10　数值表达式的移位运算

移位运算表达式	说　明	移位运算表达式	说　明
X:ROL:Y	将 X 循环左移 Y 位	X:SHL:Y	将 X 左移 Y 位
X:ROR:Y	将 X 循环右移 Y 位	X:SHR:Y	将 X 右移 Y 位

（3）位逻辑运算符。

位逻辑运算符包括 AND、OR、NOT 和 EOR 运算。若以 X 和 Y 表示两个数值表达式，则 X 和 Y 的位逻辑运算表达式如表 4.11 所示。

表 4.11 数值表达式的位逻辑运算

位逻辑运算表达式	说　明
X:AND:Y	X 和 Y 按位进行逻辑与运算
X:OR:Y	X 和 Y 按位进行逻辑或运算
:NOT:Y	将 Y 按位进行逻辑非运算
X:EOR:Y	将 X 和 Y 按位进行逻辑异或运算

2) 逻辑表达式及运算符

逻辑表达式一般由逻辑量、逻辑运算符、关系运算符和括号构成,其表达式的结果为真{TRUE}或假{FALSE}。与逻辑表达式相关的运算符如下:

(1) 关系运算符。

关系运算符用于表达两个同类表达式之间的关系。关系运算符和它的两个操作数组成一个逻辑表达式,其取值为{TRUE}或{FALSE}。逻辑表达式的关系运算如表 4.12 所示。

表 4.12 逻辑表达式的关系运算

关 系 运 算	说　明	关 系 运 算	说　明
X=Y	X 等于 Y	X<=Y	X 小于或等于 Y
X>Y	X 大于 Y	X/=Y	X 不等于 Y
X<Y	X 小于 Y	X<>Y	X 不等于 Y
X>=Y	X 大于或等于 Y		

(2) 逻辑运算符。

逻辑运算符进行两个逻辑表达式之间的基本逻辑运算。运算结果为{TRUE}或{FALSE}。逻辑运算符包括 LAND、LOR、LNOT 及 LEOR,如表 4.13 所示。

表 4.13 逻辑表达式的逻辑运算

逻 辑 运 算	说　明
X:LAND:Y	将 X 和 Y 进行逻辑与运算
X:LOR:Y	将 X 和 Y 进行逻辑或运算
:LNOT:Y	将 Y 进行逻辑非运算
X:LEOR:Y	将 X 和 Y 进行逻辑异或运算

3) 字符串表达式及运算符

字符串表达式一般由字符串常量、字符串变量、运算符和括号构成。字符串最小长度为 0,最大长度为 512B。与字符串表达式相关的运算符如表 4.14 所示。

表 4.14 字符串表达式的运算

运 算 符	语法格式	说　明
LEN 运算符	:LEN: X	LEN 运算符返回字符串的长度(字符数),以 X 表示字符串表达式
CHR 运算符	:CHR: M	CHR 运算符将 0~255 的整数转换为一个字符,以 M 表示某一个整数

续表

运　算　符	语　法　格　式	说　　明
STR 运算符	:STR: X 其中,X 为一个数字表达式或逻辑表达式	STR 运算符将一个数字表达式或逻辑表达式转换为一个字符串。对于数字表达式,STR 运算符将其转换为一个以十六进制组成的字符串;对于逻辑表达式,STR 运算符将其转换为字符串 T 或 F
LEFT 运算符	X: LEFT: Y 其中,X 为源字符串,Y 为一个整数,表示要返回的字符个数	LEFT 运算符返回某个字符串左端的一个子串
RIGHT 运算符	X: RIGHT: Y 其中,X 为源字符串,Y 为一个整数,表示要返回的字符个数	与 LEFT 运算符相对应,RIGHT 运算符返回某个字符串右端的一个子串
CC 运算符	X: CC: Y 其中,X 为源字符串 1,Y 为源字符串 2,CC 运算符将 Y 连接到 X 的后面	CC 运算符用于将两个字符串连接成一个字符串

4) 与寄存器和程序计数器(PC)相关的表达式及运算符

常用的与寄存器和程序计数器(PC)相关的表达式及运算符如表 4.15 所示。

表 4.15　与寄存器和程序计数器相关的表达式的运算

运　算　符	语　法　格　式	说　　明
BASE 运算符	:BASE:X 其中,X 为与寄存器相关的表达式	BASE 运算符返回基于寄存器的表达式中寄存器的编号
INDEX 运算符	:INDEX:X 其中,X 为与寄存器相关的表达式	INDEX 运算符返回基于寄存器的表达式中相对于其基址寄存器的偏移量

5) 其他常用运算符

其他常用运算符如表 4.16 所示。

表 4.16　其他常用运算符

运　算　符	语　法　格　式	说　　明
? 运算符	? 运算符返回某代码行所生成的可执行代码的长度	? 表示返回定义符号 X 的代码行所生成的可执行代码的字节数
DEF 运算符	DEF 运算符判断是否定义某个符号	:DEF:X 表示如果符号 X 已经定义,则结果为真,否则为假

6) 表达式中各元素次序的优先级

表达式中各元素运算次序的优先级如下:

(1) 括号运算符的优先级最高。

(2) 相邻的单目运算符的运算顺序为从右到左,单目运算符的优先级高于其他运算符。

(3) 优先级相同的双目运算符的运算顺序从左到右。

4.3.2 伪指令

伪指令不像机器指令那样在处理器运行期间由机器执行,而是汇编程序对源程序汇编期间由汇编程序处理的指令。下面介绍常用的伪指令,其他伪指令可以查看 MDK 手册。

1. 段的定义(AREA)

在汇编语言程序中,段是汇编语言组织代码的基本单位。段是相对独立的指令或者代码序列,它拥有特定的名称。段种类一般有代码段、数据段和通用段。代码段的内容为执行代码,数据段存放代码运行时需要用到的数据,通用段不包含用户代码和数据。通常段使用 AREA 伪指令来定义,且说明相关属性。

(1) 格式:

```
AREA 段名属性 1,属性 2,…
```

(2) 常用属性有:

CODE——定义代码段,默认为 READONLY。

DATA——定义数据段,默认为 READWRITE。

STACK——定义栈。

HEAP——定义堆。

READONLY——指定本段为只读。

READWRITE——指定本段为读写。

ALIGN——使用方式为 ALIGN 表达式。在默认时为 ELF,即可执行链接文件的代码段和数据段是按字对齐的。取值范围为 0~31,对齐方式为 2 次幂。

COMMON——定义一个通用的段,不包含任何用户的代码和数据。各源文件中同名的 COMMON 段共享一段存储单元。

(3) 代码段定义如下:

```
AREA RESET,CODE,READONLY
```

其中,RESET 是段的名字,RESET 段是系统默认的入口,所以在代码中有且只有一个RESET 段;CODE 表示段的属性,代表当前段为代码段;READONLY 是当前段的访问属性,表示只读。

(4) 与上类似,数据段定义如下:

```
AREA Stack1,DATA,READWRITE,NOINIT,ALIGN = 3
```

注意:一个汇编程序至少应该有一个代码段,可以没有或有多个数据段存在。

2. 程序入口(ENTRY)

用于指定汇编程序的入口点。一个应用程序可以由一个或多个源文件组成,一个源文件由一个或者多个程序段组成。一个程序至少有一个入口点,也可以有多个入口点,但是在一个源文件中,最多只能有一个 ENTRY。当有多个 ENTRY 时,程序的真正入口点由链接器来指定,编译程序在编译连接时根据程序入口点连接。当只有一个入口点时,编译程序会把这个入口点的地址定义为系统复位后的程序起始点,此功能类似 C 语言中的 main 函数。

（1）汇编源文件结束语句 END。

汇编语言程序需要在汇编源文件结束处,写上 END 表示源文件的结束。

（2）等值伪指令 EQU。

前面讲过常量是运行过程中不能改变的量,在汇编中使用 EQU 来定义一个数值常量,其一般形式为

标号 EQU 表达式

其功能是将语句表达式的值赋予本语句的标号。格式表达式可以是一个常数、符号、数值表达式或地址表达式等。例如,

Test EQU 10   ;定义标号 Test 的值为 10

（3）数据定义伪操作。

DCB 分配一片连续的字节存储单元并初始化。

DCW 分配一片连续的半字存储单元并初始化。

DCD 分配一片连续的字存储单元并初始化。

应特别注意,字由若干个字节构成。对于不同位数的计算机来说,比如 32 位计算机：1 字＝4 字节＝32 位,64 位计算机：1 字＝8 字节＝64 位,字长是计算机一次所能处理的实际位数长度,是衡量计算性能的一个重要指标。

（4）地址读取伪指令 LDR 和 ADR。

ADR 是小范围的地址读取伪指令,LDR 是大范围地读取地址伪指令。例如,

ADR R1,TextMessage   ;将标号为 TextMessage 的地址写入 R1

ADR 是将基于 PC 相对偏移的地址值或基于寄存器相对地址值读取的伪指令,而 LDR 用于加载 32 位立即数或一个地址到指定的寄存器中。如果程序想加载某个函数或者某个在连接时候指定的地址,则使用 ADR。当加载 32 位立即数或外部地址时应使用 LDR。

（5）声明全局标号 EXPORT。

格式：

EXPORT 标号[,WEAK]

声明一个全局标号,该标号在其他文件中可引用。WEAK 表示遇到其他同名标号时,其他标号优先。例如,

AREA INIT, CODE, READONLY
EXPORT Stest
…
END

（6）引用全局标号 IMPORT。

格式：

```
IMPORT 标号[,WEAK]
```

表示该引用的标号在其他源文件中,但要在当前文件中引用。WEAK 表示找不到该标号时也不报错,一般将该标号值置为 0,如果是 B 或者 BL 指令使用到,则该指令置为 NOP。若当前文件使用了 IMPORT 标号,则无论是否引用该标号,该标号都会被加入当前源文件的符号表中。例如,

```
AREA INIT, CODE, READONLY
    IMPORT MAIN
…
END
```

(7) 宏。

宏是一段独立的程序代码,它是通过伪指令定义,在程序中使用宏指令调用。当程序被汇编时,汇编程序将对每个调用进行展开,可用宏定义取代源程序中的宏指令。

4.3.3　程序设计思想

4.3.3.1　汇编语言程序设计步骤

通常编写一个汇编程序的步骤如下。

1. 分析题目、确定算法

分析题目、确定算法是整个程序设计的基础。对较简单的题目,其目的、要求、数据等都能一目了然;而对于比较复杂的科研和生产问题,必须深入分析,才能为编写可靠性高的程序打好基础。

2. 合理分配存储空间和寄存器

存储器和寄存器是程序设计中直接调用的重要资源之一,应根据上述步骤已经确定的算法的需要,合理地安排存储空间和寄存器来存放算法中出现的原始数据、中间结果以及最终结果。在程序中无论是对数据进行操作还是传送,均需要使用特定的寄存器。而处理器中寄存器的数量是有限的,所以在程序中合理分配各寄存器的用途特别重要。

3. 根据算法画出程序框图

对复杂系统,需要根据解题步骤和算法的运算次序画出流程图。要按逐步求精的方法,先画出粗框图,然后逐步细化,直至变成便于编写程序的流程图。流程图是对程序执行过程的一种流程描述,通常以时间为线索,把程序中具有一定功能的各个部分有机地联系起来,形成完整的体系,以便开发者能全面了解程序的整体结构和原理。

4. 根据框图编写程序

根据程序流程图编写程序指令,便可编制出源程序。在进行程序设计时,应尽可能节省数据存放单元,缩短程序的长度,按照尽可能用标号或变量来代替绝对地址和常数以及加快运算时间等原则编写程序,同时要尽力写出简洁明了的注释以便用户理解。

5. 上机调试程序

任何程序都必须经过调试才能检验设计思想是否正确,以及程序是否符合设计思

想。同时,在调试程序的过程中应该善于利用调试工具来提高编程和修改效率。

4.3.3.2 程序结构

任何复杂的程序结构可以看成一些基本结构的组合。基本的程序结构有:

1. 顺序结构

简单的顺序程序结构又称为直接程序设计。它是相对于分支程序和循环程序设计而言的。顺序程序的结构如图 4.3 所示。顺序程序是从第一条指令开始,按其自然顺序,一条条地执行。在运行期间:处理器既不跳过某些指令,也不重复执行某些指令。

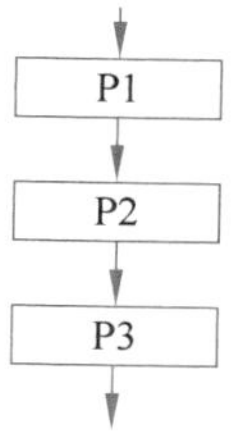

2. 分支程序结构

顺序程序结构是最基本的程序设计技术。在很多情况下要根据变量变化的情况,从几个方案中选择一个进行计算。对变量所处的状态要进行判断,根据判断的结果决定程序的流向,这就是分支程序设计,分支程序结构的形式一般如图 4.4 所示。

图 4.3 程序设计
顺序结构

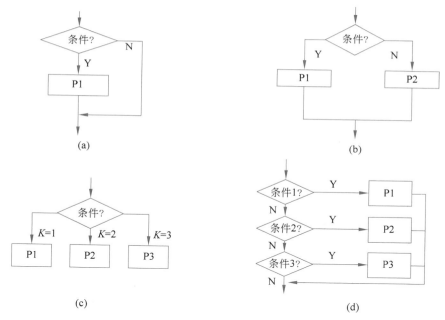

图 4.4 程序设计分支结构

3. 循环程序的基本结构

如果需要按一定的规律,多次重复执行一串语句,那么这种程序称为循环程序。循环程序通常由 4 个部分组成:

(1) 置初值。此为保证循环程序能正常进行循环操作而必须做的工作。

(2) 循环体。循环体是需要重复执行的程序段。

(3) 循环修改。按一定规律修改操作数地址及控制变量,以便每次执行循环体时得到新的数据。

（4）循环控制。判断控制变量是否满足终止条件,不满足则转去重复执行循环工作部分,满足则顺序执行而退出循环。

在 C 语言编程中,循环体有如下两种结构:while 结构和 do-while 结构。如图 4.5 和图 4.6 所示,while 循环和 do-while 循环的区别是:while 循环先判断是否满足循环条件,若满足循环条件,则执行循环体;do-while 循环是先执行一次循环体,然后再判断是否满足循环条件,do-while 循环至少执行一次。

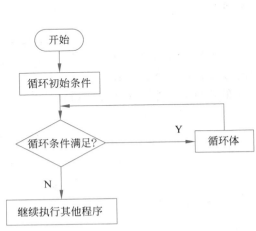

图 4.5　while 循环流程图

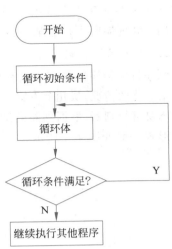

图 4.6　do-while 循环流程图

4. 子程序结构

在编写程序时,可能会遇到多处要使用相同功能的程序段。如果每次用到这个功能时都重新书写一遍程序,那么不仅书写麻烦,容易出错,编辑、汇编时也会花费较多的时间,同时由于冗余,所以占用内存多。把多次使用的功能程序编制为一个独立的程序段,每当使用这个功能时,就将程序转向它,执行完该程序段后再返回到原来的程序,可减少编程的工作量。这种可以被其他程序使用的程序段,称为子程序。

1) 子程序的调用

对于一个子程序,特别应该注意它的入口参数和出口参数。入口参数是由主程序传给子程序的参数,而出口参数是子程序执行完成后传给主程序的结果。另外,子程序使用的寄存器和存储器往往需要保护,以免影响返回后主程序的运行。

在主程序调用子程序时,一方面初始数据要传给子程序,另一方面子程序运行的结果要传给主程序,因此主子程序之间的参数传递非常重要。参数传递一般有 3 种实现方法:

（1）利用寄存器。把所需要传递的参数直接放在主程序的寄存器中,而在子程序中直接使用这些寄存器,就实现了参数从主程序向子程序的传递。

（2）利用存储单元。主程序把参数放在公共存储单元,子程序从公共存储单元取得参数。

（3）利用堆栈。主程序将参数压入堆栈，子程序运行时则从堆栈中取出参数。

子程序的调用一般是通过分支指令来实现，即使用指令"BL 子程序名"就可完成子程序的调用。该指令在执行时完成如下操作：将子程序的返回地址存放在链接寄存器 LR 中，同时将程序计数器 PC 指向子程序的入口地址。当子程序执行完毕返回时，只需要将存放在 LR 中的返回地址复制给程序计数器 PC 即可。在调用子程序时，也可完成参数的传递和从子程序返回运算结果，通常使用寄存器 R0~R3 完成。例如，

```
AREA subrout, CODE, READONLY ENTRY;代码段 subrout,只读
start;程序入口
MOV R0,                    #10;R0 的值取 10,设置传递给子程序的参数
MOV R1,                    #3;R1 的值取 3,设置传递给子程序的参数 2
BL Doadd                   ;跳转到子程序 Doadd
stop
MOV R0, #0x18
LDR R1, = 0x20026
SWI 0x123456               ;ADS 的异常中断,结束程序;
Doadd                      ;子程序入口
    ADD R0,R0,R1           ;R0 + R1→R0
    MOV pc,LR              ;LR 的值送给 pc,即返回主程序
END                        ;整个程序结束
```

2）子程序的嵌套

子程序的嵌套是指一个子程序可以调用另一个子程序。嵌套的层次不限，其层数称为嵌套深度。嵌套子程序设计并没有什么特殊要求，只是需要特别注意寄存器的保存和恢复，以避免各层子程序之间发生因寄存器而出错的情况。

3）子程序的递归调用

在子程序嵌套的情况下，如果一个子程序调用的子程序就是它自身，则称为递归调用或递归子程序。递归子程序应用数学上对函数的递归定义，利用它能设计出效率较高的程序，以完成相当复杂的计算流程。

4.3.4 程序示例

结合前面的数据传送类指令、数据处理类指令与程序结构方面的知识，可以用汇编语言实现许多应用。本节通过两个例子来总结本章知识点。

【例 4-1】 编写程序把首地址为 DATA_SRC 的 80 个字的数据复制到首地址为 DATA_DST 的目标地址块中。

解：程序设计中涉及伪指令、数据传送指令、减法指令、立即寻址、多寄存器寻址、循环语句结构等知识点。本例也可以用立即寻址加数据传送指令的方式实现，但通过多寄存器寻址和循环语句结构的组合，可提高代码效率和增加程序可读性。具体代码如下：

```
START
LDR R1, = DATA_SRC      ;将源首地址发送给 R1
LDR R0, = DATA_DST      ;将目标首地址发送给 R0
MOV R10,#10             ;利用批量加载/存储指令,一次可以处理 8 个字,分 10 次完成
LOOP
```

```
LDMIA   R1!,{R2－R9}            ;从 R1 处读取多个字,并依次送到寄存器 R2～R9,
                               ;每读一个字后 R1 自增一次
STMIA   R0!,{R2－R9}            ;依次存储 R2～R9 的值到 R0 给出的地址,
                               ;每存一个字后 R0 自增一次
SUBS    R10,R10,＃1
BNE LOOP
END                            ;标记文件结束
```

【例 4-2】 调用子程序例。

解:本例涉及伪指令、跳转指令、循环语句结构和子程序结构的知识点。具体代码如下:

```
STACK_TOP EQU 0x20002000        ;堆栈指针初始值,常数
    AREA RESET,CODE,READONLY
    DCD STACK_TOP               ;设置栈顶
    DCD START                   ;复位,PC 初始值
    ENTRY                       ;指示程序从这里开始执行
START                           ;主程序开始
LOOP
    MOV R1, ＃0x59
    MOV R0, ＃0x28
    BL   FUNC1
    B   LOOP                    ;工作完成后,进入无穷循环
FUNC1
    ADDS    R2,R1,R0
    MOV PC,LR
END                            ;标记文件结束
```

4.4 C 固件库使用与编程

4.4.1 直接操作寄存器与固件库开发

在 8 位机处理器的程序开发中,通常可直接配置芯片的寄存器和控制芯片的工作方式,如配置中断和定时器等。在配置时,要查阅寄存器表,看看会用到哪些配置位。为了配置某外设功能,需要对这些位进行置位或复位,这些都是琐碎、机械的工作。因为过去处理器的软硬件相对较简单,处理器资源也很有限,所以可以用直接配置寄存器的方式来设计和开发。

现在 ARM 处理器外设资源丰富,寄存器数量和复杂度极大增加,因此直接配置寄存器方式的缺陷十分明显,如开发速度慢、程序可读性差、软硬件维护复杂。这些缺陷将直接影响开发效率、程序维护成本和交流成本。以固件库开发的方式能弥补这些缺陷。与库开发方式相比,直接配置寄存器方式生成的代码量较少,但因为现代处理器的寄存器特别多,不易记忆和使用,所以为了简化编程,意法半导体公司推出了官方固件库。它是一个固件函数包,也可称为驱动程序或固件函数库。它由程序、数据结构和宏组成。对处理器所有外设的定义和操作都可通过固件库函数来完成。固件库将寄存器底层操作

都以标准化形式包装起来,提供一整套 API 供开发者调用。用户不需要知道操作的是哪个寄存器,只需知道调用哪些函数即可。通过使用固件函数库,无须深入掌握细节,可以轻松控制处理器的每一个外设,大大减少用户的程序编写时间,进而降低开发成本。而且所有的驱动程序源代码都符合 ANSI C 标准,因此也不受开发环境的影响。

例如,在需控制 BRR 寄存器实现电平控制的功能要求时,官方库封装了 API 函数如下:

```
void GPIO ResetBits(GPlo_TypeDef GPIOx, uint16_t GPIO P in)
GPIOx - > BRR = GPIO Pin;
```

利用此固件函数,就不需要直接去操作 BRR 寄存器了。操作 BRR 寄存器的工作可在 API 函数内部完成。即只需知道 GPIO_ResetBits()函数怎么用即可。

由于固件库函数通用,包含了对所有处理器外设的操作,会影响程序代码的大小和执行速度,因此在对代码大小和执行速度有严格要求时,可以考虑使用直接对寄存器操作来满足要求。

4.4.2 CMSIS 标准与 STM32 标准库

4.4.2.1 CMSIS 标准

由于基于 ARM 的系列处理器芯片采用的内核是相同的,区别是核外的片上外设的差异,而这些差异却导致软件依赖内核、在不同外设的芯片上移植困难。为解决不同的芯片厂商生产的 Cortex 处理器软件的兼容性问题,ARM 公司与芯片和软件供应商一起紧密合作定义了 CMSIS 标准,用于提供内核与外设、实时操作系统和中间设备之间的通用接口。如图 4.7 所示,CMSIS 标准实质是建立了一个软件抽象层,可分为 3 个基本功能层。

(1)核内外设访问层:由 ARM 公司提供的访问。定义内部寄存器地址以及功能函数。

(2)中间件访问层:由 ARM 公司提供,定义访问中间件的通用 API。

(3)外设访问层:定义硬件寄存器的地址以及外设的访问函数。

CMSIS 层在整个系统中是处于中间层,向下负责与内核和各个外设打交道,向上提供实时操作系统用户程序调用的函数接口。如果没有 CMSIS 标准。那么各个芯片公司就会设计自己喜欢的风格的固件库。而 CMSIS 标准就是要强制规定,芯片公司设计的库函数必须依照 CMSIS 标准规范来设计。STM32 库是意法半导体公司按照 CMSIS 标准提供的标准固件库,该库包含了对 STM32 芯片所有寄存器的控制操作,熟悉如何使用 ST 固件库,会极大地方便使用处理器芯片。

4.4.2.2 STM32 固件库目录

STM32F10x 固件函数库被压缩在一个 ZIP 文件中。解压该文件会产生一个文件夹:STM32F10xFWLib\FWLIB,其中包含如图 4.8 所示的子文件夹。

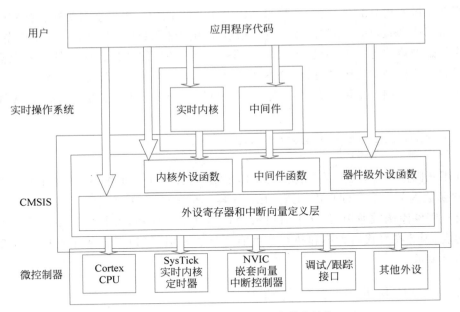

图 4.7 基于 CMSIS 应用程序基本结构

图 4.8 STM32 库目录结构

1. 文件夹 examples

examples 对应每一个 STM32 外设,都包含一个子文件夹。这些子文件夹包含了整套文件,组成典型的例子,示范如何使用对应外设设备。这些文件包括:

readme.txt——例子的简单描述和使用说明。

stm32f10x_conf.h——该头文件设置所有使用到的外设,它由不同的 DEFINE 语句组成。

stm32f10x_it.c——此源文件包含所有的中断处理程序。

stm32f10x.it.h——此头文件包含所有的中断处理程序的原型。

main.c——例程代码程序。

2. 文件夹 Library

Library 包含组成固件函数库核心的所有子文件夹和文件。子文件夹 inc 包含了固件函数库所需的头文件,用户无须修改该文件夹。

stm32f10x_type.h——所有其他文件使用的通用数据类型和枚举。

stm32f10x_map.h——外设存储器映像和寄存器数据结构。

stm32f10x_lib.h——主头文件夹,包含其他头文件。

stm32f10x_ppp.h——每个外设对应一个头文件,包含该外设使用的函数原型、数据结构和枚举。

cortexm3_macro.h——文件 cortexm3_macro.s 对应的头文件。

子文件夹 src 包含了固件函数库所需的源文件,用户无须修改该文件夹。

stm32f10x_ppp.c——每个外设对应一个源文件,包含该外设使用的函数体。

stm32f10x_lib.c——初始化所有外设的指针。

3. 文件夹 project

project 包含了一个标准的程序项目模板,包括库文件的编译和所有用户可修改的文件,可用于建立新的工程。

stm32f10x_conf.h——项目配置头文件,默认为设置了所有的外设。

stm32f10x_it.c——此源文件包含了所有的中断处理程序。

stm32f10x_it.h——此头文件包含了所有的中断处理程序的原型。

main.c——主函数体。

其他文件夹 EWARM、RVMDK、RIDE:用于不同开发环境使用,详情可查询各文件夹下的文件 readme.txt。

固件库文件体系结构如图 4.9 所示。

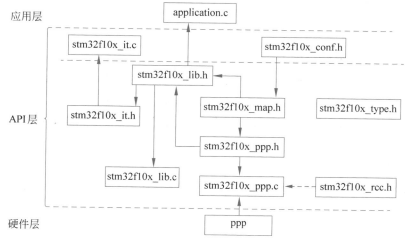

图 4.9 固件库文件体系结构

4.4.2.3　使用帮助文档

学习 STM32 处理器通常还需要了解如何使用官方资料。官方的帮助手册是最好的教程,几乎包含了所有在开发过程中会遇到的问题。

1.《STM32F10X 中文参考手册》

该手册全方位介绍 STM32 芯片的各种片上外设,它把 STM32 的时钟、存储器架构以及各种外设、寄存器都描述得非常清楚。当开发者对 STM32 的外设感到困惑时,可查阅该手册。以直接配置寄存器方式开发时,查阅这个文档寄存器部分的频率会相当高,但开发效率低。

2.《STM32 规格书》

该文档相当于 STM32 的数据手册,包含 STM32 芯片所有的引脚功能说明,以及存储器架构、芯片外设架构说明。当使用 STM32 的其他外设时,需要查阅该文档,了解外设对应 STM32 的哪个通用输入/输出引脚。

3.《Cortex-M3 内核编程手册》

该手册由 ST 公司提供,主要讲解 STM32 内核寄存器相关的说明,例如,系统定时器和向量中断控制器 NVIC 等核内外设的寄存器。该手册是对《STM32F10X 中文参考手册》没有涉及的内核部分的补充,但还不够详细。

4.《Cortex-M3 权威指南》

该手册由 ARM 公司提供,详细讲解了 Cortex 内核的架构和特性,可以深入了解Cortex-M3 内核。

5.《STM32 固件库使用手册的中文翻译版》

在国内各大 STM32 社区论坛均可下载该文件,此文件为本章提到的库的帮助文档,在使用固件库函数时,可通过查阅此文件来了解标准库中提供了哪些外设、函数原型以及库函数的调用方法,也可以直接阅读源码中的函数说明。

4.4.3　固件库的 C 语言知识

4.4.3.1　复杂数据类型

在实际开发中既有底层硬件的开发,又有上层应用的开发,涉及系统的硬件和软件,C 语言既具有汇编语言操作底层的优势,又具有高级语言的便捷,因此 C 语言成为嵌入式开发的首选语言。在 STM32 开发过程中,除了掌握 C 语言的基本数据类型,还要掌握以下复杂数据类型。

1. 别名标识符

为增加程序的可读性和移植程序方便,C 语言允许用户使用 typedef 为 C 语句固有的类型起别名。如下:

```
typedef signed long s32 ;
s32 x = 9066              ; 相当于 signed long x = 9066
```

2. 枚举类型

枚举类型用于描述一组值的集合,若需要修改某个枚举成员(常量)的值,直接修改枚举类型定义即可,其格式如下:

```
enum 枚举名称
{枚举常量 1 = [n1],[,枚举常量 2[n2]} ;
```

(1) n1 和 n2 是不可重复的,不可连续、可取负值的整型数。

(2) 不用等号赋值的枚举常数其值取前一枚举常量后紧跟的整数。

(3) 第一枚举常量不赋值时,取默认值为 0。

举例如下:

```
enum
{
  DISABLE = 0,
    ENABLE = !DISABLE
  }
```

结合别名标识符可扩展以下 C 固件库中的数据类型定义如下:

1) 布尔型变量类型

```
typedef enum
{
    FALSE = 0,
    TRUE = ! FALSE
} bool;
```

2) 标志位状态类型

定义标志位类型的两个可能值为"设置(SET)"与"重置(RESET)",定义如下:

```
typedef enum
{
    RESET = 0,
    SET = ! RESET
} FlagStatus;
```

3) 功能状态类型

功能状态类型的两个可能值为"使能(ENABLE)"与"除能(DISABLE)",定义如下:

```
typedef enum
{
    DISABLE = 0,
    ENABLE = ! DISABLE
} FunctionalState;
```

4) 错误状态类型

错误状态类型的两个可能值为"成功(SUCCESS)"与"出错(ERROR)",定义如下:

```
typedef enum
{
    ERROR = 0,
    SUCCESS = !ERROR
} ErrorStatus;
```

3. 结构体类型

结构体是一种集合,用于存放一组不同类型的数据,其中可以包含多个变量或数组。它们的类型可以相同,也可以不同,其中包含的每个变量或数组都称为结构体的成员(Member)。结构体的定义形式为:

```
struct 结构体名{
      结构体所包含的变量或数组
      };
```

与枚举类型类似,结构体类型与别名标识符结合,其格式为:

```
typedef struct {
      结构体所包含的变量或数组
      }结构体名;
```

举例如下:

```
typedef struct
{
    vu32 CRL;            //接口配置低寄存器
    vu32 CRH;            //接口配置高寄存器
    vu32 IDR;            //接口输入数据寄存器
    vu32 ODR;            //接口输出数据寄存器
    vu32 BSRR;           //接口位设置/复位寄存器
    vu32 BRR;            //接口位复位寄存器
    vu32 LCKR;           //接口配置锁定寄存器
  } GPIO_TypeDef;
```

用结构体 GPIO_TypeDef 定义 GPIOx 接口,即可定义 GPIOx 接口的 7 个设置寄存器。

4.4.3.2 访问绝对地址的内存位置

C 应用程序通常需要操作外设,因此对于 Cortex-M3 处理器,外设寄存器可被映射到系统存储器空间进行访问。如:

```
#define PERIPH_BASE           ((uint32_t)0x40000000) //外设基地址
#define APB1PERIPH_BASE       PERIPH_BASE
#define USART1_BASE           (APB2PERIPH_BASE + 0x3800)
```

4.4.3.3 ARM 编译器关键词

ARM 编译器支持一些对 ANSI C 进行扩展的关键词。这些关键词用于声明变量和函数,也会对特定的数据类型进行一定的限制。

1. 用于声明函数的关键词

关键词用于告诉编译器对被声明的函数应给予特别的处理,是对 ANSI C 的 ARM 功能扩展。例如,关键词 irg 声明的函数可作为对 IRQ 或 FIQ 异常中断的中断处理函数。可以保存除浮点寄存器以外被该函数破坏的寄存器,也包括 ATPCS 标准要求的寄存器。该函数通过将 IR-4 的值赋给 PC,将 SPSR 的值赋给 CPSR 实现函数的返回。但该关键词不适用于 te 或者 tepp 编译器,所声明的函数不能返回参数或者数值。例如,在下例中,中断处理程序 Eint1Int()由系统外部中断 1 触发,在中断处理程序中清除该中断位,并在中断处给出提示信息。

```
static void _irq Eint1Int (void)
{
    ClearPending(BIT_EINT1);
    Uart_Printf("the interrupt is occurred.\n");
}
```

2. 用于声明变量的关键词 volatile

某些关键词用于告诉编译器对被声明的变量需要给予特别的处理,如 volatile。该关键词所声明的变量编译器在编译时不优化其声明的变量,因此可防止变量被优化。对有些外部设备的寄存器来说,读写操作都可能引发一定的硬件操作,如果不加 volatile 关键字,编译器会把这些寄存器当作普通变量处理,如连续多次对同一地址写入,会被优化为只有最后一次写入。例如,下例使用的 volatile 类型的结构来访问系统中的 I/O 寄存器。

```
/* 将 I/O 寄存器映射到存储器 */
volatile unsigned * port = (unsigned int * ) 0x4000000
/* 访问寄存器接口 */
* port = value;                           //写寄存器接口
  value = * port;                          //读寄存器接口
```

关键词 volatile 可用在以下地方:中断服务程序中修改的供其他程序检测的变量需要加 volatile;多任务环境下各个任务间共享的标志应该加 volatile;存储器映射的硬件寄存器通常也要加 volatile,因为每次对它的读写都可能有不同的含义。

4.4.4 固件库函数使用与编程

4.4.4.1 库函数

固件库由库函数组成。所谓库函数,就是在库文件中为开发者编写好驱动外设的函数接口,只要调用这些库函数,就可以对处理器进行配置,从而达到控制的目的。开发者可以不知道库函数是如何实现的,但调用函数时必须知道函数的功能、可传入的参数及其含义以及函数执行结束的返回值。

针对那么多函数,要熟练使用,就要会查手册,所以学会查阅库帮助文档是必要的,打开库帮助文档"STM32 固件库使用手册的中文翻译版.pdf",层层打开文档的目录标签 Modules\STM32F10x_StdPeriph_Driver\,可看到许多函数。如图 4.10 和表 4.17 所示,要查阅 GPIO 的位设置函数 GPIO_SetBits,在目录页找到"GPIO 库函数",再找到"函数 GPIO SetBits"即可。

利用此文档,即使不去看它的具体源代码,也知道怎么利用它了。如 GPIO_SetBits,函数的原型为 void GPIO_SetBits(GPIO_TypeDef * GPIOx,uint16_t GPIO_Pin)。功能是:输入一个类型为 GPIO_TypeDef 的指针 GPIOx 参数,选定要控制的 GPIO 接口;输入 GPIO_Pin_x 宏,其中 x 指接口的引脚号,指定要控制的引脚。其中输入的参数 GPIOx 为 ST 标准库中定义的自定义数据类型,这两个传入参数均为结构体指针。例如,在

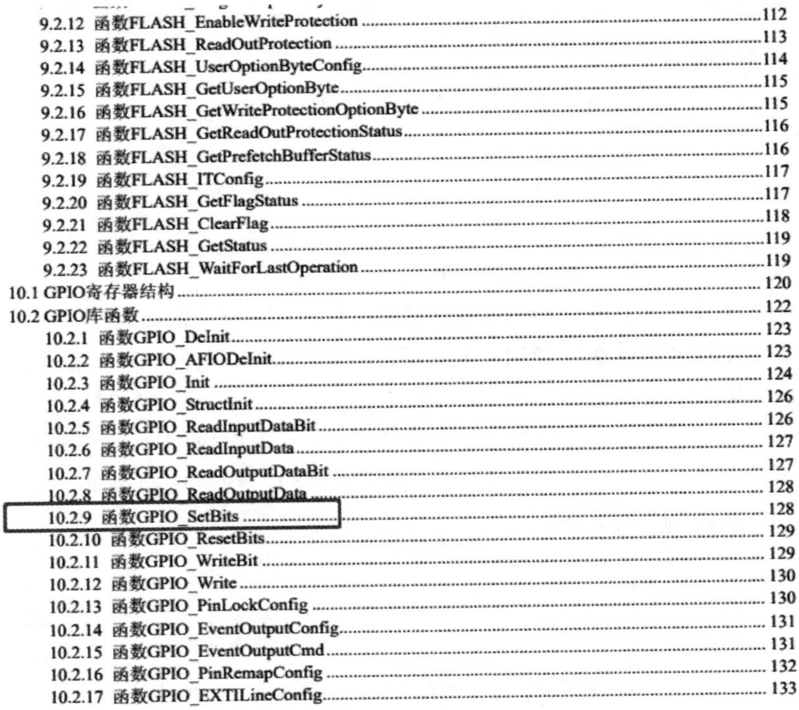

图 4.10 "GPIO 库函数"目录页

表 4.17 函数 GPIO_SetBits 描述

函 数 名	GPIO_SetBits
函数原型	Void GPIO_SetBits(GPIO_TypeDef * GPIOx，u16 GPIO_Pin)
功能描述	设置制定的数据接口位
输入参数 1	GPIOx：x 可以是 A、B、C、D 或者 E,选择 GPIO 外设
输入参数 2	GPIO_Pin：待设置的接口位 该参数可以取 GPIO_Pin_x(x 可以是 0~15)的任意组合 参阅 Section：GPIO_Pin 查阅更多该参数允许取值范围
输出参数	无
返回值	无
先决条件	无
被调用函数	无

不知道像 GPIO_TypeDef 这样的类型是什么意思时,单击函数原型中带下画线的 GPIO_TypeDef 就可以查看这个类型的声明了。每个函数和数据类型都符合见名知义的原则,当然这样名称写起来特别长,而且对大多数用户来说,要输入长段的英文,很容易出错,所以在开发软件的时候,在用到库函数的地方,可直接把固件库的帮助文档中的函数名称复制并粘贴到工程文件中使用。另外,还可配合 MDK 软件的代码自动补全功能,这样可以减少输入的工作量。

4.4.4.2 STM32 固件库列表

下面列出常用的库函数。

GPIO 接口库函数如表 4.18 所示。

表 4.18 GPIO 接口库函数

函　数　名	描　　　述
GPIO_DeInit	将外设 GPIOx 寄存器重设为默认值
GPIO_AFIODeInit	将复用功能(重映射事件控制和 EXTI 设置)重设为默认值
GPIO_Init	根据 GPIO_InitStruct 中指定的参数初始化外设 GPIOx 寄存器
GPIO_StructInit	对 GPIO_InitStruct 中的每一个参数以默认值填入
GPIO_ReadInputDataBit	读取指定接口引脚的输入
GPIO_ReadInputData	读取指定的 GPIO 接口输入
GPIO_ReadOutputDataBit	读取指定接口引脚的输出
GPIO_ReadOutputData	读取指定的 GPIO 接口输出
GPIO_SetBits	设置指定的数据接口位
GPIO_ResetBits	清除指定的数据接口位
GPIO_WriteBit	设置或者清除指定的数据接口位向指定 GPIO 数据 GPIO_Write 接口写入数据
GPIO_PinLockConfig	锁定 GPIO 引脚设置寄存器
GPIO_EventOutputConfig	选择 GPIO 引脚用作事件输出
GPIO_EventOutputCmd	使能或者除能事件输出
GPIO_PinRemapConfig	改变指定引脚的映射
GPIO_EXTILineConfig	选择 GPIO 引脚用作外部中断线路

NVIC 中断控制器库函数如表 4.19 所示。

表 4.19 NVIC 中断控制器库函数

函　数　名	描　　　述
NVIC_DeInit	将外设 NVIC 寄存器重设为默认值
NVIC_SCBDeInit	将外设 SCB 寄存器重设为默认值
NVIC_PriorityGroupConfig	设置优先级分组:抢占式优先级和副优先级
NVIC_Init	根据 NVIC_InitStruct 中指定的参数初始化外设 NVIC 寄存器
NVIC_StructInit	把 NVIC_InitStruct 中的每一个参数按默认值填入
NVIC_SETPRIMASK	使能 PRIMASK 优先级:提升执行优先级至 0
NVIC_RESETPRIMASK	除能 PRIMASK 优先级
NVIC_SETFAULTMASK	使能 FAULTMASK 优先级:提升执行优先级至 -1
NVIC_RESETFAULTMASK	除能 FAULTMASK 优先级
NVIC_BASEPRICONFIG	改变执行优先级从 N(最低可设置优先级)提升至 1
NVIC_GetBASEPRI	返回 BASEPRI 屏蔽值
NVIC_GetCurrentPendingIRQChannel	返回当前待处理 IRQ 标识符
NVIC_GetIRQChannelPendingBitStatus	检查指定的 IRQ 通道待处理位设置与否
NVIC_SetIRQChannelPendingBit	设置指定的 IRQ 通道待处理位

续表

函 数 名	描 述
NVIC_ClearIRQChannelPendingBit	清除指定的 IRQ 通道待处理位
NVIC_GetCurrentActiveHandler	返回当前活动的 Handler(IRQ 通道和系统 Handler)的标识符
NVIC_GetIRQChannelActiveBitStatus	检查指定的 IRQ 通道活动位设置与否
NVIC_GetCPUID	返回 ID,Cortex-M3 内核的版本号和实现细节
NVIC_SetVectorTable	设置向量表的位置和偏移
NVIC_GenerateSystemReset	产生一个系统复位
NVIC_GenerateCoreReset	产生一个内核(内核＋NVIC)复位
NVIC_SystemLPConfig	选择系统进入低功耗模式的条件
NVIC_SystemHandlerConfig	使能或者除能指定的系统 Handler
NVIC_SystemHandlerPriorityConfig	设置指定的系统 Handler 优先级
NVIC_GetSystemHandlerPendingBitStatus	检查指定的系统 Handler 待处理位设置与否
NVIC_SetSystemHandlerPendingBit	设置系统 Handler 待处理位
NVIC_ClearSystemHandlerPendingBit	清除系统 Handler 待处理位
NVIC_GetSystemHandlerActiveBitStatus	检查系统 Handler 活动位设置与否
NVIC_GetFaultHandlerSources	返回表示出错的系统 Handler 源
NVIC_GetFaultAddress	返回产生表示出错的系统 Handler 所在位置的地址

RCC 实时钟库函数如表 4.20 所示。

表 4.20 RCC 实时钟库函数

函 数 名	描 述
RCC_DeInit	将外设 RCC 寄存器重设为默认值
RCC_HSEConfig	设置外部高速晶振(HSE)
RCC_WaitForHSEStartUp	等待 HSE 起振
RCC_AdjustHSICalibrationValue	调整内部高速晶振(HSI)校准值
RCC_HSICmd	使能或者除能内部高速晶振(HSI)
RCC_PLLConfig	设置 PLL 时钟源及倍频系数
RCC_PLLCmd	使能或者除能 PLL
RCC_SYSCLKConfig	设置系统时钟(SYSCLK)
RCC_GetSYSCLKSource	返回用作系统时钟的时钟源
RCC_HCLKConfig	设置 AHB 时钟(HCLK)
RCC_PCLK1Config	设置低速 AHB 时钟(PCLK1)
RCC_PCLK2Config	设置高速 AHB 时钟(PCLK2)
RCC_ITConfig	使能或者除能指定的 RCC 中断
RCC_USBCLKConfig	设置 USB 时钟(USBCLK)
RCC_ADCCLKConfig	设置 ADC 时钟(ADCCLK)
RCC_LSEConfig	设置外部低速晶振(LSE)
RCC_LSICmd	使能或者除能内部低速晶振(LSI)
RCC_RTCCLKConfig	设置 RTC 时钟(RTCCLK)
RCC_RTCCLKCmd	使能或者除能 RTC 时钟

续表

函 数 名	描 述
RCC_GetClocksFreq	返回不同片上时钟的频率
RCC_AHBPeriphClockCmd	使能或者除能 AHB 外设时钟
RCC_APB2PeriphClockCmd	使能或者除能 APB2 外设时钟
RCC_APB1PeriphClockCmd	使能或者除能 APB1 外设时钟
RCC_APB2PeriphResetCmd	强制或者释放高速 APB(APB2)外设复位
RCC_APB1PeriphResetCmd	强制或者释放低速 APB(APB1)外设复位
RCC_BackupResetCmd	强制或者释放后备域复位
RCC_ClockSecuritySystemCmd	使能或者除能时钟安全系统
RCC_MCOConfig	选择在 MCO 引脚上输出的时钟源
RCC_GetFlagStatus	检查指定的 RCC 标志位设置与否
RCC_ClearFlag	清除 RCC 的复位标志位
RCC_GetITStatus	检查指定的 RCC 中断发生与否
RCC_ClearITPendingBit	清除 RCC 的中断待处理位

ADC 接口库函数如表 4.21 所示。

表 4.21　ADC 接口库函数

函 数 名	描 述
ADC_DeInit	将外设 ADCx 的全部寄存器重设为默认值
ADC_Init	根据 ADC_InitStruct 中指定的参数初始化外设 ADCx 的寄存器
ADC_StructInit	对 ADC_InitStruct 中的每一个参数以默认值填入
ADC_Cmd	使能或除能指定 ADC
ADC_DMACmd	使能或除能指定的 ADC 的 DMA 请求
ADC_ITConfig	使能或者除能指定的 ADC 的中断
ADC_ResetCalibration	重置指定的 ADC 的校准寄存器
ADC_GetResetCalibrationStatus	获取 ADC 重置校准寄存器的状态
ADC_StartCalibration	开始指定 ADC 的校准程序
ADC_GetCalibrationStatus	获取指定 ADC 的校准状态
ADC_SoftwareStartConvCmd	使能或者除能指定的 ADC 的软件转换启动功能
ADC_GetSoftwareStartConvStatus	获取 ADC 软件转换启动状态
ADC_DiscModeChannelCountConfig	对 ADC 规则组通道配置间断模式
ADC_DiscModeCmd	使能或者除能指定的 ADC 规则组通道的间断模式
ADC_RegularChannelConfig	设置指定 ADC 的规则组通道,设置它们的转换顺序和采样时间
ADC_ExternalTrigConvConfig	使能或者除能 ADCx 的经外部触发启动转换功能
ADC_GetConversionValue	返回最近一次 ADCx 规则组的转换结果
ADC_GetDuelModeConversionValue	返回最近一次双 ADC 模式下的转换结果
ADC_AutoInjectedConvCmd	使能或者除能指定 ADC 在规则组转换后自动开始注入组转换
ADC_InjectedDiscModeCmd	使能或者除能指定 ADC 的注入组间断模式

续表

函 数 名	描 述
ADC_ExternalTrigInjectedConvConfig	配置ADCx的外部触发启动注入组转换功能
ADC_ExternalTrigInjectedConvCmd	使能或者除能ADCx的经外部触发启动注入组转换功能
ADC_SoftwareStartinjectedConvCmd	使能或者除能ADCx软件启动注入组转换功能
ADC_GetsoftwareStartinjectedConvStatus	获取指定ADC的软件启动注入组转换状态
ADC_InjectedChannleConfig	设置指ADC的注入组通道，设置它们的转换顺序和采样时间
ADC_InjectedSequencerLengthConfig	设置注入组通道的转换序列长度
ADC_SetinjectedOffset	设置注入组通道的转换偏移值 ADC _ GetInjectedConversionValue返回ADC指定注入通道的转换结果
ADC_AnalogWatchdogCmd	使能或者除能指定单个/全体、规则/注入组通道上的模拟看门狗
ADC_AnalogWatchdongThresholdsConfig	设置模拟看门狗的高/低阈值
ADC_AnalogWatchdongSingleChannelCon fig	对单个ADC通道设置模拟看门狗
ADC_TampSensorVrefintCmd	使能或者除能温度传感器和内部参考电压通道
ADC_GetFlagStatus	检查制定ADC标志位置1与否
ADC_ClearFlag	清除ADCx的待处理标志位
ADC_GetITStatus	检查指定的ADC中断是否发生
ADC_ClearITPendingBit	清除ADCx的中断待处理位

USART串行接口库函数如表4.22所示。

表4.22　USART串行接口库函数

函 数 名	描 述
USART_DeInit	将外设USARTx寄存器重设为默认值
USART_Init	根据USART _ InitStruct中指定的参数初始化外设USARTx寄存器
USART_StructInit	对USART_InitStruct中的每一个参数以默认值填入
USART_Cmd	使能或者除能USART外设
USART_ITConfig	使能或者除能指定的USART中断
USART_DMACmd	使能或者除能指定USART的DMA请求
USART_SetAddress	设置USART节点的地址
USART_WakeUpConfig	选择USART的唤醒方式
USART_ReceiverWakeUpCmd	检查USART是否处于静默模式
USART_LINBreakDetectLengthConfig	设置USART LIN中断检测长度
USART_LINCmd	使能或者除能USARTx的LIN模式
USART_SendData	通过外设USARTx发送单个数据
USART_ReceiveData	返回USARTx最近接收到的数据
USART_SendBreak	发送中断字
USART_SetGuardTime	设置指定的USART保护时间
USART_SetPrescaler	设置USART时钟预分频

函 数 名	描 述
USART_SmartCardCmd	使能或者除能指定 USART 的智能卡模式
USART_SmartCardNackCmd	使能或者除能 NACK 传输
USART_HalfDuplexCmd	使能或者除能 USART 半双工模式
USART_IrDAConfig	设置 USART IrDA 模式
USART_IrDACmd	使能或者除能 USART IrDA 模式
USART_GetFlagStatus	检查指定的 USART 标志位设置与否
USART_ClearFlag	清除 USARTx 的待处理标志位
USART_GetITStatus	检查指定的 USART 中断发生与否
USART_ClearITPendingBit	清除 USARTx 的中断待处理位

第

5

章

通用输入\输出接口

通用输入/输出（General-Purpose Input/Output，GPIO）接口是处理器中最简单也是最重要的接口配置，通常也表示为 I/O 接口。即便如此，GPIO 接口也有各种各样的类型和配置选项，即有输入、输出、上拉、下拉以及推挽功能等。软硬件工程师几乎天天和它们打交道，因此深入了解其中的配置，特别是它们的多功能配置和使用方法至关重要。GPIO 接口最常见的用途是控制电子设备。例如，无论你期望构建自己的机械臂还是 DIY 气象站，GPIO 接口都可以让你自定义信号，以便它们能正确地操控设备。从本章开始介绍 ARM STM32 系列处理器的典型外设 GPIO 接口。以 STM32F103ZET6 处理器为例，介绍其 GPIO 接口的工作模式、逻辑结构以及使用方法。

5.1　GPIO 接口概述

在绝大多数嵌入式系统设计与应用中，都会涉及数字开关量的输入和输出，如常见的状态指示、报警输出、继电器闭合和断开信号输入判断、按钮的开或关状态的读入以及开关控制报警信息的输出等。所有这些开关量的输入和输出控制都必须通过处理器的 GPIO 接口来实现。随着大规模集成电路的快速发展，为了节约其输入/输出引脚数量，处理器中许多 GPIO 接口都有复用功能，用户可视需求进行不同的设置和取舍。本章仅介绍 STM32F103ZET6 处理器 GPIO 接口的基本输入/输出功能和设置。

STM32F103ZET6 处理器拥有 112 根能承受 TTL 5V 电压的多功能双向快速引脚（也称为 I/O 引脚）。每 16 根引脚划分为一组，分别称为 PA、PB、PC、PD 和 PE、PF、PG 等 GPIO 接口。每组 GPIO 接口拥有两个 32 位的配置寄存器（GPIOx_CRL 和 GPIOx_CRH）、两个 32 位的数据寄存器（GPIOx_IDR 和 GPIOx_ODR）、一个 32 位的置位/复位寄存器（GPIOx_BSRR）、一个 16 位的复位寄存器（GPIOx_BRR）和一个 32 位的锁定寄存器（GPIOx_LCKR）来配置该接口的初始状态和功能。每组 GPIO 接口的每个引脚都有不同的工作模式，可通过软件配置相应的控制寄存器位，可设置成以下几种工作模式。

（1）输入浮空模式：浮空模式 Floating 是设置处理器引脚为输入模式，它既不接高电平，也不接低电平。基于逻辑器件的内部结构，当引脚设置为输入引脚浮空模式时，等于引脚接了一个高电平。因为这种设置易受电磁干扰，所以通常不建议设置引脚为浮空模式。

（2）输入上拉模式：上拉就是设置为高电平，即把引脚电压向上拉高，如拉到 V_{cc} 或 V_{dd}。上拉就是将不确定的输入信号电平通过一个上拉电阻使引脚的电位钳位在高电平，同时电阻也起限流作用。使用中有强上拉和弱上拉之分，两者仅上拉电阻的阻值大小不同。

（3）输入下拉模式：就是把引脚电压拉低到低电平，一般拉到接地 GND。

（4）模拟输入模式：模拟输入是指模拟量输入模式。数字输入是指输入以 1 或 0 表示的高或低电平信号。

（5）开漏输出模式：输出端相当于三极管的集电极使用前悬空。要想得到确定的高电平状态，需要外接上拉电阻。此模式适用于电流型的驱动，其引脚灌流电流的能力较强。

（6）推挽式输出模式：推挽结构是指两个三极管分别受两个互补信号的控制，在一个三极管导通的时候另一个总是截止，且两个互补三极管工作在极限状态。它的输出电流较大，常用于驱动功率较大的器件。

（7）推挽式复用功能模式，引脚可设置为多功能引脚。

（8）开漏复用功能模式，引脚可设置为多功能引脚。

ARM STM32 处理器接口复用功能可以被理解为 GPIO 接口被用于第二功能时的情况，即它们可以被设置为不作为通用的 GPIO 接口使用。每个接口引脚可以由接口控制寄存器自由编程来设置。控制寄存器设置必须按 32 位字访问，不允许按半字或字节访问。如 GPIOx_BSRR 和 GPIOx_BRR 控制寄存器允许对任何 GPIO 寄存器的读/更改的独立访问，保证在读和更改访问之间产生中断 IRQ 时不会发生危险行为。ARM STM32 处理器单个 I/O 引脚的基本结构如图 5.1 所示，其基本结构包括以下几部分。

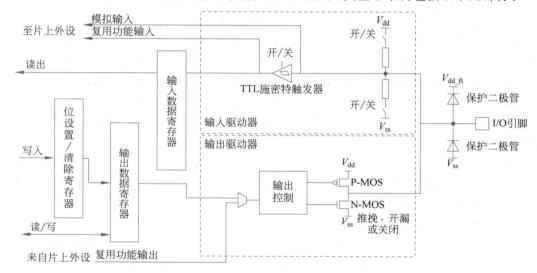

图 5.1　GPIO 接口引脚电路设计结构图

1. 输入通道

输入通道如图 5.1 中上面虚框部分所示。输入通道包括输入数据寄存器和输入驱动器。在 GPIO 接口引脚电路中设计了两个保护二极管。因为二极管导通电压降为 V_d，所以输入到输入驱动器的信号电压范围被钳位在：

$$V_{ss} - V_d < V_{in} < V_{dd} + V_d$$

由于 V_d 的导通压降不会超过 0.7V，若电源电压 V_{dd} 为 3.3V，则输入到输入驱动器的信号最低不会低于 -0.7V，最高不会高于 4V，该设计起到了对输入接口的保护作用。一般在输入信号为 0～3.3V 时，两个保护二极管都不会导通。输入驱动器中设计了上拉电阻和下拉电阻，通过开关接电源 V_{dd} 和地 V_{ss}。由控制寄存器控制此开关的动作，用来设置当 GPIO 接口引脚用作输入时，起到选择使用上拉电阻或者下拉电阻的作用。输入驱动器中的另一部件是 TTL 施密特触发器，当 GPIO 接口引脚用于开关量输入或者复用功能输入时，触发器用于对输入波形进行整形处理。

2. 输出通道

如图 5.1 所示，输出通道中包括位设置/清除寄存器、输出数据寄存器和输出驱动器。在输出开关量数据时，首先写入位设置/清除寄存器，通过读写命令进入输出数据寄存器，然后进入输出驱动的输出控制模块。如图 5.1 所示，输出控制模块可以接收开关量的输出和复用功能输出。信号通过由 P-MOS 和 N-MOS 场效应管推挽电路输出到 GPIO 接口引脚。根据需要可由软件设置控制寄存器，将 P-MOS 和 N-MOS 场效应管电路设置成推挽输出模式、开漏输出模式或关闭模式。

5.2 GPIO 接口基本功能

5.2.1 GPIO

在 GPIO 引脚设置为输出配置时，写到输出数据寄存器 GPIOx_ODR 的值输出到相应的引脚。它可以推挽模式或者开漏模式使用输出驱动器模块。在输入配置时，在每个 APB32 时钟周期捕捉并将 GPIO 接口引脚上的数据送到数据寄存器 GPIOx_IDR。每个 GPIO 接口引脚都有一个内部弱上拉和弱下拉电阻配置。在设置为输入时，内部上拉或下拉电阻可以被激活也可被断开。

当 JTAG 接口在复位期间和刚复位后，复用功能未开启，其 GPIO 接口引脚被设置成浮空输入模式。在复位后 JTAG 接口引脚被系统设置于输入上拉或下拉模式。其设置为：PA13 引脚-JTMS 置于上拉模式；PA14 引脚-JTCK 置于下拉模式；PA15 引脚-JTDI 置于上拉模式；PB4 引脚-JNTRST 置于上拉模式。

5.2.2 接口位设置或位清除

当需要对数据寄存器 GPIOx_ODR 的个别位编程时，软件不需要禁止中断。在单次 APB2 总线写操作中，可以只更改单个或多个位。接口位的置位/复位操作可通过对置位/复位寄存器 GPIOx_BSRR 和 GPIOx_BRR 中指定位直接设置实现。

5.2.3 外部中断/唤醒线

处理器的 GPIO 接口都有外部中断响应能力。在使用外部中断功能时，其接口引脚必须配置成输入模式。如何配置和控制接口中断，详见本书第 6 章内容。

5.2.4 接口复用功能及其配置

复用功能是除 GPIO 接口的基本输入/输出功能外的其他功能，在使用默认复用功能前，必须对配置寄存器的相关位进行配置和控制。对于复用功能的使用，应注意以下几点：

（1）复用输入功能，其接口引脚必须配置成输入模式，可配置为浮空、上拉或下拉，且输入引脚必须由外部驱动。

（2）复用输出功能，接口引脚必须配置成复用功能输出模式，可设置推挽模式或开漏模式。

（3）双向复用功能,接口引脚必须配置复用功能输出模式,可设置推挽模式或开漏模式。

当 GPIO 接口的某 I/O 引脚被配置为复用功能时,各模块处于以下状态:

（1）在开漏或推挽式配置中,输出缓冲器被打开。

（2）内置外设的信号驱动输出缓冲器,处于复用功能输出状态。

（3）施密特触发器的输入被激活。

（4）弱上拉和下拉电阻被禁止使用。

（5）在每个 APB2 总线时钟周期中,在 GPIO 引脚上的数据被采样到输入数据寄存器。

（6）在开漏模式下,读输入数据寄存器时可得到 GPIO 接口状态。

（7）在推挽模式下,读输出数据寄存器时可得到最后一次写入寄存器的数据值。

图 5.2 所示各 GPIO 接口引脚的复用功能配置。在读写复用功能寄存器时,用户可以把复用功能重新映射到不同的引脚使用。

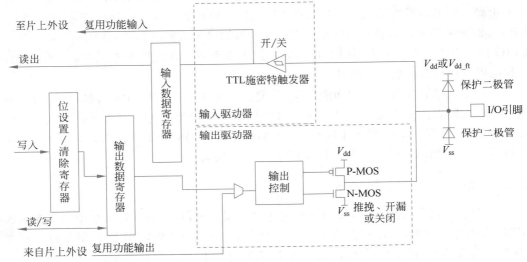

图 5.2　复用功能配置示意框图

5.2.5　软件重新映射 GPIO 复用功能

处理器设计厂商为使器件的外设 GPIO 接口复用功能的数量达到最优,允许用户通过软件配置 AFIO 寄存器灵活地把一些复用功能重新映射到器件的其他引脚上。此时,其复用功能就不再映射到它们的原始引脚上。

5.2.6　GPIO 接口的锁定机制

为防止应用程序跑飞可能引起的灾难性后果,ARM 处理器设计有锁定机制,即可以通过设置冻结 GPIO 接口的配置。即如果在一个接口位上执行了锁定 LOCK 程序,就可固定接口位模式。在重新复位之前,不能再改变接口位的配置。此功能主要用于对处理器的一些关键引脚的配置。

5.2.7　输入和输出配置

GPIO 接口引脚的输入配置框图如图 5.3 所示。当接口配置为输入模式时,其设置为:

(1) 输出缓冲器被禁止使用。

(2) 施密特触发输入被激活。

(3) 根据输入配置(上拉、下拉或浮动)的不同,其弱上拉、下拉电阻被连接或断开。

(4) 输入在引脚上的数据,在每个 APB2 总线时钟被采样送到输入数据寄存器。

(5) 对输入数据寄存器的读取,可得到接口引脚接口状态。

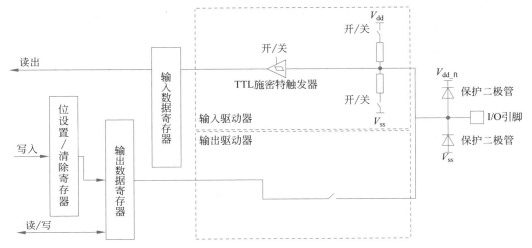

图 5.3　GPIO 接口引脚输入配置示意图

GPIO 接口引脚的输出配置框图如图 5.4 所示。当接口被配置为输出模式时,其设置和特点为:

(1) 输出缓冲器被激活。

① 开漏模式:输出寄存器的数据 0 激活 N-MOS,而输出寄存器的数据 1 将接口置

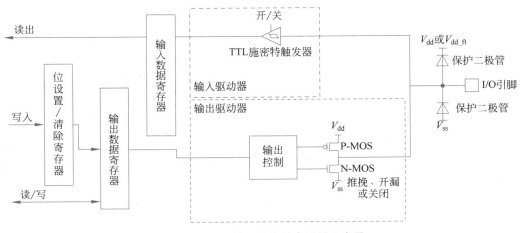

图 5.4　GPIO 接口引脚输出配置示意图

于高阻状态,即 P-MOS 从不被激活。

② 推挽模式:输出寄存器的数据 0 激活 N-MOS,而输出寄存器的数据 1 将激活 P-MOS。

(2) 施密特触发器输入被激活。

(3) 弱上拉和下拉电阻被禁止。

(4) 出现在引脚上的数据在每个 APB2 总线时钟被采样到输入数据寄存器。

(5) 在开漏模式下,对输入数据寄存器的读访问可得到 GPIO 状态。

(6) 在推挽模式下,对输出数据寄存器的读访问获得最后一次写入的数据。

GPIO 接口引脚的高阻抗模拟输入配置框图如图 5.5 所示。当接口被配置为模拟输入时,其设置和特点为:

(1) 输出缓冲器被禁止。

(2) 禁止施密特触发器输入,使得模拟 GPIO 接口引脚上的功耗零消耗。施密特触发器输出值被强制为低电平 0。

(3) 弱上拉和下拉电阻被禁止使用。

(4) 在读取输入数据寄存器时,数据为低电平 0。

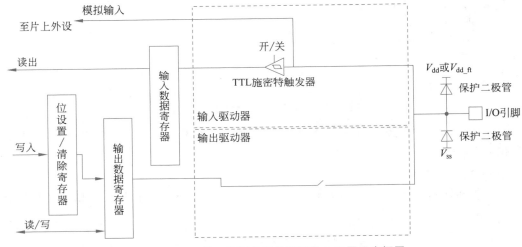

图 5.5 GPIO 接口引脚高阻抗模拟输入配置示意框图

5.3 GPIO 寄存器及其功能配置

使用 ARM STM32 处理器的应用开发,就是根据需要对多个处理器外设进行操作,实现其原始设计。学过单片机的用户都知道,对外设的控制都是通过操作该外设相关的多种寄存器来实现的。要操作和控制外设的寄存器前,必须了解此寄存器每个位的定义及功能。本章介绍 GPIO 接口相关寄存器控制位和功能。ARM STM32 处理器的存储器映射中,STM32F103ZET6 处理器的 7 个接口 PA、PB、PC、PD、PE、PF 和 PG 对应的地址范围如下:

PA 接口,0x4001 0800～0x4001 0BFF；PB 接口,0x4001 0C00～0x4001 0FFF
PC 接口,0x4001 1000～0x4001 13FF；PD 接口,0x4001 1400～0x4001 17FF
PE 接口,0x4001 1800～0x4001 1BFF；PF 接口,0x4001 1C00～0x4001 1FFF
PG 接口,0x4001 2000～0x4001 23FF

每个 GPIO 接口的第一个地址就是该接口的地址范围的首地址,如 PA 接口的首地址是 0x4001 0800,也可称为基地址。各个寄存器的地址都是以偏移量的方式给出,各寄存器的物理地址就是基地址加上其偏移量。

5.3.1 x 接口配置低寄存器 GPIOx_CRL

偏移地址:0x00,复位值:0x4444 4444。各位定义如下:

位号	31	30	29	28	27	26	25	24	23	22	21	20	19	18	17	16
定义	CNF7[1:0]		MODE7[1:0]		CNF6[1:0]		MODE6[1:0]		CNF5[1:0]		MODE5[1:0]		CNF4[1:0]		MODE4[1:0]	
读写	rw	rw	rw	rw	rw	rw	rw	rw	rw	rw	rw	rw	rw	rw	rw	rw
位号	15	14	13	12	11	10	9	8	7	6	5	4	3	2	1	0
定义	CNF3[1:0]		MODE3[1:0]		CNF2[1:0]		MODE2[1:0]		CNF1[1:0]		MODE1[1:0]		CNF0[1:0]		MODE0[1:0]	
读写	rw	rw	rw	rw	rw	rw	rw	rw	rw	rw	rw	rw	rw	rw	rw	rw

注意,其中 rw 说明该位是可读可写的。如果为 r,则说明该位是只读的;如果为 w,则说明该位是只写的。其他各位定义如下:

CNFy[1:0]——接口 x 配置位(y=0～7)。通过这些位配置相应的 I/O 接口工作模式。

MODEy[1:0]——接口 x 模式位(y=0～7)。通过这些位配置相应的 I/O 接口工作模式。

在输入模式下,MODEy[1:0]=00b(b 代表二进制数)时,可配置为:

00——模拟输入模式。 01——浮空输入模式(复位后的状态)。
10——上拉/下拉输入模式。 11——保留。

在输出模式下,MODEy[1:0]>00b 时,可配置为:

00——通用推挽输出模式。 01——通用开漏输出模式。
10——复用功能推挽输出模式。 11——复用功能开漏输出模式。

另外,MODEy[1:0],对接口 x 的模式位(y=0～7),可配置为:

00——输入模式(复位后的状态)。 01——输出模式,最大速度为 10MHz。
10——输出模式,最大速度为 2MHz。 11——输出模式,最大速度为 50MHz。

I/O 引脚工作模式配置如表 5.1 所示。

表 5.1 I/O 引脚工作模式配置表

配 置 模 式		CNF1	CNF0	MODE1	MODE0	PxODR 寄存器
通用输出	推挽（Push-Pull）	0	0	01：最大输出速度为 10MHz 10：最大输出速度为 2MHz 11：最大输出速度为 50MHz		0 或 1
	开漏（Open-Drain）		1			0 或 1
复用功能输出	推挽（Push-Pull）	1	0			不使用
	开漏（Open-Drain）		1			不使用
输入	模拟输入	0	0	00		不使用
	浮空输入		1			不使用
	下拉输入	1	0			0
	上拉输入					1

5.3.2 x 接口配置高寄存器 GPIOx_CRH

偏移地址：0x04，复位值：0x4444 4444。各位定义如下：

位号	31	30	29	28	27	26	25	24	23	22	21	20	19	18	17	16
定义	CNF15 [1:0]		MODE15 [1:0]		CNF14 [1:0]		MODE14 [1:0]		CNF13 [1:0]		MODE13 [1:0]		CNF12 [1:0]		MODE12 [1:0]	
读写	rw	rw	rw	rw	rw	rw	rw	rw	rw	rw	rw	rw	rw	rw	rw	rw
位号	15	14	13	12	11	10	9	8	7	6	5	4	3	2	1	0
定义	CNF11 [1:0]		MODE11 [1:0]		CNF10 [1:0]		MODE10 [1:0]		CNF9 [1:0]		MODE9 [1:0]		CNF8 [1:0]		MODE8 [1:0]	
读写	rw	rw	rw	rw	rw	rw	rw	rw	rw	rw	rw	rw	rw	rw	rw	rw

CNFy[1:0]——接口 x 配置位（y＝8～15）。

MODEy[1:0]——接口 x 模式位（y＝8～15）。

除 y 的取值不同，接口配置高寄存器的各位定义和接口配置低寄存器类似。

5.3.3 x 接口输入/输出数据寄存器 GPIOx_IDR 和 GPIOx_ODR

GPIOx_IDR 偏移地址：0x08，复位值：0x0000 XXXX。各位定义如下：

位号	31～16	15	14	13	12	11	10	9	8
定义	保留	IDR15	IDR14	IDR13	IDR12	IDR11	IDR10	IDR9	IDR8
读写		r	r	r	r	r	r	r	r
位号	7	6	5	4	3	2	1	0	
定义	IDR7	IDR6	IDR5	IDR4	IDR3	IDR2	IDR1	IDR0	
读写	r	r	r	r	r	r	r	r	

位[31:16]——保留，始终读为 0。

位[15:0]——IDRy[15:0]，接口输入数据（y＝0～15）。所有位只读，并只能以字（16 位）方式的形式读出。读出的值为对应 I/O 接口引脚的状态。

GPIOx_ODR 偏移地址：0x0C，复位值：0x0000 0000。各位定义如下：

位号	31～16	15	14	13	12	11	10	9	8
定义	保留	ODR15	ODR14	ODR13	ODR12	ODR11	ODR10	ODR9	ODR8
读写		rw	rw	rw	rw	rw	rw	rw	rw
位号	7	6	5	4	3	2	1	0	
定义	ODR7	ODR6	ODR5	ODR4	ODR3	ODR2	ODR1	ODR0	
读写	rw	rw	rw	rw	rw	rw	rw	rw	

位[31:16]——保留,始终读为 0。

位[15:0]——ODRy[15:0],接口输出数据(y=0～15)。

所有位可读可写,并只能以字(16 位)的形式操作。

注意:对 GPIOx_BSRR(x=A,B,C,D,E,F,G),可以分别地对各个 ODR 位进行独立的设置∕清除。

5.3.4 接口位设置∕清除寄存器 GPIOx_BSRR

地址偏移:0x10,复位值:0x0000 0000。各位定义如下:

位号	31	30	29	28	27	26	25	24
定义	BR15	BR14	BR13	BR12	BR11	BR10	BR9	BR8
读写	w	w	w	w	w	w	w	w
位号	23	22	21	20	19	18	17	16
定义	BR7	BR6	BR5	BR4	BR3	BR2	BR1	BR0
读写	w	w	w	w	w	w	w	w
位号	15	14	13	12	11	10	9	8
定义	BS15	BS14	BS13	BS12	BS11	BS10	BS9	BS8
读写	w	w	w	w	w	w	w	w
位号	7	6	5	4	3	2	1	0
定义	BS7	BS6	BS5	BS4	BS3	BS2	BS1	BS0
读写	w	w	w	w	w	w	w	w

位[31:16]——BRy,清除接口 x 的位 y(y=0～15)。所有位只能以字(16 位)的形式写入。

清 0 表示对对应接口的 ODRy 位不产生影响。置 1 表示清除对应接口的 ODRy 位为 0。

注意:如果同时设置了 BSy 和 BRy 的对应位,BSy 位起作用。

位[15:0]——BSy,设置接口 x 的位 y(y=0～15)。所有位只能以字(16 位)的形式写入。

清 0 表示对对应接口的 ODRy 位不产生影响。置 1 表示设置对应接口的 ODRy 位为 1。

5.3.5 接口位清除寄存器 GPIOx_BRR

偏移地址:0x14,复位值:0x0000 0000。各位定义如下:

位号	31～16	15	14	13	12	11	10	9	8
定义	保留	BR15	BR14	BR13	BR12	BR11	BR10	BR9	BR8
读写		w	w	w	w	w	w	w	w
位号	7	6	5	4	3	2	1	0	
定义	BR7	BR6	BR5	BR4	BR3	BR2	BR1	BR0	
读写	w	w	w	w	w	w	w	w	

位[31:16]——保留。

位[15:0]——BRy,清除接口 x 的位 y(y=0～15)。所有位只能以字(16 位)的形式写入。

清 0 表示对对应的 ODRy 位不产生影响。置 1 表示清除对应的 ODRy 位为 0。

5.3.6　接口配置锁定寄存器 GPIOx_LCKR

该寄存器用来锁定接口位的配置。位[15:0]用于锁定 GPIO 接口的配置。在规定操作期间,不能改变 LCKR[15:0]。对相应的接口位执行 LOCK 序列后,在下次系统复位之前将不能再更改接口位的值。每个锁定位锁定控制寄存器(CRL,CRH)中相应的 4 位。

地址偏移:0x18,复位值:0x0000 0000。各位定义如下:

位号	31～17	16	15	14	13	12	11	10	9
定义	保留	LCKK16	LCK15	LCK14	LCK13	LCK12	LCK11	LCK10	LCK9
读写		rw	rw	rw	rw	rw	rw	rw	rw
位号	8	7	6	5	4	3	2	1	0
定义	LCK8	LCK7	LCK6	LCK5	LCK4	LCK3	LCK2	LCK1	LCK0
读写	rw	rw	rw	rw	rw	rw	rw	rw	rw

位[31:17]——保留。

位[16]——LCKK,锁键(Lock Key)。该位可随时读出,仅可通过锁键写入序列修改。

清 0 表示接口配置锁键未激活。置 1 表示接口配置锁键被激活,下次系统复位前 GPIOx_LCKR 寄存器被锁住。

锁键的写入序列:写1→写0→写1→读0→读1。最后一个读可省略,但可以用来确认锁键已被激活。

注意:在操作锁键的写入序列时,不能改变 LCK[15:0]的值。操作锁键写入序列中的任何错误将不能激活锁键。

位[15:0]——LCKy,接口 x 的锁位 y(y=0～15)。所有位可读可写,但只能在 LCKK 位为 0 时写入。清 0 表示不锁定接口的配置,置 1 表示锁定接口的配置。

5.4　RCC 时钟模块寄存器

任何计算机硬件系统在复位后,首先都要进行初始化工作。其中时钟配置是初始化的一项重要任务。从第 3 章可看到,在 STM32F103ZET6 处理器的时钟结构中,如果要使用某个外设,就必须先使能该外设的时钟。时钟配置需要首先考虑系统时钟的来源,即选择使用内部时钟、外部时钟或外部振荡器,以及是否需要锁相环(PLL)等。再考虑内部总线和外部总线,最后考虑外设的时钟信号。通常使用时应先倍频作为处理器的时钟,再使用由内向外分频的原则逐步设置。其时钟配置流程如图 5.6 所示。

图 5.6 时钟配置流程图

　　时钟配置主要是对 RCC 时钟模块的各相关寄存器进行设置。RCC 时钟模块寄存器的首地址是 0x40021000,下面逐一详细介绍。

5.4.1　时钟控制和配置寄存器 RCC_CR 和 RCC_CFGR

1. 时钟控制寄存器 RCC_CR

偏移地址:0x00,复位值:0x000 XX83,X 代表未定义。

访问方式:无等待状态。字、半字和字节访问。各位定义如下:

位号	31~26	25	24	23~20	19	18	17	16
定义	保留	PLLRDY	PLLON	保留	CSSON	HSEBYP	HSERDY	HSEON
读写		r	rw		rw	rw	r	rw

位号	15~8		7	6	5	4	3	2	1	0
定义	HSICAL[7:0]		HSITRIM[4:0]					保留	HSIRDY	HSION
读写	r		rw	rw	rw	rw	rw		r	rw

位[31:26]——保留,始终读为 0。

位[25]——PLLRDY,PLL 时钟就绪标志,PLL 锁定后由硬件置 1。

　　　　　0:PLL 未锁定;1:PLL 锁定。

位[24]——PLLON,PLL 使能。由软件置 1 或清 0。当进入待机和停止模式时,该位由硬件清 0。当 PLL 时钟被用作或被选择作为系统时钟时,该位不能被清 0。

0：PLL 关闭；1：PLL 使能。

位[23:20]——保留,始终读为 0。

位[19]——CSSON,时钟安全系统使能。由软件置 1 或清 0 以使能时钟监测器。

　　　　0：时钟监测器关闭;

　　　　1：如果外部 4～25MHz 振荡器就绪,时钟监测器开启。

位[18]——HSEBYP,外部高速时钟旁路。在调试模式下由软件置 1 或清 0 来旁路外部晶体振荡器。只有在外部 4～25MHz 振荡器关闭的情况下,才能写入该位。

　　　　0：外部 4～25MHz 振荡器没有旁路;

　　　　1：外部 4～25MHz 外部晶体振荡器被旁路。

位[17]——HSERDY,外部高速时钟就绪标志。由硬件置 1 来指示外部 4～25MHz 振荡器已经稳定。在 HSEON 位清 0 后,该位需要 6 个外部 4～25MHz 振荡器周期清零。

　　　　0：外部 4～25MHz 振荡器没有就绪;　1：外部 4～25MHz 振荡器就绪。

位[16]——HSEON,外部高速时钟使能。由软件置 1 或清 0。当进入待机和停止模式时,该位由硬件清零,关闭 4～25MHz 外部振荡器。当外部 4～25MHz 振荡器被用作或被选择作为系统时钟时,该位不能被清 0。

　　　　0：HSE 振荡器关闭;1：HSE 振荡器开启。

位[15:8]——HSICAL[7:0],内部高速时钟校准。在系统启动时,这些位被自动初始化。

位[7:3]——HSITRIM[4:0],内部高速时钟调整。由软件写入来调整内部高速时钟,它们被叠加在 HSICAL[5:0]数值上。这些位在 HSICAL[7:0]的基础上,让用户可以输入一个调整数值,根据电压和文档的变化调整内部 HSI RC 振荡器的频率。默认数值为 16,可以把 HIS 调整到 8MHz±1%；每步 HSICAL 的变化调整约 40kHz。

位[2]——保留,始终读为 0。

位[1]——HSIRDY,内部高速时钟就绪标准。由硬件置 1 来指示内部 8MHz 振荡器已经稳定。

在 HSION 位清 0 后,该位需要 6 个内部 8MHz 振荡器周期清 0。

　　　　0：内部 8MHz 振荡器没有就绪;1：内部 8MHz 振荡器就绪。

位[0]——HSION,内部高速时钟使能。由软件置 1 或清 0。当从待机或停止模式返回或用作系统时钟的外部 4～16MHz 振荡器发生故障时,该位由硬件置 1 来启动内部 8MHz 的 RC 振荡器。当内部 8MHz 振荡器被直接或间接地用作或选择为系统时钟时,该位不能被清 0。

　　　　0：内部 8MHz 振荡器关闭;1：内部 8MHz 振荡器开启。

2. 时钟配置寄存器 RCC_CFGR

偏移地址：0x04,复位值：0x0000 0000。

访问方式：0～2 个等待周期,可字、半字、字节访问。

只有当访问发生在时钟切换时,才会插入 1 或 2 个等待周期。各位定义如下:

位号	31～27				26	25	24	23	22	21	20	19	18	17	16
定义	保留				MCO[2:0]			保留	USBPRE	PLLMUL[3:0]				PLLXTPRE	PLLSRC
读写					rw	rw	rw		rw	rw	rw	rw	rw	rw	rw
位号	15	14	13	12	11	10	9	8	7	6	5	4	3	2	1	0
定义	ADCPRE [1:0]		PPRE2[2:0]			PPRE1[2:0]			HPRE[3:0]				SWS [1:0]		SW[1:0]	
读写	rw	rw	rw	rw	rw	rw	rw	rw	rw	rw	rw	rw	r	r	rw	rw

位[31:27]——保留,始终读为 0。

位[26:24]——MCO,微控制器时钟输出(Microcontroller Clock Output)。由软件置 1 或清 0。

      0xx:没有时钟输出;

      100:系统时钟(SYSCLK)输出;

      101:内部 RC 振荡器时钟(HSI,8MHz)输出;

      110:外部振荡器时钟(HSE,4～25MHz)输出;

      111:PLL 时钟 2 分频后输出。

注意:该时钟输出在启动和切换 MCO 时钟源时可能会被截断。在系统时钟作为输出至 MCO 引脚时,请保证输出时钟频率不超过 50MHz(I/O 引脚最高频率)。

位[22]——USBPRE:USB 预分频。由软件置 1 或清 0 来产生 48MHz 的 USB 时钟。在 RCC_APB1ENR 寄存器中使能 USB 时钟之前,必须保证该位已经有效。如果 USB 被使能,该位不能被清 0。

      0:PLL 时钟 1.5 倍分频作为 USB 时钟;

      1:PLL 时钟直接作为 USB 时钟。

位[21:18]——PLLMUL,PLL 倍频系数。由软件设置来确定 PLL 倍频系数。只有在 PLL 关闭的情况下才可被写入。注意 PLL 的输出频率不能超过 72MHz。

    0000:PLL2 倍频输出;   0001:PLL3 倍频输出;

    0010:PLL4 倍频输出;   0011:PLL5 倍频输出;

    0100:PLL6 倍频输出;   0101:PLL7 倍频输出;

    0110:PLL8 倍频输出;   0111:PLL9 倍频输出;

    1000:PLL10 倍频输出;   1001:PLL11 倍频输出;

    1010:PLL12 倍频输出;   1011:PLL13 倍频输出;

    1100:PLL14 倍频输出;   1101:PLL15 倍频输出;

    1110:PLL16 倍频输出;   1111:PLL16 倍频输出。

位[17]——PLLXTPRE:HSE 分频器作为 PLL 输入。由软件置 1 或清 0 来分频 HSE 后作为 PLL 输入时钟。只能在关闭 PLL 时才能写入此位。

      0:HSE 不分频;   1:HSE 2 分频。

位[16]——PLLSRC:PLL 输入时钟源。由软件置 1 或清 0 来选择 PLL 输入时钟源。只能在关闭 PLL 时才能写入此位。

0：HSI 振荡器时钟经 2 分频后作为 PLL 输入时钟；

1：HSE 时钟作为 PLL 输入时钟。

位[15:14]——ADCPRE[1:0]，ADC 预分频由软件置 1 或清 0 来确定 ADC 时钟频率。

00：PCLK2 2 分频后作为 ADC 时钟；

01：PCLK2 4 分频后作为 ADC 时钟；

10：PCLK2 6 分频后作为 ADC 时钟；

11：PCLK2 8 分频后作为 ADC 时钟。

位[13:11]——PPRE2[2:0]，高速 APB 预分频（APB2）。由软件置 1 或清 0 来控制 APB2 时钟（PCLK2）的预分频系数。

0xx：HCLK 不分频；　　　　　100：HCLK 2 分频；

101：HCLK 4 分频；　　　　　110：HCLK 8 分频；

111：HCLK 16 分频。

位[10:8]——PPRE1[2:0]，低速 APB 预分频（APB1）。由软件置 1 或清 0 来控制低速 APB1 时钟（PCLK1）的预分频系数。注意：软件必须保证 APB1 时钟频率不超过 36MHz。

0xx：HCLK 不分频；　　　　　100：HCLK 2 分频；

101：HCLK 4 分频；　　　　　110：HCLK 8 分频；

111：HCLK 16 分频。

位[7:4]——HPRE[3:0]，AHB 预分频。由软件置 1 或清 0 来控制 AHB 时钟的预分频系数。

0xxx：SYSCLK 不分频；　　　　1000：SYSCLK 2 分频；

1001：SYSCLK 4 分频；　　　　1010：SYSCLK 8 分频；

1011：SYSCLK 16 分频；　　　　1100：SYSCLK 64 分频；

1101：SYSCLK 128 分频；　　　　1110：SYSCLK 256 分频；

1111：SYSCLK 512 分频。

位[3:2]——SWS[1:0]，系统时钟切换状态。由硬件置 1 或清 0 来选择系统时钟的时钟源。

00：HSI 作为系统时钟；　　　　01：HSE 作为系统时钟；

10：PLL 输出作为系统时钟；　　11：不可用。

位[1:0]——SW[1:0]，系统时钟切换。由软件置 1 或清 0 来选择系统时钟源。从停止或待机模式中返回时，或者直接或间接作为系统时钟的 HSE 在出现故障时，由硬件强制选择 HSI 作为系统时钟。

00：HSI 作为系统时钟；　　　　01：HSE 作为系统时钟；

10：PLL 输出作为系统时钟；　　11：不可用。

5.4.2　时钟中断寄存器 RCC_CIR

偏移地址：0x08，复位值：0x0000 0000。

访问方式：无等待周期。可字、半字、字节访问。各位定义如下：

位号	31～24							23	22	21	20	19	18	17	16
定义	保留							CSSC	保留		PLLR DYC	HSER DYC	HISR DYC	LSER DYC	LSIR DYC
读写								w			w	w	w	w	w
位号	15～13	12	11	10	9	8	7	6	5	4	3	2	1	0
定义	保留	PLLR DYIE	HSER DYIE	HISR DYIE	LSER DYIE	LSIR DYIE	CSSF	保留		PLLR DYF	HSER DYF	HISR DYF	LSER DYF	LSIR DYF
读写		rw	rw	rw	rw	rw	r			r	r	r	r	r

位[31:24]——保留,始终读为 0。

位[23]——CSSC(Clock Security System interrupt Clear),清除始终安全系统中断。由
软件置 1 来清除 CSSF 安全系统中断标志位 CSSF。

　　　　0：无作用；　　　　　　　　1：清除 CSSF 安全系统中断标志位。

位[22:21]——保留,始终读为 0。

位[20]——PLLRDYC,清除 PLL 就绪中断。由软件置 1 来清除 PLL 中断就绪标志位
PLLRDYE。

　　　　0：无作用；　　　　　　　　1：清除 PLL 就绪中断标志位 PLLRDYE。

位[19]——HSERDYC,清除 HSE 就绪中断。由软件置 1 来清除 HSE 就绪中断标志位
HSERDYF。

　　　　0：无作用；　　　　　　　　1：清除 HSE 就绪中断标志位 HSERDYF。

位[18]——HSIRDYC,清除 HSI 就绪中断。由软件置 1 来清除 HSI 就绪中断标志位
HSIRDYF。

　　　　0：无作用；　　　　　　　　1：清除 HSI 就绪中断标志位 HSIRDYF。

位[17]——LSERDYC,清除 LSE 就绪中断。由软件置 1 来清除 LSE 就绪中断标志位
LSERDYF。

　　　　0：无作用；　　　　　　　　1：清除 LSE 就绪中断标志位 LSERDYF。

位[16]——LSIRDYC,清除 LSI 就绪中断。由软件置 1 来清除 LSI 就绪中断标志位
LSIRDYF。

　　　　0：无作用；　　　　　　　　1：清除 LSI 就绪中断标志位 LSIRDYF。

位 [15:13]——保留,始终读为 0。

位[12]——PLLRDYIE,PLL 就绪中断使能。由软件置 1 或清 0 来使能或关闭 PLL 就
绪中断。

　　　　0：PLL 就绪中断关闭；　　　1：PLL 就绪中断使能。

位[11]——HSERDYIE,HSE 就绪中断使能。由软件置 1 或清 0 来使能或关闭外部 4～
16MHz 振荡器就绪中断。

　　　　0：HSE 就绪中断关闭；　　　1：HSE 就绪中断使能。

位[10]——HSIRDYIE,HSI 就绪中断使能。由软件置 1 或清 0 来使能或关闭内部
8MHz RC 振荡器就绪中断。

0：HSI 就绪中断关闭；　　　　1：HSI 就绪中断使能。

位[9]——LSERDYIE，LSE 就绪中断使能。由软件置 1 或清 0 来使能或关闭外部 32kHz RC 振荡器就绪中断。

0：LSE 就绪中断关闭；　　　　1：LSE 就绪中断使能。

位[8]——LSIRDYIE，LSI 就绪中断使能。由软件置 1 或清 0 来使能或关闭内部 40kHz RC 振荡器就绪中断。

0：LSI 就绪中断关闭；　　　　1：LSI 就绪中断使能。

位[7]——CSSF，时钟安全系统中断标志。在外部 4～16MHz 振荡器始终出现故障时，由硬件置 1。由软件通过置 1CSSC 位来清除。

0：无 HSE 时钟失效产生的安全系统中断；

1：HSE 时钟失效导致了时钟安全系统中断。

位[6:5]——保留，始终读为 0。

位[4]——PLLRDYF，PLL 就绪中断标志。在 PLL 就绪且 PLLRDYIE 位被置 1 时，由硬件置 1。由软件通过置 1PLLRDYC 位来清除。

0：无 PLL 上锁产生的时钟就绪中断；

1：PLL 上锁导致时钟就绪中断。

位[3]——HSERDYF，HSE 就绪中断标志。在外部低速时钟就绪且 HSERDYIE 位被置 1 时，由硬件置 1。由软件通过置 1HSERDYC 位来清除。

0：无外部 4～16MHz 振荡器产生的时钟就绪中断；

1：外部 4～16MHz 振荡器导致时钟就绪中断。

位[2]——HSIRDYF，HSI 就绪中断标志。在内部高速时钟就绪且 HSIRDYIE 位被置 1 时，由硬件置 1。由软件通过将 HSIRDYC 位置 1 来清除。

0：无内部 8MHz RC 振荡器产生的时钟就绪中断；

1：内部 8MHz RC 振荡器导致时钟就绪中断。

位[1]——LSERDYF，LSE 就绪中断标志。在外部低速时钟就绪且 LSERDYIE 位被置 1 时，由硬件置 1。由软件通过置 1LSERDYC 位来清除。

0：无外部 32kHz 振荡器产生的时钟就绪中断；

1：外部 32kHz 振荡器导致的时钟就绪中断。

位[0]——LSIRDYF，LSI 就绪中断标志。在内部时钟就绪且 LSIRDYIE 位被置 1 时，由硬件置 1。由软件通过置 1LSIRDYC 位来清除。

0：无内部 40kHz RC 振荡器产生的时钟就绪中断；

1：内部 40kHz RC 振荡器导致的时钟就绪中断。

5.4.3　APB1/2 外设复位寄存器 RCC_APB1RSTR 和 RCC_APB2RSTR

1. 外设复位寄存器 RCC_APB1RSTR

偏移地址：0x10，复位值：0x0000 0000。

访问方式：无等待周期，可字、半字、字节访问。

所有可设置的位都由软件置 1 或清 0。各位定义如下：

位号	31~30		29	28	27	26	25	24
定义	保留		DACRST	PWRRST	BKPRST	保留	CANRST	保留
读写			rw	rw	rw		rw	
位号	23	22	21	20	19	18	17	16
定义	USBRST	I2C2RST	I2C1RST	UART5RST	UART4RST	USART3RST	USART2RST	保留
读写	rw	rw	rw	rw	rw	rw	rw	
位号	15	14	13	12	11	10	9	8
定义	SPI3RST	SPI2RST	保留		WWDGRST	保留		
读写	rw	rw			rw			
位号	7	6	5	4	3	2	1	0
定义			TIM7RST	TIM6RST	TIM5RST	TIM4RST	TIM3RST	TIM2RST
读写			rw	rw	rw	rw	rw	rw

位[31:30]——保留，始终读为 0。

位[29]——DACRST，DAC 接口复位。0：无作用；1：复位 DAC 接口。

位[28]——PWRRST，电源接口复位。0：无作用；1：复位电源接口。

位[27]——BKPRST，备份接口复位。0：无作用；1：复位备份接口。

位[26]——保留，始终读为 0。

位[25]——CANRST，CAN 复位。0：无作用；1：复位 CAN。

位[24]——保留，始终读为 0。

位[23]——USBRST，USB 复位。0：无作用；1：复位 USB。

位[22]——I2C2RST，I2C 2 复位。0：无作用；1：复位 I2C 2。

位[21]——I2C1RST，I2C 1 复位。0：无作用；1：复位 I2C 1。

位[20]——UART5RST，UART5 复位。0：无作用；1：复位 UART5。

位[19]——UART4RST，UART4 复位。0：无作用；1：复位 UART4。

位[18]——USART3RST，USART3 复位。0：无作用；1：复位 USART3。

位[17]——USART2RST，USART2 复位。0：无作用；1：复位 USART2。

位[16]——保留，始终读为 0。

位[15]——SPI3RST，SPI3 复位。0：无作用；1：复位 SPI3。

位[14]——SPI2RST，SPI2 复位。0：无作用；1：复位 SP12。

位[13:12]——保留，始终读为 0。

位[11]——WWDGRST，窗口看门狗复位。0：无作用；1：复位窗口看门狗。

位[10:6]——保留，始终读为 0。

位[5]——TIM7RST，定时器 7 复位。0：无作用；1：复位 TIM7 定时器。

位[4]——TIM6RST，定时器 6 复位。0：无作用；1：复位 TIM6 定时器。

位[3]——TIM5RST，定时器 5 复位。0：无作用；1：复位 TIM5 定时器。

位[2]——TIM4RST，定时器 4 复位。0：无作用；1：复位 TIM4 定时器。

位[1]——TIM3RST，定时器 3 复位。0：无作用；1：复位 TIM3 定时器。

位[0]——TIM2RST,定时器 2 复位。0：无作用；1：复位 TIM2 定时器。

2. 外设复位寄存器 RCC_APB2RSTR

偏移地址：0x0C,复位值：0x0000 0000。

访问方式：无等待周期,可字、半字和字节访问。

所有可设置的位都可由软件置 1 或清 0。各位定义如下：

位号	31～16	15	14	13	12	11	10	9	8
定义	保留	ADC3 RST	USART 1RST	TIM8 RST	SPI1 RST	TIM1 RST	ADC2 RST	ADC1 RST	IOPG RST
读写		rw	rw	rw	rw	rw	rw	rw	rw

位号	7	6	5	4	3	2	1	0	
定义	IOPF RST	IOPE RST	IOPD RST	IOPC RST	IOPB RST	IOPA RST	保留	AFIO RST	
读写	rw	rw	rw	rw	rw	rw		rw	

位[31:16]——保留,始终读为 0。

位[15]——ADC3RST,ADC3 接口复位。0：无作用；1：复位 ADC3 接口。

位[14]——USART1RST,USART1 复位。0：无作用；1：复位 USART1。

位[13]——TIM8RST,TIM8 定时器复位。0：无作用；1：复位 TIM8 定时器。

位[12]——SPI1RST,SPI1 复位。0：无作用；1：复位 SPI1。

位[11]——TIM1RST,TIM1 定时器复位。0：无作用；1：复位 TIM1 定时器。

位[10]——ADC2RST,ADC2 接口复位。0：无作用；1：复位 ADC2 接口。

位[9]——ADC1RST,ADC1 接口复位。0：无作用；1：复位 ADC1 接口。

位[8]——IOPGRST,I/O 接口 G 复位。0：无作用；1：复位 I/O 接口 G。

位[7]——IOPFRST,I/O 接口 F 复位。0：无作用；1：复位 I/O 接口 F。

位[6]——IOPERST,I/O 接口 E 复位。0：无作用；1：复位 I/O 接口 E。

位[5]——IOPDRST,I/O 接口 D 复位。0：无作用；1：复位 I/O 接口 D。

位[4]——IOPCRST,I/O 接口 C 复位。0：无作用；1：复位 I/O 接口 C。

位[3]——IOPBRST,I/O 接口 B 复位。0：无作用；1：复位 I/O 接口 B。

位[2]——IOPARST,I/O 接口 A 复位。0：无作用；1：复位 I/O 接口 A。

位[1]——保留,始终读为 0。

位[0]——AFIORST,辅助功能 I/O 复位。0：无作用；1：复位辅助功能。

5.4.4 AHB 外设时钟使能寄存器 RCC_AHBENR

偏移地址：0x14,复位值：0x0000 0014。

访问方式：无等待周期,字、半字、字节访问。

所有可设置的位都由软件置 1 或清零。各位定义如下：

位号	31～11	10	9	8	7	6	5	4	3	2	1	0
定义	保留	SDIOEN	保留	FSMCEN	保留	CRCEN	保留	FLITFEN	保留	SRAMEN	DMA2EN	DMA1EN
读写		rw		rw		rw		rw		rw	rw	rw

位[31:11]——保留,始终读为 0。

位[10]——SDIOEN,SDIO 时钟使能。0:SDIO 时钟关闭;1:SDIO 时钟开启。

位[9]——保留,始终读为 0。

位[8]——FSMCEN,FSMC 时钟使能。0:FSMC 时钟关闭;1:FSMC 时钟开启。

位[7]——保留,始终读为 0。

位[6]——CRCEN,CRC 时钟使能。0:CRC 时钟关闭;1:CRC 时钟开启。

位[5]——保留,始终读为 0。

位[4]——FLITFEN,闪存接口电路时钟使能。

      0:睡眠模式时闪存接口电路时钟关闭;

      1:睡眠模式时闪存接口电路时钟开启。

位[3]——保留,始终读为 0。

位[2]——SRAMEN,SRAM 时钟使能。

      0:睡眠模式时 SRAM 时钟关闭;   1:睡眠模式时 SRAM 时钟开启。

位[1]——DMA2EN,DMA2 时钟使能。

      0:DMA2 时钟关闭;   1:DMA2 时钟开启。

位[0]——DMA1EN,DMA1 时钟使能。

      0:DMA1 时钟关闭;   1:DMA1 时钟开启。

5.4.5 APB1/2 外设时钟使能寄存器 RCC_APB1ENR 和 RCC_APB2ENR

1. 外设时钟使能寄存器 RCC_APB1ENR

偏移地址:0x1C,复位值:0x0000 0000。

访问方式:通常无访问等待周期,字、半字、字节访问,但 APB1 总线上的外设被访问时,将插入等待状态直到 APB1 的外设访问结束。

所有可访问的位都可由软件置 1 或清 0。各位定义如下:

位号	31～30	29	28	27	26	25	24	23	22	21	20	19	18	17	16
定义	保留	DACEN	PWREN	BKPEN	保留	CANEN	保留	USBEN	I2C2EN	I2C1EN	UART5EN	UART4EN	USART3EN	USART2EN	保留
读写		rw	rw	rw		rw		rw	rw	rw	rw	rw	rw	rw	

位号	15	14	13	12	11	10	9	8	7	6	5	4	3	2	1	0
定义	SPI3EN	SPI2EN	保留		WWDGEN	保留					TIM7EN	TIM6EN	TIM5EN	TIM4EN	TIM3EN	TIM2EN
读写	rw	rw			rw						rw	rw	rw	rw	rw	rw

位[31:30]——保留,始终读为 0。

位[29]——DACEN,DAC 接口时钟使能。

　　0：DAC 接口时钟关闭；　　　　　　1：DAC 接口时钟开启。

位[28]——PWREN,电源接口时钟使能。

　　0：电源接口时钟关闭；　　　　　　1：电源接口时钟开启。

位[27]——BKPEN,备份接口时钟使能。0：备份接口时钟关闭；1：备份接口时钟开启。

位[26]——保留,始终读为 0。

位[25]——CANEN,CAN 时钟使能。0：CAN 时钟关闭；1：CAN 时钟开启。

位[24]——保留,始终读为 0。

位[23]——USBEN,USB 时钟使能。0：USB 时钟关闭；1：USB 时钟开启。

位[22]——I2C2EN,I2C 2 时钟使能。0：I2C 2 时钟关闭；1：I2C 2 时钟开启。

位[21]——I2C1EN,I2C 1 时钟使能。0：I2C 1 时钟关闭；1：I2C 1 时钟开启。

位[20]——UART5EN,UART5 时钟使能。

　　0：UART5 时钟关闭；　　　　　　1：UART5 时钟开启。

位[19]——UART4EN,UART4 时钟使能。

　　0：UART4 时钟关闭；　　　　　　1：UART4 时钟开启。

位[18]——USART3EN,USART3 时钟使能。

　　0：USART3 时钟关闭；　　　　　　1：USART3 时钟开启。

位[17]——USART2EN,USART2 时钟使能。

　　0：USART2 时钟关闭；　　　　　　1：USART2 时钟开启。

位[16]——保留,始终读为 0。

位[15]——SPI3EN,SPI3 时钟使能。0：SPI3 时钟关闭；1：SPI3 时钟开启。

位[14]——SPI2EN,SPI2 时钟使能。0：SPI2 时钟关闭；1：SPI2 时钟开启。

位[13:12]——保留,始终读为 0。

位[11]——WWDGEN,窗口看门狗时钟使能。

　　0：窗口看门狗时钟关闭；　　　　　　1：窗口看门狗时钟开启。

位[10:6]——保留,始终读为 0。

位[5]——TIM7EN,定时器 7 时钟使能。0：定时器 7 时钟关闭；1：定时器 7 时钟开启。

位[4]——TIM6EN,定时器 6 时钟使能。0：定时器 6 时钟关闭；1：定时器 6 时钟开启。

位[3]——TIM5EN,定时器 5 时钟使能。0：定时器 5 时钟关闭；1：定时器 5 时钟开启。

位[2]——TIM4EN,定时器 4 时钟使能。0：定时器 4 时钟关闭；1：定时器 4 时钟开启。

位[1]——TIM3EN,定时器 3 时钟使能。0：定时器 3 时钟关闭；1：定时器 3 时钟开启。

位[0]——TIM2EN,定时器 2 时钟使能。0：定时器 2 时钟关闭；1：定时器 2 时钟开启。

2. 外设时钟使能寄存器 RCC_APB2ENR

偏移地址：0x18,复位值：0x0000 000。

访问方式：通常无访问等待周期,字、半字、字节访问,但 APB2 总线上的外设被访问时,将插入等待状态,直到 APB2 的外设访问结束。

所有可设置的位都由软件置1或清0。各位定义如下：

位号	31～16	15	14	13	12	11	10	9	8
定义	保留	ADC3EN	USART1EN	TIM8EN	SPI1EN	TIM1EN	ADC2EN	ADC1EN	IOPGEN
读写		rw	rw	rw	rw	rw	rw	rw	rw
位号	7	6	5	4	3	2	1	0	
定义	IOPFEN	IOPEEN	IOPDEN	IOPCEN	IOPBEN	IOPAEN	保留	AFIOEN	
读写	rw	rw	rw	rw	rw	rw		rw	

位[31:16]——保留,始终读为 0。

位[15]——ADC3EN,ADC3 接口时钟使能。

        0:ADC3 接口时钟关闭;   1:ADC3 接口时钟开启。

位[14]——USART1EN,USARTI 时钟使能。

        0:USART1 时钟关闭;   1:USART1 时钟开启。

位[13]——TIM8EN,TIM8 定时器时钟使能。

        0:TIM8 定时器时钟关闭;   1:TIM8 定时器时钟开启。

位[12]——SPI1EN,SPI1 时钟使能。0:SPI1 时钟关闭;1:SPI1 时钟开启。

位[11]——TIM1EN,TIM1 定时器时钟使能。

        0:TIM1 定时器时钟关闭;   1:TIM1 定时器时钟开启。

位[10]——ADC2EN,ADC2 接口时钟使能。

        0:ADC2 接口时钟关闭;   1:ADC2 接口时钟开启。

位[9]——ADC1EN,ADC1 接口时钟使能。

        0:ADC1 接口时钟关闭;   1:ADC1 接口时钟开启。

位[8]——IOPGEN,I/O 接口 G 时钟使能。

        0:I/O 接口 G 时钟关闭;   1:I/O 接口 G 时钟开启。

位[7]——IOPFEN,I/O 接口 F 时钟使能。

        0:I/O 接口 F 时钟关闭;   1:I/O 接口 F 时钟开启。

位[6]——IOPEEN,I/O 接口 E 时钟使能。

        0:I/O 接口 E 时钟关闭;   1:I/O 接口 E 时钟开启。

位[5]——IOPDEN,I/O 接口 D 时钟使能。

        0:I/O 接口 D 时钟关闭;   1:I/O 接口 D 时钟开启。

位[4]——IOPCEN,I/O 接口 C 时钟使能。

        0:I/O 接口 C 时钟关闭;   1:I/O 接口 C 时钟开启。

位[3]——IOPBEN,I/O 接口 B 时钟使能。

        0:I/O 接口 B 时钟关闭;   1:I/O 接口 B 时钟开启。

位[2]——IOPAEN,I/O 接口 A 时钟使能。

        0:I/O 接口 A 时钟关闭;   1:I/O 接口 A 时钟开启。

位[1]——保留,始终读为 0。

位[0]——AFIOEN,辅助功能 I/O 时钟使能。

    0:辅助功能 I/O 时钟关闭;   1:辅助功能 I/O 时钟开启。

5.4.6 备份域控制寄存器 RCC_BDCR

偏移地址:0x20,复位值:0x00000000。它只能由备份域复位有效复位。

访问方式:需要 0~3 个等待周期,字、半字、字节访问。各位定义如下:

位号	31~17	16	15	14~10	9	8	7~3	2	1	0
定义	保留	BDRST	RTCEN	保留	RTCSEL[1:0]		保留	LSEBYP	LSERDY	LSEON
读写		rw	rw		rw	rw		rw	r	rw

位[31:17]——保留,始终读为 0。

位[16]——BDRST,备份域软件复位,由软件置 1 或清 0。

    0:复位未激活;   1:复位整个备份域。

位[15]——RTCEN,RTC 时钟使能,由软件置 1 或清 0。

    0:RTC 时将关闭;   1:RTC 时钟开启。

位[14:10]——保留,始终读为 0。

位[9:8]——RTCSEL[1:0],RTC 时钟源选择。由软件设置来选择 RTC 时钟源。一旦 RTC 时钟源被选定,直到下次后备域被复位,它不能再被改变。可通过设置 BDRST 位来清除。

    00:无时钟;   01:LSE 振荡器作为 RTC 时钟;

    10:LSI 振荡器作为 RTC 时钟;11:HSE 振荡器在 128 分频后作为 RTC 时钟。

位[7:3]——保留,始终读为 0。

位[2]——LSEBYP,外部低速时钟振荡器旁路。在调试模式下由软件置 1 或清 0 来旁路 LSE。只有在外部 32kHz 振荡器关闭时,才能写入该位。

    0:LSE 时钟未被旁路;   1:LSE 时钟被旁路。

位[1]——LSERDY,外部低速 LSE 就绪。由硬件置 1 或清零来指示是否外部 32kHz 振荡器就绪。在 LSEON 被清 0 后,该位需要 6 个外部低速振荡器的周期才被清 0。

    0:外部 32kHz 振荡器未就绪;   1:外部 32kHz 振荡器就绪。

位[0]——LSEON,外部低速振荡器使能。由软件置 1 或清 0。

    0:外部 32kHz 振荡器关闭;   1:外部 32kHz 振荡器开启。

5.4.7 控制/状态寄存器 RCC_CSR

偏移地址:0x24,复位值:0x0C00 0000,除复位标志外由系统复位清除,复位标志只能由电源复位清除。

访问方式:需要 0~3 个等待周期,字、半字、字节访问。当连续对该寄存器进行访问时,将插入等待状态。各位定义如下:

位号	31	30	29	28	27	26	25	24	23~2	1	0
定义	LPWR RSTF	WWDG RSTF	IWDG RSTF	SFT RSTF	POR RSTF	PIN RSTF	保留	RMVF	保留	LSIRDY	LSION
读写	rw	rw	rw	rw	rw	rw		rw		rw	rw

位[31]——LPWRRSTF,低功耗复位标志。发生低功耗复位时由硬件置1;由软件写 RMVF 位清除。

   0:无低功耗管理复位发生;   1:发生低功耗管理复位。

位[30]——WWDGRSTF,窗口看门狗复位标志。发生窗口看门狗复位时由硬件置1;由软件写 RMVF 位清除。

   0:无窗口看门狗复位发生;   1:发生窗口看门狗复位。

位[29]——IWDGRSTF,独立看门狗复位标志。发生独立看门狗复位时由硬件置1;由软件通过写 RMVF 位清除。

   0:无独立看门狗复位发生;   1:发生独立看门狗复位。

位[28]——SFTRSTF,软件复位标志。发生软件复位时由硬件置1;由软件写 RMVF 位清除。

   0:无软件复位发生;   1:发生软件复位。

位[27]——PORRSTF,上电/掉电复位标志。发生上电/掉电复位时由硬件置1;由软件写 RMVF 位清除。

   0:无上电/掉电复位发生;   1:发生上电/掉电复位。

位[26]——PINRSTF,NRST 引脚复位标志。在 NRST 引脚发生复位时由硬件置1;由软件写 RMVF 位清除。

   0:无 NRST 引脚复位发生;   1:发生 NRST 引脚复位。

位[25]——保留,读操作返回0。

位[24]——RMVF,清除复位标志。由软件置1来清除复位标志。

   0:无作用;   1:清除复位标志。

位[23:2]——保留,读操作返回0。

位[1]——LSIRDY,内部低速振荡器就绪。由硬件置1或清0来指示内部 40kHz RC 振荡器是否就绪。在 LSION 清零后,3 个内部 40kHz RC 振荡器的周期后 LSIRDY 被清0。

   0:内部 40kHz RC 振荡器时钟未就绪; 1:内部 40kHz RC 振荡器时钟就绪。

位[0]——LSION,内部低速振荡器使能。由软件置1或清0。

   0:内部 40kHz RC 振荡器关闭;   1:内部 40kHz RC 振荡器开启。

5.5 通用输入输出 GPIO 接口使用

在使用处理器 GPIO 接口时,可按下面流程步骤进行:

(1) 配置系统时钟,打开 GPIO 接口时钟。

（2）设置 GPIO 接口的工作模式。

（3）使用 GPIO 接口进行输入或输出操作。

在第 4 章虽然介绍了汇编语言设计，但是现今用汇编语言编写程序已经很少了，仅作为入门学习用。本章将通过具体实例，详细介绍使用 C 语言操作寄存器和固件库函数两种方式来完成应用程序的设计。

5.5.1 利用 C 语言直接操作寄存器方法访问 GPIO 方法

【例 5-1】 编写 C 语言程序，利用 C 语言直接操作外设寄存器，利用第 3 章实验平台控制系统板上，详见图 3.17 和图 3.63。连接有 GPIO PE 和 PF 接口的发光二极管共 12 个。请编写控制程序使用 GPIO，控制 11 个 LED 二极管灯同时点灭，亮 0.5s，灭 0.5s。

解：通过查看实验系统（图 3.17）和实验板（图 3.63），如要将发光二极管点亮，需要将 SW 开关拨到 ON，给发光二极管提供电源。经过分析当连接 LED0～LED11 的 GPIO PB 接口引脚输出低电平 0 时，发光二极管亮；输出高电平 1 时，发光二极管灭。

在使用 C 语言直接操作 STM32 处理器寄存器进行开发时，应避免进行重复的系统初始化操作，如设置堆栈和中断向量表等内容。其 C 语言文件的程序内容如下：

```
# include"stm32f10x. h"                       //包含 STM32F1 系列处理器的头文件
void delay_ ms(unsigned short int Number);    //延时子函数
# define LED0 (1<<5)                          //LED 接口定义,LED0 连接 PE8
# define LED1 (1<<6)
# define LED2 (1<<0)
# define LED3 (1<<1)
# define LED4 (1<<2)
# define LED5 (1<<3)
# define LED6 (1<<4)
# define LED7 (1<<5)
# define LED8 (1<<6)
# define LED9 (1<<7)
# define LED10 (1<<8)
# define LED11 (1<<12)
# define RCC_APB2Periph_GPIOE ((uint32_ t) 0x00000040)
# define RCC_APB2Periph_GPIOF ((uint32_ t) 0x00000080)
int main(void)
{
RCC ->APB2ENR | = RCC_ APB2Periph_GPIOE      //使能 GPIOE 时钟
GPIOE -> CRL& = 0XFF0FFFFF;
GPIOE -> CRL | = 0X00300000;                  //推挽输出
GPIOE -> ODR | = 1<<5;                        //输出高(下面同理)
GPIOE -> CRL& = 0XF0FFFFFF;
GPIOE -> CRL | = 0X03000000;
GPIOE -> ODR | = 1<<6;
RCC ->APB2ENR | = RCC_ APB2Periph_GPIOF      //使能 GPIOF 时钟
GPIOF -> CRL& = 0XFFFFFFF0;
GPIOF -> CRL | = 0X00000003;
GPIOF -> ODR | = 1<<0;
GPIOF -> CRL& = 0XFFFFFF0F;
```

```
GPIOF->CRL | = 0X00000030;
GPIOF->ODR | = 1<<1;
GPIOF->CRL& = 0XFFFFF0FF;
GPIOF->CRL | = 0X00000300;
GPIOF->ODR | = 1<<2;
GPIOF->CRL& = 0XFFFF0FFF;
GPIOF->CRL | = 0X00003000;
GPIOF->ODR | = 1<<3;
GPIOF->CRL& = 0XFFF0FFFF;
GPIOF->CRL | = 0X00030000;
GPIOF->ODR | = 1<<4;
GPIOF->CRL& = 0XFF0FFFFF;
GPIOF->CRL | = 0X00300000;
GPIOF->ODR | = 1<<5;
GPIOF->CRL& = 0XF0FFFFFF;
GPIOF->CRL | = 0X03000000;
GPIOF->ODR | = 1<<6;
GPIOF->CRL& = 0X0FFFFFFF;
GPIOF->CRL | = 0X30000000;
GPIOF->ODR | = 1<<7;
GPIOF->CRH& = 0XFFFFFFF0;
GPIOF->CRH| = 0X00000003;
GPIOF->ODR| = 1<<8;
GPIOF->CRH& = 0XFFF0FFFF;
GPIOF->CRH| = 0X00030000;
GPIOF->ODR| = 1<<12;
While(1)
{
    GPIOE->ODR| = 1<<5|1<<6;          //PE.5,PE.6 输出高
    Delay_ms(500) ;
    GPIOF->ODR| = 1<<0|1<<1|1<<2|1<<3|1<<4|1<<5|1<<6|1<<7|1<<8|1<<12;
                                      //PF.0~PF8,PF.12 输出高
    Delay_ms(500) ;
    GPIOE->ODR& = ~(1<<5);            //LED 输出低
    GPIOE->ODR& = ~(1<<6);
    GPIOF->ODR& = ~(1<<0);
    GPIOF->ODR& = ~(1<<1);
    GPIOF->ODR& = ~(1<<2);
    GPIOF->ODR& = ~(1<<3);
    GPIOF->ODR& = ~(1<<4);
    GPIOF->ODR& = ~(1<<5);
    GPIOF->ODR& = ~(1<<6);
    GPIOF->ODR& = ~(1<<7);
    GPIOF->ODR& = ~(1<<8);
    GPIOF->ODR& = ~(1<<12);
    delay_ ms(500);
  }
}
void delay_ ms(unsigned short int Number )
```

```
{
    unsigned int i;
    while(Number -- ){
        i = 12000; while(i-- );
    }
}
```

由于在 stm32f10x.h 文件中定义了 STM32F10 处理器所有的外设寄存器,因此在 C 语言程序中,只要包含了这个头文件,就可以省略外设寄存器的定义,直接在用户程序代码中使用即可。读者可能发现,在应用程序中没有进行系统时钟配置。其实系统时钟配置工作已经在 SystemInit() 函数中实现了,并且默认的系统时钟配置为 72MHz。查看启动文件 startup_stm32f10x_hd.s 可以发现,SystemInit()函数是在 main()函数之前调用的。因此在 main()函数中,不再需要进行系统时钟配置工作。C 语言编程比汇编语言编程相对简单,但是需要开发者查阅相关的寄存器定义进行设置。

5.5.2 利用固件库函数方法访问 GPIO 接口方法

GPIO 接口固件库函数具有多个用途,包括引脚设置、单位设置/重置、锁定机制、从接口引脚读入或者向接口引脚写入数据等用途。

5.5.2.1 GPIO 接口寄存器结构

GPIO 接口寄存器结构 CPIO_TypeDef 和 AFIO_TypeDef,在文件 stm32f10x.h 中定义如下:

```
typedef struct
{
  vu32 CRL;                 //接口配置低寄存器
  vu32 CRH;                 //接口配置高寄存器
  vu32 IDR;                 //接口输入数据寄存器
  vu32 ODR;                 //接口输出数据寄存器
  vu32 BSRR;                //接口位设置/复位寄存器
  vu32 BRR;                 //接口位复位寄存器
  vu32 LCKR;                //接口配置锁定寄存器
  } GPIO_TypeDef;
typedef struct
{
  vu32 EVCR;                //事件控制寄存器
  vu32 MAPR;                //复用重映射和调试 I/O 配置寄存器
  vu32 EXTICR[4];           //外部中断线路 0~15 配置寄存器
}AFIO_TypeDef;
```

在文件结构中列出了 GPIO 接口用所有的寄存器。其中 AFIO 与 GPIO 接口的中断和事件有关,如需要可参考第 6 章。另外,在 stm32f10x.h 文件中声明了 7 个 GPIO 接口外设:

```
...
# define PERIPH_BASE ((u32 )0x40000000)
```

```
# define APB1PERIPH_BASE PERIPH BASE
# define APB2PERIPH_BASE (PERIPH_BASE + 0x10000)
# define AHBPERIPH_BASE (PERIPH_BASE + 0x20000)
...
# define AFIO_BASE (APB2PERIPH_BASE + 0x0000)
# define GPIOA_BASE (APB2PERIPH_BASE + 0x0800)
# define GPIOB_BASE (APB2PERIPH_BASE + 0x0C00)
# define GPIOC_BASE (APB2PERIPH_BASE + 0x1000)
# define GPIOD_BASE (APB2PERIPH_BASE + 0x1400)
# define GPIOE_BASE (APB2PERIPH_BASE + 0x1800)
# define GPIOE_BASE (APB2PER2PH_BASE + 0x1C00)
# define GPIOE_BASE (APB2PER2PH_BASE + 0x4001 2000)
```

5.5.2.2 GPIO 接口库函数

ARM STM32 处理器的固件库提供的 GPIO 接口库函数包括：

GPIO_DeInit()——将外设 GPIOx 寄存器重设为默认值。

GPIO_AFIODeInit()——将复用功能(重映射事件控制 EXT 设置)重设为默认值。

GPIO_Init()——根据 GPIO_InitStruct 中指定的参数初始化外设 GPIOx 寄存器。

GPIO_StructInit()——把 GPIO_InitStruct 中的每个参数按默认值填入。

GPIO_ReadInputDataBit()——读取指定接口引脚的输入。

GPIO_ReadInputData()——读取指定的 GPIO 接口输入。

GPIO_ReadOutputDataBit()——读取指定接口引脚的输出。

GPIO_ReadOutputData()——读取指定的 GPIO 接口输出。

GPIO_SetBits()——设置指定的数据接口位。

GPIO_ResetBits()——清除指定的数据接口位。

GPIO_WriteBit()——设置或者清除指定的数据接口位。

GPIO_Write()——向指定 GPIO 接口写入数据。

GPIO_PinLockConfig()——锁定 GPIO 引脚设置寄存器。

GPIO_EventOutputCmd()——使能或者除能事件输出。

GPIO_PinRemapConfig()——改变指定引脚的映射。

GPIO_EXTILineConfig()——选择 GPIO 引脚用作外部中断线路。

下面仅介绍与本例题相关的，与普通输入/输出相关的库函数。其他库函数的使用方法，请查阅相关手册。

1. 函数 GPIO_Init()

函数原型：

```
void GPIO_Init(GPIO_TypeDef * GPIOx, GPIO_InitTypeDef * GPIO_InitStruct);
```

根据 GPIO_InitStruct 中指定的参数初始化外设 GPIOx 寄存器。

输入参数 1：GPIOx，x 可以是 A、B、C、D、E、F 和 G，用来选择外设 GPIO；

输入参数 2：GPIO_InitStruct，指向结构 GPIO_InitTypeDef 的指针，包含了外设 GPIO 的配置信息，GPIO_InitTypeDef 在文件 stm32f10x_gpio.h 中定义。

```
typedef struct
{
    u16 GPIO_Pin;
    GPIOSpeed_TypeDef GPIO_Speed;
    GPIOMode_TypeDef GPIO_ Mode;
} GPIO InitTypeDef;
```

1) GPIO_Pin

GPIO_Pin 用于选择待设置的 GPIO 接口引脚,使用操作符"|"可以一次选中多个引脚。可以使用如表 5.2 所示的任意组合。

表 5.2　GPIO_Pin 可取值

GPIO_Pin 可取值	描　　述	GPIO_Pin 可取值	描　　述
GPIO_Pin_None	无引脚被选中	GPIO_Pin_8	选中引脚 8
GPIO_Pin_0	选中引脚 0	GPIO_Pin_9	选中引脚 9
GPIO_Pin_1	选中引脚 1	GPIO_Pin_10	选中引脚 10
GPIO_Pin_2	选中引脚 2	GPIO_Pin_11	选中引脚 11
GPIO_Pin_3	选中引脚 3	GPIO_Pin_12	选中引脚 12
GPIO_Pin_4	选中引脚 4	GPIO_Pin_13	选中引脚 13
GPIO_Pin_5	选中引脚 5	GPIO_Pin_14	选中引脚 14
GPIO_Pin_6	选中引脚 6	GPIO_Pin_15	选中引脚 15
GPIO_Pin_7	选中引脚 7	GPIO_Pin_All	选中全部引脚

2) GPIO_Speed

GPIO_Speed 用于设置选中接口引脚的速率。GPIO_Speed 可选取的值如表 5.3 所示。

表 5.3　GPIO_Speed 可取值

GPIO_Speed 可取的值	描　　述
GPIO_Speed_10MHz	最高输出速率 10MHz
GPIO_Speed_2MHz	最高输出速率 2MHz
GPIO_Speed_50MHz	最高输出速率 50MHz

3) GPIO_Mode

GPIO_Mode 用于设置选中接口引脚的工作模式。GPIO_Mode 可选取的值如表 5.4 所示。

表 5.4　GPIO_Mode 可取值

GPIO_Mode 可取的值	描　　述	GPIO_Mode 可取的值	描　　述
GPIO_Mode_AIN	模拟输入	GPIO_Mode_Out_OD	开漏输出
GPIO_Mode_IN_FLOATING	浮空输入	GPIO_Mode_Out_PP	推挽输出
GPIO_Mode_IPD	下拉输入	GPIO_Mode_AF_OD	复用开漏输出
GPIO_Mode_IPU	上拉输入	GPIO_Mode_AF_PP	复用推挽输出

例如,若需设置 PE0 接口位模式为推挽输出,最大速率为 $50\mathrm{MHz}$,则可以使用下面的代码:

```
GPIO_InitTypeDef GPIO_InitStructure;
GPIO_InitStructure.GPIO_Pin = GPIO_Pin_0;
GPIO_InitStructure.GPIO_Speed = GPIO_Speed_50MHz;
GPIO_InitStructure.GPIO_Mode = GPIO_Mode_Out_PP;
GPIO_Init(GPIOE, &GPIO_InitStructure);
```

2. 函数 GPIO_SetBits( )

函数原型:

```
void GPIO_SetBits(GPIO_TypeDef * GPIOx, ul6 GPIO_Pin);
```

该函数用于将指定的接口位输出高电平。

输入参数 1:GPIOx,x 可以是 A、B、C、D、E、F 和 G,用来选择 GPIO 不同接口外设;

输入参数 2:GPIO_Pin,带设置的接口位。

例如,若需将 PE0 和 PE1 接口位设置输出高电平,则可以使用下面的代码:

```
GPIO_SetBits(GPIO_Pin_0|GPIO_Pin_1);
```

3. 函数 GPIO_ResetBits( )

函数原型:

```
void GPIO_ResetBits(GPIO_TypeDef * GPIOx,u16GPIO_Pin);
```

该函数用于将指定的接口位输出低电平。

输入参数 1:GPIOx,x 可以是 A、B、C、D、E、F 和 G,用来选择 GPIO 不同接口外设;

输入参数 2:GPIO_Pin,待设置的接口位。

例如,若需将 PE0 接口位设置为输出低电平,则可以使用下面的代码:

```
GPIO_ResetBits(GPIOE,GPIO_Pin_0);
```

4. 函数 GPIO_WriteBit( )

函数原型:

```
void GPIO_WriteBit(GPIO_TypeDef * GPIOx,u16 GPIO_Pin,BitAction BitVal);
```

该函数用于将指定的接口位设置为高电平或者低电平。

输入参数 1:GPIOx,x 可以是 A、B、C、D、E、F 和 G,用来选择 GPIO 不同接口外设;

输入参数 2:GPIO_Pin,待设置的接口位。

输入参数 3:BitVal,该参数指定了待写入的值。该参数必须取枚举 BitAction 中的一个值。

Bit_RESET:将接口位设置为低电平;

Bit_SET:将接口位设置为高电平。

例如,若需将 PE8 设置为高电平,则可以使用下面的代码:

```
GPIO_WriteBit(GPIOE, GPIO_Pin_8,Bit_SET);
```

5. 函数 GPIO_Write()

函数原型：

```
void GPIO_Write(GPIO_TypeDef * GPIOx, u16 PortVal);
```

该函数用于向指定 GPIO 接口写入数据。

输入参数 1：GPIOx，x 可以是 A、B、C、D、E、F 和 G，用来选择 GPIO 不同接口外设；

输入参数 2：PortVal，待写入接口数据寄存器的值。

例如，若需向 PE 接口写入 0x1101，则可以使用下面的代码：

```
GPIO_ Write(GPIOE,0x1101);
```

6. 函数 GPIO_ReadInputDataBit()

函数原型：

```
Uint8_t GPIO_ReadInputDataBit(GPIO_TypeDef * GPIOx,u16 GPIO_Pin);
```

该函数用于读取指定接口引脚的输入。

输入参数 1：GPIOx，x 可以是 A、B、C、D、E、F 和 G，用来选择 GPIO 不同接口外设；

输入参数 2：GPIO_Pin，待读取的接口位。

返回值：输入接口引脚值。

例如，若需读取 PA0 的状态，则可以使用下面的代码：

```
Uint8_t ReadValue;
RedValue = GPIO_ReadInputDataBit(GPIOA,GPIO_Pin_0);
```

7. 函数 GPIO_ReadInputData()

函数原型：

```
u16 GPIO_ReadInputData(GPIO_TypeDef * GPIOx);
```

该函数用于读取指定的 GPIO 接口输入。

输入参数：GPIOx，x 可以是 A、B、C、D、E、F 和 G，用来选择 GPIO 不同接口外设；

返回值：GPIO 输入数据接口值。

例如，若需读取 GPIOA 接口值，则可以使用下面的代码：

```
u16 ReadValue;
ReadValue = GPIO_ReadInputData(GPIOA);
```

8. 函数 GPIO_ReadOutputDataBit()

函数原型：

```
u8 GPIO_ReadOutputDataBit(GPIO_TypeDef * GPIOx,u16 GPIO_Pin);
```

该函数用于读取指定接口引脚的输出。

输入参数 1：GPIOx，x 可以是 A、B、C、D、E、F 和 G，用来选择 GPIO 不同接口外设；

输入参数 2：GPIO_Pin，待读取的接口位。

返回值：输出接口引脚值。

例如,若需读取 PE7 接口位的输出,则可以使用下面的代码:

```
u8 ReadValue;
ReadValue = GPIO_ReadOutputDataBit(GPIOE,GPIO_Pin_7);
```

9. 函数 GPIO_ReadOutputData()

函数原型:

```
u16 GPIO_ReadOuputData(GPIO_TypeDef * GPIOx);
```

该函数用于读取指定的 GPIO 接口输出。

输入参数 1:GPIOx,x 可以是 A、B、C、D、E、F 和 G,用来选择 GPIO 不同接口外设。

返回值:GPIO 输出数据接口值。

例如,若需读取 GPIOE 的输出数据,则可以使用下面的代码:

```
u16 ReadValue;
ReadValue = GPIO_ReadOutputData(GPIOE);
```

10. 函数 GPIO_PinLockConfig()

函数原型:

```
void GPIO_PinLockConfig(GPIO_TypeDef * GPIOx, u16 GPIO_Pin);
```

该函数用于锁定 GPIO 引脚设置寄存器。

输入参数 1:GPIOx,x 可以是 A、B、C、D、E、F 和 G,用来选择 GPIO 外设;

输入参数 2:GPIO_Pin,待锁定的接口位。

例如,若需锁定 PA0 引脚,则可以使用下面的代码:

```
GPIO_PinLockConfig(GPIOA,GPIO_Pin_0);
```

下面使用固件库函数,解决例 5-1 的设计编程问题,完成同样的功能。

【例 5-2】 利用实验平台,可详见图 3.17 和图 3.63。连接有 GPIO PE 和 PF 接口的发光二极管 LED 共 12 个。请利用固件库函数编写控制程序使用 GPIO 接口,控制 11 个 LED 灯同时点灭:亮 0.5s 和灭 0.5s 闪烁。

解:下面介绍利用固件库函数进行 GPIO 接口应用编程的过程。

按照上面描述的过程,在创建 Manage Run_Time Enviomnent 对话框时,选中 Device→Startup;选中 CMSIS→CORE。选中 Device→StdPeriph Drivers→GPIO,则屏幕下方出现如图 5.7 所示的提示信息。

根据提示,选中 StdPeriph Drivers 中的 Framework 和 RCC。选中这两项后,屏幕底部不再出现提示信息,说明选择能够满足要求。单击 OK 按钮进入开发界面。此时可以看到 Project 视图中包含了如图 5.8 所示的元素。

创建 C 语言文件 ex5-2.c,并加入到 Source Group 1 中,然后输入下面的代码:

```
# include "stm32f10x.h"                          //包含 STM32F1 系列处理器的头文件
Void delay_ms(unsigned short intNumber);         //延时子函数
Int main(void)
{
```

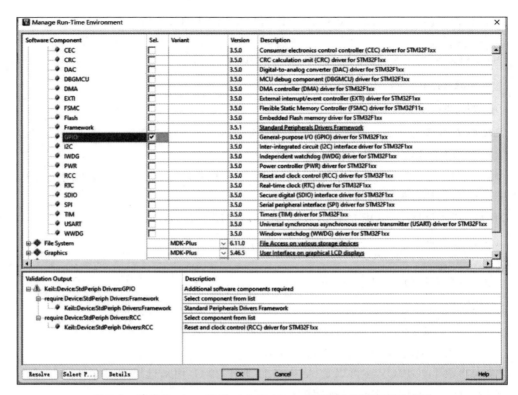

图 5.7　选中 Device→StdPeriph Drivers→GPIO 时屏幕底部的提示

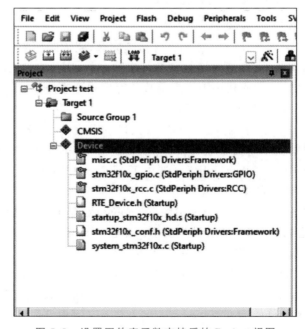

图 5.8　设置固件库函数支持后的 Project 视图

```
        GPIO_InitTypeDef GPIO_InitStructure;              //声明用于 GPIO 初始化的结构体
        RCC_APB2PeriphClockCmd(RCC_APBPeriph_GPIOE, ENABLE);    //使能 PE 接口时钟
        RCC_APB2PeriphClockCmd(RCC_APBPeriph_GPIOF, ENABLE);    //使能 PF 接口时钟
        //GPIOE//
        GPIO_InitStructure.GPIO_Pin = GPIO_Pin_5|GPIO_Pin_6;    //对 PE 的 LED 引脚进行设置
        GPIO_InitStructure.GPIO_Mode = GPIO_Mode_Out_PP;        //选择推挽输出模式
        GPIO_InitStructure.GPIO_Speed = GPIO_Speed_50MHz;       //频率最高为 50MHz
        GPIO_Init( GPIOE, &GPIO_InitStructure) ;                //对引脚进行配置
        //GPIOF//
        GPIO_InitStructure.GPIO_Pin = GPIO_Pin_0|GPIO_Pin_1|GPIO_Pin_2|GPIO_Pin_3 GPIO_Pin_
4|GPIO_Pin_5|GPIO_Pin_6|GPIO_Pin_7|GPIO_Pin_8|GPIO_Pin_12;
        while(1)
        {
            GPIO_SetBits(GPIOE, GPIO_Pin_5|GPIO_Pin_6);         //输出高电平
            GPIO_SetBits(GPIOF, GPIO_Pin_0|GPIO_Pin_1|GPIO_Pin_2|GPIO_Pin_3|GPIO_Pin_4|
GPIO_Pin_5|GPIO_Pin_6|GPIO_Pin_7|GPIO_Pin_8|GPIO_Pin_12);
            delay_ms(500);
            GPIO_ResetBits(GPIOE, GPIO_Pin_5|GPIO_Pin_6);       //输出低电平
            GPIO_ResetBits(GPIOF, GPIO_Pin_0|GPIO_Pin_1|GPIO_Pin_2|GPIO_Pin_3|GPIO_Pin_4|
GPIO_Pin_5|GPIO_Pin_6|GPIO_Pin_7|GPIO_Pin_8|GPIO_Pin_12);
            delay_ms(500);
        }
    }
    void delay_ms(unsigned short int Number)
    {
        unsigned int i;
        while(Number -- ){
        i = 12000;
        while(i -- );
        }
    }
```

　　由上述程序代码可以看出,使用固件库函数进行应用程序开发,可以让开发者不必记忆和查阅大量的寄存器名称和符号,编写的代码也更加符合人类的语言习惯,程序更加流畅,提高了应用开发效率。初学读者可以利用本书配套实验板进行反复验证。

第6章

中断和事件

中断是指在计算机系统运行过程中,当出现某些意外情况需主机干预时,机器能自动停止正在运行的程序并转入处理新情况的程序,处理完毕后又返回原来被暂停的程序继续运行。事件是可以被控件识别的操作,如单击确定按钮,选择某个单选按钮或者复选框。每种控件有自己可以识别的事件。本书讲述的 ARM STM32F 系列处理器,其微小容量产品是闪存存储器容量为 16～32KB 的 STM32F101xx、STM32F102xx 和 STM32F103xx 微处理器。中容量产品是闪存存储器容量为 64～128KB 的 STM32F101xx、STM32F102xx 和 STM32F103xx 微处理器。大容量产品是闪存存储器容量为 256～512KB 的 STM32F101xx 和 STM32F103x 微控制器。本章以 STM32F103ZET6 处理器为例,介绍其中断、事件、优先级、外部中断/事件控制器以及外部中断的原理和使用方法。

6.1 ARM STM32 的中断源

6.1.1 STM32F103ZET6 中断和异常向量

基于 Cortex-M3 内核的 STM32F 系列处理器可支持 256 个中断,即 16 个内部中断和 240 个外部中断,可以编程 256 级中断优先级设置。在内核中,与其相关的中断控制和中断优先级控制寄存器 NVIC 和 SysTick 等也都属于 Cortex-M3 内核部件。如第 2 章所述,Cortex-M3 是一个 32 位的内核,由于在工控等领域,可能要求处理器具有较快的中断速度,因此在 Cortex-M3 内核设计中采用了咬尾中断技术,它是完全基于硬件进行中断处理的机制,最多可减少 12 个时钟周期数,可极大地提高中断响应速度。在计算机领域中,中断事件的异常处理通常称作中断服务程序 ISR,中断常由片上外设或者 GPIO 接口的外部输入事件产生。

STM32F103ZET6 处理器采用了 Cortex-M3 内核,但并没有使用 Cortex-M3 内核的全部部件,如内存保护单元等,因此该处理器的 NVIC 只是 Cortex-M3 内核的全部 NVIC 的子集。当异常发生时,处理器通过硬件自动将程序计数器 PC、程序状态寄存器 xPSR、链接寄存器 LR 和 R0～R3、R12 等重要寄存器压入堆栈。在数据总线 D-bus 保存处理器状态的同时,处理器通过指令总线 I-bus 从一个可以被重新定位的向量表中识别出异常向量,并获取 ISR 地址,即保护现场与取异常向量是并行处理的。在压栈和取指令完成后,中断服务程序或故障处理程序就开始执行。执行完中断服务程序,硬件进行出栈操作恢复中断前的正常程序执行。

STM32FI03ZET6 处理器能支持的中断共有 70 个。因为只用了中断优先级设置的 8 位中的高 4 位,所以可设置 16 级可编程中断优先级。嵌套向量中断控制器 NVIC 和处理器内核紧密相连,能实现低延迟的中断处理并有效地处理晚到中断。同时嵌套向量中断控制器 NVIC 也管理着包括内核异常等在内的中断处理。STM32F103ZET6 处理器支持的 70 个中断向量如表 6.1 所示。

表 6.1　STM32F103ZET6 支持的向量表

位置	优先级	优先级类型	名　称	向量地址	描　述
—	—	—	—	0x0000_0000	保留
	−3	固定	Reset	0x0000_0004	上电复电位或系统复位
	−2	固定	NMI	0x0000_0008	不可屏蔽中断
	−1	固定	HardFault	0x0000_000C	用于所有类型的错误处理
	0	可设置	MemManageFault	0x0000_0010	存储器管理
	1	可设置	BusFault	0x0000_0014	总线错误,预取指令失败,存储器访问失败
	2	可设置	UsageFault	0x0000_0018	错误应用,未定义的指令或非法状态
—	—	—	—	0x0000_001C	保留
				0x0000_002B	
	3	可设置	SVCall	0x0000_002C	通过 SWI 指令的系统服务调用
	4	可设置	DebugMonitor	0x0000_0030	调试监控器
—	—	—	—	0x0000_0034	保留
	5	可设置	PendSV	0x0000_0038	可挂起的系统服务
	6	可设置	SysTick	0x0000_003C	系统嘀嗒定时器
0	7	可设置	WWDG	0x0000_0040	窗口定时器中断
1	8	可设置	PVD	0x0000_0044	连到 EXTI 的电源电压检测(PVD)中断
2	9	可设置	TAMPER	0x0000_0048	侵入检测中断
3	10	可设置	RTC	0x0000_004C	实时时钟(RTC)全局中断
4	11	可设置	FLASH	0x0000_0050	闪存全局中断
5	12	可设置	RCC	0x0000_0054	复位和时钟控制(RCC)中断
6	13	可设置	EXTI0	0x0000_0058	EXTI 线 0 中断
7	14	可设置	EXTI1	0x0000_005C	EXTI 线 1 中断
8	15	可设置	EXTI2	0x0000_0060	EXTI 线 2 中断
9	16	可设置	EXTI3	0x0000_0064	EXTI 线 3 中断
10	17	可设置	EXTI4	0x0000_0068	EXTI 线 4 中断
11	18	可设置	DMA1 通道 1	0x0000_006C	DMA1 通道 1 全局中断
12	19	可设置	DMA1 通道 2	0x0000_0070	DMA1 通道 2 全局中断
13	20	可设置	DMA1 通道 3	0x0000_0074	DMA1 通道 3 全局中断
14	21	可设置	DMA1 通道 4	0x0000_0078	DMA1 通道 4 全局中断
15	22	可设置	DMA1 通道 5	0x0000_007C	DMA1 通道 5 全局中断
16	23	可设置	DMA1 通道 6	0x0000_0080	DMA1 通道 6 全局中断
17	24	可设置	DMA1 通道 7	0x0000_0084	DMA1 通道 7 全局中断
18	25	可设置	ADC1_2	0x0000_0088	ADC1 和 ADC2 的全局中断
19	26	可设置	USB_HP_CAN_TX	0x0000_008C	USB 高优先级或 CAN 发送中断
20	27	可设置	USB_LP_CAN_RX0	0x0000_0090	USB 低优先级或 CAN 接收 0 中断
21	28	可设置	CAN_RX1	0x0000_0094	CAN 接收 1 中断

续表

位置	优先级	优先级类型	名　　称	向量地址	描　　述
22	29	可设置	CAN_SCE	0x0000_0098	CAN SCE 中断
23	30	可设置	EXTI9_5	0x0000_009C	EXTI 线[9:5]中断
24	31	可设置	TIM1_BRK	0x0000_00A0	TIM1 刹车中断
25	32	可设置	TIM1_UP	0x0000_00A4	TIM1 更新中断
26	33	可设置	TIM_TRG_COM	0x0000_00A8	TIM1 触发和通信中断
27	34	可设置	TIM_CC	0x0000_00AC	TIM1 捕获比较中断
28	35	可设置	TIM2	0x0000_00B0	TIM2 全局中断
29	36	可设置	TIM3	0x0000_00B4	TIM3 全局中断
30	37	可设置	TIM4	0x0000_00B8	TIM4 全局中断
31	38	可设置	I2C1_EV	0x0000_00BC	I2C1 事件中断
32	39	可设置	I2C1_ER	0x0000_00C0	I2C1 错误中断
33	40	可设置	I2C2_EV	0x0000_00C4	I2C2 事件中断
34	41	可设置	I2C2_ER	0x0000_00C8	I2C2 错误中断
35	42	可设置	SPI1	0x0000_00CC	SPI1 全局中断
36	43	可设置	SPI2	0x0000_00D0	SPI2 全局中断
37	44	可设置	USART1	0x0000_00D4	USART1 全局中断
38	45	可设置	USART2	0x0000_00D8	USART2 全局中断
39	46	可设置	USART3	0x0000_00DC	USART3 全局中断
40	47	可设置	EXTI15_10	0x0000_00E0	EXTI 线[15:10]中断
41	48	可设置	RTCAlarm	0x0000_00E4	连到 EXTI 的 RTC 闹钟中断
42	49	可设置	USB 唤醒	0x0000_00E8	连到 EXTI 的从 USB 待机唤醒中断
43	50	可设置	TIM8_BRK	0x0000_00EC	TIM8 刹车中断
44	51	可设置	TIM8_UP	0x0000_00F0	TIM8 更新中断
45	52	可设置	TIM8_TRG_COM	0x0000_00F4	TIM8 触发和通信中断
46	53	可设置	TIM8_CC	0x0000_00F8	TIM8 捕获比较中断
47	54	可设置	ADC3	0x0000_00FC	ADC3 全局中断
48	55	可设置	FSMC	0x0000_0100	FSMC 全局中断
49	56	可设置	SDIO	0x0000_0104	SDIO 全局中断
50	57	可设置	TIM5	0x0000_0108	TIM5 全局中断
51	58	可设置	SPI3	0x0000_010C	SPI3 全局中断
52	59	可设置	UART4	0x0000_0110	UART4 全局中断
53	60	可设置	UART5	0x0000_0114	UART5 全局中断
54	61	可设置	TIM6	0x0000_0118	TIM6 全局中断
55	62	可设置	TIM7	0x0000_011C	TIM7 全局中断
56	63	可设置	DMA2 通道 1	0x0000_0120	DMA2 通道 1 全局中断
57	64	可设置	DMA2 通道 2	0x0000_0124	DMA2 通道 2 全局中断
58	65	可设置	DMA2 通道 3	0x0000_0128	DMA2 通道 3 全局中断
59	66	可设置	DMA2 通道 4_5	0x0000_012C	DMA2 通道 4 和 DMA2 通道 5 全局中断

表 6.1 中位置号 0 之前的中断源是 Cortex-M3 内核中断。如表 6.1 所示，STM32F103ZET6 处理器的中断资源非常丰富。在此仅介绍处理器外部中断和事件，对于其他中断资源，如需要请查阅产品手册。如第 5 章所述，STM32F103ZET6 处理器的每个 GPIO 接口都可以作为其外部中断输入接口，在作为中断输入接口使用之前，均需要对 NVIC 控制器进行配置。

6.1.2 ARM STM32 中断优先级

ARM STM32 处理器设计有两个优先级概念，即抢占式优先级和响应优先级。响应优先级也称作"亚优先级"或"副优先级"。处理器的每个中断源都需要指定属于哪种优先级。

1. 抢占式优先级

高抢占式优先级的中断可以在具有低抢占式优先级的中断处理过程中被响应，即可以实现抢占式优先(Pre-emption priority)响应，也称为中断嵌套。

2. 副优先级

在抢占式优先级别相同的情况下，高副优先级(Subpriority)的中断优先被响应。在抢占式优先级别相同的情况下，若有低副优先级中断正在执行，则高副优先级的中断要等待已被响应的低副优先级中断执行结束才能得到响应，这称为非抢占式响应，即不允许中断嵌套。

3. 优先级冲突处理

在两个中断源的抢占式优先级别相同时，这两个中断将没有嵌套关系。当一个中断到来后，如果处理器正在处理另一个中断，那么后到的中断就要等到前一个中断处理完之后才能被处理。若这两个中断同时到达，则中断控制器 NVIC 根据它们的副优先级高低来决定先处理哪个中断。若它们的抢占式优先级和副优先级都相同，则根据它们在中断中的排位顺序决定处理器先处理哪个中断。因此处理器在判断一个中断是否会被响应的依据是，首先看其抢占式优先级，其次是副优先级。抢占式优先级别决定是否会允许中断嵌套。

4. STM32 处理器对中断优先级的定义

在 STM32 处理器中指定中断优先级的寄存器控制位有 4 位，这 4 个寄存器位的分组方式如下：

第 0 组，所有 4 位用于指定响应优先级。

第 1 组，最高 1 位用于指定抢占式优先级，最低 3 位用于指定响应优先级。

第 2 组，最高 2 位用于指定抢占式优先级，最低 2 位用于指定响应优先级。

第 3 组，最高 3 位用于指定抢占式优先级，最低 1 位用于指定响应优先级。

第 4 组，所有 4 位用于指定抢占式优先级。

6.2 ARM STM32 中断管理机制

6.2.1 向量中断寄存器

如第 2 章所述,向量中断控制器 NVIC 是 Cortex-M3 处理器内核不可分离的部件。在处理器中,NVIC 与 Cortex-M3 内核相辅相成,共同协调完成对中断和异常的设置、响应和控制。向量中断控制器 NVIC 的寄存器是以存储器映射方式进行访问,它们包含控制寄存器和中断处理控制逻辑部件,以及内存保护单元(MPU)、SysTick 定时器以及与模拟仿真调试控制相关的众多寄存器等。

STM32 处理器 NVIC 可支持 1~240 个外部中断输入,应用中常标识为 IRQ。处理器具体能够支持多少种中断由芯片厂商在设计芯片时的设计目标决定。NVIC 寄存器的访问基地址为 0xE000E000。注意,除去软件触发中断寄存器可以在用户级下访问以产生软件中断外,其他所有 NVIC 中断控制和状态寄存器都只能在特权级下才能访问。所有中断控制和状态寄存器均可按字/半字/字节的多种方式访问。外部中断都与 NVIC 的下列寄存器有关,具体如下:

(1) 使能与除能寄存器。

(2) 挂起与解挂寄存器。

(3) 优先级寄存器。

(4) 活动状态寄存器。

另外,如异常屏蔽寄存器 PRIMASK、FAULTMASK 及 BASEPRI、向量表偏移量寄存器、软件触发中断寄存器、优先级分组寄存器也对处理器的中断处理有重大影响。下面分别介绍有关中断机制的术语。

1. 中断使能与除能

中断使能与除能,通常是通过将中断控制寄存器中的一个相应位置 1 或者清 0 来实现,在 Cortex-M3 处理器中,中断使能与除能分别使用各自的寄存器来控制。因此,Cortex-M3 处理器中有 240 对使能位/除能位,即位 SETENA/位 CLRENA。每个中断拥有一对控制位,它们分布在 8 对 32 位寄存器中。注意,要使能一个中断,需要写 1 到对应 SETENA 的位中;要除能一个中断,需要写 1 到对应的 CLRENA 位中,写 0 无效。此机制是处理器很关键的一个设计理念。通过这种方式,使能/除能中断时只需把需要的位设置为 1 即可,其他位可以全部为 0。中断使能寄存器族(SETENAx)和中断除能寄存器族(CLRENAx)如表 6.2 所示。

表 6.2 SETENAx/CLRENAx 寄存器族

名 称	类 型	地 址	复位值	功 能
SETENA0	R/W	0xE000E100	0	中断 0~31 的使能寄存器,共 32 位。 位[n]:中断#n 使能位(异常号 16+n)
SETENA1	R/W	0xE000E104	0	中断 32~63 的使能寄存器,共 32 个使能位
...	...	...	...	...

续表

名　称	类　型	地　址	复位值	功　能
SETENA7	R/W	0xE000E11C	0	中断 224～239 的使能寄存器,共 16 个使能位
CLRENA0	R/W	0xE000E180	0	中断 0～31 的使能寄存器,共 32 位。 位[n]:中断#n 使能位(异常号 16+n)
CLRENA1	R/W	0xE000E184	0	中断 32～63 的使能寄存器,共 32 个使能位
...	...	...	...	...
CLRENA7	R/W	0xE000E19C	0	中断 224～239 的使能寄存器,共 16 个使能位

2. 中断挂起和解挂

若中断发生时,处理器正在处理同级或高优先级异常,或者此中断被屏蔽,则此中断不能立即得到响应,此时该中断会被挂起。中断挂起状态可以通过设置中断挂起寄存器 SETPEND 和中断挂起清除寄存器 CLRPEND 来控制。可以对它们写入值来实现人工干预的挂起中断或清除挂起,清除挂起简称为解挂。挂起寄存器和解挂寄存器也有 8 对,其用法与前面介绍的使能/除能寄存器完全相同,中断挂起寄存器族(SETPEND)和中断解挂寄存器族(CLRPEND)如表 6.3 所示。

表 6.3　SETPEND/CLRPEND 寄存器族

名　称	类　型	地　址	复位值	描　述
SETPEND0	R/W	0xE000E200	0	中断 0～31 的挂起寄存器,共 32 位。 位[n]:中断#n 挂起位(异常号 16+n)
SETPEND1	R/W	0xE000E204	0	中断 32～63 的挂起寄存器,共 32 位个挂起位
...	...	...	...	...
SETPEND7	R/W	0xE000E21C	0	中断 224～239 的挂起寄存器,共 16 位个挂起位
CLRPEND0	R/W	0xE000E280	0	中断 0～31 的解挂寄存器,共 32 位。 位[n]:中断#n 解挂位(异常号 16+n)
CLRPEND1	R/W	0xE000E284	0	中断 32～63 的解挂寄存器,共 32 位个解挂位
...	...	...	...	...
CLRPEND7	R/W	0xE000E29C	0	中断 224～239 的解挂寄存器,共 16 位个解挂位

3. 中断优先级

每个外部中断都有一个对应的优先级寄存器,每个寄存器占用 8 位。在 Cortex-M3 内核设计的寄存器位中最多使用 8 位,最少使用 3 位。4 个相邻的 8 位优先级寄存器可拼成一个 32 位的寄存器来使用。根据优先级组的设置,优先级可以分为高低两个段位,即抢占式优先级和副优先级。优先级寄存器均可以按字节、半字或字访问。优先级寄存器数目由芯片厂商在设计处理器时根据要实现的中断数目决定。其含义如表 6.4 所示。

表 6.4　中断优先级寄存器阵列

名　称	类　型	地　址	复位值	描　述
PRI_0	R/W	0xE000E400	0(8 位)	外中断#0 的优先级
PRI_1	R/W	0xE000E401	0(8 位)	外中断#1 的优先级
...	...	...	...	...

续表

名　称	类　型	地　址	复 位 值	描　述
PRI_239	R/W	0xE000E4EF	0(8 位)	外中断♯239 的优先级
PRI_4E		0xE000ED18	0	存储器管理错误的优先级
PRI_5E		0xE000ED19		总线错误的优先级
PRI_6E		0xE000ED1A		用法错误的优先级
—	—	0xE000ED1B	—	—
—	—	0xE000ED1C	—	—
—	—	0xE000ED1D	—	—
—	—	0xE000ED1E	—	—
PRI_11E		0xE000ED1F		SVC 优先级
PRI_12E		0xE000ED20		调试监视器的优先级
—	—	0xE000ED21	—	—
PRI_14E		0xE000ED22		PendSV 的优先级
PRI_15E		0xE000ED23		SysTick 的优先级

　　每个中断优先级寄存器占用 8 位,可保存优先级的数值范围为 0～255。其数值越小,响应中断的优先级越高。ARM STM32 处理器仅使用了 8 位中的高 4 位,低 4 位读出时均为 0,写入时均被忽略。有效的高 4 位又分为两段,即决定多少位用于抢占式优先级,多少位用于副优先级,其组合方式如表 6.5 所示。

表 6.5　中断优先级分组组合方式

分　组	抢占式优先级	副优先级
4	4 位/16 个级别	0 位/1 个级别
3	3 位/8 个级别	1 位/2 个级别
2	2 位/4 个级别	2 位/4 个级别
1	1 位/2 个级别	3 位/8 个级别
0	0 位/1 个级别	4 位/16 个级别

　　抢占式优先级和副优先级各有多少位,是由系统控制块寄存器族 SCB 中的应用中断和复位控制寄存器 AIRCR(Application Interrupt and Reset Control Register)决定的。此寄存器用于对中断提供优先级分组控制、数据访问的大端/小端模式和系统复位控制等。对此寄存器进行写操作时,必须在 VECTKEY 位段中写入 0x5FA,否则写操作无效。SCB 寄存器族的基地址是 0xE000ED00,AIRCR 寄存器的偏移量地址是 0x0C,复位值为 0xFA05 0000。AIRCR 寄存器中各位段的定义如下:

位号	31～16								
定义	VECTKEYSTAT[15:0](读)/VECTKEY[15:0](写)								
读写	rw								
位号	15	14～11	10	9	8	7～3	2	1	0
定义	ENDIANESS	保留	PRIGROUP			保留	SYSRESETREQ	VECTCLRACTIVE	VECTRESET
读写	r		rw	rw	rw		w	w	w

位[31:16]——VECTKEYSTAT[15:0]/VECTKEY[15:0],寄存器操作钥匙段。读出值为0xFA05;要对寄存器写操作,必须在VECTKEY位段中写入0x5FA,否则写操作无效。

位[15]——ENDIANESS,数据的大端/小端模式位,其读出值为0代表小端模式。

位[14:11]——保留,必须保持为0。

位[10:8]——PRIGROUP[2:0],中断优先级分组位段。该位段用于抢占式优先级和副优先级位数划分,其详细定义如表6.6所示。

表6.6 中断优先级分组

PRIGROUP[2:0]	中断优先级值 PRI_N[7:4]			抢占式优先级数量	副优先级数量
	二进制的小数点	抢占式优先级	副优先级		
0b011	0bxxxx	[7:4]	无	16	无
0b100	0bxxx.y	[7:5]	[4]	8	2
0b101	0bxx.yy	[7:6]	[5:4]	4	4
0b110	0bx.yyy	[7]	[6:4]	2	8
0b111	0b.yyyy	无	[7:4]	无	16

其中,PRI_n[7:4]位段的x表示抢占式优先级位,y表示副优先级。

位[7:3]——保留,保持为0。

位[2]——SYSRESETREQ,系统复位请求。该位用于强制系统复位除了调试部件外的所有主要部件。读出值为0。写入时,0表示没有系统复位请求;1表示声明了一个复位请求的信号。

位[1]——VECTCLRACTIVE,留作调试使用。读出值位0。当写寄存器时,该位必须写入0。

位[0]——VECTRESET,留作调试使用。读出值位0。当写寄存器时,该位必须写入0。

4. 活动状态

在Cortex-M3处理器中设计有数个中断活动状态寄存器,且每个外部中断都有一个活动状态位。处理器执行了中断服务程序ISR的第一条指令后,此活动位就置置1,直到ISR返回时才由硬件清0。由于处理器支持中断嵌套,允许高优先级异常抢占某个ISR。哪怕中断被抢占,其活动状态也依然为1。活动状态寄存器的定义与使能/除能寄存器相同,但不成对。活动状态寄存器为只读,详细说明如表6.7所示。

表6.7 活动状态寄存器族

名　　称	地　　址	复 位 值	描　　述
ACTIVE0	0xE000E300	0	中断0~31的活动状态寄存器,共32位。 位[n]:中断#n活动状态(异常号16+n)
ACTIVE1	0xE000E304	0	中断32~63的活动状态寄存器,共32个状态位
…	…	…	…
ACTIVE7	0xE000E31C	0	中断224~239的活动状态寄存器,共16个状态位

5. 中断屏蔽寄存器 PRIMASK 与 FAULTMASK

除 NMI 和硬 Fault 之外,PRIMASK 寄存器用于所有其他异常。它可有效地把当前优先级改为 0,即可编程优先级中的最高优先级。该寄存器可以通过汇编指令 MRS 和 MSR 方式访问。

(1) 关中断。

```
MOV R0, #1
MSR PRIMASK,R0              ;PRIMASK = 1
```

(2) 开中断。

```
MOV R0, #0
MSR PRIMASK,R0              ;PRIMASK = 0
```

对于 FAULTMASK 寄存器的操作类似。也可以通过汇编指令 CPS 快速完成配置。

```
CPSID I                    ;关中断 PRIMASK = 1
CPSIE I                    ;开中断 PRIMASK = 0
CPSID F                    ;关中断 FAULMASK = 1
CPSIE F                    ;开中断 FAULMASK = 0
```

除 NMI 之外,FAULMASK 寄存器还能用于其他所有异常。使用方法与 PRIMASK 寄存器相似。注意,FAULMASK 会在异常退出时自动清 0。

6. BASEPRI 寄存器

在需要只屏蔽优先级低于某一阈值的中断时,即只屏蔽它们的优先级在数字上大于或等于某个数,则可以使用 BASEPRI 寄存器来存储这个数字。若向此寄存器中写 0,则 BASEPRI 将停止屏蔽任何中断。例如,若需要屏蔽所有优先级不高于 0x80 的中断,则可编程配置如下:

```
MOV R0, #0x80
MSR BASEPRI, R0
```

若需要取消 BASEPRI 对中断的屏蔽,则可编程配置如下:

```
MOV R0, #0
MSR BASEPRI, R0
```

具体在编程中还可使用 BASEPRI_MAX 来代替程序中的 BASEPRI。BASEPRI_MAX 和 BASEPRI 表示是同一个寄存器。但在使用 BASEPRI_MAX 这个名字时,会使用一个条件写操作。虽然它们在硬件上是同一个寄存器,但编译生成的机器码不一样,从而对硬件的操作行为也有所不同。使用 BASEPRI 时,可以在范围内任意设置新的优先级阈值。但使用 BASEPRI_MAX 时则"许进不许出",即只允许新的优先级阈值比原来的那个在数值上更小,即只能逐渐扩大屏蔽范围;反之则不行。因此,为了把屏蔽阈值降低或解除屏蔽,需要使用 BASEPRI_MAX。

6.2.2 中断设置流程

综上所述,若在系统设计中需要使用一个外部中断,则其配置过程如下:

（1）系统复位启动后，首先设置优先级分组寄存器。在默认情况下使用组 0，即采用 7 位抢占式优先级和 1 位副优先级配置。

（2）若需要重新定位向量表，先把 Hard Fault 和 NMI 服务例程的入口地址写到新表项所在地址中。

（3）设置向量表偏移量寄存器。若采用重新定位，则需使寄存器值指向新的向量表。

（4）为该中断建立中断向量。需要先读取向量表偏移量寄存器的值，再根据该中断在表中的位置，计算出对应的表项，再把服务例程的入口地址写进去。

（5）设置中断优先级。

（6）使能中断。

其设置过程例，可使用汇编代码如下：

```
LDR R0, = 0xE000ED0C            ;应用程序中断及复位控制寄存器
LDR R1 = 0x05FA0500             ;使用优先级组 5
STR R1,[R0]
...
MOV R4, # 8                     ;ROM 中的向量表
LDR R5, = (NEW_VECT_TABLE + 8)
LDMIA R4!, {R0 - R1}            ;读取 NMI 和 Hard Fault 向量
STMIA R5!,[R0 - R1]            ;复制它们的向量到新表中
...
LDR R0, = IRQ7_Handler          ;取得 IRQ #7 服务程序入口地址
LDR R1, = 0xE000ED08            ;向量表偏移量寄存器的地址
LDR R1, [R1]
ADDR1, R1, #(4 * (7 + 16))      ;计算 IRQ #7 服务程序入口地址
STR R0,[ R1]                    ;在向量表中写入 IRQ #7 服务程序入口地址
...
LDR R0, = 0xE000E400            ;外部中断优先级寄存器阵列基地址
MOV R1, # 0xC0
STRB R1, [R0, #7]               ;把 IRQ #7 的优先级设置为 0xC0
...
LDR R0, = 0xE000E100            ;SETEN 寄存器地址
MOV R1, #(1 << 7)               ;置位 IRQ #7 使能位
STR R1, [R0]                    ;使能 IRQ #7
```

若应用程序存储在 ROM 中，即从其中 0 地址开始的那段范围存放，且在不需改变异常服务程序时，则可把整个向量表编码到 ROM 的起始区域。此时向量表的偏移量将一直为 0，且中断向量放在 ROM 中，可使配置过程大大简化。

6.3 外部中断/事件控制器 EXTI

外部中断/事件控制器 EXTI 硬件由能产生事件/中断请求的 19 个边沿检测器组成。每个输入引脚均可独立地配置成脉冲或挂起的输入类型，对应的上升沿、下降沿或双边触发事件。且每个外部中断或事件都可被独立屏蔽。其外部中断/事件控制器 EXTI 主要特征有：

（1）每个中断/事件都可被独立触发和屏蔽。

（2）每个中断引脚线都有专用的状态位。

（3）能支持多达 19 个软件中断/事件请求。

（4）能检测脉冲宽度低于 APB2 总线时钟宽度的外部输入触发信号。

6.3.1　EXTI 结构与管理机制

1. EXTI 控制器结构

外部中断/事件控制器 EXTI 内部框图如图 6.1 所示。EXTI 控制器由中断屏蔽寄存器、请求挂起寄存器、软件中断/事件寄存器、上升沿触发选择寄存器、下降沿触发选择寄存器、事件屏蔽寄存器、边沿检测电路和脉冲发生器等功能模块构成。图 6.1 中的信号线上画有一条斜线，标有 19 字样的注释，表示该线路共有 19 套。所有功能模块都通过外设总线和高性能 APB 总线相互连接，与处理器 Cortex-M3 内核紧密连接到一起。这样处理器就可通过此接口去管理和控制各个功能模块。中断屏蔽寄存器和请求挂起寄存器的信号经过与门 1 后传送到中断控制器 NVIC，由 NVIC 控制器进行中断信号响应。

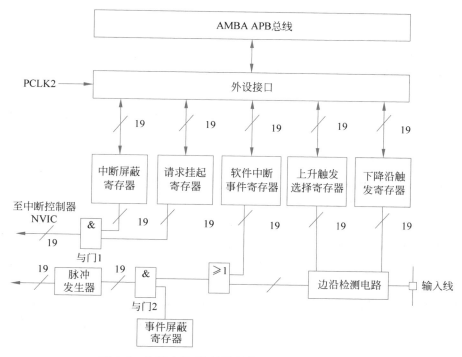

图 6.1　外部中断/事件控制器 EXTI 功能模块框图

如图 6.1 所示，外部信号从处理器芯片引脚进入，经过边沿检测电路，通过或门进入中断"请求挂起寄存器"，最后经过与门 1 输出到中断控制器 NVIC 进行响应。在此通道上有 4 个控制选项：

（1）外部的信号首先经过边沿检测电路，边沿检测电路由上升沿或下降沿选择寄存器控制。

(2) 信号经过边沿检测电路后进入到或门,这个或门的另一个输入是"软件中断/事件寄存器"控制信号。软件中断/事件可以优先于外部信号请求中断或事件,即当"软件中断/事件寄存器"的对应位为1时,不管外部信号如何,或门都会输出有效信号。

(3) 一个中断或事件请求信号经过或门,进入请求挂起寄存器。中断和事件的信号传输通路都是一致的,挂起请求寄存器中记录了信号电平变化。

(4) 外部请求信号最后经过与门1,向中断控制器NVIC发出一个中断请求,此时若中断屏蔽寄存器的对应位为0,则请求信号不能传输到与门1的另一端,即可实现中断屏蔽功能。

产生事件的过程如下:外部请求信号经过或门后,进入与门2。与门2的功能与图6.1中与门1类似,用于引入事件屏蔽寄存器的控制。最后,脉冲发生器把一个单跳变的信号转变为一个单脉冲信号,输出到处理器芯片中的其他功能模块。从外部激励信号来看,中断和事件是没有分别的,只是在处理器芯片内部的部件中才区分开,一路信号会向处理器产生中断请求,另一路信号会向其他功能模块发送脉冲触发信号。至于关联的功能模块如何响应这个触发信号,则由对应的功能模块决定。

事件和中断的关系和特点体现在如下几个方面:

(1) 事件——表示检测到有触发事件发生了,中断——有某个事件发生并产生中断,并跳转到对应的中断处理程序。

(2) 事件可以触发中断,也可以不触发。中断有可能被更优先的中断屏蔽,但事件不会。

(3) 事件本质上就是一个触发信号,用来触发特定的外设模块或核心部件的操作,如相关的唤醒操作等。

2. 中断和事件管理

STM32F系列处理器可以处理外部或内部事件来唤醒内核WFE(Wait For Event)。可通过以下配置实现唤醒事件:

(1) 在外设的控制寄存器使能一个中断,但不是在中断控制器NVIC中使能,同时在内核系统控制寄存器中使能SEVONPEND位。当处理器从唤醒事件WFE恢复后,需要清除相应外设的中断挂起位和外设在NVIC中断清除挂起寄存器中的中断通道挂起位。

(2) 配置一个外部或内部EXTI线为事件模式。当处理器从WFE恢复后,因为对应事件线的挂起位没有被置位,所以不必清除相应外设的中断挂起位或NVIC中断通道挂起位。

若要产生中断,必须先配置好并使能中断。根据需要设置好边沿检测的两个触发寄存器,在中断屏蔽寄存器的相应位写1允许中断请求。当外部中断线上产生了有效的边沿时,会产生一个中断请求,对应的挂起位被置1。若在挂起寄存器的相关位写入1,则清除该中断请求。

若需要产生事件,必须先配置好并使能事件线。根据需要,设置边沿检测的两个触发寄存器,同时在事件屏蔽寄存器的相应位写1允许事件请求。当事件线上产生了有效的边沿时,会产生一个事件请求脉冲,对应的挂起位不被置 1。也可对软件中断/事件寄存器的相关位写入 1,可产生中断/事件请求。因此中断和事件可分为如下 3 类:

(1) 硬件中断选择——通过以下过程来配置 19 个线路作为中断源。

① 配置 19 个中断线的屏蔽位(EXTI_IMR)。

② 配置所选中断线的触发选择位(EXTI_RTSR 和 EXTI_FTSR)。

③ 配置对应到外部中断控制器(EXTI)的 NVIC 中断通道的使能和屏蔽位,使 19 个中断线路中的请求可以被正确地响应。

(2) 硬件事件选择——通过以下过程,可以配置 19 个线路作为事件源。

① 配置 19 个事件线的屏蔽位(EXTI_ EMR)。

② 配置事件线的触发选择位(EXTI_ RTSR 和 EXTI_FTSR)。

(3) 软件中断/事件的选择——19 个线可被配置成软件中断/事件线。其中断过程如下:

① 配置 19 个中断/事件线的屏蔽位(EXTI_IMR,EXTI_EMR)。

② 设置软件中断寄存器的相应请求位(EXTI_SWIER)。

3. 外部中断/事件线路映射

处理器的 80 个 GPIO 引脚均可如图 6.2 所示的方式连接到 16 个外部中断/事件线上。另外 3 个 EXTI 线路的连接方式如下:

(1) EXTI 16 线连接到 PVD 输出。

(2) EXTI 17 线连接到 RTC 闹钟事件。

(3) EXTI 18 线连接到 USB 唤醒事件。

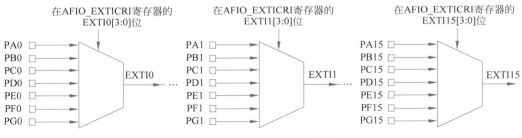

图 6.2　外部中断 GPIO 映射

处理器的通用输入输出 GPIO PAx、PBx、PCx、PDx 和 PEx 接口对应的均是同一个外部中断/事件源 EXTIx,其中 x 可取 0~15。

6.3.2　外部中断/事件控制器 EXTI 相关寄存器

在应用设计中若要使用外部中断,需要了解 EXTI 相关寄存器的定义和使用法。所有的 EXTI 寄存器必须以字 32 位的方式进行读写操作。EXTI 寄存器的首地址为 0x40010400。

1. 中断屏蔽寄存器 EXTI_IMR

偏移地址:0x00,复位值:0x0000 0000。各位定义如下:

位号	31～20												19	18	17	16
定义	保留												MR19	MR18	MR17	MR16
读写													rw	rw	rw	rw
位号	15	14	13	12	11	10	9	8	7	6	5	4	3	2	1	0
定义	MR15	MR14	MR13	MR12	MR11	MR10	MR9	MR8	MR7	MR6	MR5	MR4	MR3	MR2	MR1	MR0
读写	rw	rw	rw	rw	rw	rw	rw	rw	rw	rw	rw	rw	rw	rw	rw	rw

位[31:20]——保留,必须始终保持为复位0状态。

位[19:0]——MRx,线 x 上的中断屏蔽位。

　　　　0:屏蔽来自线 x 上的中断请求;　　　1:开放来自线 x 上的中断请求。

2. 事件屏蔽寄存器 EXTI_EMR

偏移地址:0x04,复位值:0x0000 0000。各位定义如下:

位号	31～20												19	18	17	16
定义	保留												MR19	MR18	MR17	MR16
读写													rw	rw	rw	rw
位号	15	14	13	12	11	10	9	8	7	6	5	4	3	2	1	0
定义	MR15	MR14	MR13	MR12	MR11	MR10	MR9	MR8	MR7	MR6	MR5	MR4	MR3	MR2	MR1	MR0
读写	rw	rw	rw	rw	rw	rw	rw	rw	rw	rw	rw	rw	rw	rw	rw	rw

位[31:20]——保留,必须始终保持为复位0状态。

位[19:0]——MRx,线 x 上的事件屏蔽位。

　　　　0:屏蔽来自线 x 上的事件请求;　　　1:开放来自线 x 上的事件请求。

3. 上升沿触发选择寄存器 EXTIR_TSR

偏移地址:0x08,复位值:0x000 000。各位定义如下:

位号	31～20												19	18	17	16
定义	保留												TR19	TR18	TR17	TR16
读写													rw	rw	rw	rw
位号	15	14	13	12	11	10	9	8	7	6	5	4	3	2	1	0
定义	TR15	TR14	TR13	TR12	TR11	TR10	TR9	TR8	TR7	TR6	TR5	TR4	TR3	TR2	TR1	TR0
读写	rw	rw	rw	rw	rw	rw	rw	rw	rw	rw	rw	rw	rw	rw	rw	rw

位[31:20]——保留,必须始终保持为复位0状态。

位[19:0]——TRx,线 x 上的上升沿触发事件配置位。

　　　　0:禁止输入线 x 上的上升沿触发中断和事件;

　　　　1:允许输入线 x 上的上升沿触发中断和事件。

注意:在同一中断线上,可以同时设置上升沿和下降沿触发。即任一边沿都可触发中断。

4. 下降沿触发选择寄存器 EXTI_FTSR

偏移地址:0x0C,复位值:0x0000 0000。各位定义如下:

位号	31～20												19	18	17	16
定义	保留												TR19	TR18	TR17	TR16
读写													rw	rw	rw	rw
位号	15	14	13	12	11	10	9	8	7	6	5	4	3	2	1	0
定义	TR15	TR14	TR13	TR12	TR11	TR10	TR9	TR8	TR7	TR6	TR5	TR4	TR3	TR2	TR1	TR0
读写	rw	rw	rw	rw	rw	rw	rw	rw	rw	rw	rw	rw	rw	rw	rw	rw

位[31:20]——保留,必须始终保持为复位 0 状态。

位[19:0]——TRx,线 x 上的下降沿触发事件配置位。

　　　　0:禁止输入线 x 上的下降沿触发中断和事件;

　　　　1:允许输入线 x 上的下降沿触发中断和事件。

注意:在同一中断线上,可以同时设置上升沿和下降沿触发。即任一边沿都可触发中断。

5. 软件中断事件寄存器 EXTI_SWIER

偏移地址:0x10,复位值:0x0000 0000。各位定义如下:

位号	31～20												19	18	17	16
定义	保留												SWIER19	SWIER18	SWIER17	SWIER16
读写													rw	rw	rw	rw
位号	15	14	13	12	11	10	9	8	7	6	5	4	3	2	1	0
定义	SWIER15	SWIER14	SWIER13	SWIER12	SWIER11	SWIER10	SWIER9	SWIER8	SWIER7	SWIER6	SWIER5	SWIER4	SWIER3	SWIER2	SWIER1	SWIER0
读写	rw	rw	rw	rw	rw	rw	rw	rw	rw	rw	rw	rw	rw	rw	rw	rw

位[31:20]——保留,必须始终保持为复位 0 状态。

位[19:0]——SWIERx,线 x 上的软件中断。

注意:当该位为 0 时,写 1 将设置 EXTI_PR 中相应的挂起位。若在 EXTI_IMR 和 EXTI_EMR 中允许产生该中断,则此时将产生一个中断。通过清除 EXTI_PR 的对应位(置 1),可以清除该位为 0。

6. 挂起寄存器 EXTI _PR

偏移地址:0x14,复位值:0xXXXX XXXX。各位定义如下:

位号	31～20												19	18	17	16
定义	保留												PR19	PR18	PR17	PR16
读写													rw	rw	rw	rw
位号	15	14	13	12	11	10	9	8	7	6	5	4	3	2	1	0
定义	PR15	PR14	PR13	PR12	PR11	PR10	PR9	PR8	PR7	PR6	PR5	PR4	PR3	PR2	PR1	PR0
读写	rw	rw	rw	rw	rw	rw	rw	rw	rw	rw	rw	rw	rw	rw	rw	rw

位[31:20]——保留,必须始终保持为复位 0 状态。

位[19:0]——PRx,挂起位。

　　　　0:没有发生触发请求;　　　　1:发生了选择的触发请求。

注意：当在外部中断线上发生了选择的边沿事件,该位被置1。在该位中写入1可以清除它,也可以通过改变边沿检测的极性来清除。

(6.4) 外部中断的使用

在外部中断的设计和应用编程中,可参考下面的步骤:

(1) 系统初始化,如系统时钟初始化。因在处理器的启动文件中已经调用 SystemInit()函数,对系统时钟进行了设置,并且默认系统时钟频率就是 72MHz,因此可以省略此步骤。

(2) 配置通用输入/输出口。注意,务必在打开 GPIO 时钟时,同时打开 AFIO 时钟。

(3) 配置 EXTI 控制器。即配置需要选择哪个 GPIO 接口引脚作为中断引脚。

(4) 配置嵌套向量中断控制器 NVIC。把 NVIC 中对应的通道使能,且需设置好优先级别。

(5) 进入循环等待中断发生,并编写好中断处理程序。

外部中断相关固件库函数

1. 中断控制器 NVIC 相关的函数

此仅介绍常用的两个主要函数,其他函数请参考《STM32 固件库使用手册》。

1) 函数 NVIC_PriorityGroupConfig()

函数原型:

```
void NVIC_PriorityGroupConfig(u32 NVIC_PriorityGroup);
```

函数功能:设置优先级分组(即设置抢占式优先级和副优先级)。优先分组只设置一次。

输入参数:NVIC_PriorityGroup 是优先级分组位长度,可取值如表 6.8 所示。

表 6.8　NVIC_PriorityGroup 的可取值

NVIC_PriorityGroup 的可取值	描　　述
NVIC_PriorityGroup_0	抢占式优先级 0 位,副优先级 4 位
NVIC_PriorityGroup_1	抢占式优先级 1 位,副优先级 3 位
NVIC_PriorityGroup_2	抢占式优先级 2 位,副优先级 2 位
NVIC_PriorityGroup_3	抢占式优先级 3 位,副优先级 1 位
NVIC_PriorityGroup_4	抢占式优先级 4 位,副优先级 0 位

例如,若设置抢占式优先级 1 位,可以使用下面的代码实现:

```
NVIC_ PriorityGroupConfig(NVIC_PriorityGroup 1);
```

2) 函数 NVIC_ Init()

函数原型:

```
void NVIC Init(NVIC_InitTypeDef * NVIC_InitStruct);
```

函数功能:根据 NVIC_InitStruct 中指定的参数初始化外设 NVIC 寄存器。

输入参数:NVIC_InitStruct 是指向结构 NVIC_InitTypeDef 的指针。

结构 NVIC_InitTypeDef 在 stm32f10x_ nvic. h 文件中定义:

```
typedef struct
{
    u8 NVIC_IRQChannel;
    u8 NVIC_IRQChannelPreemptionPriority;
    u8 NVIC_IRQChannelSubPriority;
    FunctionalState NVIC_IRQChannelCmd;
} NVIC_InitTypeDef;
```

NVIC_IRQChannel 用于使能或者除能指定的 IRQ 通道,可取的值如表 6.9 所示。NVIC_IRQChannelPreemptionPriority 用于设置 NVIC_IRQChannel 中的抢占式优先级值;NVIC_IRQchannelSubPriority 用于设置 NVIC_IRQChannel 中的副优先级值。可取值如表 6.10 所示。

表 6.9 NVIC_IRQChannel 可取的值

NVIC_IRQChannel 值	描　述	NVIC_IRQChannel 值	描　述
WWDG_IRQn	窗口看门狗中断	TIM1_TRG_COM_IRQn	TIM1 触发和通信中断
PVD_IRQn	PVD 通过 EXTI 探测中断	TIM1_CC_IRQn	TIN1 捕获比较中断
TAMPER_IRQn	篡改中断	TIM2_IRQn	TIM2 全局中断
RTC_IRQn	RTC 全局中断	TIM3_IRQn	TIM3 全局中断
FLASH_IRQn	FLASH 全局中断	TIM4_IRQn	TIM4 全局中断
RCC_IRQn	RCC 全局中断	I2C1_EV_IRQn	I2C1 事件中断
EXTI0_IRQn	外部中断线 0 中断	I2C1_ER_IRQn	I2C1 错误中断
EXTI1_IRQn	外部中断线 1 中断	I2C2_EV_IRQn	I2C2 事件中断
EXTI2_IRQn	外部中断线 2 中断	I2C2_ER_IRQn	I2C2 错误中断
EXTI3_IRQn	外部中断线 3 中断	SPI1_IRQn	SPI1 全局中断
EXTI4_IRQn	外部中断线 4 中断	SPI2_IRQn	SPI2 全局中断
DMA1_Channel1_IRQn	DMA1 通道 1 中断	USART1_IRQn	USART1 全局中断
DMA1_Channel2_IRQn	DMA1 通道 2 中断	USART2_IRQn	USART2 全局中断
DMA1_Channel3_IRQn	DMA1 通道 3 中断	USART3_IRQn	USART3 全局中断
DMA1_Channel4_IRQn	DMA1 通道 4 中断	EXTI15_10_IRQn	外部中断线 15~10 中断
DMA1_Channel5_IRQn	DMA1 通道 5 中断	RTCAlarm_IRQn	RTC 闹钟通过 EXTI 线中断
DMA1_Channel6_IRQn	DMA1 通道 6 中断		
DMA1_Channel7_IRQn	DMA1 通道 7 中断	USBWakeUp_IRQn	USB 由 EXTI 线从挂起唤醒中断
ADC1_2_IRQn	ADC1_2 全局中断		
USB_HP_CAN1_TX_IRQn	USB 高优先级或 CAN 发送中断	TIM8_BRK_IRQn	TIM8 暂停中断
		TIM8_UP_IRQn	TIM8 更新中断
USB_LP_CAN1_RX0_IRQn	USB 低优先级或 CAN 接收 0 中断	TIM8_TRG_COM_IRQn	TIM8 触发和通信中断
		TIM8_CC_IRQn	TIM8 捕获比较中断
CAN1_RX1_IRQn	CAN 接收 1 中断	ADC3_IRQn	ADC3 全局中断
CAN1_SCF_IRQn	CAN SCF 中断	FSMC_IRQn	FSMC 全局中断
EXTI9_5_IRQn	外部中断线 9-5 中断	SDIO_IRQn	SDIO 全局中断
TIM1_BRK_IRQn	TIM1 暂停中断	TIM5_IRQn	TIM5 全局中断
TIM1_UP_IRQn	TIM1 更新中断	SPI3_IRQn	SPI3 全局中断

NVIC_IRQChannel 值	描　　述	NVIC_IRQChannel 值	描　　述
UART4_IRQn	UART4 全局中断	DMA2_Channel1_IRQn	DMA2 通道 1 中断
UART5_IRQn	UART5 全局中断	DMA2_Channel2_IRQn	DMA2 通道 2 中断
TIM6_IRQn	TIM6 全局中断	DMA2_Channel3_IRQn	DMA2 通道 3 中断
TIM7_IRQn	TIM7 全局中断	DMA2_Channel4_5_IRQn	DMA2 通道 4_5 中断

表 6.10　抢占式优先级和副优先级可取的值

NVIC_PriorityGroup	NVIC_IRQChannel PreemptionPriority 可取的值	NVIC_IRQChannel SubPriority 可取的值	描　　述
NVIC_PriorityGroup_0	0	0~15	抢占式优先级 0 位,副优先级 4 位
NVIC_PriorityGroup_1	0~1	0~7	抢占式优先级 1 位,副优先级 3 位
NVIC_PriorityGroup_2	0~3	0~3	抢占式优先级 2 位,副优先级 2 位
NVIC_PriorityGroup_3	0~7	0~1	抢占式优先级 3 位,副优先级 1 位
NVIC_PriorityGroup_4	0~15	0	抢占式优先级 4 位,副优先级 0 位

注意:(1) 若选中 NVIC_ PriorityGroup_0,则参数 NVIC_IRQChannelPreemptionPriority 对中断通道的设置不产生影响;

(2) 若选中 NVIC_ PriorityGroup_4,则参数 NVIC_IRQChannelSubPriority 对中断通道的设置不产生影响。

NVIC_IRQChannelCmd 用于指定在成员 NVIC_IRQChannel 中定义的 IRQ 通道被使能还是被除能,即这个参数取值为 ENABLE 或者 DISABLE。

2. EXTI 控制器相关的函数

此仅介绍常用的两个主要函数,其他函数请参考《STM32 固件库使用手册》。

1) 函数 EXTI_Init()

函数原型:

```
void EXTI_Init(EXTI_InitTypeDef * EXTI_InitStruct);
```

函数功能:根据 EXTI_InitStruct 中指定的参数初始化外设 EXTI 寄存器。

输入参数:EXTI_ InitStruct 指向结构 EXTI_ InitTypeDef 的指针,包含了外设 EXTI 的配置信息。

EXTI_InitTypeDef 在 stm32fl0x_exti.h 文件中定义:

```
typedef struct;
{
    u32 EXTI_Line;
    EXTIMode_TypeDef EXTI_Mode;
    EXTIrigger_TypeDef EXTI Trigger;
```

```
FunctionalState EXTI_LineCmd;
}EXTI InitTypeDef;
```

在程序中,EXTI_Line 用于选择需要使能或者除能的外部中断线,可取值如表 6.11 所示。EXTI_Mode 用于设置被使能中断线的模式,有两个可取的值:EXTI_Mode_Event,设置 EXTI 线路为事件请求;EXTI_Mode_Interrupt,设置 EXTI 线路为中断请求。

EXTI_Trigger 用于设置被使能线路的触发边沿,有 3 个可取值:EXTI_Trigger_Falling,设置输入线路下降沿为中断请求;EXTI_Trigger_Rising,设置输入线路上升沿为中断请求;EXTI_Trigger_Rising_Falling,设置输入线路上升沿和下降沿为中断请求。EXTI_LineCmd 用来定义选中中断线路的新状态,可被设为 ENABLE 或者 DISABLE。

例如,若需将 EXTI Line0 设置为下降沿中断,则可以使用下面的代码:

```
EXTI_InitTypeDef EXTI_InitStructure;
EXTI_InitStructure.EXTI_Line = EXTI_Line0;
EXTI_InitStructure.EXTI_Mode = EXTI_Mode_Interrupt;
EXTI_InitStructure.EXTI_Trigger = EXTI_Trigger_Falling;
EXTI_InitStructure.EXTI_LineCmd = ENABLE;
EXTI_Init(&EXTI_InitStructure);
```

2) 函数 EXTI GetITStatus()

函数原型:

```
ITStatus EXTI_GetITStatus(u32 EXTI_Line);
```

函数功能:检查指定的 EXTI 线路触发请求发生与否。

输入参数:EXTI_Line 待检查的 EXTI 线路,可取值如表 6.11 所示。

表 6.11 抢占式优先级和副优先级可取的值

EXTI_Line	描 述	EXTI_Line	描 述
EXTI_Line0	外部中断线 0	EXTI_Line10	外部中断线 10
EXTI_Line1	外部中断线 1	EXTI_Line11	外部中断线 11
EXTI_Line2	外部中断线 2	EXTI_Line12	外部中断线 12
EXTI_Line3	外部中断线 3	EXTI_Line13	外部中断线 13
EXTI_Line4	外部中断线 4	EXTI_Line14	外部中断线 14
EXTI_Line5	外部中断线 5	EXTI_Line15	外部中断线 15
EXTI_Line6	外部中断线 6	EXTI_Line16	外部中断线 16
EXTI_Line7	外部中断线 7	EXTI_Line17	外部中断线 17
EXTI_Line8	外部中断线 8	EXTI_Line18	外部中断线 18
EXTI_Line9	外部中断线 9	EXTI_Line19	外部中断线 19

第 7 章

STM32定时器

7.1 定时器原理

在智能系统中,利用处理器来实现定时功能主要有两种方法:

(1) 软件定时,主要通过处理器以无意义循环占用资源达到定时目的,在执行软件定时操作时,处理器不执行其他任务;

(2) 硬件定时,该方法主要使用专用定时/计数芯片,或者处理器内部的定时/计数器,对系统时钟分频后得到的脉冲信号进行计数,从而实现高精度定时。

软件定时的优点是无需硬件资源,靠程序控制实现定时;缺点是浪费处理器资源,且定时精度有限。其常用于对定时精度要求不高的场合。硬件定时的优点是定时任务无须处理器参与,可实现高精度定时;缺点是需要硬件资源的支持。

STM32F1 系列处理器共有 11 个定时器,其包括 2 个基本定时器、4 个通用定时器、2 个高级控制定时器、2 个看门狗定时器和 1 个系统滴答定时器。其中,定时器 TIM6 和 TIM7 是基本定时器,基本定时器挂在 APB1 总线上;定时器 TIM2~TIM5 是 4 个通用定时器,通用定时器也挂在 APB1 总线上;定时器 TIM1 和 TIM8 是能够产生 3 对脉宽调制 PWM 互补输出的高级定时器,它们挂在 APB2 总线上。图 7.1 给出了 STM32F1xx 系列基本定时器、通用定时器和高级定时器在时钟总线上的挂载情况。

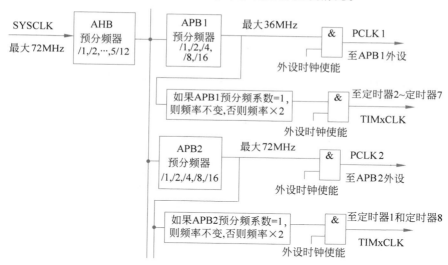

图 7.1 STM32F1 系列定时器时钟挂载情况

图 7.2 给出了 STM32F1 系列基本定时器、通用定时器和高级定时器的引脚分布及通道分布。后面将介绍这 3 类定时器的原理、功能和使用方法。

7.1.1 基本定时器

处理器中的 TIM6 和 TIM7 是基本定时器,各包含一个 16 位自动装载计数器,由各自的可编程预分频器来驱动。此两个定时器是互相独立的,不共享任何资源。作为基本定时器,其功能较为简单,只具备基本的定时计数功能。具体如图 7.2 所示。

高级定时器

TIM1	默认IO	部分重映射	完全重映射
ETR	PA12		PE7
CH1	PA13		PE9
CH2	PA14		PE11
CH3	PA15		PE13
CH4	PA16		PE14
BKIN	PB12	PA6	PE15
CH1N	PB13	PA7	PE8
CH2N	PB14	PB0	PE10
CH3N	PB15	PB1	PE12

TIM8	默认IO	部分重映射	完全重映射
ETR	PA0		
CH1	PC6		
CH2	PC7		
CH3	PC8		
CH4	PC9		
BKIN	PA6		
CH1N	PA7		
CH2N	PB0		
CH3N	PB1		

ETR为外部脉冲输入，即以外部脉冲作为定时器计数驱动源

BKIN为刹车功能输入引脚

通用定时器

TIM2	默认IO	部分重映射	部分重映射	完全重映射
CH1_ETR	PA0	PA15	PA0	PA15
CH2	PA1	PB3	PA1	PB3
CH3	PA2	PB10		
CH4	PA3	PB11		

TIM2的CH1和ETR引脚共用，只能选择一个功能

TIM3	默认IO	部分重映射	完全重映射
ETR	PD2		
CH1	PA6	PB4	PC6
CH2	PA7	PB5	PC7
CH3	PB0		PC8
CH4	PB1		PC9

TIM4	默认IO	重映射
ETR	PE0	
CH1	PB6	PD12
CH2	PB7	PD13
CH3	PB8	PD14
CH4	PB9	PD15

TIM5	默认IO	重映射
CH1	PA0	
CH2	PA1	
CH3	PA2	
CH4	PA3	LSI内部时钟（校准作用）

基本定时器

基本定时器	
TIM6	IO
通道	没有
TIM7	IO
通道	没有

图 7.2　STM32F1 系列定时器资源分布示意图

（1）基本的定时功能，当累加的时钟脉冲数超过预定值时，能触发中断或者触发直接存储器接入 DMA 请求。

（2）由于芯片内部与 DAC 外设相连，该类定时器可通过触发输出驱动数模转换器 DAC。

因为 TIM6 和 TIM7 两者间是完全独立的，所以可以同时使用。基本定时器的内部结构图如图 7.3 所示。基本定时器主要由 3 个部件组成。

1. 时钟源

定时器的本质是对高精度时钟脉冲计数，定时时间＝脉冲时宽×计数值。因此要定时器正常工作，时钟源必不可少。基本定时器的时钟源只有一个，那就是内部时钟，具体就是 APB1 的倍频器输出，具体如图 7.1 所示的定时器 TIM2～TIM7 的 TIMxCLK 信号源。

2. 控制器

控制器的功能就是控制基本定时器的复位、使能、计数以及数模转换（DAC）触发等。

3. 计数器

计数器是定时器的核心部件，定时和计数的核心工作都由该部分完成。计数器的工作过程涉及 3 个寄存器：计数器寄存器 TIMx_CNT、预分频寄存器 TIMx_PSC 和自动重装载寄存器 TIMx_ARR。这 3 个寄存器均为 16 位寄存器，存储值的范围为 0～65 535。如图 7.3 所示，预分频器 PSC 的输入时钟信号 CK_PSC 经过分频处理后输出时钟信号为 CK_CNT，该信号驱动计数器 CNT 工作，输入/输出时钟信号之间的关系为 CK_CNT＝

CK_PSC/(PSC[15:0]+1)。计数器 CNT 在 CK_CNT 时钟的驱动下从零开始向上计数,即每一个 CK_CNT 脉冲,计数器 CNT 的值就加 1。当 TIMx_CNT 值与自动重装载寄存器 TIMx_ARR 的设定值相等时就自动生成事件,即可产生 DMA 请求、产生中断信号或者触发 DAC 同步电路,并且 TIMx_CNT 自动清零,然后计数器重新开始计数,不断重复上述过程。

如图 7.3 所示,预分频寄存器 TIMx_PSC 和自动重装载寄存器 TIMx_ARR 为图 7.3 虚线框中显示部分,在物理上预分频寄存器 TIMx_PSC 和自动重装载寄存器 TIMx_ARR 分别对应两个寄存器:一个是可以写入或读出的寄存器,称为预装载寄存器;另一个是看不见的、无法真正对其读写操作的,但是在使用中真正起作用的寄存器,称为影子寄存器,即在图 7.3 中的实际寄存器。如写入寄存器中的值,不会实时起作用,而是在定时器更新 U 事件(Update)时由预装载寄存器传送至实际寄存器。此设计的目的是保证用户在向寄存器中写入新数值时,不会干扰和影响正在执行的定时计数任务。

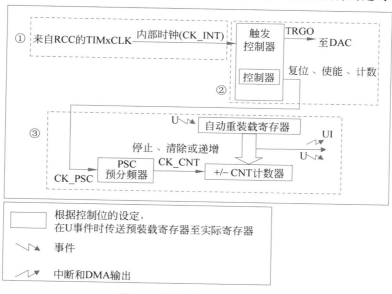

图 7.3　基本定时器结构框图

7.1.2　通用定时器

STM32F1 系列处理器中 TIM2～TIM5 为通用定时器。与基本定时器相比,通用定时器的功能更为复杂。通用定时器除了具有基本定时器的定时功能外,还引入了外部引脚,能实现输入捕获和输出比较功能。利用输入捕获功能,通用定时器可以实现对脉冲频率和脉冲宽度的测量。利用输出比较功能,通用定时器能够输出脉宽调制(Pulse Width Modulation,PWM)信号。另外,通用定时器还具有编码器接口功能,可用于电机控制类的应用。通用定时器的内部结构框图如图 7.4 所示。

通用定时器的基本功能与基本定时器一样,同样是把时钟源经过预分频器输出到脉

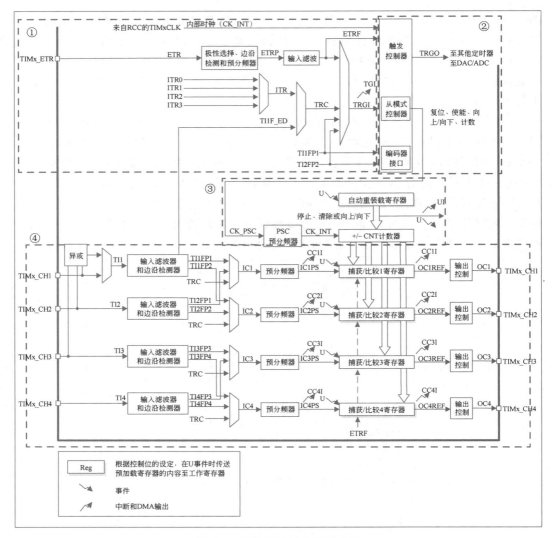

图 7.4 通用定时器内部结构图

冲计数器 TIMx_CNT 累加,溢出时产生中断或 DMA 请求。而通用定时器比基本定时器多出的功能,是通用定时器多出了一种寄存器,称为捕获/比较寄存器(Capture Compare Register)TIMx_CCR。它在输入时被用作捕获寄存器,捕获寄存器可以捕获输入脉冲在电平发生翻转时脉冲计数器 TIMx_CNT 的当前计数值,这可以实现对输入脉冲的测量。如它在输出时被用作比较寄存器,比较寄存器就可事先存储一个脉冲数值,把这个数值与脉冲计数器 TIMx_CNT 的当前计数值进行比较,根据比较结果进行不同的电平输出,可实现不同占空比的脉冲信号输出的功能。下面分别介绍其部件和功能原理。

1. 时钟源

通用定时器的时钟源相比基本定时器多了几个选择,它可以使用外部脉冲以及其他定时器的输出信号作为时钟源。因此,通用定时器的时钟源一共可有 4 个:

（1）CK_INT，与基本定时器的时钟源一致；

（2）外部输入引脚 TIMx_CHx，每个定时器有 4 个通道；

（3）外部触发输入 ETR；

（4）其他定时器的输出。

详细可见图 7.4 第 1 虚线框部分。

1）CK_INT

与基本定时器一样，使用内部时钟作为时钟源，具体也是 APB1 时钟的倍频器输出，可参见图 7.3 中到定时器 TIM2～TIM7 的 TIMxCLK 信号。选择内部时钟作为时钟源，此时通用定时器就可实现常用定时功能。

2）外部输入引脚 TIMx_CHx

如选择外部输入引脚 TIMx_CHx 作为时钟源时，其信号驱动流程如图 7.5 所示，具体如下：

（1）时钟信号输入引脚。在使用外部时钟模式 1 时，有 4 个来自于定时器输入通道的时钟信号，分别是 TI1/TI2/TI3/TI4（TIMx_CH1/TIMx_CH2/TIMx_CH3/TIMx_CH4），可使用配置寄存器 TIM_CCMx 的位 CCxS[1:0] 来决定选择哪一路信号。其中，CCM1 控制 TI1/TI2，CCM2 控制 TI3/TI4。

（2）滤波器。其功能很简单，为了滤除输入信号上的高频干扰而设置。

（3）边沿检测。来自滤波后的信号，此时为了检测上升沿有效还是下降沿有效，具体由 TIMx_CCER 的位 CCxP 和 CCxNP 配置决定。

（4）触发选择。若选择外部时钟模式 1，此时有两个触发源：一个是滤波后的定时器输入 1（TI1FP1），另一个是滤波后的定时器输入 2（TI2FP2），具体由 TIMx_SMCR 的位段 TS[2:0] 配置决定。

（5）从模式选择。选定了触发源信号后，信号接到 TRGO 引脚，让触发信号成为外部时钟模式 1 的输入，即成为 CK_PSC。

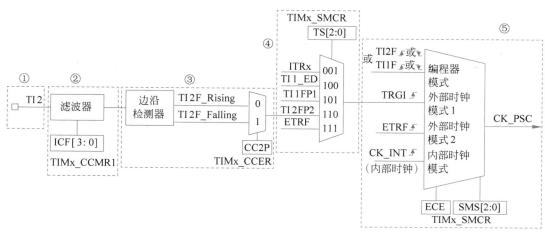

图 7.5　外部时钟模式 1 时钟信号流程框图

3) 外部触发输入 ETR

在选择外部输入引脚 TIMx_CHx 作为时钟源时,其信号驱动流程如图 7.6 所示。

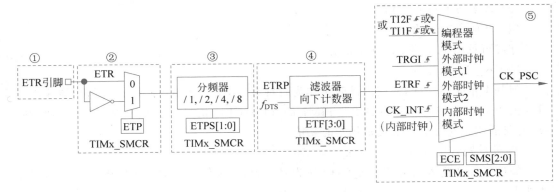

图 7.6　外部时钟模式 1 时钟框图

（1）时钟信号输入引脚:使用外部时钟模式 2 时,时钟信号来自于定时器特定输入通道 TIM_ETR。

（2）外部触发极性:选择 ETR 上升沿检测,可置 TIMx_SMCR 寄存器中的位 ETP=0。

（3）分频器:当触发信号的频率很高时,就必须使用分频器进行降频,具体降频率有 12/4/8 可供选择,可由 TIMx_SMCR 寄存器中的位 ETPS[1:0] 配置。

（4）滤波器:如果 ETRP 的信号的频率过高或者混杂有高频干扰信号,那么可能需要使用滤波器对 ETRP 信号重新采样,以达到降频或者去除干扰的目的。该功能由 TIMx_SMCR 的位 ETF[3:0] 配置,其中,f_{DTS} 由内部时钟 CK_INT 分频得到,可由 TIMx_CR1 的位 CKD[1:0] 配置选择。

（5）从模式选择:经滤波后的信号连接至 ETRF 引脚,最终由 CK_PSC 输出以驱动计数器。寄存器 TIMx_SMCR 的位 ECE 置 1,即可配置为外部时钟模式 2。

4) 内部触发输入 ITRx

可选择来自其他定时器产生的时钟,即可将其他定时器产生的脉冲信号作为该定时器的时钟源,它经过后面的选择器,进入到触发控制器。此时,其他定时器的触发输出信号连接到本定时器的内部触发输入端 ITRx(x 取 0～3,即常规定时器内部最多可以有 4 路内部输入选择端),可使得定时器实现级联定时功能,扩大定时范围。定时器内部输入触发时钟框图如图 7.7 所示。

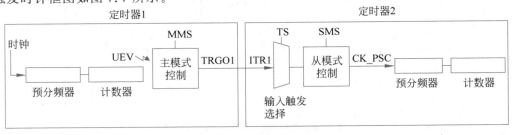

图 7.7　内部触发时钟框图

2. 控制器

通用定时器的控制器包括触发控制器、从模式控制器以及编码器接口。触发控制器用来针对片内外设输出触发信号,如为其他定时器提供时钟和触发数模或模数转换。编码器接口是专门针对编码器计数而设计的。从模式控制器可以控制计数器复位、启动、递增/递减以及计数功能。

3. 时基单元

通用定时器的主要部件是一个 16 位计数器和与其相关的自动装载寄存器。计数器可以向上计数、向下计数或者向上向下双向计数,其计数时钟可由预分频器分频得到。计数器、自动装载寄存器和预分频器寄存器可以由软件读写,并且在计数器运行时仍然可进行读写操作。

4. 捕获/比较寄存器单元

与基本定时器相比,通用定时器除了具有基本定时功能外,还能测量输入脉冲的频率和脉宽,以及输出脉宽调制 PWM 波形信号。这些功能的实现主要通过对时基单元与捕获/比较寄存器单元配合设置完成。在用于测量输入脉冲时,捕获/比较寄存器作为捕获寄存器使用。在用于输出 PWM 波形时,捕获/比较寄存器作为比较寄存器使用。下面对此 PWM 波形的输入和输出过程做详细分析。

1) 脉宽调制 PWM 输入过程

当定时器被配置为输入功能时,就可用于检测 GPIO 引脚的输入信号,如检测频率、输入 PWM 脉宽等参数,此时捕获/比较寄存器被用于捕获功能。PWM 输入时的脉冲宽度检测时序如图 7.8 所示。图 7.8 所示时序可用于分析 PWM 输入脉冲宽检测的工作过程,如要测量的 PWM 通过 GPIO 引脚输入到定时器的脉冲检测通道,其时序为图 7.8 中的 TI1 信号。再将脉冲计数器 TIMx_CNT 配置为向上计数模式,重载寄存器 TIMx_ARR 的 N 值配置为足够大。此时在输入脉冲 TI1 的上升沿到达时,可触发 IC1 和 IC2 输入捕获中断,并将脉冲计数器 TIMx_CNT 的计数值复位为 0,于是 TIMx_CNT 的计数值 X 在 TIMxCLK 的驱动下从 0 开始不断累加,直到 TI1 出现下降沿触发 IC2 捕获事

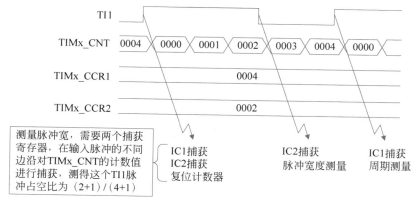

图 7.8 PWM 输入脉宽检测时序图

件,此时捕获寄存器 TIMx_CCR2 把脉冲计数器 TIMx_CNT 的当前值 2 存储起来。TIMx_CNT 继续累加,直到 TI1 出现第二个上升沿,触发 IC1 捕获事件,此时 TIMx_CNT 的当前计数值 4 被保存到 TIMx_CCR1 中。TIMx_CCR1(加 1)的值乘以 TIMxCLK 的周期,即可得到待检测的 PWM 输入脉冲周期。同时,TIMx_CCR2(加 1)的值乘以 TIMxCLK 的周期,就是待检测的 PWM 输入脉冲的高电平时间。根据这两个数值就可以计算出该脉宽调制 PWM 脉冲信号的频率和占空比等参数。

2) 脉宽调制 PWM 输出脉冲过程

通用定时器可以利用处理器的 GPIO 引脚进行脉冲信号输出。在定时器配置为比较输出和 PWM 输出功能时,捕获/比较寄存器 TIMx_CCR 用于比较功能,故为比较寄存器。在此举例说明定时器的 PWM 输出过程:配置脉冲计数器 TIMx_CNT 为向上计数模式,重载寄存器 TIMx_ARR 被配置为 N,TIMx_CNT 的当前计数值 x 在 TIMxCLK 时钟源的驱动下不断累加,当 TIMx_CNT 的数值 x 大于 N 时,会重置 TIMx_CNT 数值为 0 并重新计数。

在 TIMx_CNT 计数的同时,TIMx_CNT 的计数值 x 会与比较寄存器 TIMx_CCR 预先存储的数值 A 进行比较。当脉冲计数器 TIMx_CNT 的数值 x 小于比较寄存器 TIMx_CCR 的值 A 时,输出高电平(或低电平);当脉冲计数器的数值 x 大于或等于比较寄存器的值 A 时,输出低电平(或高电平)。如此循环,可得到的输出脉冲周期就为重载寄存器 TIMx_ARR 存储的数值($N+1$)乘以触发脉冲的时钟周期,其脉冲宽度则为比较寄存器 TIMx_CCR 的值 A 乘以触发脉冲的时钟周期,即输出 PWM 的占空比为 $A(N+1)$。如图 7.9 所示为"重载寄存器 TIMx_ARR 被配置为 $N=8$,向上计数;比较寄存器 TIMx_CCR 的值可被设置为 4、8、大于 8、等于 0"时的输出时序图。图 7.9 中 OCXREF 为处理器 GPIO 引脚的输出时序,CCxIF 为触发中断的时序信号。

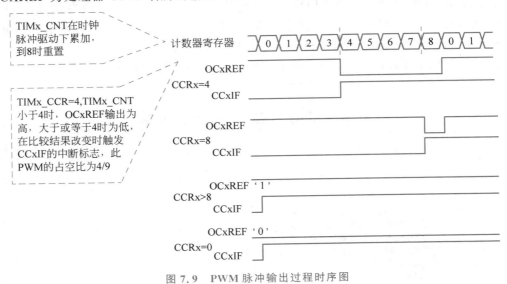

图 7.9　PWM 脉冲输出过程时序图

7.1.3 高级定时器

与通用定时器相比,TIM1 和 TIM8 为高级控制定时器。定时器增加了可编程死区互补输出、重复计数器、带刹车(或称断路)的功能。这些功能在工业电机控制方面具有广泛应用,在需要使用时请查阅专门手册。高级定时器包含了基本定时器和通用定时器的所有功能。高级定时器包含一个 16 位可向上、向下或向上/向下自动装载计数器,一个 16 位计数器,以及一个可以实时修改 16 位可编程预分频器。预分频器的时钟源在高级定时器中是可选的,可选择使用内部时钟或外部时钟。另外,还增设有一个 16 位重复次数寄存器,可级联形成共 48 位的计数定时器。

7.1.4 滴答定时器

滴答定时器也称为 SysTick 定时器。它是 Cortex-M3 内核中的一个外设部件,且被嵌入在向量中断控制器 NVIC 中,用于实现周期性产生异常并实现操作系统的上下文切换功能。在简单应用中,对于不需要操作系统的嵌入式系统开发,SysTick 定时器也可用于计时功能或为需要周期执行的任务提供中断源。

滴答定时器是一个比较简单的定时器,它是一个 24 位倒计数定时器。在它当前数值寄存器 VAL 的值减到 0 时,硬件会自动将 RELOAD 寄存器的定时初值重装载到 VAL 寄存器中,且系统产生异常或中断。只要不把 SysTick 控制及状态寄存器中的使能位清除,它就一直循环此过程,即使处理器在睡眠模式下也能工作。滴答定时器由 4 个 32 位寄存器控制:SysTick 控制和状态寄存器 CTRL、SysTick 自动重装载寄存器 RELOAD、SysTick 当前值寄存器 VAL、SysTick 校准值寄存器 CALIB。它们的具体含义描述如下:

1. SysTick 控制和状态寄存器 CTRL

SysTick 控制和状态寄存器 CTRL 各位定义如下:

位号	31:17			16
定义	保留			COUNTFLAG
读写				rw
位号	15:3	2	1	0
定义	保留	CLKSOURCE	TICKINT	ENABLE
读写		rw	rw	rw

位[31:17]和位[15:3]:保留。

位[16] COUNTFLAG:当 SysTick 定时器计数到 0 时,该位置 1,读取寄存器会自动清 0。

位[2] CLKSOURCE:置 1 时表示定时器使用内核时钟,置 0 时使用外部时钟。

位[1]TICKINT:置 1 时表示定时器计数到 0 时会产生异常,置 0 时无动作。

位[0]ENABLE:置 1 时使能定时器,置 0 时定时器被禁止。

2. SysTick 自动重装载寄存器 RELOAD

SysTick 自动重装载寄存器 RELOAD 各位定义如下:

位号	31	30	29	28	27	26	25	24	23	22	21	20	19	18	17	16
定义	保留								RELOAD[23:16]							
读写									rw							
位号	15	14	13	12	11	10	9	8	7	6	5	4	3	2	1	0
定义	RELOAD[15:0]															
读写	rw															

位[31:24]:保留。

位[23:0] RELOAD:指定 SysTick 定时器的重转载值,即定时初值。

3. SysTick 当前值寄存器 VAL

SysTick 当前值寄存器 VAL 各位定义如下:

位号	31	30	29	28	27	26	25	24	23	22	21	20	19	18	17	16
定义	保留								CURRENT[23:16]							
读写									rw							
位号	15	14	13	12	11	10	9	8	7	6	5	4	3	2	1	0
定义	CURRENT[15:0]															
读写	rw															

位[31:24]:保留。

位[23:0] CURRENT:定时器的当前数值,写入任何值会将其清 0,COUNTFLAG 标志也会清 0。

4. SysTick 校准值寄存器 CALIB

SysTick 校准值寄存器 CALIB 各位定义如下:

位号	31	30	29	28	27	26	25	24	23	22	21	20	19	18	17	16
定义	NOREF	SKEW	保留						RELOAD[23:16]							
读写	rw	rw							rw							
位号	15	14	13	12	11	10	9	8	7	6	5	4	3	2	1	0
定义	RELOAD[15:0]															
读写	rw															

位[31] NOREF:为 1 时表明 SysTick 定时器没有外部参考时钟,即只能使用内核时钟;为 0 时表明有外部参考时钟可用。

位[30] SKEW:为 1 时表示 TENMS 域不准确。

位[29:24]:保留。

位[23:0] RELOAD:10ms 校准值,该数值与设计有关,详细内容请参考手册。

7.2 定时器中断应用

在此将使用本章讲述的通用定时器产生中断,然后在中断服务函数中通过控制指示灯的亮灭,展示如何使用定时器产生中断。

7.2.1 硬件设计

设计中可利用定时器 TIM3 产生中断来控制指示灯的亮灭。项目所需的硬件资源包括:指示灯 LED0、LED1,定时器 TIM3。定时器 TIM3 属于 STM32 处理器的内部资源,因此只需要通过软件设置即可正常工作。STM32 处理器的 GPIO PAx 和 PDx 接口与指示灯 LED0 和 LED1 的连接电路如图 7.10 所示,其中 LED0 接 GPIO PA8 引脚,LED1 接 GPIO PD2 引脚。

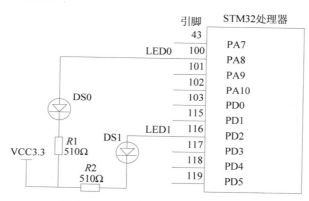

图 7.10 LED 与 STM32 连接原理图

7.2.2 软件设计

下面介绍利用定时器 TIM3 产生中断的软件实现步骤,并解释每个步骤所涉及的固件库函数。注意,与定时器相关的库函数主要集中在固件库文件 stm32f10x_tim.h 和 stm32f10x_tim.c 中。

1. 定时器 TIM3 时钟使能

由于定时器 TIM3 是挂载在总线 APB1 下的,所以可通过 APB1 总线下的时钟使能函数来使能定时器 TIM3。调用的函数是:

```
RCC_APB1PeriphClockCmd(RCC_APB1Periph_TIM3, ENABLE);                // 时钟使能
```

2. 初始化定时器参数、设置自动重装值、分频系数、计数方式等

在库函数中,定时器的初始化参数可通过初始化函数 TIM_TimeBaseInit()实现:

```
void TIM_TimeBaseInit(TIM_TypeDef * TIMx, TIM_TimeBaseInitTypeDef * TIM_TimeBaseInitStruct);
```

第 1 个参数是定时器编号,第 2 个参数是定时器初始化参数结构体指针,结构体类型为 TIM_TimeBaseInitTypeDef,其具体定义如下:

```
typedef struct
{
uint16_t TIM_Prescaler;
uint16_t TIM_CounterMode;
uint16_t TIM_Period;
uint16_t TIM_ClockDivision;
uint8_t TIM_RepetitionCounter;
} TIM_TimeBaseInitTypeDef;
```

这个结构体共有 5 个成员变量参数,对于通用定时器只有前面 4 个参数有用,高级定时器才会使用最后一个参数 TIM_RepetitionCounter。它们的含义如下:第 1 个参数 TIM_Prescaler 用于设置分频系数;第 2 个参数 TIM_CounterMode 是用来设置计数方式,可设置为向上计数、向下计数方式或中央对齐计数方式。常用的是向上计数模式 TIM_CounterMode_Up 和向下计数模式 TIM_CounterMode_Down;第 3 个参数 TIM_Period 用于设置自动重载计数周期值;第 4 个参数 TIM_ClockDivision 是用来设置时钟分频因子。针对定时器 TIM3 初始化程序代码如下:

```
IM_TimeBaseInitTypeDef TIM_TimeBaseStructure;
TIM_TimeBaseStructure.TIM_Period = 5000;
TIM_TimeBaseStructure.TIM_Prescaler = 7199;
TIM_TimeBaseStructure.TIM_ClockDivision = TIM_CKD_DIV1;
TIM_TimeBaseStructure.TIM_CounterMode = TIM_CounterMode_Up;
TIM_TimeBaseInit(TIM3, &TIM_TimeBaseStructure);
```

3. 设置 TIM3_DIER 允许更新中断

因为要使用定时器 TIM3 的更新中断功能,所以寄存器的相应位设置为使能更新中断。在库函数中定时器中断使能是通过 TIM_ITConfig()函数来实现的。其参数含义如下:

(1) 第 1 个参数是选择定时器编号,取值为 TIM1~TIM8。

(2) 第 2 个参数非常关键,用来指明使能的定时器中断的类型。定时器中断的类型有很多种,包括更新中断 TIM_IT_Update、触发中断 TIM_IT_Trigger 以及输入捕获中断等。

(3) 第 3 个参数为除能还是使能配置。

```
Void TIM_ITConfig(TIM_TypeDef * TIMx,uint16_t TIM_IT, FunctionalState NewState);
```

例如,如果要使能定时器 TIM3 实现更新中断,那么格式为:

```
TIM_ITConfig(TIM3,TIM_IT_Update,ENABLE );
```

4. TIM3 中断优先级设置

在配置好定时器中断使能之后,因为要产生中断,所以需要设置中断控制器 NVIC 的相关寄存器,可用 NVIC_Init 函数设置中断优先级。

5. 允许 TIM3 工作,就是使能定时器 TIM3

在配置好定时器后,还需要开启定时器,才能正常使用定时器。在配置完后,可通过设置寄存器 TIM3_CR1 的 CEN 启动位来使能。使能定时器的函数是通过固件库 TIM_

Cmd()函数来实现如下：

```
void TIM_Cmd(TIM_TypeDef * TIMx, FunctionalState NewState)
```

此函数的使用非常简单，比如要使能定时器 TIM3，方法为：

```
TIM_Cmd(TIM3, ENABLE);                //使能 TIM3 外设
```

6. 编写中断服务函数

最后需要编写定时器中断服务程序，也即用中断服务程序来处理定时器产生的相关中断。在中断产生后，可以通过状态寄存器的值来判断此次产生的中断类型，然后执行相关的操作。在此使用的是溢出更新中断，所以使状态寄存器 SR 的最低位置位。在处理完中断之后应该向 SR 的最低位写 0，来清除该中断标志。在固件库函数中，用来读取中断状态寄存器的值判断中断类型的函数如下：

```
ITStatus TIM_GetITStatus(TIM_TypeDef * TIMx, uint16_t)
```

该函数的功能为判断定时器 TIMx 的中断 TIM_IT 标志是否发生中断。如需要判断 TIM3 是否发生溢出更新中断，可用的方法为：

```
if (TIM_GetITStatus(TIM3, TIM_IT_Update) != RESET){}
```

清除中断标志位的固件库函数是：

```
void TIM_ClearITPendingBit(TIM_TypeDef * TIMx, uint16_t TIM_IT)
```

该函数的功能为清除定时器 TIMx 的中断 TIM_IT 标志。它们使用起来非常简单，如在 TIM3 的溢出中断发生后，需要清除中断标志位时，可用的方法为：

```
TIM_ClearITPendingBit(TIM3, TIM_IT_Update );
```

另外，在固件库中，提供了两个用来判断定时器状态以及清除定时器状态标志位的固件库函数 TIM_GetFlagStatus 和 TIM_ClearFlag，它们的功能与前面两个函数的功能类似。只是在 TIM_GetITStatus 函数中会先判断这种中断是否使能，只有使能了才去判断中断标志位，而 TIM_GetFlagStatus 直接用来判断状态标志位。

通过以上 6 个步骤，可实现使用通用定时器的更新中断，来控制状态指示灯 LED1 亮和灭的功能。下面通过编写 time.c 文件来实现上述 6 个步骤，具体代码如下：

```
# include "timer.h"
# include "led.h"
//通用定时器 3 中断初始化
//这里时钟选择为 APB1 的 2 倍,而 APB1 为 36MHz
//arr: 自动重装值
//psc: 时钟预分频数
//使用的是定时器 TIM3!
void TIM3_Int_Init(u16 arr,u16 psc)
{
TIM_TimeBaseInitTypeDef TIM_TimeBaseStructure;
NVIC_InitTypeDef NVIC_InitStructure;
RCC_APB1PeriphClockCmd(RCC_APB1Periph_TIM3, ENABLE);     //①时钟 TIM3 使能
```

```
//定时器 TIM3 初始化
TIM_TimeBaseStructure.TIM_Period = arr;                              //设置自动重装载寄存器周期的值
TIM_TimeBaseStructure.TIM_Prescaler = psc;                          //设置时钟频率除数的预分频值
TIM_TimeBaseStructure.TIM_ClockDivision = TIM_CKD_DIV1; //设置时钟分割
TIM_TimeBaseStructure.TIM_CounterMode = TIM_CounterMode_Up; //TIM 向上计数
TIM_TimeBaseInit(TIM3, &TIM_TimeBaseStructure);                     //②初始化 TIM3
TIM_ITConfig(TIM3,TIM_IT_Update,ENABLE );                          //③允许更新中断
//中断优先级 NVIC 设置
NVIC_InitStructure.NVIC_IRQChannel = TIM3_IRQn;                    //TIM3 中断
NVIC_InitStructure.NVIC_IRQChannelPreemptionPriority = 0;          //抢占式优先级 0 级
NVIC_InitStructure.NVIC_IRQChannelSubPriority = 3;                 //副优先级 3 级
NVIC_InitStructure.NVIC_IRQChannelCmd = ENABLE;                   //IRQ 通道被使能
NVIC_Init(&NVIC_InitStructure);                                    //④初始化 NVIC 寄存器
TIM_Cmd(TIM3, ENABLE);                                             //⑤使能 TIM3
}
//定时器 3 中断服务程序⑥
void TIM3_IRQHandler(void)                                          //TIM3 中断
{
if (TIM_GetITStatus(TIM3, TIM_IT_Update) != RESET)                //检查 TIM3 更新中断发生与否
{
TIM_ClearITPendingBit(TIM3, TIM_IT_Update );                      //清除 TIM3 更新中断标志
LED1 = !LED1;
}
}
```

该程序文件中包含了一个中断服务和一个定时器 TIM3 中断初始化程序。中断服务程序比较简单,在每次中断后,判断 TIM3 的中断类型,若中断类型正确(溢出中断),则对 LED1 取反。TIM3_Int_Init()函数就是执行上述 6 个步骤,分别用标号①～⑥来标注。该函数的两个参数用来设置 TIM3 的溢出时间。默认的系统初始化函数 SystemInit 函数中已经初始化 APB1 总线的时钟为 2 分频,所以 APB1 的时钟为 36MHz。从 STM32 处理器的内部时钟树图得知,当 APB1 总线的时钟分频数为 1 时,TIM2～TIM7 的时钟为 APB1 的时钟;若 APB1 总线的时钟分频数不为 1,则 TIM2～TIM7 的时钟频率将为 APB1 时钟的两倍。因此 TIM2～TIM7 的时钟为 72MHz。根据设计的 arr 和 psc 的值,可以计算中断时间,其计算如下:

```
Tout =  ((arr + 1) * (psc + 1))/Tclk;
```

其中,

```
Tclk: TIM3 的输入时钟频率(MHz);
Tout: TIM3 溢出时间(μs);
```

timer. h 文件程序代码就是一些函数声明内容,比较简单。要使系统正常运行,还需要编写主程序代码如下:

```
int main(void)
{
delay_init();            //延时函数初始化
NVIC_PriorityGroupConfig(NVIC_PriorityGroup_2); //优先级分组:2 位抢占式优先级,2 位副
                                                //优先级
```

```
uart_init(9600);                    //串口初始化波特率为 9600bps
LED_Init();                         //LED 接口初始化
TIM3_Int_Init(4999,7199);           //10kHz 的计数频率,计数到 5000 为 500ms
while(1)
{
LED0 = !LED0; delay_ms(200);
}
}
```

此段主程序代码在对定时器 TIM3 进行初始化之后,就进入死循环等待 TIM3 溢出中断。当 TIM3_CNT 寄存器的值等于 TIM3_ARR 寄存器值时,就会产生定时器 TIM3 的更新中断,然后在中断中取反 LED1,TIM3_CNT 再从 0 重新开始计数,循环往复,可以看到 LED1 的亮和灭现象,亮灭间隔时间可由参数设置。

7.3 定时器 PWM 输出应用

7.3.1 脉宽调制

脉宽调制是利用处理器的数字输出来对模拟电路进行控制的一种非常有效的技术,实际应用中常称为"变频"技术。现在 PWM 在电力和电子技术领域占据着重要的地位,被广泛地应用在电力逆变电路中。在此可利用 STM32 定时器的 PWM 输出功能,直接获取 PWM 的波形信号。在 STM32 定时器中,除了基本定时器 TIM6 和 TIM7 之外,其他的定时器都可以用来产生 PWM 输出脉冲。其中高级定时器 TIM1 和 TIM8 还可以同时产生多达 7 路的 PWM 输出,通用定时器也能同时产生多达 4 路的 PWM 输出,因此 STM32 系列处理器最多可以同时产生 30 路 PWM 输出信号。

7.3.2 实现 PWM 输出相关寄存器

本节将使用定时器 TIM1 的通道 1 产生单路 PWM 输出。如果要产生多路 PWM 输出,只需要对程序代码稍作修改。要使 STM32 处理器的高级定时器 TIM1 产生 PWM 输出,除了需要配置之前介绍的几个寄存器 ARR、PSC 和 CR1 等之外,还会用到另外 4 个寄存器来控制 PWM 的输出。如果是通用定时器,则只用到前面的 3 个寄存器。这 4 个寄存器分别是捕获/比较模式寄存器 TIMx_CCMR1/TIMx_CCMR2、捕获/比较使能寄存器 TIMx_CCER、捕获/比较寄存器 TIMx_CCR1～TIMx_CCR4 以及刹车和死区寄存器 TIMx_BDTR。下面分别介绍这 4 个寄存器的功能。

1. 捕获/比较模式寄存器 TIMx_CCMR1/TIMx_CCMR2

此类寄存器总共有 2 个,即 TIMx_CCMR1 和 TIMx_CCMR2 寄存器。其中,TIMx_CCMR1 控制 CH1 和 CH2,TIMx_CCMR2 控制 CH3 和 CH4。该寄存器的各位含义如图 7.11 所示。

注意,在不同模式下,该寄存器的有些位的功能不一样。所以在图 7.11 中,把寄存器分为两层表示,上面一层对应输出时的设置,下面一层则对应输入时的设置。在模式 OCxM 设置位由 3 位组成,共可配置成 7 种模式。因为本设计使用的是 PWM 模式,所

位号	15	14	13	12	11	10	9	8	7	6	5	4	3	2	1	0
定义	OC2 CE	OC2M[2:0]			OC2 PE	OC2 FE	CC2S[1:0]		OC1 CE	OCIM[2:0]			OC1 PE	OC1 FE	CC1S[1:0]	
	IC2F[3:0]				IC2PSC[1:0]				IC1F[3:0]				IC1PSC[1:0]			
读写	rw	rw	rw	rw	rw	rw	rw	rw	rw	rw	rw	rw	rw	rw	rw	rw

图 7.11　TIMx_CCMR1/2 寄存器各位含义

以这 3 位必须设置为 110/111,其区别是两种 PWM 模式的输出电平极性相反。另外,CCxS 部分用于设置通道的输入/输出方向,其默认设置为 0,即设置通道作为输出。

　2. 捕获/比较使能寄存器 TIMx_CCER

该寄存器控制着各个输入/输出通道的开启和关闭。TIMx_CCER 的各位含义如图 7.12 所示。

位号	15	14	13	12	11	10	9	8	7	6	5	4	3	2	1	0
定义	保留		CC4P	CC4E	保留		CC3P	CC3E	保留		CC2P	CC2E	保留		CC1P	CC1E
读写			rw	rw			rw	rw			rw	rw			rw	rw

图 7.12　TIMx_CCER 寄存器各位含义

该寄存器比较简单,本设计只用到了 CC1E 位,称为输入/捕获 1 输出使能位。要想 PWM 从 GPIO 接口引脚输出,这个位必须设置为 1。

　3. 捕获/比较寄存器 TIMx_CCR1～TIMx_CCR4

该类寄存器总共有 4 个,分别对应 4 个输出通道(CH1～CH4)。因为这 4 个寄存器都差不多,所以在此仅介绍 TIMx_CCR1。该寄存器的各位含义描述如图 7.13 所示。

位号	15	14	13	12	11	10	9	8	7	6	5	4	3	2	1	0
定义	CCR1[15:0]															
读写	rw	rw	rw	rw	rw	rw	rw	rw	rw	rw	rw	rw	rw	rw	rw	rw

图 7.13　TIMx_CCR1 寄存器各位含义

位[15:0]——CCR1[15:0],TIMx_CCR1 的值。

若 CC1 通道配置为输出:

CCR1 包含了装入当前 TIMx_CCR1 寄存器的值(预装载值)。

如果在 TIMx_CCMR1 寄存器 OC1PE 位中未选择预装载特性,写入的值会被立即传输至当前寄存器中。否则只有当更新事件发生时,此预装载值才传输至当前 TIMx_CCR1 寄存器中。

当前捕获/比较寄存器参与同步计数器 TIMx_CNT 的比较,并在 OC1 接口产生输出信号。

若 CC1 通道配置为输入:

CCR1 包含了由上一次输入/捕获 1 事件 IC1 传输的计数器值。

在输出模式下,该寄存器的值与 CNT 的值比较,根据比较结果产生相应的动作。因此通过修改这个寄存器的值,就可以控制 PWM 的输出脉宽。本设计使用的是 TIM1 的通道 1,所以需要修改 TIM1_CCR1 以实现脉宽控制。如果使用通用定时器,则只需配置以上 3 个寄存器。但如果使用高级定时器,那么 PWM 输出时还可以实现刹车和死区控制功能,这需要进一步配置刹车和死区寄存器 TIMx_BDTR。

4. 刹车和死区寄存器 TIMx_BDTR

刹车和死区寄存器 TIMx_BDTR 的各位含义如图 7.14 所示。

位号	15	14	13	12	11	10	9	8	7	6	5	4	3	2	1	0
定义	MOE	AOE	BKP	BKE	OSSR	OSSI	LOCK[1:0]		DTG[7:0]							
读写	rw	rw	rw	rw	rw	rw	rw	rw	rw	rw	rw	rw	rw	rw	rw	rw

图 7.14 TIMx_BDTR 寄存器各位含义

位[15]——MOE,主输出使能。

一旦刹车输入有效,该位被硬件异步清 0。

根据 AOE 位的设置值,该位可以由软件清 0 或被自动置 1,它仅对配置为输出的通道有效。

0:禁止 OC 和 OCN 输出或强制为空闲状态;

1:如果设置了相应的使能位 TIMx_CCER 寄存器的 CCEx、CCxNE 位,则开启 OC 和 OCN 输出。

本设计只需要关注其最高位,即 MOE 位。若想使高级定时器的 PWM 正常输出,则必须设置 MOE 位为 1,否则不会有输出。注意,若使用的是通用定时器,则不需要配置该位。

7.3.3 硬件配置

STM32 处理器的定时器 PWM 输出配置过程分为 6 个步骤:

(1) 开启 TIM1 时钟,配置 GPIO PA8 为复用输出口;

(2) 设置 TIM1 的 ARR 和 PSC 寄存器;

(3) 设置 TIM1_CH1 的 PWM 模式及通道方向,并使能 TIM1 的 CH1 输出;

(4) 使能 TIM1;

(5) 设置 MOE 输出,使能 PWM 输出;

(6) 修改 TIM1_CCR1 寄存器来控制占空比。

下面具体介绍这 6 个步骤。

1. 开启 TIM1 时钟,配置 GPIO PA8 为复用输出口

要使用 TIM1,必须先开启 TIM1 的时钟。因为 TIM1_CH1 通道将使用 PA8 的复用功能作为输出口,还要配置 PA8 为复用输出口和使能 GPIO PA 的时钟。库函数使能 TIM1 时钟的方法是:

```
RCC_APB1PeriphClockCmd(RCC_APB1Periph_TIM1, ENABLE);      // 使能定时器 1 时钟
```

GPIO 初始化只需一行代码即可：

```
GPIO_InitStructure.GPIO_Mode = GPIO_Mode_AF_PP;          // 复用推挽输出
```

2. 设置 TIM1 的 ARR 和 PSC 寄存器

在开启了 TIM1 的时钟之后，要设置 ARR 和 PSC 两个寄存器的值来控制输出 PWM 信号的周期。可通过 TIM_TimeBaseInit()函数实现，函数调用格式为：

```
TIM_TimeBaseStructure.TIM_Period = arr;                  //设置自动重装载值
TIM_TimeBaseStructure.TIM_Prescaler = psc;               //设置预分频值
TIM_TimeBaseStructure.TIM_ClockDivision = 0;             //设置时钟分割:TDTS = Tck_tim
TIM_TimeBaseStructure.TIM_CounterMode = TIM_CounterMode_Up;  //向上计数模式
TIM_TimeBaseInit(TIM1, &TIM_TimeBaseStructure);          //根据指定的参数初始化 TIMx
```

3. 设置 TIM1_CH1 的 PWM 模式及通道方向，并使能 TIM1 的 CH1 输出

设置 TIM1_CH1 为 PWM 模式，所以要通过配置 TIM1_CCMR1 寄存器的相关位来控制 TIM1_CH1 的模式。在库函数中 PWM 通道设置是通过函数 TIM_OCxInit()(x= 1,2,3,4)实现的。注意，不同通道的设置函数是不一样的。本例中使用通道 CH1，所以使用函数 TIM_OC1Init()。

```
void TIM_OC1Init(TIM_TypeDef * TIMx, TIM_OCInitTypeDef * TIM_OCInitStruct);
```

再来看结构体 TIM_OCInitTypeDef 的定义如下：

```
typedef struct
{
uint16_t TIM_OCMode;
uint16_t TIM_OutputState;
uint16_t TIM_OutputNState; * /
uint16_t TIM_Pulse;
uint16_t TIM_OCPolarity;
uint16_t TIM_OCNPolarity;
uint16_t TIM_OCIdleState;
uint16_t TIM_OCNIdleState;
} TIM_OCInitTypeDef;
```

下面介绍与设计要求相关的几个成员变量：

(1) 参数 TIM_OCMode 设置模式是 PWM 还是输出比较，此处选择 PWM 模式；

(2) 参数 TIM_OutputState 用来设置比较输出使能，即使能 PWM 输出到接口；

(3) 参数 TIM_OCPolarity 用来设置输出极性是高还是低；

(4) 其他参数，如 TIM_OutputNState、TIM_OCNPolarity、TIM_OCIdleState 和 TIM_OCNIdleState 是在高级定时器 TIM1 和 TIM8 才用到的。

本设计具体使用的方法为：

```
TIM_OCInitTypeDef TIM_OCInitStructure;
TIM_OCInitStructure.TIM_OCMode = TIM_OCMode_PWM2;        //选择 PWM 模式 2
TIM_OCInitStructure.TIM_OutputState = TIM_OutputState_Enable; //比较输出使能
TIM_OCInitStructure.TIM_OCPolarity = TIM_OCPolarity_High; //输出极性高
TIM_OC1Init(TIM1, &TIM_OCInitStructure);                 //初始化 TIM1 OC1
```

4. 使能 TIM1

在完成以上设置了之后,需要使能 TIM1。

```
TIM_Cmd(TIM1, ENABLE);                    // 使能 TIM1
```

5. 设置 MOE 输出,使能 PWM 输出

普通定时器在完成以上设置之后,就可输出 PWM 信号。但对于高级定时器,还需要使能 TIM1_BDTR 寄存器的 MOE 位,以使能整个 OCx(PWM)输出。在其库函数中的设置为:

```
TIM_CtrlPWMOutputs(TIM1,ENABLE);   // MOE 主输出使能
```

6. 修改 TIM1_CCR1 来控制占空比

经设置后 PWM 就已经开始输出脉冲信号了,只是其占空比和频率都是固定的。可通过修改 TIM1_CCR1 寄存器来控制 CH1 输出不同占空比的信号。在库函数中,修改的 TIM1_CCR1 占空比的函数为:

```
void TIM_SetCompare1(TIM_TypeDef * TIMx, uint16_t Compare1);
```

对于通道 x,函数名称为 TIM_SetComparex(x=1,2,3,4)。通过以上 6 个步骤,可控制 TIM1 的 CH1 通道输出 PWM 脉冲信号。

7.3.4 软件设计

本设计完整的 PWM 配置源程序码如文件 pwm.c 所示,源码中引入了头文件 pwm.h。具体 C 语言的 pwm.c 程序内容如下:

```c
# include "pwm.h"
# include "led.h"
//PWM 输出初始化
//arr: 自动重装值
//psc: 时钟预分频数
void TIM1_PWM_Init(u16 arr,u16 psc)
{
GPIO_InitTypeDef GPIO_InitStructure;
TIM_TimeBaseInitTypeDef TIM_TimeBaseStructure;
TIM_OCInitTypeDef TIM_OCInitStructure;
RCC_APB2PeriphClockCmd(RCC_APB2Periph_TIM1, ENABLE);          // ①使能 TIM1 时钟
RCC_APB2PeriphClockCmd(RCC_APB2Periph_GPIOA , ENABLE);
//①使能 GPIO 外设时钟使能
//设置该引脚为复用输出功能,输出 TIM1 CH1 的 PWM 脉冲波形
GPIO_InitStructure.GPIO_Pin = GPIO_Pin_8;                     //TIM_CH1
GPIO_InitStructure.GPIO_Mode = GPIO_Mode_AF_PP;               //复用推挽输出
GPIO_InitStructure.GPIO_Speed = GPIO_Speed_50MHz;
GPIO_Init(GPIOA, &GPIO_InitStructure);
TIM_TimeBaseStructure.TIM_Period = arr;
//设置在下一个更新事件装入活动的自动重装载寄存器周期的值 arr

TIM_TimeBaseStructure.TIM_Prescaler = psc;
```

```
//设置用来作为 TIMx 时钟频率除数的预分频值,不分频
TIM_TimeBaseStructure.TIM_ClockDivision = 0;            //设置时钟分割:TDTS =
                                                        //Tck_tim
TIM_TimeBaseStructure.TIM_CounterMode = TIM_CounterMode_Up;   //向上计数
TIM_TimeBaseInit(TIM1, &TIM_TimeBaseStructure);         //②初始化 TIMx
TIM_OCInitStructure.TIM_OCMode = TIM_OCMode_PWM2;       //脉宽调制模式 2
TIM_OCInitStructure.TIM_OutputState = TIM_OutputState_Enable;  //比较输出使能
TIM_OCInitStructure.TIM_Pulse = 0; //设置待装入捕获比较寄存器的脉冲值
TIM_OCInitStructure.TIM_OCPolarity = TIM_OCPolarity_High;   //输出极性高
TIM_OC1Init(TIM1, &TIM_OCInitStructure);                //③初始化外设 TIMx
TIM_CtrlPWMOutputs(TIM1,ENABLE);
//⑤MOE 主输出使能
TIM_OC1PreloadConfig(TIM1, TIM_OCPreload_Enable);       //CH1 预装载使能
TIM_ARRPreloadConfig(TIM1, ENABLE); //使能 TIMx 在 ARR 上的预装载寄存器
TIM_Cmd(TIM1, ENABLE);                                  //④使能 TIMx
}
```

此代码中包含了前面介绍的 PWM 输出设置的前 5 个步骤。它的头文件 pwm. h 中主要是函数的声明。下面再看主函数 main()的内容:

```
int main(void)
{
    u16 led0pwmval = 0;
    u8 dir = 1;
    delay_init();
    //延时函数初始化
    LED_Init();
    //初始化与 PWM 输出相连接的硬件接口,如 LED 灯
    TIM1_PWM_Init(899,0);              //不分频。PWM 频率 = 72000/(899 + 1) = 80kHz
    while(1)
    {
        delay_ms(10);
        if(dir)led0pwmval++;
        else led0pwmval -- ;
        if(led0pwmval > 300)dir = 0;
        if(led0pwmval == 0)dir = 1;
        TIM_SetCompare1(TIM1,led0pwmval);
    }
}
```

从程序中可以看出,先控制 LED0_PWM_VAL 的值从 0 变到 300,然后又从 300 变到 0,如此反复循环。PWM 的功率也会跟着从低到高,然后又从高到低变化。

 7.4 定时器输入捕获应用

前面介绍了使用 STM32 处理器的定时器实现 PWM 输出的方法,本节将介绍如何使用通用定时器实现输入捕获。在此将使用定时器 TIM2 的通道 1,即将 GPIO PA0 设置为具有输入捕获功能,可捕获 PA0 引脚上高电平的脉宽。设计中使用 WK_UP 按键输入高电平,并通过串口输出高电平脉宽时间。

7.4.1 定时器输入捕获简介

定时器的输入捕获模式可以用来测量脉冲宽度或者测量脉冲信号频率。在 STM32 处理器中,除了基本定时器 TIM6 和 TIM7,其他定时器都设有输入捕获功能。STM32 处理器的输入捕获功能,就是通过检测 TIMx_CHx 上的边沿信号,在边沿信号发生上升沿或下降沿跳变时,将当前定时器的值 TIMx_CNT 存放到对应的通道的 TIMx_CCRx 寄存器中,从而完成一次捕获。使用中还可以配置捕获时是否触发中断或直接存储器存取 DMA 等功能。

在使用定时器 TIM2_CH1 来捕获高电平脉宽时,可先设置输入捕获为上升沿检测,记录发生上升沿的时候 TIM2_CNT 的值,然后配置捕获信号为下降沿捕获。当下降沿到来时,发生捕获,并记录此时的 TIM2_CNT 值。这样计算出前后两次 TIM2_CNT 之差,就为高电平的脉宽。因为定时器 TIM2 的计数时钟频率是已知的,从而可计算出高电平脉宽的准确时间。下面介绍用到的一些寄存器,如定时器的 TIMx_ARR、TIMx_PSC、TIMx_CCMR1、TIMx_CCER、TIMx_DIER、TIMx_CR1 和 TIMx_CCR1 寄存器。在本例中由于使用 TIM2,因此 x 取值为 2。下面重点介绍与捕获功能相关的寄存器及其配置法。

1. 配置 TIMx_ARR 和 TIMx_PSC 寄存器

这两个寄存器用来设置自动重装载值和定时器 TIMx 的时钟分频。

2. 设置捕获/比较模式寄存器 TIMx_CCMR1

此寄存器在输入捕获时非常有用,需要再仔细介绍。捕获/比较模式寄存器 TIMx_CCMR1 的各功能位描述如图 7.15 所示。

位号	15	14	13	12	11	10	9	8	7	6	5	4	3	2	1	0
定义	OC2 CE	OC2M[2:0]			OC2 PE	OC2 FE	CC2S[1:0]		OC1 CE	OCIM[2:0]			OC1 PE	OC1 FE	CC1S[1:0]	
		IC2F[3:0]			IC2PSC[1:0]				IC1F[3:0]				IC1PSC[1:0]			
读写	rw	rw	rw	rw	rw	rw	rw	rw	rw	rw	rw	rw	rw	rw	rw	rw

图 7.15　TIMx_CCMR1 寄存器各位含义

从图 7.15 中可以看出,TIMx_CCMR1 寄存器是针对两个通道的配置。其低 8 位 [7:0] 用于对捕获/比较通道 1 的控制,高 8 位 [15:8] 则用于捕获/比较通道 2 的控制。而定时器 TIMx 还有 CCMR2 寄存器,CCMR2 寄存器用来控制通道 3 和通道 4。因本设计使用定时器 TIM2 的捕获/比较通道 1,所以重点介绍 TIMx_CCMR1 的低 8 位 [7:0] 配置。TIMx_CCMR1 的 [7:0] 位设置详细描述如图 7.16 所示。

其中,CC1S[1:0] 两位用于 CCR1 的通道方向配置。在此设置 CC1S[1:0] = 01,即配置为输入,且 IC1 映射在 TI1 上,所以 CC1 即对应定时器的 TIMx_CH1 通道。另外,输入/捕获 1 预分频器为 IC1PSC[1:0] 两位,由于采用的捕获方法是 1 次边沿就触发 1 次捕获,所以 IC1PSC[1:0] 选择置 00。输入/捕获 1 滤波器 IC1F[3:0] 4 位,用于设置输入采位[7:4]——IC1F[3:0],输入/捕获 1 滤波器。

这几位定义了 T11 输入的采样频率及数字滤波器长度。

数字滤波器由一个事件计数器组成,它记录到 N 个事件后会产生一个输出的跳变。

0000:无滤波器,以 f_{DTS} 采样   1000:采样频率 $f_{SAMPLING}=f_{DTS}/8,N=6$

0001:采样频率 $f_{SAMPLING}=f_{CK\_INT},N=2$ 1001:采样频率 $f_{SAMPLING}=f_{DTS}/8,N=8$

0010:采样频率 $f_{SAMPLING}=f_{CK\_INT},N=4$ 1010:采样频率 $f_{SAMPLING}=f_{DTS}/16,N=5$

0011:采样频率 $f_{SAMPLING}=f_{CK\_INT},N=8$ 1011:采样频率 $f_{SAMPLING}=f_{DTS}/16,N=6$

0100:采样频率 $f_{SAMPLING}=f_{DTS}/2,N=6$ 1100:采样频率 $f_{SAMPLING}=f_{DTS}/16,N=8$

0101:采样频率 $f_{SAMPLING}=f_{DTS}/2,N=8$ 1101:采样频率 $f_{SAMPLING}=f_{DTS}/32,N=5$

0110:采样频率 $f_{SAMPLING}=f_{DTS}/4,N=6$ 1110:采样频率 $f_{SAMPLING}=f_{DTS}/32,N=6$

0111:采样频率 $f_{SAMPLING}=f_{DTS}/4,N=8$ 1101:采样频率 $f_{SAMPLING}=f_{DTS}/32,N=8$

位[3:2]——IC1PSC[1:0],输入/捕获 1 预分频器。

这 2 位定义了 CC1 输入(IC1)的预分频系数。一旦 CC1E=0(TIMx_CCER 寄存器中),则预分频器复位。

00:无预分频器,捕获输入口上检测到的每个边沿都触发一次捕获。

01:每 2 个事件触发一次捕获。

10:每 4 个事件触发一次捕获。

11:每 8 个事件触发一次捕获。

位[1:0]——CC1S[1:0],捕获/比较 1 选择。

这 2 位定义通道的方向(输入/输出)及输入脚的选择。

00:CC1 通道被配置为输出。

01:CC1 通道被配置为输入,IC1 映射在 TI1 上。

10:CC1 通道被配置为输入,IC1 映射在 TI2 上。

11:CC1 通道被配置为输入,IC1 映射在 TRC 上。此模式仅工作在内部触发器输入被选中时
(由 TIMx_SMCR 寄存器的 TS 位选择)。

注:CC1S 仅在通道关闭时(TIMx_CCER 寄存器的 CC1E=0)才是可写的。

图 7.16   TIMx_CCMR1 寄存器低 8 位[7:0]设置和描述

样频率和数字滤波器长度。其中 f_{CK_INT} 是定时器的输入频率 TIMxCLK,一般为 72MHz,而 f_{DTS} 则是根据 TIMx_CR1 的 CKD[1:0]位设置来确定的,若 CKD[1:0]两位设置为 00,则 $f_{DYS}=f_{CK\_INT}$。N 值为滤波长度。例如,假设 IC1F[3:0]=0011,并设置 IC1 映射到通道 1 上,且为上升沿触发,则在捕获到上升沿的时候,再以相同的频率,连续采样到 8 次通道 1 的电平,若都是高电平,则说明确实是一个有效的触发,就会触发输入捕获中断。这样可以滤除那些高电平脉宽低于 8 个采样周期的脉冲信号,从而达到滤波的效果。本设计中由于不做滤波处理,所以设置 IC1F[3:0]=0000,只要采集到上升沿信号,就触发捕获功能。

3. 捕获/比较使能寄存器 TIMx_CCER

该寄存器的各功能位描述如图 7.12 所示。由于本例中只用到这个寄存器的最低 2 位,即 CC1E 和 CC1P 位。这两个位的具体描述如下:

位[1]——CC1P,输入/捕获 1 输出极性。

CC1 通道配置为输出。

0——OC1 高电平有效。

1——OC1 低电平有效。

CC1 通道配置为输入：该位选择是 IC1 还是 IC1 的反相信号作为触发或捕获信号。

  0——不反相：捕获发生在 IC1 的上升沿；当用作外部触发器时,IC1 不反相。

  1——反相：捕获发生在 IC1 的下降沿；当用作外部触发器时,IC1 反相。

位[0]——CC1E,输入/捕获 1 输出使能。

  CC1 通道配置为输出：

  0——关闭：OC1 禁止输出。

  1——开启：OC1 引脚输出到对应的输出引脚。

  CC1 通道配置为输入：该位决定了计数器的值是否能捕获入 TIMx_CCR1 寄存器。

  0——捕获禁止。

  1——捕获使能。

所以如要使能输入捕获,必须设置位 CC1E 为 1,而位 CC1P 则根据需要来配置。

4. DMA/中断使能寄存器 TIMx_DIER

该寄存器的各功能位描述如图 7.17 所示。本例中由于需要用到中断处理来捕获数据,所以必须开启通道 1 的捕获比较中断功能,即位 CC1IE 设置为 1。

位号	15	14	13	12	11	10	9	8	7	6	5	4	3	2	1	0
定义	保留	TDE	保留	CC4 DE	CC3 DE	CC2 DE	CC1 DE	UDE	保留	TIE	保留	CC4 IE	CC3 IE	CC2 IE	CC1 IE	UIE
读写		rw		rw	rw	rw	rw	rw		rw		rw	rw	rw	rw	rw

图 7.17 TIMx_DIER 寄存器各位详细描述

位[5]——保留,始终读为 0。

位[4]——CC4IE,允许捕获/比较 4 中断。

  0：禁止捕获/比较 4 中断。

  1：允许捕获/比较 4 中断。

位[3]——CC3IE：允许捕获/比较 3 中断。

  0：禁止捕获/比较 3 中断。

  1：允许捕获/比较 3 中断。

位[2]——CC2IE,允许捕获/比较 2 中断。

  0：禁止捕获/比较 2 中断。

  1：允许捕获/比较 2 中断。

位[1]——CC1IE,允许捕获/比较 1 中断。

  0：禁止捕获/比较 1 中断。

  1：允许捕获/比较 1 中断。

位[0]——UIE,允许更新中断。

  0：禁止更新中断。

  1：允许更新中断。

5. 控制寄存器 TIMx_CR1 和捕获/比较寄存器 TIMx_CCR1

在此例中由于只用到了 TIMx_CR1 的最低位,即用来使能定时器的各种功能。关于捕获/比较寄存器 TIMx_CCR1,该寄存器用来存储捕获发生时 TIMx_CNT 的值。使用中可从 TIMx_CCR1 读出通道 1 捕获发生时刻的 TIMx_CNT 值。通过两次捕获,即一次上升沿捕获和一次下降沿捕获,即可使用获取的差值,就可精确计算出高电平脉冲的宽度。

7.4.2　硬件配置

本案例将使用到的硬件资源有指示灯、按键、串口和定时器 TIM2。需实现功能为,将捕获 TIM2_CH1,即检测 GPIO PA0 引脚上的高电平脉宽。具体过程是通过按键在 PA0 引脚输入高电平,并从串口输出高电平脉宽。同时保留 PWM 脉冲输出。可以通过杜邦线连接 PA8 和 PA0 来测量 PWM 输出的高电平脉宽。在此通过输入捕获来获取 TIM2_CH1 PA0 引脚上面的高电平脉冲宽度,并从串口输出捕获结果。首先介绍如何利用库函数来设置输入捕获的配置,其具体配置步骤如下:

1. 开启定时器 TIM2 时钟,配置 PA0 为下拉输入口

要使用定时器 TIM2,必须先开启 TIM2 的时钟。因为功能实现要捕获 TIM2_CH1 上面的高电平脉宽,而 TIM2_CH1 是连接在 PA0 引脚上的,因此还要配置 PA0 为下拉输入。具体配置如下:

```
RCC_APB1PeriphClockCmd(RCC_APB1Periph_TIM2, ENABLE);      //使能 TIM2 时钟
RCC_APB2PeriphClockCmd(RCC_APB2Periph_GPIOA, ENABLE);     //使能 GPIO PA 时钟
```

两个函数的使用方法在前面已多次提到,在此不再详述。

2. 初始化定时器 TIM2,设置 TIM2 的 ARR 和 PSC 寄存器

在开启了 TIM2 的时钟之后,需要设置 ARR 和 PSC 两个寄存器的值来设置输入捕获的自动重装载值和计数频率。可在库函数中,通过设置 TIM_TimeBaseInit() 函数来实现。

```
TIM_TimeBaseInitTypeDef TIM_TimeBaseStructure;
TIM_TimeBaseStructure.TIM_Period = arr;                //设定计数器自动重装值
TIM_TimeBaseStructure.TIM_Prescaler = psc;             //设置预分频值
TIM_TimeBaseStructure.TIM_ClockDivision = TIM_CKD_DIV1;   //TDTS = Tck_tim
TIM_TimeBaseStructure.TIM_CounterMode = TIM_CounterMode_Up; //TIM 向上计数模式
TIM_TimeBaseInit(TIM2, &TIM_TimeBaseStructure);   //根据指定的参数初始化 TIM2
```

3. 设置定时器 TIM2 的输入比较参数,开启输入捕获功能

输入比较参数的设置包括映射关系、滤波、分频以及捕获方式等设置。在此需要设置通道 1 为输入模式,且 IC1 映射到 TI1 上面,不使用滤波,采用上升沿捕获。库函数通过 TIM_ICInit() 函数来初始化输入比较参数如下:

```
void TIM_ICInit(TIM_TypeDef * TIMx, TIM_ICInitTypeDef * TIM_ICInitStruct);
```

其中参数设置结构体 TIM_ICInitTypeDef 的定义如下:

```
typedef struct
{
uint16_t TIM_Channel;
uint16_t TIM_ICPolarity;
```

```
    uint16_t TIM_ICSelection;
    uint16_t TIM_ICPrescaler;
    uint16_t TIM_ICFilter;
    } TIM_ICInitTypeDef;
```

其中，参数 TIM_Channel 用来设置通道，在此设置为 TIM_Channel_1，即通道 1。参数
TIM_ICPolarity 用来设置输入信号的有效捕获极性，设置为 TIM_ICPolarity_Rising，即
上升沿捕获。库函数还提供了单独设置通道 1 捕获极性的函数，具体如下：

```
    TIM_OC1PolarityConfig(TIM2,TIM_ICPolarity_Falling);
```

函数命令表示通道 1 为上升沿捕获。对于其他 3 个通道也有类似的函数，其格式为
TIM_OCxPolarityConfig()，使用时一定要注意使用的是哪个通道就调用哪个函数。参
数 TIM_ICSelection 用来设置映射关系，此处配置 IC1 直接映射在 TI1 上，所以选择
TIM_ICSelection_DirectTI。参数 TIM_ICPrescaler 用来设置输入捕获分频系数，本例
因为不需要分频，所以选中 TIM_ICPSC_DIV1，此外还有 2 分频、4 分频和 8 分频可选。
参数 TIM_ICFilter 用来设置滤波器长度，因为本例不使用滤波器，所以设置为 0。这些
参数的含义此处不再详述。它们的配置代码是：

```
    TIM_ICInitTypeDef TIM2_ICInitStructure;
    TIM5_ICInitStructure.TIM_Channel = TIM_Channel_1;          //选择输入端 IC1 映射到 TI1 上
    TIM5_ICInitStructure.TIM_ICPolarity = TIM_ICPolarity_Rising;    //上升沿捕获
    TIM5_ICInitStructure.TIM_ICSelection = TIM_ICSelection_DirectTI;//映射到 TI1 上
    TIM5_ICInitStructure.TIM_ICPrescaler = TIM_ICPSC_DIV1;          //配置输入分频,不分频
    TIM5_ICInitStructure.TIM_ICFilter = 0x00;  //IC1F = 0000 配置输入滤波器 不滤波
    TIM_ICInit(TIM2, &TIM2_ICInitStructure);
```

4. 设置定时器 TIM2 的 DIER 寄存器，使能捕获和更新中断功能

因为本设计需要捕获高电平信号的脉宽，所以需要第一次捕获上升沿，第二次捕获
下降沿，而且必须设置为在捕获上升沿之后，才能设置捕获边沿为下降沿。注意，如果需
要捕获的脉宽较长，那么定时器可能会溢出。如果产生溢出则必须对溢出做处理，否则
会出错。因为本例的功能实现采用中断实现功能，在捕获上升沿和下升沿都必须开启捕
获中断和更新中断，具体如下：

```
    TIM_ITConfig( TIM2,TIM_IT_Update|TIM_IT_CC1,ENABLE);          //允许更新中断和捕获中断
```

5. 设置中断分组，编写中断服务函数

STM32 处理器配备了 3～5 个通用同步异步串行接收发送器 USART，都采用工业
标准 NRZ 异步串行数据格式，与外部设备可实现全双工的异步通信。USART 内部配备
了分数波特率发生器，以提供可编程、较宽的波特率范围。它还具备可编程的数据字长
度和可配置的停止位。设置中断分组，主要通过函数 NVIC_Init() 来完成。分组设置完
成后，还需要在中断函数中完成数据处理和捕获设置等关键操作，从而实现高电平脉宽
统计。在中断服务函数中，在中断开始的时候要进行中断类型判断，在中断结束时要清
除中断标志位，使用的函数分别为 TIM_GetITStatus() 和 TIM_ClearITPendingBit()，具
体如下：

```
if (TIM_GetITStatus(TIM2, TIM_IT_Update) != RESET){}       //判断是否为更新中断
if (TIM_GetITStatus(TIM2, TIM_IT_CC1) != RESET){}          //判断是否发生捕获事件
TIM_ClearITPendingBit(TIM2, TIM_IT_CC1|TIM_IT_Update);     //清除中断和捕获标志位
```

6. 设置 TIM2 的 CR1 寄存器,使能定时器

最后打开定时器的计数器开关,启动 TIM2 的计数器,开始输入脉冲捕获流程。

```
TIM_Cmd(TIM2,ENABLE);                                      //使能定时器 2
```

通过以上六步设置,定时器 TIM2 的通道 1 就可开始了输入脉冲捕获功能。

7.4.3 软件设计

完整的输入捕获配置以及中断服务函数在 timer.c 文件中实现,具体程序代码如下所示:

```
TIM_ICInitTypeDef TIM2_ICInitStructure;
void TIM2_Cap_Init(u16 arr,u16 psc)
{
GPIO_InitTypeDef GPIO_InitStructure;
TIM_TimeBaseInitTypeDef TIM_TimeBaseStructure;
NVIC_InitTypeDef NVIC_InitStructure;
RCC_APB1PeriphClockCmd(RCC_APB1Periph_TIM2, ENABLE);       //使能 TIM2 时钟
RCC_APB2PeriphClockCmd(RCC_APB2Periph_GPIOA, ENABLE);      //使能 GPIO PA 时钟
GPIO_InitStructure.GPIO_Pin = GPIO_Pin_0;                  //PA0 清除之前设置
GPIO_InitStructure.GPIO_Mode = GPIO_Mode_IPD;              //PA0 输入
GPIO_Init(GPIOA, &GPIO_InitStructure);
GPIO_ResetBits(GPIOA,GPIO_Pin_0);                          //PA0 下拉
//初始化定时器 2
TIM_TimeBaseStructure.TIM_Period = arr;                    //设定计数器自动重装值
TIM_TimeBaseStructure.TIM_Prescaler = psc;                 //预分频器
TIM_TimeBaseStructure.TIM_ClockDivision = TIM_CKD_DIV1;    //设置时钟分割
TIM_TimeBaseStructure.TIM_CounterMode = TIM_CounterMode_Up; //向上计数
TIM_TimeBaseInit(TIM2, &TIM_TimeBaseStructure);            //初始化 TIMx 的时间基数单位
//初始化 TIM2 输入捕获参数
TIM2_ICInitStructure.TIM_Channel = TIM_Channel_1;         //选择输入端 IC1 映射到 TI1 上
TIM2_ICInitStructure.TIM_ICPolarity = TIM_ICPolarity_Rising;  //上升沿捕获
TIM2_ICInitStructure.TIM_ICSelection = TIM_ICSelection_DirectTI; //映射到 TI1 上
TIM2_ICInitStructure.TIM_ICPrescaler = TIM_ICPSC_DIV1;     //配置输入分频,不分频
TIM2_ICInitStructure.TIM_ICFilter = 0x00;                 //IC1F=0000 配置输入滤波器 不滤波
TIM_ICInit(TIM2, &TIM2_ICInitStructure);                  //中断分组初始化
NVIC_InitStructure.NVIC_IRQChannel = TIM2_IRQn;            //TIM2 中断
NVIC_InitStructure.NVIC_IRQChannelPreemptionPriority = 2;  //抢占式优先级 2 级
NVIC_InitStructure.NVIC_IRQChannelSubPriority = 0;         //副优先级 0 级
NVIC_InitStructure.NVIC_IRQChannelCmd = ENABLE;            //IRQ 通道被使能
NVIC_Init(&NVIC_InitStructure);                            //初始化外设 NVIC 寄存器
TIM_ITConfig(TIM2,TIM_IT_Update|TIM_IT_CC1,ENABLE);       //允许更新中断 CC1IE 捕获中断
TIM_Cmd(TIM2,ENABLE);                                      //使能定时器 2
}
u8 TIM2CH1_CAPTURE_STA = 0;                               //输入捕获状态
u16 TIM2CH1_CAPTURE_VAL;                                  //输入捕获值
//定时器 2 中断服务程序
```

```
void TIM2_IRQHandler(void)
{
if((TIM2CH1_CAPTURE_STA&0X80) == 0)                      //还未成功捕获
{
if (TIM_GetITStatus(TIM2, TIM_IT_Update) != RESET)
{
if(TIM2CH1_CAPTURE_STA&0X40)                             //已经捕获到高电平了
{
if((TIM2CH1_CAPTURE_STA&0X3F) == 0X3F)                   //高电平时间太长了
{
TIM2CH1_CAPTURE_STA| = 0X80;                             //标记成功捕获了一次
TIM2CH1_CAPTURE_VAL = 0XFFFF;
}else TIM2CH1_CAPTURE_STA++;
}
}
if (TIM_GetITStatus(TIM2, TIM_IT_CC1) != RESET)          //捕获通道 1 发生捕获事件
{
if(TIM2CH1_CAPTURE_STA&0X40)                             //捕获到一个下降沿
{
TIM2CH1_CAPTURE_STA| = 0X80;                             //标记成功捕获到一次上升沿
TIM2CH1_CAPTURE_VAL = TIM_GetCapture1(TIM2);
TIM_OC1PolarityConfig(TIM2,TIM_ICPolarity_Rising);      //CC1P=0 设置为上升沿捕获
}else                                                   //还未开始,第一次捕获上升沿
{
TIM2CH1_CAPTURE_STA = 0;                                 //清空
TIM2CH1_CAPTURE_VAL = 0;
TIM_SetCounter(TIM2,0);
TIM2CH1_CAPTURE_STA| = 0X40;                             //标记捕获到了上升沿
TIM_OC1PolarityConfig(TIM2,TIM_ICPolarity_Falling);     //CC1P=1 设置为下降沿捕获
}
}
}
TIM_ClearITPendingBit(TIM2, TIM_IT_CC1|TIM_IT_Update);  //清除中断标志位
}
```

此程序代码包含两个函数,其中 TIM2_Cap_Init 函数用于 TIM2 通道 1 的输入捕获设置。在此重点解读第二个函数 TIM2_IRQHandler。它是定时器 TIM2 的中断服务函数,该函数用到了两个全局变量,用于辅助实现高电平捕获功能。其中一个变量 TIM2CH1_CAPTURE_STA 用来记录捕获状态,该变量与在 usart.c 中自行定义的 USART_RX_STA 寄存器类似。其实它就是一个变量,只是把它当成一个寄存器来使用。TIM2CH1_CAPTURE_STA 各位功能描述如表 7.1 所示。

表 7.1　TIM2CH1_CAPTURE_STA 寄存器各位描述

位　号	描　述
[5:0]	捕获高电平后定时器溢出的次数
[6]	捕获到高电平标志
[7]	捕获完成标志

另一个变量 TIM2CH1_CAPTURE_VAL 用来记录捕获到下降沿时 TIM2_CNT 的值。本例捕获高电平脉宽的流程如下：

(1) 首先设置 TIM2_CH1 捕获上升沿，这在 TIM2_Cap_Init 函数执行时就已设置好了。

(2) 然后等待上升沿捕获中断到来，当捕获到上升沿，此时如果 TIM2CH1_CAPTURE_STA 的第 6 位为 0，则表示还没有捕获到新的上升沿，就先把 TIM2CH1_CAPTURE_STA、TIM2CH1_CAPTURE_VAL 和 TIM2->CNT 等清零，再通过设置 TIM2CH1_CAPTURE_STA 的第 6 位为 1 来标记捕获到高电平。

(3) 最后设置为下降沿捕获，等待下降沿到来。如果在等待下降沿到来期间，定时器发生了溢出，则在 TIM2CH1_CAPTURE_STA 中对溢出次数进行计数，当达到最大溢出次数时，就强制标记捕获完成。当下降沿到来时，先设置 TIM2CH1_CAPTURE_STA 的第 7 位为 1，标记成功捕获一次高电平，然后将此时的定时器捕获值读取到 TIM2CH1_CAPTURE_VAL 中，最后设置为上升沿捕获，回到初始状态，这样就完成了一次高电平捕获。只要 TIM2CH1_CAPTURE_STA 的第 7 位一直为 1，那么就不会进行第二次捕获。在 main 函数处理完捕获数据后，可以将 TIM2CH1_CAPTURE_STA 清零，以方便开启第二次捕获。本例中还使用函数 TIM_OC1PolarityConfig 来修改输入捕获通道 1 的极性，具体如下：

```
void TIM_OC1PolarityConfig(TIM_TypeDef * TIMx, uint16_t TIM_OCPolarity)
```

要设置为上升沿捕获，则为：

```
TIM_OC1PolarityConfig(TIM2,TIM_ICPolarity_Rising);        //设置为上升沿捕获
```

还有一个函数用来设置计数器寄存器值，如下：

```
TIM_SetCounter(TIM2,0);
```

此行代码实现计数值清零。main.c 的内容如下：

```
# include "led.h"
# include "delay.h"
# include "sys.h"
# include "timer.h"
# include "usart.h"
extern u8 TIM2CH1_CAPTURE_STA;          //输入捕获状态
extern u16
TIM2CH1_CAPTURE_VAL;                    //输入捕获值
int main(void)
{
u32 temp = 0;
NVIC_PriorityGroupConfig(NVIC_PriorityGroup_2);  //设置 NVIC 中断分组 2,2 位抢占式优先
                                                 //级,2 位响应优先级

delay_init();                           //延时函数初始化
uart_init(9600);                        //串口初始化为 9600bps
LED_Init();                             //初始化与 LED 连接的硬件接口
TIM1_PWM_Init(899,0);                   //不分频。PWM 频率 = 72000/(899 + 1) = 80kHz
```

```
TIM2_Cap_Init(0xFFFF,72 - 1);              //以 1MHz 的频率计数
while(1)
{
delay_ms(10);
TIM_SetCompare1(TIM1,TIM_GetCapture1(TIM1) + 1);
if(TIM_GetCapture1(TIM1) == 300)TIM_SetCompare1(TIM1,0);
if(TIM2CH1_CAPTURE_STA&0X80)                //成功捕获到了一次高电平
{
temp = TIM2CH1_CAPTURE_STA&0X3F;
temp * = 65536;                            //溢出时间总和
temp += TIM2CH1_CAPTURE_VAL;               //得到总的高电平时间
printf("HIGH: % d us\r\n",temp);           //打印总的高电平时间
TIM2CH1_CAPTURE_STA = 0;                   //开启下一次捕获
}
}
}
```

在 main. c 中，通过设置 TIM2_Cap_Init(0xFFFF,72－1)，将 TIM2_CH1 的捕获计数器设计为 1μs 计数一次，并设置重装载值为最大值，因此捕获时间精度为 1μs。主函数通过 TIM2CH1_CAPTURE_STA 的第 7 位来判断有没有成功捕获到一次高电平，若成功捕获，则可将高电平时间通过串口输出到其他终端。

第8章

串行通信

8.1　串行通信的相关概念

8.1.1　串行通信与并行通信

通信概念是指计算机与外部设备终端之间的信息传输,可分为串行通信和并行通信。串行通信是数字字节一位一位进行传送的通信方式。此通信方式传输速度慢,但是通信终端双方连接的传输线较少,成本也较低,所以一般适用于远距离传输。并行通信是数字字节的各位同时进行传送的通信方式。与串行通信相反,并行通信需要的数据传输线较多,成本也较高,但通信速度快,适用于近距离大量数据的传输。本章仅介绍处理器的串行通信接口。

8.1.2　串行通信的分类

1. 单工、半双工和全双工通信

单工通信是指数据只能单方向传输。两个通信发送端和接收端的身份是固定的,发送端只能发送数据,不能接收数据;接收端只能接收数据,不能发送数据,数据只能从发送端传输到接收端。半双工通信是指数据可双向传输,但不能同时进行。两个通信端既可以发送数据也可以接收数据,但是同一时刻只能一方发送数据另一方接收数据。全双工通信是指数据收发可同时进行传输。通信端既可以同时发送数据,也可以接收数据。

2. 同步通信和异步通信

串行同步通信要求接收端和发送端的时钟是相同的,一次通信只传送一帧信息,信息帧由多个数据字符加上同步字符组成。同步通信的优点是传输速度较快,但由于需要专用时钟控制线来实现同步,所以长距离通信时成本较高。串行异步通信是常用的一种通信方式,接收端和发送端时钟不同,数据传输是以字符为单位逐个发送和接收,且字符之间的时间间隔可以不固定。异步通信传输有两项约定:字符格式和波特率。字符格式约定包括字符的编码形式、起始位、停止位和奇偶校验位的规定。波特率约定要求接收端和发送端设置为相同的波特率。与同步通信相比,异步通信终端简单、成本和效率较低。

8.1.3　串行异步通信的数据传输形式

串行异步通信传输格式如图 8.1 所示。串行异步通信的数据传输是以字符为单位逐个发送和接收,传输的每个字符由起始位、数据位和停止位组成。数据传输首先由低电平的起始位开始,传输线上没有数据传输时是处于逻辑 1 状态。当发送端开始发送数据时,通信线会首先发一个 0 代表传输开始,紧接着是数据位,通常是 7 位或 8 位,传输过程从低位开始传输。数据传输结束时,可根据需要在数据位的最后一位添加奇偶校验位,用于校验奇偶错误。最后发送的是高电平停止位,代表一个字符所有位传输结束,并可选择位数为 0.5、1、1.5 或 2。由于字符发送的时间间隔可以是不固定的,所以可以在相邻传输的字符之间添加空闲位,且通常定义为高电平状态。

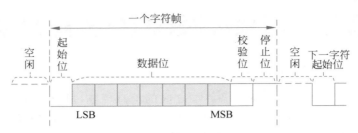

图 8.1　串行异步通信的数据传输格式

8.2　STM32 通用同步/异步收发器

8.2.1　USART 概述

STM32 系列处理器配备了 3～5 个通用同步异步串行接收发送器(Universal Synchronous/Asynchronous Receiver/Transmitter,USART)。通用同步/异步串行收发器采用工业标准 NRZ 异步串行数据格式,能实现与外部设备间的全双工异步通信。USART 内部配备了分数波特率发生器,以提供可编程以及可变的波特率,它还具备可编程的数据字长度和可配置的停止位,还可支持实现单线半双工通信、多处理器通信、利用 DMA 的多缓冲器通信、智能卡模式、局部互联网 LIN 以及红外数据组织 IrDA 通信等功能。

8.2.1.1　USART 的结构

STM32 处理器 USART 的内部结构图如图 8.2 所示。USART 模块主要包括 5 个外部引脚端:发送数据输出 TX、接收数据输入 RX、发送器时钟输出 CK、清除发送 nCTS 和发送请求 nRTS。TX 和 RX 为 USART 的两个数据传输引脚,RX 为接收数据输入端,TX 为发送数据输出端。传输的串行数据通过 TX 引脚发送,通过 RX 引脚接收。在 IrDA 模式下,TX 和 RX 相当于 IRDA_OUT 和 IRDA_IN。TX 引脚在发送端被激活且没有数据发送时处于高电平。在单线和智能卡模式下,TX 引脚既作为数据的发送端,又作为数据的接收端。

CK 引脚被用在同步模式下,用来输出同步传输的时钟信号。此引脚类似于 SPI 通信主模式的时钟输出,在起始位和停止位上没有时钟脉冲,可通过软件控制在最后一位数据位上是否发送一个时钟脉冲。在发送时钟脉冲的同时,RX 同步接收数据,时钟的相位和极性可通过软件设定。nCTS 引脚和 nRTS 引脚被用在硬件流控制模式下。nCTS 为清除发送端,置为高电平时,表明在当前数据传输完成后停止下一个数据传输。nRTS 为发送请求端,置为低电平时,表明 USART 已经准备好接收数据。模块内部包括发送数据寄存器、接收数据寄存器、移位寄存器、波特率寄存器、控制寄存器、状态寄存器和保护时间寄存器。发送数据寄存器 USART_TDR 从处理器读取数据后并行传送到发送移位寄存器,发送移位寄存器将移入的数据串行输出;接收移位寄存器 USART_RDR 接收到 RX 端的数据之后,将移入的数据恢复并传送到接收数据寄存器。波特率寄存器 USART_BRR 用于驱动串行数据传输,有 16 个有效位,通过 12 位整数部分和 4 位小数

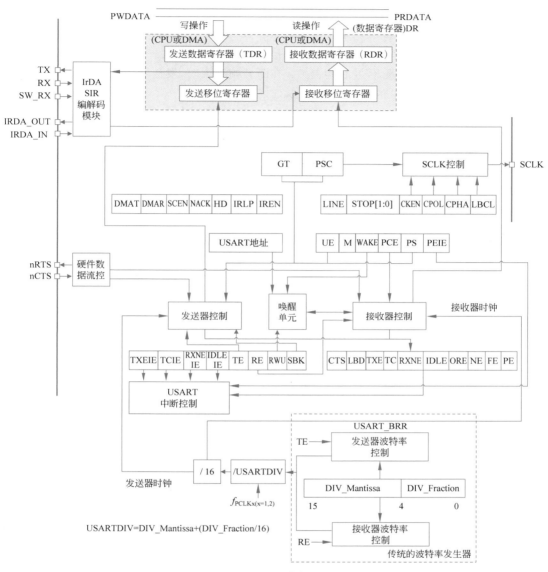

图 8.2　USART 内部结构图

部分组合确定精确的波特率。USART 模块有 3 个控制寄存器(USART_CR1、USART_CR2 和 USART_CR3)用于控制模块的工作模式,一个状态寄存器 USART_SR 表明模块的工作状态以及一个保护时间寄存器 USART_GTPR 用在智能卡模式下保护时间的设置等。

8.2.1.2　USART 的数据格式

STM32 处理器 USART 数据传输是以帧的形式进行传输的。按照功能的不同,帧可以分为数据帧、空闲帧和断开帧 3 种。数据帧包括低电平起始位(1 位)、数据字(通常 8 位或 9 位,且低位在前)以及高电平停止位(0.5 位、1 位、1.5 位或 2 位)。数据字长可通过设置 CR1 寄存器中的 M 值来选择 8 位或 9 位。停止位位数可以通过 CR2 寄存器中的 STOP[1:0] 位进行配置。空闲帧可以被看成完全由 1 组成的数据帧,即这个数据帧从起始位到停止位都是高电平,后面跟随的是下一帧的起始位。断开帧和空闲帧相反,是完全由 0 组成的数据帧,停止位也是 0。在断开帧结束时,发送器会插入一个或两个高电平的停止位。USART 的数据格式如图 8.3 所示。

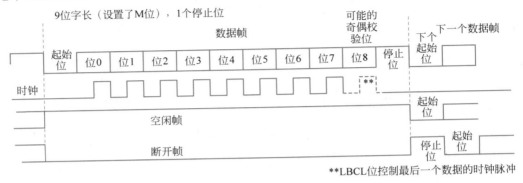

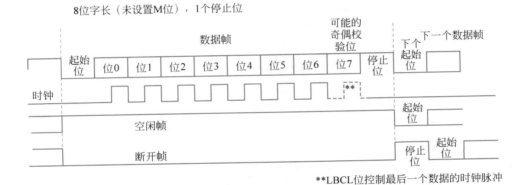

图 8.3　USART 的数据格式图

8.2.1.3　USART 的发送器

发送器由寄存器 CR1 的发送使能位 TE 使能。当 TE 被设置时,发送移位寄存器中的数据从 TX 引脚中输出,相应的时钟脉冲在 CK 引脚上产生。下面具体介绍发送各种符号的过程。

1. 发送空闲符号

软件使能 USART 发送器后,即 TE 置 1 后,TX 引脚会在第一个数据帧前发送高电平的空闲符号。

2. 发送断开符号

在 SBK 位置 1 时,就可以在数据传输完成后发送一个断开符号。当断开符号发送完成时,SBK 位被硬件清零。USART 在最后一个断开帧的结束处插入 1 个高电平停止位,以识别下一帧的起始位。

3. 发送字符

数据发送时,TC 位和 TXE 位的变化如图 8.4 所示。在软件使能 USART 后,TXE 置 1,此时表明发送数据寄存器 TDR 为空。当数据写入 TDR 时,TXE 清 0。接着数据从 TDR 传送到移位寄存器后,TXE 再置 1。此时数据开始传输,并且下一个数据写入 TDR 不会覆盖先前的数据,TXE 清 0。当所有的数据帧发送完成后 TXE 置 1 时,TC 位会被置 1,表明数据传输结束。因此在关闭 USART 或者进入停机模式之前,为防止破坏最后一次的数据传输,要先等待 TC 位置 1。

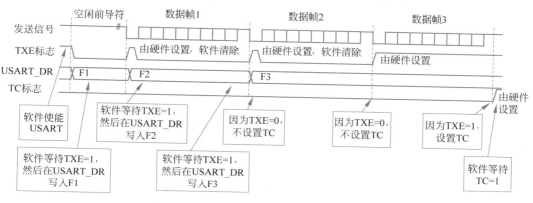

图 8.4 发送数据时 TC 和 TXE 位变化情况

8.2.1.4 USART 的接收器

USART 接收器根据寄存器 CR1 中的 M 位决定接收的是 8 位或 9 位的数据字。下面具体介绍接收各种字符的过程。

1. 接收字符

接收器由寄存器 CR1 的接收使能位 RE 使能。接收时 RX 引脚上先移入数据的最低有效位。接收到的数据在移位寄存器中恢复,并传送到接收数据寄存器 RDR 中,处理器对 RDR 寄存器中的数据进行读操作。接收数据寄存器 RDR 相当于内部总线和接收移位寄存器之间的缓冲器。当一个字符被接收时,RXNE 位被置为 1,表明移位寄存器中的数据被传送到 RDR 寄存器中,即数据可以被读取。在数据接收期间,若检测出有帧错误、噪声或溢出错误,则相应的错误标志位被置位。若 RXNEIE 位被置位,则产生中断。

当软件读取 RDR 寄存器中的字符时,RXNE 位清 0,也可以通过写 0 将 RXNE 位清 0。为了避免溢出错误,RXNE 位必须在下一个字符接收之前清 0。在进行多缓冲器通信时,RXNE 位在接收每个字节后被置位,DMA 对接收数据寄存器的读操作会将 RXNE 位清 0。

2. 接收断开符号

当接收一个断开帧时,USART 会将它当作帧错误进行处理。

3. 接收空闲符号

当检测到空闲帧时,其处理步骤和接收到普通数据帧相同,如果 IDLEIE 位置 1,则会产生中断。

4. 溢出错误产生

如果 RXNE 位还没有清 0,就接收到一个字符,那么此时产生溢出错误。后接收到的数据只有将 RXNE 位清 0 后才能从移位寄存器转移到 RDR 寄存器。当溢出错误产生时,ORE 位被置 1,RDR 寄存器中的数据不会丢失,读 RDR 寄存器仍能得到先前的数据。但移位寄存器的内容会被覆盖,且随后接收的数据也会丢失。若 CR3 寄存器中的 EIE 位被置位,则会产生中断。

8.2.1.5 分数波特率

USART 接收器和发送器的波特率可以通过编程寄存器 USART_BRR 设置。其具体计算方法和设置如下:

$$T_X/R_X\,\mathrm{baud} = \frac{f_{CK}}{16 \times \mathrm{USARTDIV}}$$

式中,f_{CK} 是给串口的时钟(PCLK1 用于 USART2、USART3、USART4 和 USART5,PCLK2 用于 USART1)。USARTDIV 是一个无符号定点数,通过设置 USARTDIV 的值,就可以得到串口波特率寄存器 USART_BRR 的值;反之通过 USART_BRR 寄存器的值,推导出 USARTDIV。例如,假设串口 1 要设置 115 200bps 的波特率,而 PCLK2 的时钟为 72MHz,那么根据上面的公式有:USARTDIV=72 000 000/(115 200×16)=39.0625,得到:DIV_Mantissa=39=0x27,DIV_Fraction=16×0.0625=1=0x01。这样就得到 USART_BRR 的值为 0x271,即只要将串口 1 的 BRR 寄存器值设置为 0x271 就能得到 115 200bps 的波特率。

8.2.2 USART 通信

USART 模块支持全双工通信、同步通信和异步通信,还支持多处理器通信、智能卡模式、LIN 以及 IrDA 通信等功能。

8.2.2.1 多处理器通信

将多个处理器 USART 相连接可以实现多处理器之间通信。例如,将一个 USART 作为主设备,其余的作为从设备。主设备的 TX 输出引脚和其他从设备 USART 的 RX 输入引脚相连接,从设备的 TX 输出引脚与逻辑地相连接,并且与主设备的 RX 输入相连接。在通信过程中,只有被寻址的接收者才被激活,未被寻址的接收者处于静默模式。这样可以防止未被寻址的接收器带来多余的干扰。静默模式由 CR1 寄存器的 MME 置位实现,且 CR1 寄存器中的 RWU 位被置 1,RWU 位既可通过硬件自动设置,也可以通过软件写入。在静默模式下,任何接收状态位都不会被设置,接收中断也被禁止。退出或唤醒静默模式与 CR1 寄存器中的 WAKE 位有关。下面介绍多处理器间通信中常用的概念和原理。

1. 空闲总线检测(WAKE=0)

当 RWU 位被置 1 时,USART 就进入静默模式。当检测到一个空闲帧时,USART 会自动被唤醒,即退出静默模式,此时 RWU 位被硬件自动清 0。但是 USART_SR 寄存器中的 IDLE 位并不会被置位。利用空闲总线检测唤醒静默模式如图 8.5 所示。

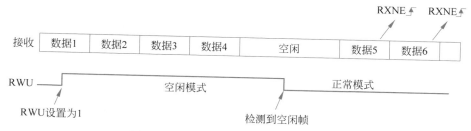

图 8.5　利用空闲总线检测唤醒静默模式

2. 地址标记检测（WAKE＝1）

在这个模式下，若字符的最高位是 1，则该字节被认为是地址，否则被认为是数据。在一个地址字节中，目标接收器的地址被放在最低的 4 位中。在接收到地址字节后，与保存在 CR2 寄存器 ADD 位中的本机地址进行比较。若接收的字节不匹配，则 USART 进入静默模式，RWU 位被硬件自动置位，并且之后再接收到此字节时，不会置位 RXNE，也不会产生中断或发出 DMA 请求；若接收的字节与本机地址相匹配，则 USART 退出静默模式，RWU 位被硬件自动清 0，并且之后的字节会正常接收，RXNE 位会在接收到此字节时置 1。利用地址标记检测来唤醒静默模式如图 8.6 所示。

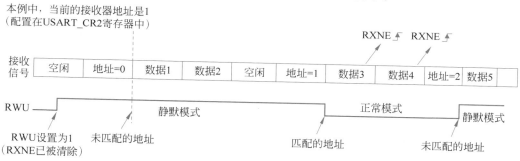

图 8.6　利用地址标记检测唤醒静默模式

8.2.2.2　USART 的同步通信

USART 的同步通信模式由 USART_CR2 寄存器的 CLKEN 位使能来实现。由于 USART 的同步通信与其他功能模式不兼容，所以在选择同步通信时，CR2 寄存器中的 LINEN 位和 CR3 寄存器中的 SCEN、HDSEL 及 IREN 位必须保持清 0。USART 的同步通信原理如图 8.7 所示。在同步通信时，USART 可以作为主设备控制双向同步串行通信。USART 的 RX 引脚连接从设备的数据输出端，TX 引脚连接从设备的数据输入端。CK 引脚是 USART 的时钟输出，控制主从双方的同步通信。TX 上的数据是随 CK 同步发出的。注意，

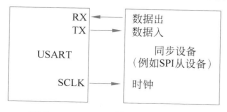

图 8.7　USART 的同步通信原理

在发送空闲符号、断开符号、起始位和停止位期间,即没有发送实际数据时,CK 引脚上没有时钟脉冲。

在 USART_CR2 寄存器中,LBCL 位决定了是否在最后一个有效数据位期间产生时钟脉冲。CR2 寄存器的 CPOL 位用于选择时钟极性,CPHA 位用于选择外部时钟的相位。当 CPHA 位为 0 时,数据采样在第一个时钟沿。当 CPHA 位为 1 时,数据采样在第二个时钟沿。在 M 位为 0 时,USART 数据时钟时序如图 8.8 所示。

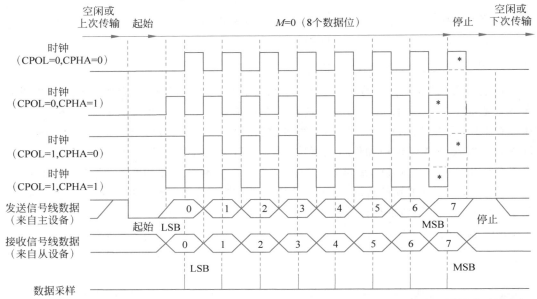

图 8.8　USART 数据时钟时序示例图

8.2.2.3　校验控制

校验控制是通过 CR1 寄存器中的 PCE 位使能的。PCE 置位时,USART 在发送时生成一个奇偶位,就可在接收时进行校验检查。根据 M 位定义的帧长度,可能采用的 USART 信号帧格式如表 8.1 所示。

表 8.1　可采用的 USART 帧格式和配置

M 位	PCE 位	USART 帧
0	0	|起始位|8 位数据|停止位|
0	1	|起始位|7 位数据|奇偶校验位|停止位|
1	0	|起始位|9 位数据|停止位|
1	1	|起始位|8 位数据|奇偶校验位|停止位|

1. 校验传输模式

在 PCE 位置 1 时,校验位将替换数据最高位发送出去。若奇偶校验失败,则 USART_SR 寄存器中的 PE 位置 1;并且若 USART_CR1 寄存器中的 PEIE 位置位,则将产生中断处理。

2. 校验方式

偶校验是指一帧数据 1 的个数为偶数,一帧数据包含 7 位或 8 位的数据和最高位的奇偶校验位。例如,00110101 这个 8 位数据有 4 个 1,1 的个数已经是偶数,若选择偶校验,则校验位为 0。

奇校验是指一帧数据 1 的个数为奇数。一帧数据包含 7 位或 8 位的数据和最高位的奇偶校验位。例如,00110101 这个 8 位数据有 4 个 1,1 的个数已经是偶数,若选择奇校验,则校验位为 1。

8.2.2.4 USART 的中断

USART 的中断请求和使能控制位如表 8.2 所示。

表 8.2 USART 的中断请求

中 断 事 件	事 件 标 志	使 能 位
发送数据寄存器空	TXE	TXEIE
CTS 标志	CTS	CTSIE
发送完成	TC	TCIE
接收数据就绪可读	TXNE	
检测到数据溢出	ORE	TXNEIE
检测到空闲线路	IDLE	IDLEIE
奇偶校验错	PE	PEIE
断开标志	LBD	LBDIE
噪声标志,多缓冲器通信中的溢出错误和帧错误	NE 或 ORT 或 FE	EIE

USART 的中断映射如图 8.9 所示。USART 中断包括发送时可能发生的中断事件和接收时可能发生的中断事件,各种中断事件被连接到同一个中断向量。发送时的中断

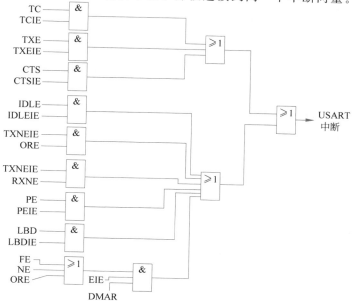

图 8.9 USART 的中断映射图

事件有发送完成、清除发送和发送数据寄存器空等。接收时的中断事件有空闲总线检测、溢出错误、接收数据寄存器空、校验错误、LIN断开符号检测、噪声标志和帧错误等。

8.2.3　USART固件库函数

本节详细介绍几个USART模块常用的固件库函数。

1. 函数USART_Init()

函数原型：

```
void USART_Init(USART_TypeDef * USARTx,
USART_InitTypeDef * USART_InitStruct)
```

函数功能：根据USART_InitStruct中指定的参数初始化外设USARTx。

输入参数1：USARTx，用来选择USART外设，可以是USART1、USART2、USART3。之后的USARTx代表相同的含义。

输入参数2：USART_InitStruct，初始化结构体，包含外设USARTx的配置参数。

USART_InitTypeDef在文件stm32f10x_usart.h中定义：

```
typedef struct
{
u32 USART_BaudRate;
u16 USART_WordLength;
u16 USART_StopBits;
u16 USART_Parity;
u16 USART_Mode;
u16 USART HardwareFlowControl;
}USART_InitTypeDef;
```

结构体成员如下：

(1) USART_BaudRate——设置USART传输的波特率。在实际应用中，可以直接写波特率的值，如9600、19 200等。

(2) USART_Wordlength——定义一帧中传输或者接收到的数据位数。其可取的值及含义如下：

USART_WordLength_8b——8位数据。

USART_WordLength_9b——9位数据。

(3) USART_StopBits——定义停止位数目。其可取的值及含义如下：

USART_StopBits_1——1个停止位。

USART_StopBits_0.5——0.5个停止位。

USART_StopBits_2——2个停止位。

USART_StopBits_1.5——1.5个停止位。

(4) USART_Parity——定义奇偶校验模式。其可取的值及含义如下：

USART_Parity_No——不用奇偶校验。

USART_Parity_Even——偶校验模式。

USART_Parity_Odd——奇校验模式。

注：奇偶校验一旦使能，就在发送数据的最高位插入经计算的奇偶位（字长 9 位时的第 9 位，字长 8 位时的第 8 位）。

（5）USART_Mode——定义发送使能和接收使能。其可取的值及含义如下：

USART_Mode_Tx——发送使能。

USART_Mode_Rx——接收使能。

（6）USART_HardwareFlowControl——定义硬件流控制模式。其可取的值及含义如下：

USART_HardwareFlowControl_None——不使用硬件流控制。

USART_HardwareFlowControl_RTS——发送请求 RTS 使能。

USART_HardwareFlowControl_CTS——清除发送 CTS 使能。

USART_HardwareFlowControl_RTS_CTS——RTS 和 CTS 使能。

例如，USART1 的典型初始化代码如下：

```
USART_InitStructure.USART_BaudRate = 9600;                              //波特率为 9600bps
USART_InitStructure.USART_WordLength = USART_WordLength_8b;            //8 位字长
USART_InitStructure.USART_StopBits = USART_StopBits_1;                 //1 个停止位
USART_InitStructure.USART_Parity = USART_Parity_No;                    //无奇偶效验
USART_InitStructure.USART_HardwareFlowControl =
USART_HardwareFlowControl_None;                                        //无硬件控制流
//打开 Rx 接收和 Tx 发送功能
USART_InitStructure.USART_Mode = USART_Mode_Rx | USART_Mode_Tx;
USART_Init(USART1,&USART_InitStructure);                               //初始化
```

2. 函数 USART_ITConfig()

函数原型：

```
void USART_ITConfig(USART_TypeDef * USARTx,
ul6 USART_IT,FunctionalState NewState)
```

函数功能：使能或除能指定的 USART 中断。

输入参数 1：USARTx，用来选择 USART 外设。

输入参数 2：USART_IT，待使能或除能的 USART 中断源。

输入参数 3：NewState，USARTx 中断的新状态，这个参数可以取 ENABLE 或者 DISABLE。

USART_IT 可以取下面的一个或者多个取值的组合作为该参数的值：

USART_IT_PE——奇偶错误中断。

USART_IT_TXE——发送中断。

USART_IT_TC——传输完成中断。

USART_IT_RXNE——接收中断。

USART_IT_IDLE——空闲总线中断。

USART_IT_LBD LIN——中断检测中断。

USART_IT_CTS——CTS 中断。

USART_IT_ERR——错误中断。

例如，使能串口 1 的接收和发送中断，可以使用下面的代码：

```
USART_ITConfig(USARTI, USART_ IT_TXE| USART_IT_RXNE, ENABLE);
```

3. 函数 USART_Cmd()

函数原型:

```
void USART_Cmd(USART_TypeDef * USARTx,FunctionalState NewState)
```

函数功能:使能或除能 USART 外设。

输入参数 1:USARTx,用来选择 USART 外设。

输入参数 2:NewState,外设 USARTx 的新状态,这个参数可以取 ENABLE 或者 DISABLE。

例如,使能 USART1 可以使用下面的代码:

```
USART_Cmd(USART1, ENABLE);
```

4. 函数 USART_SendData()

函数原型:

```
void USART_SendData(USART TypeDef * USARTx,u16 Data)
```

函数功能:通过外设 USARTx 发送单个数据。

输入参数 1:USARTx,用来选择 USART 外设。

输入参数 2:Data,待发送的数据。

例如,串口 1 发送 0x25 数据,可以使用下面的代码:

```
USART_SendData(USART1,0x25);
```

5. 函数 USART_ReceiveData()

函数原型:

```
u16 USART_ReceiveData(USART_TypeDef * USARTx)
```

函数功能:返回 USARTx 最近接收到的数据。

输入参数:USARTx,用来选择 USART 外设。

返回值:接收到的数据。

例如,从 USART1 接收数据,可以使用下面的代码:

```
u16 RxData;
RxData = USART_ReceiveData(USART1);
```

6. 函数 USART_GetFlagStatus()

函数原型:

```
FlagStatus USART_GetFlagStatus
(USART_TypeDef * USARTx, uint16_t USART_ FLAG)
```

函数功能:检查指定的 USART 中断发生与否。

输入参数 1:USARTx,用来选择 USART 外设。

输入参数 2:USART_FLAG,待检查的标志位,可以取如下值。

USART_FLAG_CTS：CTS 标志位。

USART_FLAG_LBD：LIN 中断检测标志位。

USART_FLAG_TXE：发送数据寄存器空标志位。

USART_FLAG_TC：发送完成标志位。

USART_FLAG_RXNE：接收数据寄存器非空标志位。

USART_FLAG_IDLE：空闲总线标志位。

USART_FLAG_ORE：溢出错误标志位。

USART_FLAG_NE：噪声错误标志位。

USART_FLAG_FE：帧错误标志位。

USART_FLAG_PE：奇偶错误标志位。

返回值：返回值是中断标志位状态(读 SR 寄存器)，SET 或者 RESET。

例如，判断 USARTI 是否发送完数据，可以使用下面的代码：

```
USART_GetFlagStatus(USART1, USART_FLAG_TC);
```

7. 函数 USART_ClearFlag()

函数原型：

```
void USART_ClearFlag(USART_TypeDef * USARTx , uint16_t USART_FLAG)
```

函数功能：清除 USARTx 的标志位。

输入参数 1：USARTx，用来选择 USART 外设。

输入参数 2：USART_FLAG，待清除的标志位，可以是下面标志的任意组合。

USART_FLAG_CTS：CTS 标志位。

USART_FLAG_LBD：LIN 中断检测标志位。

USART_FLAG_TC：发送完成标志位。

USART_FLAG_RXNE：接收数据寄存器非空标志位。

例如，清除 USART1 的发送数据完成标志，可以使用下面的代码：

```
USART_ClearFlag(USART1, USART_FLAG_TC);
```

8. 函数 USART_GetITStatus()

函数原型：

```
ITStatus USART_GetITStatus(USART_TypeDef * USARTx,u16 USART_IT)
```

函数功能：检查指定的 USART 中断发生与否。

输入参数 1：USARTx，用来选择 USART 外设。

输入参数 2：USART_IT，待检查的 USART 中断源，请参考函数 USART_ITConfig 中的 USART_IT。

返回值：USART_IT 的新状态，RESET 或者 SET。

例如，判断 USART1 是否发生了接收数据中断，可以使用下面的代码：

```
USART_GetITStatus(USART1, USART_IT_RXNE);
```

9. 函数 USART_ClearITPendingBit()

函数原型：

```
void USART_ClearITPendingBit (USART_TypeDef * USARTx, u16 USART_ IT)
```

函数功能：清除 USARTx 的中断待处理位。

输入参数 1：USARTx，用来选择 USART 外设。

输入参数 2：USART_IT，待检查的 USART 中断源，请参考函数 USART_ITConfig 中的 USART_IT。

例如，清除 USART1 的收到数据中断，可以使用下面的代码：

```
USART_ClearITPendingBit(USART1, USART_IT_RXNE);
```

8.2.4　USART 应用示例

在工程应用中，USART 收发器模块一般采用中断方式，所以其设置步骤如下：

（1）串口时钟使能，对应通用输入/输出口时钟也要使能。

（2）GPIO 接口模式设置，一般 TX 引脚设置为 GPIO_Mode_AF_PP、GPIO_Speed_50MHz。RX 引脚设置为 GPIO Mode_IN_FLOATING。

（3）调用 USART_Init() 函数进行串口参数初始化，包括波特率、数据字长、奇偶校验、硬件流控制以及收发使能等。

（4）调用 USART_ITConfig() 函数开启串口中断，调用 NVIC_Init() 函数初始化 NVIC。

（5）调用 USART_Cmd() 函数使能串口。

（6）设计处理中断函数。

【例 8-1】　利用本书配套的 STM32 最小系统实验板实现 STM32F103ZET6 串口 1 与计算机的串行通信。计算机通过串口发送一个数据到 STM32 处理器，STM32 处理器在收到数据后，将数据按位取反后，回送计算机。串行通信的参数要求是波特率为 9600bps、无奇偶效验、8 位字长和 1 位停止位。

解：因为在 STM32 处理器最小系统板上已经设计了 USB 转串口的电路。在此尽可能利用固件库函数实现例题目要求。在创建工程时会出现 Manage Run-Time Environment 界面，选中 Device 下的 Startup 和 CMSIS 下的 CORE，完成对启动文件的配置。然后展开 StdPeriph Drivers 选项，分别选中 GPIO（用于控制接口）、Framework（用于配置框架）、RCC（用于设置 STM32 处理器的频率）以及 USART（用于配置串口通信），具体程序代码设计如下：

```
# include "stm32f10x. h"
void NVIC_Config(void);
int main(void)
{
  GPIO_InitTypeDef GPIO_InitStructure;
  USART_InitTypeDef USART_InitStructure;
  //使能 PA 口和 USART1 时钟
  RCC_APB2PeriphClockCmd(RCC_APB2Periph_GPIOA|RCC_APB2Periph _USART1, ENABLE);
  //配置 USART1 _TX 引脚
```

```
      GPIO_InitStructure.GPIO_Pin = GPIO_Pin_9;
      GPIO_InitStructure.GPIO_Mode = GPIO_Mode_AF_PP;          //复用推挽输出
      GPIO_InitStructure.GPIO_ Speed = GPIO_Speed_50MHz;       //GPIO接口速度为50MHz
      GPIO_ Init(GPIOA, &GPIO_InitStructure);                  //根据设定参数初始化PA9
      //USART1_RX引脚
      GPIO_InitStructure.GPIO_Pin = GPIO_Pin_10;
      GPIO_InitStructure.GPIO_Mode = GPIO_Mode_IN_FLOATING;    //悬空输入
      GPIO_ Init(GPIOA,&GPIO_InitStructure);                   //配置PA10
      //USART1成员设置
      USART_InitStructure.USART_BaudRate = 9600;               //波特率为9600bps
      USART_InitStructure.USART_WordLength = USART_WordLength_8b; //8位字长
      USART_InitStructure.USART_StopBits = USART_StopBits_1;   //1个停止位
      USART_InitStructure.USART_Parity = USART_Parity_No;      //无奇偶效验
      USART_InitStructure.USART_HardwareFlowControl =
      USART_HardwareFlowControl_None;                          //无硬件控制流
      //打开Rx接收和Tx发送功能
      USART_InitStructure.USART_Mode = USART_Mode_Rx | USART_Mode_Tx;
      USART_Init(USART1, &USART_InitStructure);                //初始化
      USART_Cmd(USART1,ENABLE);                                //启动串口
      //使能USART模块的中断
      USART_ ITConfig( USART1,USART_IT_RXNE,ENABLE);           //接收使能
      //USART_ITConfig(USART1,USART_IT_TC,ENABLE);             //发送完使能
      USART_ITConfig(USART1,USART_IT_TXE, ENABLE);             //发送使能
      USART_ClearITPendingBit(USART1,USART_IT_TC);
      NVIC_Config();                                           //中断配置
      while(1);
}
void NVIC_Config(void)
{
      NVIC_InitTypeDef NVIC_InitStructure;
      NVIC_PriorityGroupConfig(NVIC_PriorityGroup_2);         //抢占式优先级
      NVIC_InitStructure.NVIC_IRQChannel = USART1_IRQn;       //指定中断源
      NVIC_InitStructure.NVIC_IRQChannelPreemptionPriority = 1;
      NVIC_InitStructure.NVIC_ IRQChannelSubPriority = 0;     //指定副优先级
      NVIC_InitStructure.NVIC_IRQChannelCmd = ENABLE;
      NVIC_Init(&NVIC_InitStructure);
}
void USART1_IRQHandler(void)
{
      u8 recdata;
      if(USART_GetITStatus(USART1,USART_IT_RXNE)!= RESET)
      {
//USART_ClearITPendingBit(USART1,USART_IT_RXNE);              //清除接收中断挂起标志
          recdata = USART_ReceiveData( USART1) ;              //从串口1接收1字节
          USART_SendData( USART1,~recdata) ;
      }
      if (USART_GetITStatus (USART1,USART_IT_TC)!= RESET)     //发送中断
      {
      }
}
```

以上源程序代码主要由 3 个函数组成：main()函数、中断配置函数 NVIC_Config()和中断服务函数 USART1_IRQHandler()。其中,中断配置函数 NVIC_Config()实现对中断源

的选择、中断优先级的设置和中断的使能。中断服务函数 USART1_IRQHandler()实现对中断源的判别,并将接收到的字节按位取反后发送回 USART 接口。main()实现时钟初始化、GPIO 接口、串行通信接口设置以及中断配置函数 NVIC_Config 的调用等。

8.3 STM32 处理器的 SPI

8.3.1 SPI 概述

串行外设接口(Serial Peripheral Interface,SPI)最早是 Motorola 公司提出的一种三线全双工同步串行外设接口。它具备主从模式的快速通信手段,既可配置成主模式,也可配置成从模式。8 个主模式的波特率预分频系数最大可为 $f_{PCLK}/2$,从模式波特率最大也可为 $f_{PCLK}/2$。SPI 具备可编程的时钟、相位和数据顺序(数据传输高低位在前控制),使得接口能适应多变的通信目的和需求。SPI 还支持硬件循环冗余校验(Cyclic Redundancy Check,CRC)功能和 DMA 功能的 1 字节发送和接收。

8.3.1.1 SPI 结构

SPI 的内部结构如图 8.10 所示。STM32 处理器的 SPI 通常只需要 4 个引脚就可以实现处理器与外部设备的通信功能。

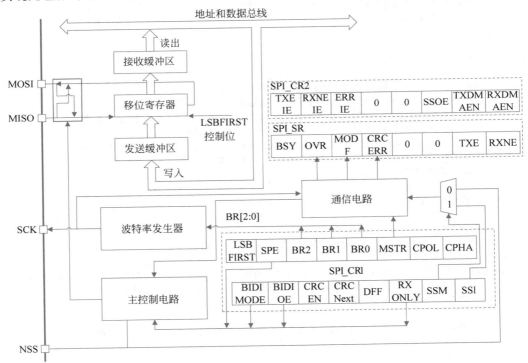

图 8.10 SPI 内部结构图

(1) MISO:主设备输入/从设备输出引脚。可作为主设备的接收端,从设备的发送端。
(2) MOSI:主设备输出/从设备输入引脚。可作为主设备的发送端,从设备的接收端。

（3）SCK：串行时钟引脚。可作为主设备的时钟输出，从设备的时钟输入。

（4）NSS：从机片选引脚。可作为可选引脚，让主设备单独与特定的从设备通信。

STM32 系列处理器的 SPI 模块的功能是通过操作相应的寄存器来实现控制。模块内部包括数据寄存器、移位寄存器、控制寄存器、状态寄存器、CRC 多项式寄存器、接收 CRC 寄存器和发送 CRC 寄存器。SPI 的数据寄存器 SPI_DR 对应两个缓冲器：一个用于写发送缓冲，一个用于读接收缓冲。写操作将数据写到发送缓冲器，读操作将返回接收缓冲器中的数据，数据再由移位寄存器接收或发送出去。SPI 模块拥有两个控制寄存器 SPI_CR1 和 SPI_CR2，用于控制模块的工作模式，一个状态寄存器 SPI_SR 表明模块的工作状态，SPI_CRC 多项式寄存器包含了计算 CRC 的多项式。

图 8.11 是一个单主机多从机设备间通信的例子。主机的 MOSI 与所有从机的 MOSI 相连，MISO 与所有从机的 MISO 相连，SCK 与所有从机的 SCK 相连，NSS 引脚拉高接 V_{cc}。

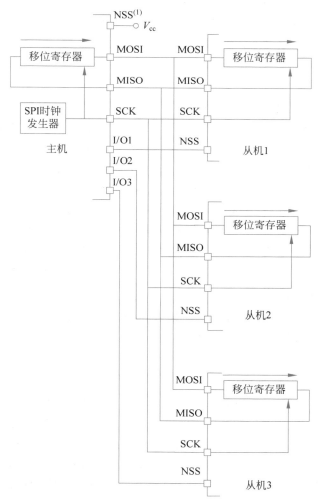

图 8.11 SPI 单主机多从机连接图

8.3.1.2 SPI主从选择

通过设置 SPIx_CR1 寄存器的 MSTR 位,可以决定 SPI 模块处于主机模式还是从机模式。当 MSTR 位为 0 时,SPI 为从设备;当 MSTR 位为 1 时,SPI 为主设备。SPI 的内部 NSS 引脚在主机模式下,NSS 引脚必须保持高电平;在从机模式下,NSS 引脚必须保持低电平。从机模式管理的原理图如图 8.12 所示。

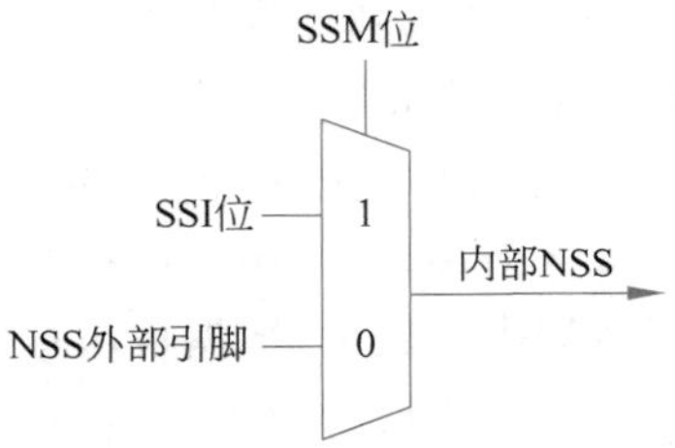

图 8.12　硬件/软件从机选择管理

1. 从机模式

当 SPI 配置为从机模式时,模块外部 NSS 引脚连接到内部 NSS 信号。当该引脚被拉低时,主机选择与从机设备进行通信。由于是通过硬件方式选择从机,所以称为硬件从机选择管理机制。与硬件方式相比,也可以通过软件进行从机选择管理。采用软件方式可以减少引脚的开销,具体可以通过 SPI_CR1 寄存器中的 SSM 位来使能这种方式,这时 NSS 引脚可以用于他用。通过软件进行从机选择管理时,SPI 内部 NSS 信号连接到 SPI_CR1 寄存器中 SSI 位。当 SSI 位置 0 时,主机选择与从设备进行通信。

2. 主机模式

当 SPI 模块配置为主机模式且 NSS 信号由软件管理时,SSM 位置 1 且 SSI 要保持高电平。当 SPI 配置为主机模式且 NSS 信号由硬件管理时,NSS 引脚有两种状态。

(1) 输出模式:可通过 SPI_CR2 寄存器的 SSOE 位使能 NSS 输出,即 SSOE=1。若 SPI 开启,则 NSS 输出低电平直至 SPI 被禁用。若 NSS 脉冲模式被打开,则 NSS 输出高电平产生 NSS 脉冲,该信号可以驱动一个从机片选信号,以选择相应从机进行通信。

(2) 输入模式:可以通过 SPI_CR2 寄存器的 SSOE 位禁止 NSS 输出,即 SSOE=0。若 NSS 被外部驱动为高电平,则 SPI 为主机模式。若 NSS 被外部驱动为低电平,则 SPI 产生一个主机故障错误,重新配置成从机模式。此模式可用于多主机环境,目的是防止总线冲突错误。

8.3.1.3 SPI通信格式

SPI 属于串行同步通信,即接收和发送可同步进行的通信方式。SPI 的通信格式取决于时钟的相位、极性以及数据帧格式。

1. 时钟的相位和极性

时钟的相位和极性是由 SPI_CR 寄存器中的 CPOL 位和 CPHA 位控制的,因此,它们可以组合 4 种可能的时序关系,如表 8.3 所示。CPOL 位控制时钟的电平极性。当 CPOL 为 0 时,SCLK 空闲时刻的电压为低电平;当 CPOL 为 1 时,SCLK 空闲时刻的电压为高电平。CPHA 位控制时钟的相位。当 CPHA 为 0 时,数据采样在 SCLK 的第一个边沿。当 CPOL 为 0 时,SCLK 的第一个边沿由低电平转为高电平,即上升沿;当 CPOL 为 1 时,SCLK 的第一个边沿是下降沿。相反,当 CPHA 为 1 时,数据采样在 SCLK 的第二个边沿。当 CPOL 为 0 时,数据采样在下降沿;当 CPOL 为 1 时,数据采样上升沿。由 CPOL 和

CPHA 组合的数据时钟时序图如图 8.13 所示。

表 8.3　CPOL 和 CPHA 控制时钟表

SCLK 空闲时刻电压	低电平		CPOL＝0	
	高电平			CPOL＝1
数据采样时刻,SCLK 的边沿是第一个还是第二个	第一个边沿	CPHA＝0	上升沿(开始的电平是低电平 0,而第一个边沿,只能是从 0 变到 1,即上升沿)	下降沿
	第二个边沿	CPHA＝1	下降沿	上升沿(开始的电平是高电平 1,而第二个边沿,肯定是从低电平 0 变到高电平 1,因为第一个边沿肯定是从高电平 1 变到低电平 0)

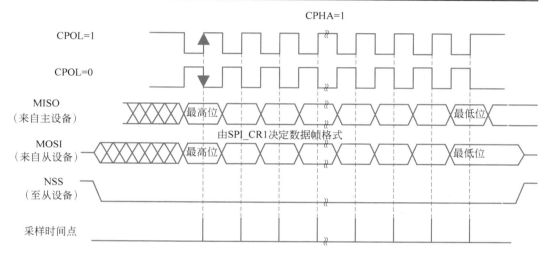

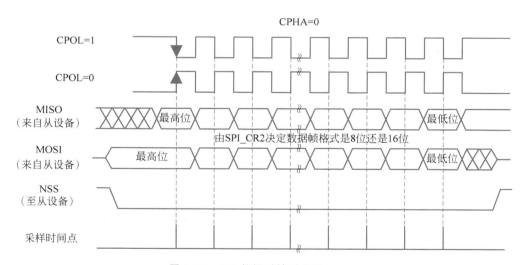

图 8.13　SPI 数据时钟时序图

2. 数据帧格式

SPI 数据传输时,既可以设置为高位在前,也可以设置低位在前,这可由 SPI_CR1 寄存器中的 LSBFIRST 位配置决定。根据 SPI_CR2 寄存器的 DFF 位配置还可以将数据帧设为 8 位或 16 位。

8.3.2 SPI 通信

8.3.2.1 SPI 的收发过程

1. SPI 的主模式收发过程

当 SPI 配置为主模式时,数据从 MOSI 引脚发送,从 MISO 引脚接收。

1) 发送过程

首先数据写入发送缓冲器,接着数据将通过内部总线并行传送到移位寄存器,再依次串行移出到 MOSI 引脚上。根据 SPI_CR1 寄存器中的 LSBFIRST 位,决定数据先输出的是最低位还是最高位。当数据从发送缓冲器并行传送到移位寄存器时,SPI_SR 寄存器的 TXE 位被置位,但是若 SPI_CR2 寄存器中的 TXEIE 置位,则会产生中断处理。

2) 接收过程

接收过程与发送过程同步进行,MISO 引脚上接收到的数据,先串行送到移位寄存器,再由移位寄存器并行传送到接收缓冲器,最后读出接收缓冲器的数据。数据传送完成时,即数据从移位寄存器到接收缓冲器时,SPI_SR 寄存器的 RXNE 位被置位,但若 SPI_CR2 寄存器中的 RXNEIE 置位,则会产生中断。当接收缓冲区的数据被读出时,SPI 设备返回接收缓冲器的数据,此时 RXNE 位清 0。因此,一个数据传输完成时,若下一个数据写入发送缓冲器,则可以维持一个连续的传输流。但是在写入发送缓冲器之前,要确认 TXE 位置位,即确认发送缓冲器为空,这样可以防覆盖上次数据而产生错误。

2. SPI 的从模式收发过程

当 SPI 配置为从模式时,数据从 MISO 引脚发送,从 MOSI 引脚接收,SCK 引脚接收主设备的时钟。

1) 接收过程

当设备接收到主设备的时钟信号且 MOSI 引脚接收到第一个数据位时,数据收发过程开始。数据依次串行进入移位寄存器,移位寄存器的数据并行传送到接收缓冲器,SPI_SR 寄存器的 RXNE 位被置位,但若 SPI_CR2 寄存器中的 RXNEIE 置位,则会产生中断处理。

2) 发送过程

发送过程与接收过程同步进行,发送缓冲器的数据并行传送到移位寄存器,随后串行发送到 MISO 引脚上。从设备的发送过程要求在主设备启动之前,发送缓冲器中就已经写入了待发送数据。数据由发送缓冲器到移位寄存器时,SPI_SR 寄存器的 TXE 位被置位,但若 SPI_CR2 寄存器中的 TXEIE 置位,则会产生中断处理。

3. SPI 主模式或从模式全双工发送和接收的软件动作过程

（1）设置 SPE 位为 1，使能 SPI 模块。

（2）在发送缓冲器中写入第一个要发送的数据，清除 TXE 位。

（3）等待 TXE＝1，随后写入第二个要发送的数据。等待 RXNE＝1，随后读出接收缓冲器获得第一个接收到的数据，读 SPI_DR 寄存器的同时清除了 RXNE 位。重复这些操作，在发送数据的同时接收数据。

（4）等待 RXNE＝1，然后接收最后一个数据。

（5）等待 TXE＝1，在 BSY＝0 之后关闭 SPI 模块。

当在主模式或从模式下以全双工方式连续传输时，TXE/RXNE/BSY 位的变化过程如图 8.14 和图 8.15 所示。

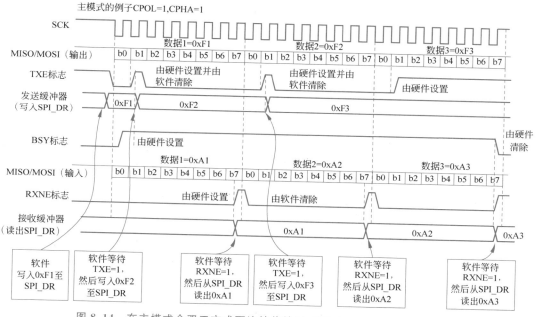

图 8.14　在主模式全双工方式下连续传输时，TXE/RXNE/BSY 的变化图

8.3.2.2　SPI 的 CRC 计算

处理器 SPI 模块在接收和发送时分别拥有两个独立的 CRC 计算器，以此确保全双工通信的可靠性。CRC 计算器根据每一个接收位进行可编程的多项式运算。SPI 具有CRC8 和 CRC16 这两种算法，可分别处理 8 位和 16 位的数据。CRC 计算通过 SPI_CR1寄存器中的 CRCEN 位来使能。使能 CRC 计算的同时会清除 CRC 寄存器，包括 SPI_TXCRCR 和 SPI_RXCRCR 寄存器。当 SPI_CR1 寄存器中的 CRCNEXT 位由软件写 1时，在当前数据位发送完成之后，SPI_TXCRCR 寄存器中生成的 CRC 校验值会自动发送出去。发送 CRC 校验值会占用一个或多个数据通信的时间。在当前数据位接收完成后，存放在接收缓冲器中的 CRC 校验值会自动和 SPI_RXCRCR 寄存器的数值相比较，若数值不匹配，则 SPI_SR 寄存器中的 CRC 的错误标志位 CRCERR 置位。CRCERR 标

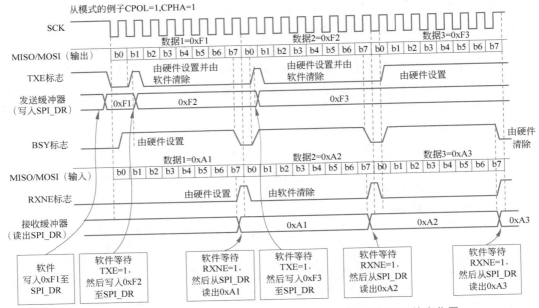

图 8.15   在从模式全双工方式下连续传输时,TXE/RXNE/BSY 的变化图

志位可通过软件写 0 清除。

若 SPI 模块启动了 DMA 功能,并且使能了 CRC 计算,则 CRC 数值的发送和接收是自动进行的,CRCNEXT 位不再必须由软件处理。在软件读取 CRC 数据之后,SPI_TXCRCR 和 SPI_RXCRCR 寄存器会自动清除 CRCNEXT 位。注意,在 DMA 模式下,SPI 模块可以无间断地进行数据传输,其详细内容参见第 10 章。

8.3.2.3   SPI 的状态标志

在使用处理器 SPI 模块接口时,应用程序可以通过 3 个状态标志位监控 SPI 接口的工作状态,即监测发送缓冲器空闲标志(TXE)、接收缓冲器非空标志(RXNE)和忙标志(BSY)。下面介绍这些标志。

1. 发送缓冲器空闲标志

当此标志位为 1 时,表示发送缓冲器为空,有存储空间接收下一个数据。当数据写入发送缓冲器时,TXE 位清 0。若 SPI_CR2 寄存器中的 TXEIE 位置 1,则会产生中断。

2. 接收缓冲器非空标志

当此标志位为 1 时,表示接收缓冲器存在数据。当数据读出接收缓冲器时,RXNE 位清 0。若 SPI_CR2 寄存器中的 RXNEIE 位置 1,则会产生中断。

3. 忙标志

BSY 标志位用于指示当前 SPI 通信的状态,由硬件设置与清除。当 BSY 为 1 时,表明 SPI 正处于数据传输过程;当 BSY 为 0 时,表明 SPI 可能正处于主模式故障、关闭 SPI 或传输空闲等情况。因此,在软件关闭 SPI 之前可根据此标志位检测传输是否结束,以免破坏最后一次传输数据。此外,BSY 标志可防止多主机系统的写操作的相互冲突错误。

8.3.2.4　SPI 的错误标志

SPI 的错误状态有 3 个：主模式失效错误、溢出错误和 CRC 错误。这 3 种错误状态都有其特有的标志位。下面详细介绍这些标志。

1. 主模式失效错误位 MODF

当 SPI 作为主设备时,有两种情况会发生主模式失效错误：

（1）NSS 引脚由硬件管理,但 NSS 信号被拉低；

（2）NSS 引脚由软件管理,但 SSI 位置 0。

主模式发生错误时,相应的错误标志位 MODF 置 1,SPE 会被清 0,导致 SPI 接口关闭,MSTR 也会被清 0,强制设备进入从设备工作模式。对 SPI_SR 寄存器读或写访问,然后写 SPI_CR1 寄存器,就可以清除主模式失效错误标志位 MODF。

2. 溢出错误位 OVR

当 SPI 作为接收设备时,主设备或从设备没有及时清除上一个数据产生的 RXNE 位,这时若有新的数据被接收则会产生溢出错误。溢出错误产生时,其错误标志位 OVR 置 1,如果 ERRIE 置位,则产生中断。并且此时接收缓冲器保存的是上一个数据字节,新的数据字节及随后传送的字节都被丢弃。

3. CRC 错误位 CRCERR

CRC 错误标志位用来确认接收数据的有效性。当 SPI_CR1 寄存器的 CRCEN 置位时,如果移位寄存器接收到的 CRC 值和 SPI_RXCRCR 寄存器中的值不匹配,则发生 CRC 错误,SPI_SR 寄存器中的 CRCERR 标志位置 1。

8.3.2.5　SPI 中断事件

在 SPI 模块接口在通信中,可能产生表 8.4 中的几种中断事件。

表 8.4　SPI 接口中断事件

中 断 事 件	事 件 标 志	使 能 控 制 位
发送缓冲器空标志	TXE	TXEIE
接收缓冲器非空标志	RXNE	RXNEIE
主模式失效事件	MODF	ERRIE
溢出错误	OVR	
CRC 错误标志	CRCERR	

8.3.3　SPI 固件库函数

本章将详细介绍几个常用的,与 SPI 模块接口相关的固件库函数。

1. 函数 SPI_Init()

函数原型：

```
void SPI_Init(SPI_TypeDef * SPIx , SPI_InitTypeDef * SPI_InitStruct)
```

函数功能：根据 SPI _InitStruct 中指定的参数初始化外设 SPIx。

输入参数 1：SPIx，用来选择 SPI 外设，可以是 SPI1、SPI2 或 SPI3。

输入参数 2：SPI _InitStruct，初始化结构体，包含外设 SPIx 的配置参数。

SPI _InitTypeDef 定义于文件 stm32f10x_ spi. h 中。

```
typedef struct
{
    u16 SPI_Direction;
    u16 SPI_Mode;
    u16 SPI_DataSize;
    u16 SPI_CPOL;
    u16 SPI_CPHA;
    u16 SPI_NSS;
    u16 SPI_BaudRatePrescaler;
    u16 SPI_FirstBit;
    u16 SPI_CRCPolynomial;
} SPI_InitTypeDef;
```

结构体成员如下：

（1）SPI_Direction——设置 SPI 单向还是双向的数据模式。其可取的值及含义如下：

SPI_Direction_2Lines_FullDuplex——双线双向全双工模式。

SPI_Direction_2Lines_RxOnly——双线单向接收模式。

SPI_Direction_1Lines_Rx——单线双向接收模式。

SPI_Direction_1Lines_Tx——单线双向发送模式。

（2）SPI_Mode——设置 SPI 工作模式。其可取的值及含义如下：

SPI_Mode_Master——主模式。

SPI_Mode_Slave——从模式。

（3）SPI_DataSize——设置 SPI 数据帧位数。其可取的值及含义如下：

SPI_DataSize_16b——16 位数据帧结构。

SPI_DataSize_8b——8 位数据帧结构。

（4）SPI_CPOL——设置串行时钟空闲时状态。其可取的值及含义如下：

SPI_CPOL_High——高电平。

SPI_CPOL_Low——低电平。

（5）SPI_CPHA——设置数据采样的时钟沿位置。其可取的值及含义如下：

SPI_CPHA_2Edge——数据采样于第二个时钟。

SPI_CPHA_1Edge——数据采样于第一个时钟。

（6）SPI_NSS——设置 NSS 信号由硬件管理还是软件管理。其可取的值及含义如下：

SPI_NSS_Hard——NSS 信号由硬件管理。

SPI_NSS_Soft——NSS 信号由软件管理。

（7）SPI_BaudRatePrescaler——定义波特率预分频的值，用来设置发送和接收的 SCK 时钟。时钟是由主设备的时钟分频得到。其可取的值及含义如下：

SPI_BaudRatePrescaler4——波特率预分频值为 4。

SPI_BaudRatePrescaler8——波特率预分频值为 8。

SPI_BaudRatePrescaler16——波特率预分频值为 16。

SPI_BaudRatePrescaler32——波特率预分频值为 32。

SPI_BaudRatePrescaler64——波特率预分频值为 64。

SPI_BaudRatePrescaler128——波特率预分频值为 128。

SPI_BaudRatePrescaler256——波特率预分频值为 256。

（8）SPI_FirstBit——设置数据传输是最高位开始还是最低位开始。其可取的值及含义如下：

SPI_FirstBit_MSB——数据传输从最高位开始。

SPI_FirstBit_LSB——数据传输从最低位开始。

（9）SPI_CRCPolynomial——定义 CRC 计算的多项式。

例如，SPI1 接口典型的初始化代码如下：

```
SPI_TypeDef SPI_InitStructure;
SPI_InitStructure. SPI_Direction = SPI_Direction_2Lines_FullDuplex;
SPI_InitStructure. SPI_Mode = SPI_Mode_Master;
SPI_InitStructure. SPI_DataSize = SPI_DataSize_16b;
SPI_InitStructure. SPI_CPOL = SPI_CPOL_Low;
SPI_InitStructure. SPI_CPHA = SPI_CPHA_2Edge;
SPI_InitStructure. SPI_NSS = SPI_NSS_Soft;
SPI_InitStructure. SPI_BaudRatePrescaler = SPI_BaudRatePrescaler128;
SPI_InitStructure. SPI_FirstBit = SPI_FirstBit_MSB;
SPI_InitStructure. SPI_CRCPolynomial = 7;
SPI_Init(SPI1,&SPI_ InitStructure);
```

2. 函数 SPI_Cmd()

函数原型：

```
void SPI_Cmd(SPI_TypeDef * SPIx,FunctionalState NewState)
```

函数功能：使能或者除能 SPI 外设。

输入参数 1：SPIx，用来选择 SPI 外设。

输入参数 2：NewState，外设 SPIx 的新状态，参数可以取 ENABLE 或者 DISABLE。

例如，使能 SPI1，可以使用下面的代码：

```
SPI_Cmd(SPI1, ENABLE);
```

3. 函数 SPI_I2S_ITConfig()

函数原型：

```
void SPI_I2S_ITConfig(SPI_TypeDef * SPIx,uint8_t SPI_I2S _IT,FunctionalState NewState)
```

函数功能：使能或者除能指定的 SPI 中断。

输入参数 1：SPIx，用来选择 SPI 外设。

输入参数 2：SPI_I2S_IT，待使能或者除能的 SPI 中断源。

输入参数 3：NewState，外设 SPIx 的新状态，参数可以取 ENABLE 或者 DISABLE。

SPI_I2S_IT 可以取下面的一个或者多个取值的组合作为该参数的值。

SPI_I2S_IT_TXE：发送缓冲器空中断。

SPI_I2S_IT_RXNE：接收缓冲器非空中断。

SPI_I2S_IT_ERR：错误中断。

例如，使能 SPI1 的发送缓冲器空中断，可以使用下面的代码：

```
SPI_I2S_ITConfig(SPI1, SPI_I2S_ IT_TXE, ENABLE);
```

4. 函数 SPI_I2S_SendData()

函数原型：

```
void SPI_I2S_SendData(SPI_TypeDef * SPIx,uint16_t Data)
```

函数功能：通过外设 SPIx 发送单个数据。

输入参数 1：SPIx，用来选择 SPI 外设。

输入参数 2：Data，待发送的数据。

例如，SPI1 发送数据 0x25，可以使用下面的代码：

```
SPI_I2S_SendData(SPI1,0x25);
```

5. 函数 SPI_I2S_ReceiveData()

函数原型：

```
uint16_t  SPI_I2S_ReceiveData(SPI_TypeDef * SPIx)
```

函数功能：返回 SPIx 最近接收到的数据。

输入参数：SPIx，用来选择 SPI 外设。

返回值：接收到的数据。

例如，从 SPI1 接收数据，可以使用下面的代码：

```
u16 ReceivedData;
ReceivedData = SPI_I2S_ReceiveData(SPI1);
```

6. 函数 SPI_NSSInternalSoftwareConfig()

函数原型：

```
void SPI_NSSInternalSoftwareConfig(SPI_TypeDef * SPIx,uint16_t SPI_NSSInternalSoft)
```

函数功能：为选定的 SPI 接口软件配置内部 NSS 引脚。

输入参数 1：SPIx，用来选择 SPI 外设。

输入参数 2：SPI_NSSInternalSoft，是 SPI NSS 内部状态。可以取如下的值：

SPI_NSSInternalSoft_Set——内部设置 NSS 引脚。

SPI_NSSInternalSoft_Reset——内部复位 NSS 引脚。

例如，设置 SPI1 的 NSS 引脚，可以使用下面的代码：

```
SPI_NSSInternalSoftwareConfig(SPI1,SPI_NSSInternalSoft_Set);
```

7. 函数 SPI_SSOutputCmd()

函数原型：

```
void SPI_SSOutputCmd(SPI_TypeDef * SPIx , FunctionalState NewState)
```

函数功能：使能或者除能指定 SPI 的 SS 输出。

输入参数 1：SPIx,用来选择 SPI 外设。

输入参数 2：NewState,SPI 的 SS 输出的新状态,参数可以取 ENABLE 或者 DISABLE。

例如,单主机模式下,使能 SPI1 的 SS 输出,可以使用下面的代码：

```
SPI_SSOutputCmd(SPI1,ENABLE);
```

8. 函数 SPI_DataSizeConfig()

函数原型：

```
void SPI_DataSizeConfig(SPl_TypeDef * SPIx,uint16_t SPI_DataSize)
```

函数功能：设置指定的 SPI 数据大小。

输入参数 1：SPIx,用来选择 SPI 外设。

输入参数 2：SPI_DataSize,用于设置 8 位或者 16 位数据帧结构。

例如,设置 SPI1 的数据帧结构为 16 位,可以使用下面的代码：

```
SPI_DataSizeConfig(SPI1,SPI_DataSize_16b);
```

9. 函数 SPI_TransmitCRC()

函数原型：

```
void SPI_TransmitCRC( SPI_TypeDef * SPIx)
```

函数功能：传输指定 SPI 的 CRC。

输入参数：SPIx,用来选择 SPI 外设。

例如,传输 SPI1 的 CRC,可以使用下面的代码：

```
SPI_TransmitCRC(SPI1);
```

10. 函数 SPI_CalculateCRC()

函数原型：

```
void SPI_CalculateCRC(SPI_TypeDef * SPIx,FunctionalState NewState)
```

函数功能：使能或者除能指定 SPI 的传输字 CRC 值计算。

输入参数 1：SPIx,用来选择 SPI 外设。

输入参数 2：NewState,SPIx 传输字 CRC 值计算的新状态,参数可以取 ENABLE 或者 DISABLE。

例如,使能 SPI1 传输的数据字节 CRC 计算,可以使用下面的代码：

```
SPI_CalculateCRC(SPI1,ENABLE);
```

11. 函数 SPI_GetCRC()

函数原型：

```
uint16_t  SPI_GetCRC(SPI_TypeDef * SPIx, uint8_t SPI_CRC)
```

函数功能：返回指定 SPI 的 CRC 值。

输入参数 1：SPIx,用来选择 SPI 外设。

输入参数 2：SPI _CRC,待读取的 CRC 寄存器。可以取下面的值：

SPI_CRC_Tx——选择发送 CRC 寄存器。

SPI_CRC_Rx——选择接收 CRC 寄存器。

例如,获取 SPI1 的发送 CRC 寄存器的值,可以使用下面的代码：

```
u16 CRCValue;
CRCValue = SPI_GetCRC(SPI1, SPI_CRC_Tx);
```

12. 函数 SPI_GetCRCPolynomial()

函数原型：

```
uint16_t  SPI_GetCRCPolynomial(SPI_TypeDef * SPIx)
```

函数功能：返回指定 SPI 的 CRC 多项式寄存器值。

输入参数：SPIx,用来选择 SPI 外设。

返回值：CRC 多项式寄存器值。

例如,下面的代码返回 SPI1 的 CRC 多项式寄存器的值：

```
u16 CRCPolyValue;
CRCPolyValue = SPI_ GetCRCPolynomial(SPI1);
```

13. 函数 SPI_BiDirectionalLineConfig()

函数原型：

```
void SPI_BiDirectionalLineConfig(SPI_TypeDef * SPIx, uint16_t SPI_Direction)
```

函数功能：选择指定 SPI 在双向模式下的数据传输方向。

输入参数 1：SPIx,用来选择 SPI 外设。

输入参数 2：SPI_Direction,指定 SPI 在双向模式下的数据传输方向。

例如,若设置 SPI1 的数据传输方向为双向模式下的只发送方式,可以使用下面的代码：

```
SPI_BiDirectionalLineConfig(SPI1, SPI_Direction_Tx);
```

14. 函数 SPI_I2S_GetFlagStatus()

函数原型：

```
FlagStatus SPI_I2S_GetFlagStatus(SPI_TypeDef * SPIx, uint16_t SPI_I2S_FLAG)
```

函数功能：检查指定的 SPI 标志位设置与否。

输入参数 1：SPIx,用来选择 SPI 外设。

输入参数 2：SPI_I2S_FLAG,待检查的 SPI 标志位。可以取下面的值：

SPI_I2S_FLAG_TXE——发送缓存器空标志位。

SPI_I2S_FLAG_RXNE——接收缓存器非空标志位。

SPI_I2S_FLAG_BSY——忙标志位。

SPI_I2S_FLAG_OVR——溢出标志位。

SPI_FLAG_MODF——模式错位标志位。

SPI_FLAG_CRCERR——CRC 错误标志位。

I2S_FLAG_UDR——向下溢出错误标志位。

I2S_FLAG_CHSIDE——声道标志位。

返回值：SPI_I2S_FLAG 的新状态（SET 或者 RESET）。

15. 函数 SPI_I2S_ClearFlag()

函数原型：

```
void SPI_I2S_ClearFlag(SPI_TypeDef * SPIx, uintl6_t SPI_I2S_FLAG)
```

函数功能：清除 SPIx 的待处理标志位。

输入参数 1：SPIx，用来选择 SPI 外设。

输入参数 2：SPI_I2S_FLAG，待清除的 SPI 标志位。

16. 函数 SPI_I2S_GetITStatus()

函数原型：

```
ITStatus SPI_I2S_GetITStatus(SPI_TypeDef * SPIx,uint8_t SPI_I2S_IT)
```

函数功能：检查指定的 SPI 中断发生与否。

输入参数 1：SPIx，用来选择 SPI 外设。

输入参数 2：SPI_I2S_IT，待检查的 SPI 中断源。可以取下面的值：

SPI_I2S_IT_TXE——发送缓存器空中断标志位。

SPI_I2S_IT_RXNE——接收缓存器非空中断标志位。

SPI_I2S_IT_OVR——溢出中断标志位。

SPI_IT_MODF——模式错误标志位。

SPI_IT_CRCERR——CRC 错误标志位。

I2S_IT_UDR——向下溢出错误标志位。

返回值：SPI_I2S_IT 的新状态（SET 或 RESET）。

例如，下面的代码测试 SPI1 是否发生了溢出中断：

```
ITStatus Status;
Status = SPI_I2S_GetITStatus (SPI1, SPI_I2S_IT_OVR);
```

17. 函数 SPI_I2S_ClearITPendingBit()

函数原型：

```
void SPI_I2S_ClearITPendingBit(SPI_TypeDef * SPIx, uint8_t SPI_I2S_IT)
```

函数功能：清除 SPIx 的中断待处理位。

输入参数 1：SPIx，用来选择 SPI 外设。

输入参数 2：SPI_I2S_IT，待检查的 SPI 中断源。可取值请参阅函数（SPI_I2S_GetITStatus）。

例如,清除 SPI1 的 CRC 错误中断挂起位,可以使用下面的代码:

```
SPI_I2S_ClearITPendingBit (SPI1, SPI_IT_CRCERR);
```

8.3.4 SPI 接口应用例

本节将通过实例介绍 SPI 接口的具体使用步骤。

【例 8-2】 使用 STM32 处理器 SPI1 接口连接液晶显示板 LCD12864 模块,并显示信息"欢迎使用 STM32"。

解:硬件需要连接的 LCD12864 模块的引脚包括:

(1) CS、SID 和 CLK 为通信引脚,PSB 为串并联模式选择引脚,VSS 和 VDD 为电源引脚,LEDA 和 LEDK 为液晶背光引脚;

(2) 用到的 STM32F103ZET6 的引脚为 VCC 和 GND、PA4(SPI1_NSS)、PA5(SPI1_SCK)和 PA7(SPI1_MOSI)引脚。

将液晶 LCD12864 模块的电源引脚和背光引脚分别接到电源 VCC 和 GND,LCD12864 的 PSB 引脚接到电源地选择串行通信模式,LCD12864 模块的 CS、SID 和 CLK 引脚分别接到 SPI1 接口的引脚 PA4、PA7 和 PA5。

首先定 SPI1 接口的初始化参数包括工作模式为主 SPI 模式、8 位数据帧、时钟空闲为高电平、数据捕获在第二个时钟沿、软件管理 NSS 信号、波特率预分频值为 256 和数据传输从 MSB 位开始。再调用 SPI_I2S_SendData 函数向 LCD12864 发送命令和数据,以实现对 LCD12864 模块的控制。使用固件库函数编写 SPI 的应用程序代码如下:

```
# include "stm32f10x.h"
# define LCD_CS GPIOA, GPIO_Pin_4
void GPIO_init(void);                              //相关 GPIO 初始化子函数
void SPI_init(void);                               //SPI 接口初始化函数
void SendByte(u8 Dbyte);                           //发送一个字节子函数
void WriteCommand(u8 Cbyte) ;                      //写命令子函数
void WriteData(u8 Dbyte);                          //写数据子函数
void ClearScreen(void);                            //清屏子函数
void DispStr(u8 row, u8 col, char * puts);         //显示字符串子函数
u8 TABLE[ ] =                                      //坐标地址
{
    0x80, 0x81, 0x82, 0x83, 0x84, 0x85, 0x86, 0x87,
    0x90, 0x91, 0x92, 0x93, 0x94, 0x95, 0x96, 0x97,
    0x88, 0x89, 0x8a, 0x8b, 0x8c, 0x8d, 0x8e, 0x8f,
    0x98, 0x99, 0x9a, 0x9b, 0x9c, 0x9d, 0x9e, 0x9f,
};
int main(void)
{
    u32 delaytime;
    //使能 PA 口和 SPI1 的时钟
    RCC_APB2PeriphClockCmd(RCC_APB2Periph_GPIOA| RCC_APB2Periph_SPI1, ENABLE);
    GPIO_init();
    SPI_init();
    WriteCommand(0x30);
```

```
    WriteCommand(0x0C);
    WriteCommand(0x01);
    WriteCommand(0x06);
    WriteCommand(0x02);
    WriteCommand(0x80);
    ClearScreen( );
    for(delaytime = 0;delaytime < 5000;delaytime++);   //适当延时
    DispStr(0, 0, "欢迎使用 STM32!");
    while(1);
}
void GPIO_init(void)                                    //相关 GPIO 初始化
{
    GPIO_InitTypeDef GPIO_Initruture;
    //CLK
    GPIO_InitStructure. GPIO_Pin = GPIO_Pin_5;
    GPIO_InitStructure. GPIO_Mode = GPIO_Mode_AF_PP;   //复用推挽输出
    GPIO_InitStructure. GPIO_Speed = GPIO_Speed_50MHz;
    GPIO_Init(GPIOA, &GPIO_InitStructure);
    //SID
    GPIO_InitStructure. GPIO_Pin = GPIO_Pin_7;
    GPIO_InitStructure. GPIO_Mode = GPIO_Mode_AF_PP;   //复用推挽输出
    GPIO_InitStructure. GPIO_Speed = GPIO_Speed_50MHz;
    GPIO_Init(GPIOA, &GPIO_InitStructure);
    //CS
    GPIO_InitStructure. GPIO_Pin = GPIO_Pin_4;
    GPIO_InitStructure. GPIO_Mode = GPIO_Mode_Out_PP; //推挽输出
    GPIO_InitStructure. GPIO_Speed = GPIO_Speed_50MHz;
    GPIO_Init(GPIOA, &GPIO_InitStructure);
}
void SPI_init(void)                                     //SPI 接口初始化函数
{
    SPI_InitTypeDef SPI_InitStructure;
    //设置 SPI 单向或者双向的数据模式：SPT 设置为双线双向全双工
    SPI_InitStructure. SPI_Direction = SPT_Direction_2Lines_FullDuplex;
    //设置 SPI 工作模式：主 SPI
    SPI_InitStructure. SPI_Mode = SPI_Mode_Master;
    //设置 SPI 的数据大小：SPI 发送接收 8 位帧结构
    SPI_InitStructure. SPI DataSize = SPI_DataSize_8b;
    //选择了串行时钟的稳态：时钟悬空高
    SPI_InitStructure. SPI_CPOL = SPI_CPOL_High ;
    //数据捕获于第二个时钟沿
    SPI_InitStructure. SPI_CPHA = SPI_CPHA_2Edge;
    //NSS 信号软件(使用 SSI 位)管理
    SPI_InitStructure. SPI_NSS = SPI_NSS_Soft;
    //定义波特率预分频的值：波特率预分频值为 256
    SPI_InitStructure. SPI_BaudRatePrescaler = SPI_BaudRatePrescaler_256;
    //数据传输从 MSB 位开始
    SPI_InitStructure. SPI_FirstBit = SPI_FirstBit_MSB;
    //CRC 值计算的多项式
    SPI_InitStructure. SPI_CRCPolynomial = 7;
    //根据 SPI_InitStruct 中指定的参数初始化外设 SPIx 寄存器
    SPI_Init(SPI1,&SPI_InitStructure);
```

```
    //使能 SPI 外设
    SPI_Cmd( SPI1, ENABLE);
}
void SendByte( u8 Dbyte)                               //发送一个字节子函数
{
    while(SPI_I2S_GetFlagStatus(SPI1,SPI_12S_FLAG_TXE) == RESET);
    SPI_I2S_SendData(SPI1,Dbyte);
}
void WriteCommand(u8 Cbyte)                            //写命令子函数
{
    GPIO_SetBits(LCD_CS);
    SendByte(0xf8);
    SendByte(0xf0&Cbyte);
    SendByte(0xf0&Cbyte << 4);
    GPIO_ResetBits(LCD_CS);
}
void WriteData(u8 Dbyte)                               //写数据子函数
{
    GPIO_SetBits(LCD_CS);
    SendByte(0xfa);
    SendByte(0xf0&Dbyte);
    SendByte(0xf0&Dbyte << 4);
    GPIO_ResetBits(LCD_CS);
}
void ClearScreen(void)
{
    WriteCommand(0x0C);
    WriteCommand(0x01);
}
void DispStr( u8 row, u8 col, char * puts)
{
    WriteCommand(0x30);
    WriteCommand(TABLE[ 8 * row + col]);
    while( * puts != '\0')
    {
      if (col == 8)
      {
      col = 0;
      row++;
      }
      if (row == 4) row = 0;
      writeCommand(TABLE[ 8 * row + col]);
      WriteData( * puts);
      puts++;
      WriteData( * puts);
      puts++;
      col++;
    }
  }
```

8.4 STM32 处理器的 I2C 接口

8.4.1 I2C 接口概述

集成电路总线（Inter-Integrated Circuit，I2C）模块接口是由 Philips 公司首先提出的一种用于连接处理器及外部设备的总线协议。该总线仅采用两线制数据传输方式，是一种串行的半双工通信方式，主要用于短距离多种芯片之间的通信。I2C 接口总线支持主机模式、从机模式和多主机通信模式。作为主设备时，产生时钟信号、起始信号和停止信号。作为从设备时，具备可编程的 I2C 地址检测和停止位检测功能。另外它还支持两种通信速度，支持 100kHz 和快速 400kHz 模式，具备单字节缓冲器 DMA，可兼容 SMBus 2.0 标准。

8.4.1.1 I2C 模块内部结构

I2C 模块接口内部结构图如图 8.16 所示。I2C 模块外部主要组成部分包括数据线 SDA、时钟线 SCL 和系统管理总线 SMBALERT，它们都有其相应的引脚。I2C 要求 SDA 和 SCL 能够双向通信，即每个器件既可发送数据和时钟，又可接收数据和时钟。因此 I2C 总线是半双工通信，所以通信收发不能同时进行。

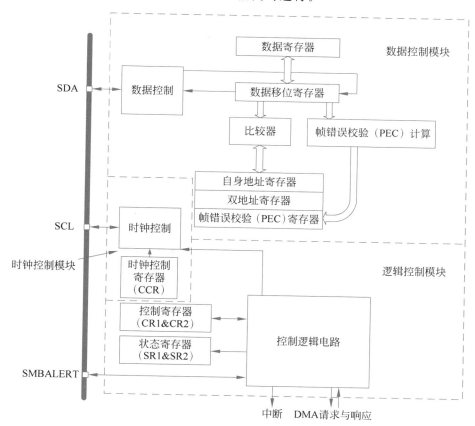

图 8.16 I2C 内部结构图

如图 8.16 所示 I2C 的内部结构可分为 3 部分：数据控制模块、时钟控制模块和逻辑控制模块。数据控制模块由数据寄存器、数据移位寄存器、比较器、自身地址寄存器、帧错误校验寄存器等组成，用于存放数据和地址，以及比较主机传送的地址和本机地址来确定是否与自身通信。时钟控制模块主要由时钟控制寄存器组成，用于确定时钟信号。逻辑控制模块由两个控制寄存器与两个状态寄存器组成，用于控制模块的工作模式以及检测模块的工作状态。

8.4.1.2 I2C 接口数据传输格式

I2C 接口传输数据通常由 5 部分组成：起始条件、从机地址传输、应答位、数据传输和停止条件。I2C 的数据传输是以字节为单位发送的，其过程首先是主机发送起始信号启动总线，然后主机发送 1 或 2 个字节表明从机地址（可用 7 位地址为 1 字节，或 10 位地址为 2 字节）和后续字节传输方向，接着被寻址的从机发送应答信号后，传输数据开始。发送器发送一个字节，接收器在第 9 个时钟时发送应答信号，重复这个过程直至数据传输完成结束，主机发送停止信号。

1. 起始条件和停止条件

在没有数据传输时，数据线 SDA 和时钟线 SCL 都为高电平。当 SCL 为高电平时，SDA 出现下降沿，表明此时为起始条件；当 SCL 为高电平时，SDA 出现上升沿，表明此时为停止条件。起始位和停止位的电平变化如图 8.17 所示。

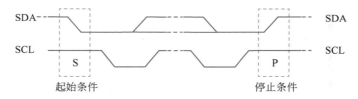

图 8.17　起始位和停止位

2. 数据有效性

时钟线 SCL 为低电平时，发送器可以向数据线 SDA 发送一位数据，即数据线 SDA 的电平可以改变；时钟线 SCL 为高电平时，接收器可以从数据线 SDA 接收一位数据，即数据线 SDA 的电平不可以改变，要保持稳定。数据有效性的电平变化如图 8.18 所示。

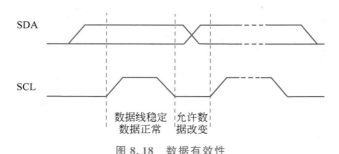

图 8.18　数据有效性

1）应答信号

I2C 数据传输中每个字节为 8 位,但发送器每发送 1 字节的数据,接收器必须发送一位应答信号 ACK 或非应答信号 NACK,即一帧数据共有 9 位。应答信号是将数据线拉低,若数据线保持高电平,则为非应答信号。

2）寻址方式

I2C 通信支持 7 位寻址模式和 10 位寻址模式,在此重点解释 7 位寻址模式。主机在起始位发送之后,会发送一个寻址字节数据。该字节的数据高 7 位是从机的地址,最低位为读写位。当读写位为 0 时,表示主机向从机发送数据;当读写位为 1 时,表示主机读取数据,即从机向主机发送数据。总线的从机收到此字节的 7 位地址后会和自己的地址相比较。若相同,则认为自己被主机寻址,再根据最低位确定自己是发送器还是接收器。I2C 接口上的数据传输时序如图 8.19 所示。

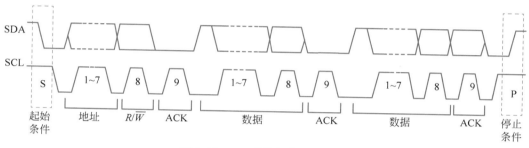

图 8.19 I2C 的数据传输时序图

8.4.2 I2C 接口通信

I2C 接口模块有 4 种工作模式:从机发送、从机接收、主机发送和主机接收。模块默认工作在从机模式下,当模块在软件控制下产生起始条件时,自动由从机模式切换到主机模式。当模块因总线仲裁或产生停止信号时,则由主机模式切换到从机模式。

8.4.2.1 I2C 从机模式的收发过程

I2C 模块初始化后默认工作在从机模式,然后根据主机寻址字节中的读写位确定转入从机发送或从机接收。

1. 检测起始位和从机地址

I2C 模块接口通信时,首先是主机发送起始信号和寻址字节,从机收发过程开始之时,首先检测到起始条件,然后将数据线 SDA 上接收的地址传送到移位寄存器,与自己的地址相比较。在 10 位地址模式中,需要先比较头端序列 11110xx0,其中 xx 是地址的两个最高有效位。当头端或地址不匹配时,从机会将这个寻址字节忽略并等待下一个起始条件和寻址字节,若 10 位地址模式的头端序列匹配,则从机产生一个应答信号,此时 ACK 置 1,并等待 8 位地址。当地址匹配时,从机将产生一个应答信号,此时 ACK 置 1;硬件设置 ADDR 位,但若设置了 ITEVFEN 位,则产生一个中断;若 ENDUAL=1,则软件必须读 DUALF 位,以确认响应了那个从机地址。在收到的从机地址与自身地址成功匹配之后,根据寻址字节的读写位进入发送器模式和接收器模式。在读写位为 1 转为从机发送,在读写位为 0 则转为从机接收。

2. 从机发送

从机发送的时序如图 8.20 所示。模块转为从机发送后,等待 ADDR 位清除,从机使时钟线 SCL 保持低电平,以确保待发送数据已写入数据寄存器 I2C_DR,再将数据字节从数据寄存器传送到移位寄存器,最后再传送到数据线 SDA 上。当从机收到主机的应答信号后,TXE 位被硬件置位,表明数据寄存器为空,写 DR 将清除该事件,但若 ITEVFEN 和 ITBUFEN 位置位,将产生中断。在 TXE 置位时,若在当前数据字节发送结束之前数据寄存器 DR 没有新数据字节写入,则 BTF 被硬件置位;I2C 读状态寄存器 SR1 后再写入数据寄存器 DR 将清除 BTF 位。注意,在清除 BTF 位之前要保持时钟线 SCL 为低电平。

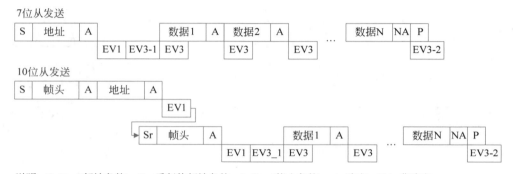

说明:S=Start(起始条件),Sr=重复的起始条件,P=Stop(停止条件),A=响应,NA=非响应,
EVx=事件(ITEVFEN=1时产生中断)
EV1:ADDR=1,读SR1然后读SR2将清除该事件。
EV3-1:TxE=1,移位寄存器空,数据寄存器空,写DR。
EV3:TxE=1,移位寄存器非空,数据寄存器空,写DR将清除该事件。
EV3-2:AF=1,在SR1寄存器的AF位写0可清除AF位。
注:1.EV1和EV3_1事件拉长SCL低的时间,直到对应的软件序列结束。
　　2.EV3的软件序列必须在当前字节传输结束之前完成。

图 8.20　从机发送的时序图

3. 从机接收

从机接收的时序过程如图 8.21 所示。从机接收到地址匹配后,根据读写位确定自己为从接收器,则从机将转为从机接收模式。从接收器将数据线 SDA 上的数据串行传送到内部移位寄存器,再由移位寄存器传送到数据寄存器 I2C_DR。从机接收到每个数据字节后,先在数据线 SDA 上产生一个应答信号,置位 ACK,并且 RXNE 位置位,表明数据寄存器中有数据,读 DR 寄存器将清除此事件,但若 ITEVFEN 和 ITBUFEN 位置位,则产生中断。RXNE 置位时,若在接收到下一个数据字节之前 DR 数据寄存器的上一个数据字节没有被读出,则 BTF 被硬件置位;I2C 读 SR1 状态寄存器后再将 DR 数据寄存器的数据读出,则清除 BTF 位。注意,在清除 BTF 位之前要保持时钟线 SCL 为低电平。

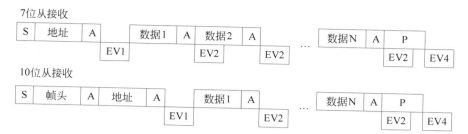

说明：S=Start(起始条件)，P=Stop(停止条件)，A=响应，
EVx=事件(ITEVFEN=1时产生中断)
EV1：ADDR=1，读SR1然后读SR2将清除该事件。
EV2：RxNE=1，读DR将清除该事件。
EV4：STOPF=1，读SR1然后写CR1寄存器将清除该事件。
注：1. EV1事件拉长SCL低的时间，直到对应的软件序列结束。
    2. EV2的软件序列必须在当前字节传输结束之前完成。

图 8.21　从机接收的时序图

4. 关闭从机

在数据传输完成之后，主机将产生一个停止条件。从机检测到这一停止条件时，从机关闭，STOPF 位置位，但若此时 ITEVFEN 处于置位状态，将产生中断。

8.4.2.2　I2C 主模式的收发过程

I2C 接口模块初始化后默认工作在从机模式，当 I2C 产生一个起始条件时，模块由从机模式转换为主机模式。其收发过程如下。

1. 产生起始条件和地址字节的发送

当 I2C 模块 CR1 寄存器中的 START 位为 1 时，将产生一个起始条件，并切换为主机模式。在主机模式下，START 置位后将在当前字节传输完后由硬件产生一个重开始条件，此时 SB 位置位，但若 ITEVFEN 置位，将产生中断处理。然后是地址字节的发送，地址字节由内部移位寄存器传送到 SDA 上。I2C 模块支持 7 位地址模式和 10 位地址模式。在 10 位地址模式时，需要发送两个地址字节，首先发送一个头段序列 11110xx0，xx指 10 位地址中的高 2 位，ADDR10 位被硬件置位，但若 ITEVFEN 置位，将产生中断处理。然后读 SR1 状态寄存器，再将第二个地址字节写入 DR 数据寄存器，ADDR 位被硬件置位，但若 ITEVFEN 置位，将产生中断处理。在 7 位地址模式时，只需发送一个地址字节，发送地址字节后，ADDR 位被硬件置位，但若 ITEVFEN 置位，将产生中断处理。根据地址字节的最低位，主设备决定进入主机发送模式还是进入主机接收模式。

2. 主机发送

主机发送的时序如图 8.22 所示。主机发完地址字节后，根据地址字节的最低位读写位为 0，进入主发送器模式。清除 ADDR 位后，主机将数据字节从内部 DR 数据寄存器传送到移位寄存器，再传送到数据线 SDA 上。当主机收到从机产生的应答脉冲 ACK 时，TXE 位被硬件置位，但若 ITEVFEN 和 ITBUFEN 置位，将产生中断。TXE 置位时，若在当前数据字节发送结束之前 DR 数据寄存器没有新数据字节写入，则 BTF 被硬件置位；I2C 模块读 SR1 状态寄存器后再写入 DR 数据寄存器将清除 BTF 位。注意，在清除 BTF 位之前要保持时钟线 SCL 为低电平。在主机写入最后一个需要发送的数据字节后，主机通过置位 STOP 位产生一个停止条件，然后主机将自动切换为从机模式。

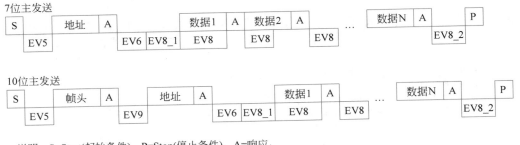

说明：S=Start(起始条件)，P=Stop(停止条件)，A=响应，
EVx=事件(ITEVFEN=1时产生中断)。
EV5：SB=1，读SR1然后将地址写入DR寄存器将清除该事件。
EV6：ADDR=1，读SR1然后读SR2将清除该事件。
EV8_1：TxE=1，移位寄存器空，数据寄存器空，写DR寄存器。
EV8：TxE=1，移位寄存器非空，数据寄存器空，写入DR寄存器将清除该事件。
EV8_2：TxE=1，BTF=1，请求设置停止位。TxE和BTF位由硬件在产生停止条件时清除。
EV9：ADDR10=1，读SR1然后写入DR寄存器将清除该事件。
注：1. EV5、EV6、EV9、EV8_1和EV8_2事件拉长SCL低的时间，直到对应的软件序列结束。
　　2. EV8的软件序列必须在当前字节传输结束之前完成。

图 8.22　主机发送的时序图

3. 主机接收

主机接收的时序图如图 8.23 所示。主机发完地址字节后，根据地址字节的最低位读写位为 1，进入主接收器模式。主接收器将数据线 SDA 上的数据串行传送到内部移位寄存器，再由移位寄存器传送到 I2C_DR 数据寄存器。主机接收到每个数据字节之后，会在数据线 SDA 上产生一个应答信号，即置位 ACK，并且 RXNE 位置位，表明数据寄存器中有数据，读 DR 寄存器将清除此事件，但若 ITEVFEN 和 ITBUFEN 位置位，则产生中断。RXNE 置位时，若在接收到下一个数据字节之前 DR 数据寄存器的上一个数据字节没有被读出，则 BTF 被硬件置位；I2C 读 SR1 状态寄存器后再将 DR 数据寄存器的数据读出，则清除 BTF 位。注意，在清除 BTF 位之前要保持时钟线 SCL 为低电平。

在接收到最后一个数据字节后，主机向从机发送一个非应答信号，则从机释放总线的控制，主机产生一个停止条件或者重开始条件。注意，在产生非应答信号之前，主机必须在接收到倒数第二个数据字节之后将 ACK 位清除；在产生停止条件或者重开始条件之前，主机必须在接收到倒数第二个数据字节之后将 STOP 位或 START 位置位。

8.4.2.3　I2C 总线通信时错误标志

I2C 总线通信时有以下 4 种错误标志位。

(1) 总线错误 BERR：I2C 总线在数据传输时，又检测到一个起始条件则产生总线错误，其错误标志位 BERR 位置位，若 ITERREN 置位，则产生中断。

(2) 应答错误 AF：当总线接口检测到一个无应答时，则产生应答错误，其错误标志位 AF 位置位，若 ITERREN 置位，则产生中断。

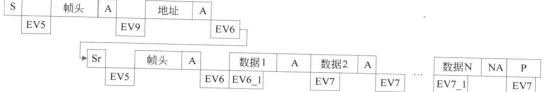

说明：S=Start(起始条件)，Sr=重复的起始条件，P=Stop(停止条件)，A=响应，NA=非响应，
EVx=事件(ITEVFEN=1时产生中断)
EV5：SB=1，读SR1然后将地址写入DR寄存器将清除该事件。
EV6：ADDR=1，读SR1然后读SR2将清除该事件。在10位主接收模式下，该事件后应设置CR2的START=1。
EV6_1：没有对应的事件标志，只适于接收1个字节的情况。恰好在EV6之后(即清除了ADDR之后)，要清除
　　　响应和停止条件的产生位。
EV7：RxNE=1，读DR寄存器清除该事件。
EV7_1：RxNE=1，读DR寄存器清除该事件。设置ACK=0和STOP请求。
EV9：ADDR10=1，读SR1然后写入DR寄存器将清除该事件。

图 8.23　主机接收的时序图

(3) 仲裁丢失错误 ARLO：当接口检测到仲裁丢失时产生仲裁丢失错误，其错误标志位 ARLO 置位，若 ITERREN 置位，则产生中断。I2C 接口自动回到从机模式，硬件释放总线。

(4) 过载/欠载错误 OVR：在 I2C 工作在从机接收模式下，接收到新数据时，若 DR 寄存器的上一个数据字节还没有被读出，则发生过载错误，其错误标志位 OVR 位置位，最后接收的数据将丢失，应清除 RXNE 位，重新发送这个新的数据字节。在 I2C 工作在从机发送模式下，在发送下一个数据字节的时钟到达之前，DR 寄存器还没有写入新数据，则发生欠载错误，其错误标志位 OVR 位置位，上一个数据字节重复发出，接收器应丢弃重复的数据字节。

8.4.2.4　I2C 产生中断请求

在 I2C 模块接口通信中，可产生几种中断事件，如表 8.5 所示。

表 8.5　I2C 接口中断事件

中断事件	事件标志	开启控制位
起始位已发送(主)	SB	ITEVFEN
地址已发送(主)或地址匹配(从)	ADDR	
10 位头段已发送(主)	ADDR10	
已收到停止(从)	STOPF	
数据字节传输完成	BTF	
接收缓冲区非空	RxNE	
发送缓冲区空	TxE	ITEVFEN 和 ITBUFEN

续表

中 断 事 件	事 件 标 志	开启控制位
总线错误	BERR	
仲裁丢失（主）	ARLO	
响应失败	AF	
过载/欠载	OVR	ITERREN
PEC 错误	PECERR	
超时/Tlow 错误	TIMEOUT	
SMBus 提醒	SMBALERT	

I2C 接口的中断映像如图 8.24 所示。I2C 中断事件可分为两类：事件中断和错误中断，且各种中断事件可以连接到同一个中断向量。事件中断包括起始位已发送（主）、地址已发送（主）或地址匹配（从）、10 位头段已发送（主）、已收到停止（从）、数据字节传输完成、接收缓冲区非空和发送缓冲区空。错误中断包括总线错误、仲裁丢失（主）、响应失败、过载/欠载、PEC 错误、超时/Tlow 错误和 SMBus 提醒。

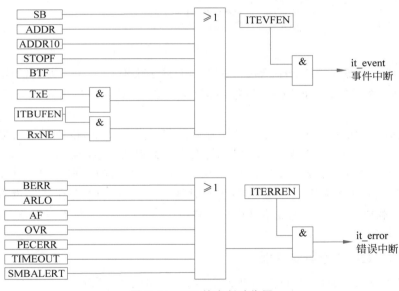

图 8.24 I2C 的中断映像图

8.4.3 I2C 接口固件库函数

本节将详细介绍几个常用的 I2C 接口固件库函数。

1. 函数 I2C_Init()

函数原型：

```
void I2C_Init(I2C_TypeDef * I2Cx, I2C_InitTypeDef * I2C_InitStruct)
```

函数功能：根据 I2C_InitStruct 中指定的参数初始化外设 I2Cx。

输入参数 1：I2Cx，用来选择 I2C 外设，可以是 I2C1、I2C2。

输入参数 2：I2C_InitStruct，初始化结构体，包含外设 I2Cx 的配置参数。

I2C_InitTypeDef 在 stm32f10x_ I2C.h 文件中定义。

```
typedef struct
{
    u16 I2C_Mode;
    u16 I2C_DutyCycle;
    u16 I2C_OwnAddress1;
    u16 I2C_Ack;
    u16 I2C_AcknowledgeAddress;
    u16 I2C_ClockSpeed;
} I2C_InitTypeDef;
```

结构体成员如下：

（1）I2C_Mode：设置 I2C 工作模式。其可取的值及含义如下：

I2C_Mode_I2C——I2C 模式。

I2C_Mode_SMBusDevice——SMBus 设备模式。

I2C_Mode_SMBusHost——SMBus 主控模式。

（2）I2C_DutyCycle：设置 I2C 占空比。其可取的值及含义如下：

I2C_DutyCycle_16_9——I2C 快速模式 Tlow/Thigh = 16/9。

I2C_DutyCycle_2——I2C 快速模式 Tlow/Thigh = 2。

（3）I2C_OwnAddress1：设置第一个设备的自身地址。可以是 7 位或 10 位地址。

（4）I2C_Ack：使能或者除能应答（ACK）。其可取的值及含义如下：

I2C_Ack_Enable——使能应答。

I2C_Ack_Disable——除能应答。

（5）I2C_AcknowledgeAddress：定义应答 7 位或 10 位地址。其可取的值及含义如下：

I2C_AcknowledgeAddress_7bit——应答 7 位地址。

I2C_AcknowledgeAddress_10bit——应答 10 位地址。

（6）I2C_ClockSpeed：设置时钟频率，最大为 400kHz。

例如，I2C1 接口典型初始化代码如下：

```
I2C_TypeDef I2C_InitStructure;
I2C_InitStructure. I2C_Mode = I2C_Mode_I2C;
I2C_InitStructure. I2C_DutyCycle = I2C_DutyCycle_2;
I2C_InitStructure. I2C_OwnAddress1 = 0x03A2;
I2C_InitStructure. I2C_Ack = I2C_Ack_Enable;
I2C_InitStructure. I2C_AcknowledgeAddress = I2C_AcknowledgeAddress_7bit;
I2C_InitStructure. I2C_ClockSpeed = 200000;
I2C_Init(I2C1,& I2C_ InitStructure);
```

2. 函数 I2C_Cmd()

函数原型：

```
void I2C_Cmd(I2C_TypeDef * I2Cx,FunctionalState NewState)
```

函数功能：使能或者除能 I2C 外设。

输入参数 1：I2Cx,用来选择 I2C 外设。

输入参数 2：NewState,外设 I2Cx 的新状态,这个参数可以取 ENABLE 或者 DISABLE。

例如,使能 I2C1,可以使用下面的代码:

```
I2C_Cmd(I2C1, ENABLE);
```

3. 函数 I2C_ITConfig()

函数原型:

```
void I2C_ITConfig(I2C_TypeDef * I2Cx,u16 I2C_IT,FunctionalState NewState)
```

函数功能：使能或者除能指定的 I2C 中断。

输入参数 1：I2Cx,用来选择 I2C 外设。

输入参数 2：I2C_IT,待使能或者除能的 I2C 中断源。

输入参数 3：NewState,外设 I2Cx 的新状态,这个参数可以取 ENABLE 或者 DISABLE。

I2C _IT 可以取下面的一个或者多个取值的组合作为该参数的值。

I2C_IT_BUF：缓存中断。

I2C_IT_ERR：错误中断。

例如,使能 I2C1 的缓存中断,可以使用下面的代码:

```
I2C_ITConfig(I2C1, I2C_ IT_BUF, ENABLE);
```

4. 函数 I2C_SendData()

函数原型:

```
void I2C_SendData(I2C_TypeDef *  I2Cx,u8 Data)
```

函数功能：通过外设 I2Cx 发送单个数据。

输入参数 1：I2Cx,用来选择 I2C 外设。

输入参数 2：Data,待发送的数据。

例如,I2C1 发送 0x25 数据,可以使用下面的代码:

```
I2C_SendData(I2C1,0x25);
```

5. 函数 I2C_ReceiveData()

函数原型:

```
u8 I2C_ReceiveData(I2C_TypeDef *  I2Cx)
```

函数功能：返回 I2Cx 最近接收到的数据。

输入参数：I2Cx,用来选择 I2C 外设。

返回值：接收到的数据

例如,从 I2C1 接收数据,可以使用下面的代码:

```
u8 ReceivedData;
ReceivedData = I2C_ReceiveData(I2C1);
```

6. 函数 I2C_DMACmd()

函数原型：

```
void I2C_DMACmd(I2C_TypeDef * I2Cx , FunctionalState NewState)
```

函数功能：使能或者除能指定 I2C 接口的 DMA 请求。

输入参数 1：I2Cx，用来选择 I2C 外设。

输入参数 2：NewState，I2C 接口 DMA 请求的新状态，这个参数可以取 ENABLE 或者 DISABLE。

例如，使能 I2C1 的 DMA 请求，可以使用下面的代码：

```
I2C_DMACmd(I2C1,ENABLE);
```

7. 函数 I2C_DualAddressCmd()

函数原型：

```
void I2C_DualAddressCmd(I2C_TypeDef * I2Cx , FunctionalState NewState)
```

函数功能：使能或者除能指定 I2C 接口的双地址模式。

输入参数 1：I2Cx，用来选择 I2C 外设。

输入参数 2：NewState，I2C 接口双地址模式的新状态，这个参数可以取 ENABLE 或者 DISABLE。

例如，使能 I2C1 的双地址模式，可以使用下面的代码：

```
I2C_DualAddressCmd(I2C1,ENABLE);
```

8. 函数 I2C_GetFlagStatus()

函数原型：

```
FlagStatus I2C_GetFlagStatus(I2C_TypeDef * I2Cx, u32 I2C_FLAG)
```

函数功能：检查指定的 I2C 标志位设置与否。

输入参数 1：I2Cx，用来选择 I2C 外设。

输入参数 2：I2C_FLAG，待检查的 I2C 标志位。可以取下面的值：

I2C_FLAG_TXE——数据寄存器空标志位（发送端）。

I2C_FLAG_RXNE——数据寄存器非空标志位（接收端）。

I2C_FLAG_BSY——总线忙标志位。

I2C_FLAG_TRA——发送或接收标志位。

I2C_FLAG_MSL——主或从标志位。

I2C_FLAG_PECERR——接收 PEC 错误标志位。

I2C_FLAG_AF——应答错误标志位。

I2C_FLAG_BERR——总线错误标志位。

I2C_FLAG_BTF——字节传输完成标志位。

例如，检查 I2C1 的总线错误标志位，可以使用下面的代码：

```
Flagstatus Status;
```

```
Status = I2C_GetFlagStatus(I2C1, I2C_FLAG_BERR);
```

9．函数 I2C_ClearFlag()

函数原型：

```
void I2C_ClearFlag(I2C_TypeDef * I2Cx, u32 I2C_FLAG)
```

函数功能：清除 I2Cx 的待处理标志位。

输入参数 1：I2Cx，用来选择 I2C 外设。

输入参数 2：I2C_FLAG，待清除的 I2C 标志位。

例如，清除 I2C1 的字节传输完成标志位，可以使用下面的代码：

```
I2C_ClearFlag(I2C1, I2C_FLAG_BTF);
```

8.4.4　I2C 接口应用示例

下面通过实例介绍 I2C 接口的具体使用步骤。

【例 8-3】　使用 I2C 接口实现对 EEPROM(AT24Xxx 型)存储器的单字节数据读写操作。

解：(1)单字节数据写操作。单字节数据写主要分 5 个步骤：开始、写设备地址、写数据地址、写一个字节数据、停止。具体程序代码如下：

```
void EEPROM_WriteByte (uint16_t Addr , uint8_t Data)
{
  while (I2C_GetFlagStatus (I2C1,I2C_FLAG_BUSY));
  //开始
  I2C_GenerateSTART(I2C1,ENABLE);
  while( !I2C_CheckEvent(I2C1,I2C_EVENT_MASTER_MODE_SELECT)) ;
  //写设备地址
  I2C_Send7bitAddress(I2C, EEPROM_DEV_ADDR, I2C_Direction_Transmitter);
  while(!I2C_CheckEvent(I2C1,I2C_EVENT_MASTER_TRANSMITTER_MODE_SELECTED)) ;
  //数据地址
# if (8 == EEPROM_WORD_ADDR_SIZE)
  I2C_SendData (I2C1,(Addr &0x00FF) );               //写数据地址(8 位)
  while(!I2C_CheckEvent(I2C1, I2C_EVENT_MASTER_BYTE_TRANSMITTED));
# else
  I2C_SendData (I2C1, (uint8_t)(Addr >> 8));          //写数据地址(16 位)
  while(!I2C_CheckEvent(I2C1, I2C_EVENT_MASTER_BYTE_TRANSMITTED)) ;
  I2C_SendData (I2C1,(uint8_t) (Addr&0x00FF)) ;
  while(!I2C_CheckEvent(I2C1, I2C_EVENT_MASTER_BYTE_TRANSMITTED));
# endif
  //写一个字节数据
  I2C_SendData (I2C1,Data) ;
  while(!I2C_CheckEvent(I2C1,I2C_EVENT_MASTER_BYTE_TRANSMITTED)) ;
  //停止
  I2C_GenerateSTOP (I2C1,ENABLE);
}
```

(2)单字节数据读操作。单字节数据读主要分 7 个步骤：开始、写设备地址、写数据地址、重新开始、读设备地址、读一个字节数据、停止。具体程序代码如下：

```
    void EEPROM_ReadByte (uint16_t Addr , uint8_t Data)
    {
    while (I2C_GetFlagStatus (I2C1,I2C_FLAG_BUSY));
    //开始
    I2C_GenerateSTART(I2C1,ENABLE);
    while( !I2C_CheckEvent(I2C1,I2C_EVENT_MASTER_MODE_SELECT)) ;
    //写设备地址
    I2C_Send7bitAddress(I2C, EEPROM_DEV_ADDR, I2C_Direction_Transmitter);
    while(!I2C_CheckEvent(I2C1,I2C_EVENT_MASTER_TRANSMITTER_MODE_SELECTED)) ;
    //写数据地址
    #if (8 == EEPROM_WORD_ADDR_SIZE)
    I2C_SendData (I2C1,(Addr &0x00FF) );                 //写数据地址(8 位)
    while(!I2C_CheckEvent(I2C1, I2C_EVENT_MASTER_BYTE_TRANSMITTED));
    #else
    I2C_SendData (I2C1, (uint8_t)(Addr >> 8));           //写数据地址(16 位)
    while(!I2C_CheckEvent (I2C1, I2C_EVENT_MASTER_BYTE_TRANSMITTED)) ;
    I2C_SendData (I2C1,(uint8_t) (Addr&0x00FF)) ;
    while(!I2C_CheckEvent(I2C1, I2C_EVENT_MASTER_BYTE_TRANSMITTED));
#endif
    //重新开始
    I2C_GenerateSTART(I2C1,ENABLE);
    while( !I2C_CheckEvent(I2C1,I2C_EVENT_MASTER_MODE_SELECT)) ;
    //读设备地址
    I2C_Send7bitAddress(I2C, EEPROM_DEV_ADDR, I2C_Direction_Receive);
    while(!I2C_CheckEvent(I2C1,I2C_EVENT_MASTER_RECEIVER _MODE_SELECTED)) ;
    //读一个字节数据
    I2C_AcknowledgeConfig (I2C1,DISABLE) ;
    while(!I2C_GetFlagStatus (I2C1, I2C_FLAG_RXNE) = = RESET ) ;
    * Data = I2C_ReceiveData(I2C1);
    //停止
    I2C_GenerateSTOP (I2C1,ENABLE);
}
```

第

9

章

ADC和DAC接口

9.1 模拟量

随着数字电子及计算机技术的普及,数字信号的传输与处理需求日渐增多。然而物理量多以模拟量的形式存在,如温度、湿度、压力、流量和速度等,在实际生产、生活和科学实验中还会遇到化学量和生物量等。从工程的角度看,物理量、化学量和生物量等都需要使用相应的传感器将其转换成电信号(称为模拟量),然后将模拟量转换为计算机能够识别的数字量,再进行信号的传输、处理、存储、显示和控制。在使用计算机控制外部设备(如电动调节阀、调速系统等)时,也必须要将计算机输出的数字信号变换成外部设备能够接收的模拟信号。模拟量输入和输出的应用系统结构如图9.1所示。

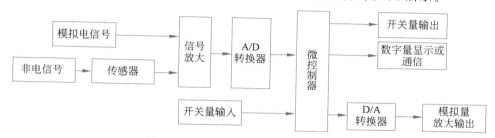

图9.1 模拟量输入/输出应用系统原理

实现模拟量转换成数字量的器件称为模数转换器(Analog to Digital Converter, ADC),也称为A/D转换器;将数字量转换成模拟量的器件称为数模转换器(Digital to Analog Converter,DAC),也称为D/A转换器。ADC和DAC种类繁多,性能各异,使用方法也不相同。微处理器中常集成有ADC,甚至DAC部件。本章先介绍ADC和DAC的工作原理及性能指标,再介绍STM32系列处理器的ADC和DAC部件和使用方法。

9.2 ADC工作原理及性能指标

9.2.1 ADC原理

根据转换的工作原理不同,模数转换器可分为计数比较式、逐次逼近式和双斜率积分式ADC。计数比较式模数转换器结构简单,价格便宜,转换速度慢,较少采用。下面主要介绍逐次逼近式和双斜率积分式模数转换器的工作原理。

1. 逐次逼近式模数转换器

逐次逼近式模数转换器电路框图如图9.2所示。逐次逼近式模数转换器主要由逐次逼近寄存器(SAR)、同精度的数模转换器、比较器、时序及控制逻辑等部分组成。

其原理与天平称重过程相似:从最重的砝码开始试放,与被称物体进行比较。若物体重于砝码,则该砝码保留,否则移去。再加上第二个次重砝码,由物体的重量是否大于砝码的重量决定第二个砝码是保留或移去。如此循环,一直加到最小一个砝码为止。将所有保留的砝码重量相加,就得到被称物体的重量。逐次逼近式模数转换器具体实现过程如下:

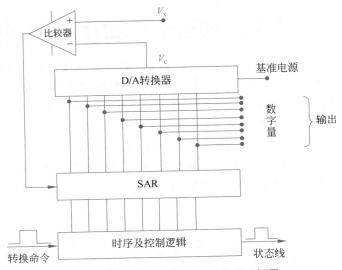

图 9.2　逐次逼近式模数转换器原理框图

逐次逼近式模数转换器工作时,逐次把设定在 SAR 中的数字量所对应的 A/D 转换网络输出的电压与要被转换的模拟电压进行比较,比较时从 SAR 中的最高位开始,逐位确定各数码位是 1 还是 0,其工作过程如下:当模数转换器收到"转换命令"并清除 SAR 寄存器后,控制电路先设定 SAR 中的最高位为 1,其余位为 0,此预测数据被送至 D/A 转换器,转换成电压 V_c,然后将 V_c 与输入模拟电压 V_x 在高增益的比较器中进行比较,比较器的输出为逻辑 0 或逻辑 1。若 $V_x \geqslant V_c$,则说明此位置 1 是对的,应予以保留;否则,说明此位置 1 不合适,应予清除。按该方法继续对次高位进行转换、比较和判断,决定次高位应取 1 还是取 0。重复上述过程,直至确定 SAR 最低位为止。该过程完成后,状态线改变状态,表示已完成一次完整的转换,SAR 中的内容就是与输入的模拟电压对应的二进制数字代码。

2. 双积分式模数转换器的工作原理和特点

双积分式模数转换器转换方法的抗干扰能力比逐次逼近式模数转换器强。此方法的基础是测量两个时间:一个是模拟输入电压向电容充电的固定时间;另一个是在已知参考电压下放电所需的时间。模拟输入电压与参考电压的比值就等于上述两个时间值之比。双积分模数转换器的组成框图如图 9.3 所示。

双积分式模数转换器具有精度高、抗干扰能力强的特点,在实际工程中得到了使用。而由于逐次逼近式模数转换技术能很好地兼顾了速度和精度,故在 16 位以下的模数转换器中逐次逼近式模数转换器使用较多。

9.2.2　ADC 的性能指标

1. 分辨率

ADC 的分辨率通常以输出二进制或十进制数字的位数表示分辨率的高低,因为位数越多,量化单位越小,对输入信号的分辨能力就越强。因此位数越多,分辨率越高,但一

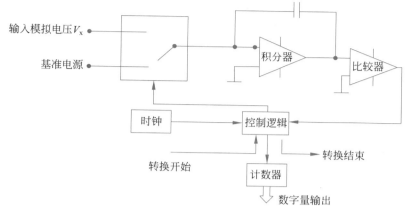

图 9.3　双积分式模数转换器原理框图

般来说,由此带来的转换时间就越长。

2．温度范围

由于温度会对比较运算放大器电阻网络等产生影响,在一定温度范围内才能保证额定精度指标,一般 ADC 的工作温度范围为 $0\sim70℃$,军用品的工作温度范围为 $-55\sim125℃$。

3．转换时间

转换时间是指完成一次 ADC 转换所需要的时间,即发出启动转换命令,到转换结束的时间间隔。转换时间的倒数称为转换速率。

4．电源灵敏度

电源灵敏度是指 ADC 转换芯片的供电电源电压发生变化时产生的转换误差,一般用电源电压变化 1％时,相对的模拟量变化的百分位来表示。

5．量程

量程是指所能转换的模拟输入电压范围,分单极性双极性两种类型。例如,单极性:量程为 $0\sim5V,0\sim10V,0\sim20V$;双极性:量程为 $-5\sim5V,-10\sim10V$。

9.3　STM32 处理器 ADC 的构造及特性

9.3.1　硬件结构

STM32 处理器使用的 ADC 是一种提供可选择多通道输入、逐次逼近式的 ADC。例如,STM32F103 的 ADC 是 12 位逐次逼近式的模拟数字转换器,有 18 个通道,可测量 16 个外部信号和两个内部信号源。各通道的 ADC 转换可以单次、连续、扫描或间断模式执行。结果可以左对齐或右对齐的方式存储在 16 位数据寄存器中。模拟看门狗特性还允许应用程序检测输入电压是否超出用户定义的高/低阈值电压。输入时钟由 PCLK2 分频产生,最大 14MHz。

9.3.2　功能特性

STM32F103 处理器内部的 ADC 模块,其内部结构如图 9.4 所示,主要特征如下:

269

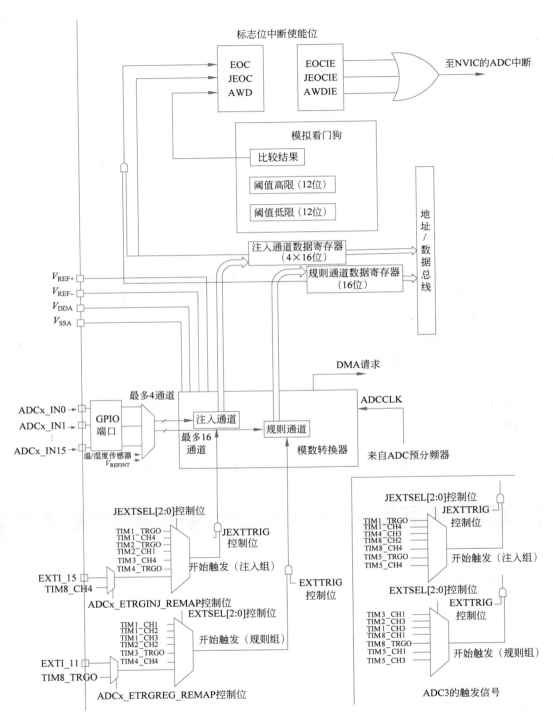

图 9.4 STM32F103 的 ADC 结构框图

（1）一个 12 位逐次逼近式 ADC,包含 18 个通道,可测量 16 个外部和 2 个内部信号源。

（2）规则转换结束、注入转换结束和发生模拟看门狗事件时可以产生中断。

（3）支持单次和连续转换模式。

（4）支持间断模式。

（5）从通道 0 到通道 n 的自动扫描模式。

（6）自校准。

（7）通道之间采样间隔可编程。

（8）规则转换和注入转换均有外部触发选项。

（9）支持间断模式。

（10）支持双重模式（带两个 ADC）。

（11）ADC 转换时间（STM32F103xx 系列）：ADC 时钟在 56MHz 时为 1μs,在 72MHz 时为 1.17μs。

（12）ADC 供电要求为 2.4～3.6V。

（13）ADC 输入范围：$V_{REF-} \leqslant V \leqslant V_{REF+}$ 模拟看门狗特性允许应用程序检测输入电压是否超出用户定义的高/低阈值。

（14）规则通道转换期间可以生成 DMA 请求。

处理器 ADC 的相关引脚如表 9.1 所示,V_{DDA} 和 V_{SSA} 是模拟电源引脚;参考电压 V_{REF+} 可以由专用的参考电压电路提供,也可以直接和模拟电源连接在一起,需要满足 $(V_{DDA}-V_{REF+})<1.2V$ 的条件;V_{REF-} 引脚一般连接在 V_{SSA} 引脚上。

表 9.1　处理器 ADC 的相关引脚

名　　称	信号类型	备　　注
V_{REF+}	正模拟参考电压输入引脚	ADC 高/正参考电压,$1.8V \leqslant V_{REF+} \leqslant V_{DDA}$
V_{DDA}	模拟电源输入引脚	模拟电源电压等于 V_{DD},全速运行时,$2.4V \leqslant V_{DDA} \leqslant V_{DD}(3.6V)$;低速运行时,$1.8V \leqslant V_{DDA} \leqslant V_{DD}(3.6V)$
V_{REF-}	负模拟参考电压输入引脚	ADC 低/负参考电压,$V_{REF-} = V_{SSA}$
V_{SSA}	模拟电源接地输入引脚	模拟电源接地电压,$V_{SSA} = V_{SS}$
ADCx_IN[15:0]	模拟信号输入引脚	各外部模拟输入通道

其中,ADCx_IN[15:0]代表 16 个模拟电压输入引脚、内部温度传感器和内部参考电压与通道的关系,对应如表 9.2 所示。

表 9.2　ADC 通道与 GPIO 接口引脚对应表

通 道 号	ADC1	ADC2	ADC3
通道 0	PA0	PA0	PA0
通道 1	PA1	PA1	PA1
通道 2	PA2	PA2	PA2

续表

通 道 号	ADC1	ADC2	ADC3
通道 3	PA3	PA3	PA3
通道 4	PA4	PA4	PF6
通道 5	PA5	PA5	PF7
通道 6	PA6	PA6	PF8
通道 7	PA7	PA7	PF9
通道 8	PB0	PB0	PF10
通道 9	PB1	PB1	
通道 10	PC0	PC0	PC0
通道 11	PC1	PC1	PC1
通道 12	PC2	PC2	PC2
通道 13	PC3	PC3	PC3
通道 14	PC4	PC4	
通道 15	PC5	PC5	
通道 16	温度传感器		
通道 17	内部参考电压		

9.4 STM32 处理器 ADC 功能配置

1. ADC 校准

A/D 转换过程需要一定的转换时间,对 ADC 进行校准可以减少因内部电容的变化导致的误差。STM32 的 ADC 具有内置自校准模式。ADC 在上电后至少 2 个 ADC 时钟周期才开始校准,建议每次上电后都执行一次 ADC 校准,以保证采集数据的准确性。

2. 采样时间

ADC 时钟频率越高,其转换速率越快,STM32 芯片参考手册中规定:ADC 的时钟频率不能超过 14MHz,该频率由 PCLK2 经分频产生。由 STM32 的时钟结构可知,ADC 的时钟(ADCCLK)由 APB2(PCLK2)经 ADC 预分频器分频得到,分频值可设置为 2、4、6、8。

A/D 转换在采样时信号需持续一定的时间,以保证正确的 A/D 转换。STM32 的 ADC 每条通道的采样时间可选择为采样周期的 1.5 倍、7.5 倍、13.5 倍、28.5 倍、41.5 倍、555 倍、71.5 倍和 239.5 倍。ADC 转换总时间按下式计算:

$$T_{\text{CONV}} = 采样时间 + 12.5 个采样周期$$

例如,若采样时间为 1.5 个采样周期,且 ADCCLK 为 APB2(PCLK2＝72MHz)的 6 分频,即 12MHz,则

$$T_{\text{CONV}} = (1.5 + 12.5)/12\text{MHz} = 1.17\mu s$$

注意:由于 ADC 的时钟 ADCCLK 最大不能超过 14MHz,因此 STM32 的 ADC 最短转换时间为 1μs。采样时间越长,转换结果越稳定。

3. 转换通道

ADC 内部把输入信号分成两路进行转换,分别为规则组和注入组。其中规则组最多

可以转换 16 路模拟信号；注入组最多可以转换 4 路模拟信号。规则组通道和它的转换顺序在 ADC_SQRx 寄存器中选择(参见 9.5 节)，规则组转换的总数写入 ADC_SQR1 寄存器的 L[3:0] 位中。在 ADC_SQR1～ADC_SQR3 的 SQ1[4:0]～SQ16[4:0] 位段可用于设置规则组输入通道转换的顺序。SQ1[4:0] 位段域用于定义规则组中第一个转换的通道号 0～18，SQ2[4:0] 位段用于定义规则组中第 2 个转换的通道编号，以此类推。

注入组和它的转换顺序在 ADC_JSQR 寄存器中选择。注入组里转换的总数应写入 ADC_JSQR 的 JL[1:0] 位段中。ADC_JSQR 的 JSQ1[4:0]～JSQ4[4:0] 位段用于设置规则组输入换通道转换的顺序。JSQ1[4:0] 位段用于定义规则组中第一个转换的通道号 0～18，JSQ2[4:0] 位段用于定义规则组中第 2 个转换的通道编号，以此类推。注入组转换总数、转换通道和顺序定义方法与规则组一致。当规则组正在转换时，启动注入组的转换会中断规则组的转换过程，规则组和注入组的转换关系图如图 9.5 所示。

4. 工作模式

工作模式分类如图 9.6 所示，可分为以下 4 种情况。

(1) 单次转换模式：在单次转换模式下，ADC 只执行一次转换。

(2) 连续转换模式：在连续转换模式下，当前面 ADC 转换一结束马上启动另一次转换。

(3) 扫描模式：此模式用来扫描一组模拟通道。

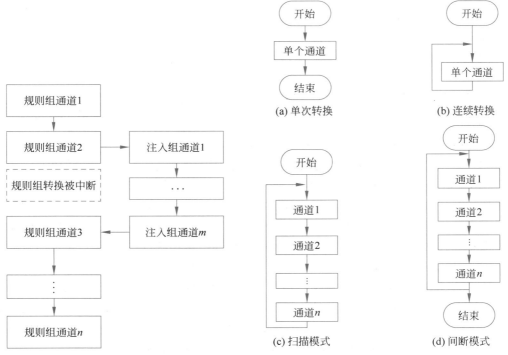

图 9.5　ADC 转换关系图　　　　图 9.6　ADC 工作模式

(4) 间断模式分为规则组和注入组。其中，

① 规则组：此模式通过设置 ADC_CR1 寄存器上的 DISCEN 位激活；它可以用来

执行一个短序列的 n 次转换($n \leqslant 8$),此转换是 ADC_SQRx 寄存器所选择的转换序列的一部分。数值 n 由 ADC_CR1 寄存器的 DISCNUM[2:0]位给出。一个外部触发信号可以启动 ADC_SQRx 寄存器中描述的下一轮 n 次转换,直到此序列所有的转换完成为止。总的序列长度由 ADC_SQR1 寄存器的 L[3:0]位来定义。

② 注入组:此模式通过设置 ADC_CR1 寄存器的 JDISCEN 位激活,在一个外部触发事件后,该模式按通道顺序逐个转换 ADC_JSQR 寄存器中选择的序列。一个外部触发信号可以启动 ADC_JSQR 寄存器选择的下一个通道序列的转换,直到序列中所有的转换完成为止。总的序列长度由 ADC_JSQR 寄存器的 JL[1:0]位来定义。

(5) ADC 中断和 DMA 请求。

A/D 转换只有接收到触发信号才开始,A/D 转换的触发信号有两种产生方式。

① 软件触发转换:由软件编程控制,使能触发启动位。

② 外部触发:规则通道组的外部触发源可以是定时器的 TIM1_CH1~TIM1)CH3,或者由外部中断线 EXTI_11 触发;注入组的外部触发源可以是外部中断线 EXTI_15 或 TIM1_CH4 定时器。

ADC 在每个通道转换完成后,可产生相应的中断请求。对于规则通道组,若 ADC_CR1 寄存器的 EOCIE 位被置 1,则会产生 EOC 中断;对于注入通道组,若 ADC_CR1 寄存器的 JEOCIE 位被置 1,则会产生 JEOC 中断;ADC1 和 ADC3 的规则通道组转换完成后还会产生 DMA 请求。

ADC 中断事件主要有 3 个,如表 9.3 所示,其中 ADC_IT_EOC 中断针对规则通道;ADC_IT_JEOC 中断针对注入通道,ADC_IT_AWD 中断针对看门狗。

表 9.3　ADC 中断事件

中 断 事 件	事 件 标 志	使 能 控 制 位
规则通道组转换结束中断 ADC_IT_EOC	EOC 中断	EOCIE
注入通道组转换结束中断 ADC_IT_JEOC	JEOC 中断	JEOCIE
模拟看门狗中断 ADC_IT_AWD	AWD 中断	AWDIE

DMA 请求:由于规则通道组的转换只有一个数据寄存器(ADC_DR),而每个通道转换完成后,将覆盖以前的数据,因此对于规则通道组的转换,使用 DMA 方式处理数据能够及时地将已完成转换的数据读出。在每次产生转换结束事件 EOC 标志后,DMA 控制器会把保存在 ADC_DR 寄存器中的规则通道组的转换数据传送到用户指定的目标地址,而注入通道组转换的数据存储在 ADC_JDRx 寄存器中。

注意,并非所有 ADC 的规则通道组转换结束后都能产生 DMA 请求,只有 ADC1 和 ADC3 能产生 DMA 请求,ADC2 转换数据可以在双 ADC 模工中使用 ADC1 的 DMA 请求。而 4 个注入通道组有 4 个数据寄存器来存储每个注入通道组的转换结果,所以注入通道组无须使用 DMA 方式处理数据。例如,ADC1 规则组转换 4 个输入通道信号时,需要用到 DMA2 的数据流通道 0,在扫描模式下,在每个输入通道转换结束后,都会触发 DMA 控制器将转换结果从规则通道组 ADC_DR 寄存器传输到目标存储器。ADC 规则通道组转换数据 DMA 传输示意图如图 9.7 所示。

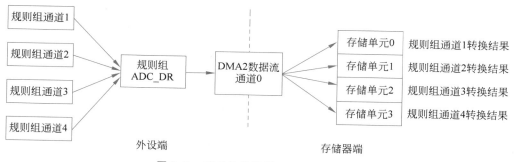

图 9.7　ADC 转换数据 DMA 传输流程

（6）双 ADC 模式。

如图 9.8 所示，在集成有两个或两个以上 ADC 模块的处理器中，还可以使用双 ADC 模式。双 ADC 模式就是使用两个 ADC 同时采样一个或者多个通道。双 ADC 模式与独立模式相比较，一个最大的优势就是可提高采样率，弥补了单个 ADC 采样速度不够快的缺点。双 ADC 模式可根据 ADC1_CR1 寄存器中 DUALMOD[2:0] 位选取采集模式，转换启动可以是主 ADC1 和从 ADC2 的交替触发或同步触发。在双 ADC 模式中，当配置成由外部事件触发时，必将其设置为仅触发主 ADC，从 ADC 设置为软件触发，这样设置可以防止意外的触发从转换。但是主 ADC 和从 ADC 的外部触发必须同时被激活。其中，有 6 种可能模式：同步注入模式、同步规则模式、快速交叉模式、慢速交叉模式、交替触发模式和独立模式。另外还可以用下列方式对这 6 种模式进行组合：

① 同步注入模式＋同步规则模式。

② 同步规则模式＋交替触发模式。

③ 同步注入模式＋交叉模式。

（7）温度传感器。

温度传感器可以用来测量器件周围的温度 T_A。温度传感器在内部与 ADC1_IN16 输入通道相连接，此通道能把传感器输出的电压转换成数字值。温度传感器模拟输入推荐采样时间是 17.1μs。温度传感器的内部原理框图如图 9.9 所示。

在不使用温度传感器时，可以将传感器置于关电模式。温度传感器输出的电压注重于随温度线性变化，所以内部温度传感器更适合于检测温度的变化，而不是测量绝对的温度。如果系统需要温度测量更精确，那么使用一个外置的温度传感器更合适。使用传感器读取温度的步骤如下：

（1）选择 ADC1_IN16 输入通道。

（2）选择采样时间为 17.1μs。

（3）设置 ADC 控制寄存器 ADC_CR2 的 TSVREFE 位，唤醒关电模式下的温度传感器。

（4）设置 ADON 位启动 ADC 转换，或使用外部触发。

（5）读 ADC 数据寄存器中的数据结果 VSENSE。

（6）利用以下公式得出温度：温度（℃）$=[(V_{25}-V_{SENSE})/\mathrm{Avg\_Slope}]+25$

这里 $V_{25}=V_{SENSE}$ 在 25℃时的数值。

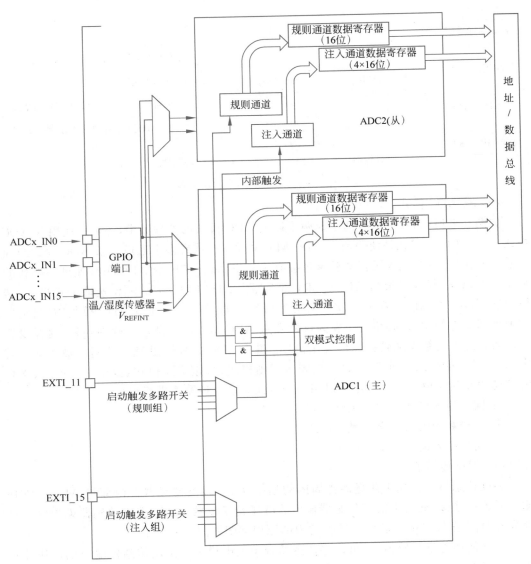

图 9.8　双 ADC 原理框图

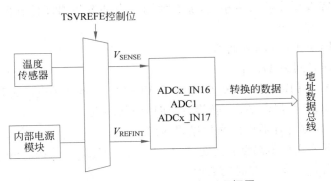

图 9.9　温度传感器内部原理框图

Avg_Slope＝温度与 V_{SENSE} 曲线的平均斜率（单位为 mV/℃或 μV/℃）

查阅手册可获取电气特性 V_{25} 和 Avg_Slope 的实际值。

9.5　STM32 处理器 ADC 寄存器

STM32 处理器的 ADC1 寄存器的起始地址是 0x40012400，ADC2 寄存器的起始地址是 0x40012800，ADC3 寄存器的起始地址是 0x40013C00。具体各寄存器名称和含义如下。

1. 状态寄存器 ADC_SR

地址偏移：0x00，复位值：0x00000000。各位定义如下：

位　号	31～5	4	3	2	1	0
定义	保留	STRT	JSTRT	JEOC	EOC	AWD
读写		rw	rw	rw	rw	rw

位[31:5]——保留。

位[4]——STRT，规则通道开始位（Regular channel StaRT flag）。该位由硬件在规则通道转换开始时设置，由软件清除。

　　　　0：规则通道转换未开始；　　　　　　1：规则通道转换已开始。

位[3]——JSTRT，注入通道开始位（Injected channel StaRT flag）。该位由硬件在注入通道组转换开始时设置，由软件清除。

　　　　0：注入通道组转换未开始；　　　　　1：注入通道组转换已开始。

位[2]——JEOC，注入通道转换结束位（Injected channel End Of Conversion）该位由硬件在所有注入通道组转换结束时设置，由软件清除。

　　　　0：转换未完成；　　　　　　　　　　1：转换完成。

位[1]——EOC，转换结束位（End Of Conversion）。该位由硬件在通道组转换结束时设置，由软件清除或在读取 ADC_DR 时清除。

　　　　0：转换未完成；　　　　　　　　　　1：转换完成。

位[0]——AWD，模拟看门狗标志位（Analog WatchDog Flag）该位由硬件在转换的电压值超出了 ADC_LTR 和 ADC_HTR 寄存器定义的范围时设置，由软件清除。

　　　　0：没有发生模拟看门狗事件；　　　　1：发生模拟看门狗事件。

2. ADC 控制寄存器 ADC_CR1

地址偏移：0x04，复位值：0x0000 0000。各位定义如下：

位号	31～24	23	22	21～20	19～16	15～13
定义	保留	AWDEN	JAWDEN	保留	DUALMOD[3:0]	DISCNUM[2:0]
读写		rw	rw		rw	rw

位号	12	11	10	9	8	7	6	5	4～0
定义	JDISCEN	DISCEN	JAUTO	AWDSGL	SCAN	JEOCIE	AWDIE	EOCIE	AWDCH[4:0]
读写	rw	rw	rw	rw	rw	rw	rw	rw	rw

位[31:24]——保留。必须保持为0。

位[23]——AWDEN，在规则通道上开启模拟看门狗（Analog watchdog enable on regular channels）。该位由软件设置和清除。

    0：在规则通道上禁用模拟看门狗；   1：在规则通道上使用模拟看门狗。

位[22]——JAWDEN，在注入通道上开启模拟看门狗（Analog watchdog enable on injected channels）。该位由软件设置和清除。

    0：在注入通道上禁用模拟看门狗；   1：在注入通道上使用模拟看门狗。

位[21:20]——保留。必须保持为0。

位[19:16]——DUALMOD[3:0]，双模式选择（Dual mode selection）可使用这些位选择操作模式。

    0000：独立模式；

    0001：混合的同步规则＋注入同步模式；

    0010：混合的同步规则＋交替触发模式；

    0011：混合同步注入＋快速交叉模式；

    0100：混合同步注入＋慢速交叉模式；

    0101：注入同步模式；

    0110：规则同步模式；

    0111：快速交叉模式；

    1000：慢速交叉模式；

    1001：交替触发模式。

位[15:13]——DISCNUM[2:0]，间断模式通道计数（Discontinuous mode channel count）。软件通过这些位定义在间断模式下，收到外部触发后转换规则通道的数目。

    000：1个通道；001：2个通道； 010：3个通道；011：4个通道；

    100：5个通道；101：6个通道； 110：7个通道；111：8个通道。

位[12]——JDISCEN，在注入通道上的间断模式（Discontinuous mode on injected channels），该位由软件设置和清除，用于开启或关闭注入通道组上的间断模式。

    0：注入通道组上禁用间断模式；   1：注入通道组上使用间断模式。

位[11]——DISCEN，在规则通道上的间断模式（Discontinuous mode on regular channels）该位由软件设置和清除，用于开启或关闭规则通道组上的间断模式。

    0：规则通道组上禁用间断模式；   1：规则通道组上使用间断模式。

位[10]——JAUTO，自动的注入通道组转换（Automatic Injected group conversion）。该位由软件设置和清除，用于开启或关闭规则通道组转换结束后自动的注入通道组转换。

    0：关闭自动的注入通道组转换；   1：开启自动的注入通道组转换。

位[9]——AWDSGL，用于开启或关闭扫描模式中一个单一的通道是否使用看门狗（Enable the watchdog on single channel in scan mode）。该位由软件设置和清除，用于开启或关闭由 AWDCH[4:0]位指定的通道上的模拟看门狗功能。

0：在所有的通道上使用模拟看门狗； 1：在单一通道上使用模拟看门狗。

位[8]——SCAN，扫描模式(Scan mode)。该位由软件设置和清除，用于开启或关闭扫描模式。在扫描模式中，转换由 ADC_SQRx 或 ADC_JSQRx 寄存器选中的通道。如果设置了 EOCIE 或 JEOCIE 位，在最后一个通道转换完毕后才会产生 EOC 或 JEOC 中断。

0：关闭扫描模式； 1：使用扫描模式。

位[7]——JEOCIE，允许产生注入通道转换结束中断(Interrupt enable for injected channels)。该位由软件设置和清除，用于禁止或允许所有注入通道转换结束后产生中断。

0：禁止 JEOC 中断；

1：允许 JEOC 中断。当硬件设置 JEOC 位时产生中断。

位[6]——AWDIE，允许产生模拟看门狗中断(Analog watchdog interrupt enable)该位由软件设置和清除，用于禁止或允许模拟看门狗产生中断。在扫描模式下，如果看门狗检测到超范围的数值时，只有在设置了该位时扫描才会中止。

0：禁止模拟看门狗中断； 1：允许模拟看门狗中断。

位[5]——EOCIE，允许产生 EOC 中断(Interrupt enable for EOC)。该位由软件设置和清除，用于禁止或允许转换结束后产生中断。

0：禁止 EOC 中断；

1：允许 EOC 中断。当硬件设置 EOC 位时产生中断。

位[4:0]——AWDCH[4:0]，模拟看门狗通道选择位(Analog watchdog channel select bits)。这些位由软件设置和清除，用于选择模拟看门狗保护的输入通道。

00000：DC 模拟输入通道 0；

00001：ADC 模拟输入通道 1；

……

01111：ADC 模拟输入通道 15；

10000：ADC 模拟输入通道 16；

10001：ADC 模拟输入通道 17；

保留所有其他数值。

3. ADC 控制寄存器 ADC_CR2

地址偏移：0x08，复位值：0x0000 0000。各位定义如下：

位号	31～24	23	22	21	20	19～17	16
定义	保留	TSVREFE	SWSTART	JSWSTART	EXTTRIG	EXTSEL[2:0]	保留
读写		rw	rw	rw	rw	rw	

位号	15	14～12	11	10～9	8	7～4	3	2	1	0
定义	JEXTTRIG	JEXTSEL[2:0]	ALIGN	保留	DMA	保留	RSTCAL	CAL	CONT	ADON
读写	rw	rw	rw		rw		rw	rw	rw	rw

位[31:24]——保留。必须保持为0。

位[23]——TSVREFE，温度传感器和 VREFINT 使能（Temperature sensor and VREFINT enable）。该位由软件设置和清除，用于开启或禁止温度传感器和 VREFINT 通道。在多于一个 ADC 的器件中，该位仅出现在 ADC1 中。

    0：禁止温度传感器和 VREFINT； 1：启用温度传感器和 VREFINT。

位[22]——SWSTART，开始转换规则通道（Start conversion of regular channels）。由软件设置该位以启动转换，转换开始后硬件马上清除此位。如果在 EXTSEL[2:0]位中选择了 SWSTART 为触发事件，该位用于启动一组规则通道的转换。

    0：复位状态；   1：开始转换规则通道。

位[21]——JSWSTART，开始转换注入通道（Start conversion of injected channels）。由软件设置该位以启动转换，软件可清除此位或在转换开始后硬件马上清除此位。如果在 JEXTSEL[2:0]位中选择了 JSWSTART 为触发事件，该位用于启动一组注入通道的转换。

    0：复位状态；   1：开始转换注入通道。

位[20]——EXTTRIG，规则通道的外部触发转换模式（External trigger conversion mode for regular channels）。该位由软件设置和清除，用于开启或禁止可以启动规则通道组转换的外部触发事件。

    0：不用外部事件启动转换； 1：使用外部事件启动转换。

位[19:17]——EXTSEL[2:0]，选择启动规则通道组转换的外部事件（External event select for regular group）。这些位选择用于启动规则通道组转换的外部事件。其中 ADC1 和 ADC2 的触发配置如下：

    000——定时器 1 的 CC1 事件； 001——定时器 1 的 CC2 事件；
    010——定时器 1 的 CC3 事件； 011——定时器 2 的 CC2 事件；
    100——定时器 3 的 TRGO 事件； 101——定时器 4 的 CC4 事件；
    110—— EXTI 线 11/TIM8_TRGO 事件，仅大容量产品具有 TIM8_TRGO 功能；
    111——SWSTART。

ADC3 的触发配置如下：

    000——定时器 3 的 CC1 事件； 001——定时器 2 的 CC3 事件；
    010——定时器 1 的 CC3 事件； 011——定时器 8 的 CC1 事件；
    100——定时器 3 的 TRGO 事件； 101——定时器 4 的 CC4 事件；
    110——EXTI 线 11/TIM8_TRGO 事件，仅大容量产品具有 TIM8_TRGO 功能；
    111——SWSTART。

位[16]——保留。必须保持为0。

位[15]——JEXTTRIG，注入通道的外部触发转换模式（External trigger conversion mode for injected channels）。该位由软件设置和清除，用于开启成禁止可以启动注

入通道组转换的外部触发事件。

　　0：不用外部事件启动转换；　　　　　　　1：使用外部事件启动转换。

位[14:12]——JEXTSEL[2:0]，选择启动注入通道组转换的外部事件（External event select for injected group），这些位选择用于启动注入通道组转换的外部事件。其中 ADC1 和 ADC2 的触发配置如下：

　　000——定时器 1 的 TRGO 事件；　　　　001——定时器 1 的 CC4 事件；
　　010——定时器 2 的 TRGO 事件；　　　　011——定时器 2 的 CC 事件；
　　100——定时器 3 的 CC4 事件；　　　　　101——定时器 4 的 TRGO 事件；
　　110——EXTI 线 15/TIM8_CC4 事件（仅大容量产品具有 TIM8_CC4）；
　　111——JSWSTART。

ADC3 的触发配置如下：

　　000——定时器 1 的 TRGO 事件；　　　　001——定时器 1 的 CC4 事件；
　　010——定时器 4 的 CC3 事件；　　　　　011——定时器 8 的 CC2 事件；
　　100——定时器 8 的 CC4 事件；　　　　　101——定时器 5 的 TRGO 事件；
　　110——定时器 5 的 CC 事件；　　　　　　111——JSWSTART。

位[11]——ALIGN，数据对齐（Data alignment）。该位由软件设置和清除。

　　0：右对齐；　　　　　　　　　　　　　　1：左对齐。

位[10:9]——保留。必须保持为 0。

位[8]——DMA，直接存储器访问模式（Direct memory access mode）。该位由软件设置和清除。详见第 10 章，只有 ADC1 和 ADC3 能产生 DMA 请求。

　　0：不使用 DMA 模式；　　　　　　　　　1：使用 DMA 模式。

位[7:4]——保留。必须保持为 0。

位[3]——RSTCAL，复位校准（Reset calibration）。该位由软件设置并由硬件清除。在校准寄存器被初始化后该位将被清除。如果正在进行转换时设置 RSTCAL，清除校准寄存器需要额外的周期。

　　0：校准寄存器已初始化；　　　　　　　　1：初化校准寄存器。

位[2]——CAL，A/D 校准（A/D Calibration），该位由软件设置以开始校准在校准结束时由硬件清除。

　　0：校准完成；　　　　　　　　　　　　　1：开始校准。

位[1]——CONT，连续转换（Continuous conversion）。该位由软件设置和清除。如果设置了此位，则转换将连续进行直到该位被清除。

　　0：单次转换模式；　　　　　　　　　　　1：连续转换模式。

位[0]——ADON，开/关 A/D 转换器（A/D converter ON/OFF）。该位由软件设置和清除。当该位为 0 时，写 1 将把 ADC 从断电模式下唤醒。当该位为 1 时，写入 1 将启动转换。

　　0：关闭 ADC 转换/校准，并进入断电模式；1：开启 ADC 启动转换。

如果在这个寄存器中与 ADON 一起还有其他位被改变，则转换不被触发。这是为了防止触发错误的转换。

4. ADC 采样时间寄存器 ADC_SMPR1

地址偏移：0x0C，复位值：0x0000 0000。各位定义如下：

位号	31～24	23～21	20～18	17～15
定义	保留	SMP17[2:0]	SMP16[2:0]	SMP15[2:0]
读写		rw	rw	rw

位号	14～12	11～9	8～6	5～3	2～0
定义	AMP14[2:0]	SMP13[2:0]	SMP12[2:1]	SMP11[2:0]	SMP10[2:0]
读写	rw	rw	rw	rw	rw

位[31:24]——保留，必须保持为 0。

位[23:0]——SMPx[2:0]，选择通道 x 的采样时间(Channel x sample time selection)。这些位用于独立地选择每个通道的采样时间。在采样周期中通道选择位必须保持不变。

000：1.5 采样周期；   001：7.5 采样周期；

010：13.5 采样周期；   011：28.5 采样周期；

100：41.5 采样周期；   101：55.5 采样周期；

110：71.5 采样周期；   111：239.5 采样周期。

注意：ADC1 的模拟输入通道 16 和通道 17 在芯片内部分别连到了温度传感器和 VREFINT。ADC2 的模拟输入通道 16 和通道 17 在芯片内部相连。ADC3 模拟输入通道 14、15、16、17 与 V_{ss} 相连。

5. ADC 采样时间寄存器 ADC_SMPR2

地址偏移：0x10，复位值：0x0000 0000。各位定义如下：

位号	31～30	29～27	26～24	23～21	20～18	17～15
定义	保留	SMP9[2:0]	SMP8[2:0]	SMP7[2:0]	SMP6[2:0]	SMP5[2:0]
读写		rw	rw	rw	rw	rw

位号	14～12	11～9	8～6	5～3	2～0
定义	SMP4[2:0]	SMP3[2:0]	SMP2[2:0]	SMP1[2:0]	SMP0[2:0]
读写	rw	rw	rw	rw	rw

位[31:30]——保留。必须保持为 0。

位[29:0]——SMPx[2:0]，选择通道 x 的采样时间(Channel sample time selection)。这些位用于独立地选择每个通道的采样时间。在采样周期中通道选择位必须保持不变。

000：1.5 采样周期；   001：7.5 采样周期；

010：13.5 采样周期；   011：28.5 采样周期；

100：41.5 采样周期；   101：55.5 采样周期；

110：71.5 采样周期；   111：239.5 采样周期。

注：ADC3 模拟输入通道 9 与 V_{ss} 相连。

6. ADC 注入通道数据偏移寄存器 ADC_JOFRx（x＝1～4）

地址偏移：0x14～0x20，复位值：0x0000 0000。各位定义如下：

位号	31～12	11～0
定义	保留	JOFFSETx[11:0]
读写		rw

位[31:12]——保留。必须保持为 0。

位[11:0]——JOFFSETx[11:0]，注入通道 x 的数据偏移（Data offset for injected channelx）。当在注入通道进行转换时，这些位定义了用于从原始转换数据中减去的数值。转换的结果可以在 ADC_JDRx 寄存器中读出。

7. ADC 看门狗高阈值寄存器 ADC_HTR

地址偏移：0x24，复位值：0x0000 0000。各位定义如下：

位号	31～12	11～0
定义	保留	HT[11:0]
读写		rw

位[31:12]——保留。必须保持为 0。

位[11:0]——HT[11:0]，模拟看门狗高阈值（Analog watchdog high threshold）。这些位定义了模拟看门狗的阈值高限。

8. ADC 看门狗低阈值寄存器 ADC_LTR

地址偏移：0x28，复位值：0x0000 0000。各位定义如下：

位号	31～12	11～0
定义	保留	LT[11:0]
读写		rw

位[31:12]——保留，必须保持为 0。

位[11:0]——HT[11:0]，模拟看门狗低阈值（Analog watchdog low threshold）。这些位定义了模拟看门狗的阈值低限。

9. ADC 规则序列寄存器 ADC_SQR1

地址偏移：0x2C，复位值：0x0000 0000。各位定义如下：

位号	31～24	23～20	19～15
定义	保留	L[3:0]	SQ16[4:0]
读写		rw	rw
位号	14～10	9～5	4～0
定义	SQ15[4:0]	SQ14[4:0]	SQ13[4:0]
读写	rw	rw	rw

位[31:24]——保留。必须保持为 0。

位[23:20]——L[3:0],规则通道序列长度(Regular channel sequence length)。这些位由软件定义在规则通道转换序列中的通道数目。

　　　　　0000:1 个转换;　　　0001:2 个转换;……;　　　1111:16 个转换。

位[19:15]——SQ16[4:0],规则序列中的第 16 个转换。这些位由软件定义转换序列中的第 16 个转换通道的编号(0~17)。

位[14:10]——SQ15[4:0],规则序列中的第 15 个转换。

位[9:5]——SQ14[4:0],规则序列中的第 14 个转换。

位[4:0]——SQ13[4:0],规则序列中的第 13 个转换。

10. ADC 规则序列寄存器 ADC_SQR2

地址偏移:0x30,复位值:0x0000 0000。各位定义如下:

位号	31~30	29~25	24~20	19~15
定义	保留	SQ12[4:0]	SQ11[4:0]	SQ10[4:0]
读写		rw	rw	rw

位号	14~10	9~5	4~0
定义	SQ9[4:0]	SQ8[4:0]	SQ7[4:0]
读写	rw	rw	rw

位[31:30]——保留。必须保持为 0。

位[29:25]——SQ12[4:0],规则序列中的第 12 个转换。这些位由软件定义转换序列中的第 12 个转换通道的编号(0~17)。

位[24:20]——SQ11[4:0],规则序列中的第 11 个转换。

位[19:15]——SQ10[4:0],规则序列中的第 10 个转换。

位[14:10]——SQ9[4:0],规则序列中的第 9 个转换。

位[9:5]——SQ8[4:0],规则序列中的第 8 个转换。

位[4:0]——SQ7[4:0],规则序列中的第 7 个转换。

11. ADC 规则序列寄存器 ADC_SQR3

地址偏移:0x34,复位值:0x0000 0000。各位定义如下:

位号	31~30	29~25	24~20	19~15
定义	保留	SQ6[4:0]	SQ5[4:0]	SQ4[4:0]
读写		rw	rw	rw

位号	14~10	9~5	4~0
定义	SQ3[4:0]	SQ2[4:0]	SQ1[4:0]
读写	rw	rw	rw

位[31:30]——保留。必须保持为 0。

位[29:25]——SQ6[4:0],规则序列中的第 6 个转换。这些位由软件定义转换序列中的第 6 个转换通道的编号(0~17)。

位[24:20]——SQ5[4:0],规则序列中的第 5 个转换。

位［19：15］——SQ4［4：0］,规则序列中的第 4 个转换。

位［14：10］——SQ3［4：0］,规则序列中的第 3 个转换。

位［9：5］——SQ2［4：0］,规则序列中的第 2 个转换。

位［4：0］——SQ1［4：0］,规则序列中的第 1 个转换。

12. ADC 注入序列寄存器 ADC_JSQR

地址偏移：0x38,复位值：0x0000 0000。各位定义如下：

位号	31～22	21～20	19～15
定义	保留	JL［1:0］	JSQ4［4:0］
读写		rw	rw
位号	14～10	9～5	4～0
定义	JSQ3［4:0］	JSQ2［4:0］	JSQ1［4:0］
读写	rw	rw	rw

位［31：22］——保留。必须保持为 0。

位［21：20］——JL［1:0］,注入通道序列长度。这些位由软件定义在规则通道转换序列中的通道数目。

　　　　　　00：1 个转换;　　01：2 个转换;　　10：3 个转换;　　11：4 个转换。

位［19：15］——JSQ4［4:0］,注入序列中的第 4 个转换。这些位由软件定义转换序列中的第 4 个转换通道的编号(0～17)。

不同于规则转换序列,若 JL［1:0］的长度小于 4,则转换的序列顺序从(4−JL)开始。

位［14：10］——JSQ3［4:0］,注入序列中的第 3 个转换。

位［9：5］——JSQ2［4:0］,注入序列中的第 2 个转换。

位［4：0］——JSQ1［4:0］,注入序列中的第 1 个转换。

13. ADC 注入数据寄存器 ADC_JDRx（x＝1～4）

地址偏移：0x3C～0x48,复位值：0x0000 0000。各位定义如下：

位号	31～16	15～0
定义	保留	JDATA［15:0］
读写		r

位［31：16］——保留。必须保持为 0。

位［15：0］——JDATA［15:0］,注入转换的数据。这些位为只读属性,包含了注入通道的转换结果。

14. ADC 规则数据寄存器 ADC_DR

规则序列中的 A/D 转化结果都将被存在 ADC_DR 中。各位定义如下：

位号	31～16	15～0
定义	ADC2DATA［15:0］	DATA［15:0］
读写	r	r

位[31:16]——ADC2DATA[15:0],ADC2 转换的数据。

位[15:0]——DATA[15:0],规则转换的数据。这些位为只读属性,包含了规则通道的
转换结果。

在 ADC1 的双模式下,这些位包含了 ADC2 转换的规则通道数据。在 ADC2 和
ADC3 中不使用这些位。

9.6 STM32 ADC 应用

9.6.1 STM32 ADC 固件库函数

1. ADC 寄存器结构

ADC 寄存器结构 ADC_TypeDef 在 stm32f10x.h 文件中定义如下:

```
typedef struct
{
    vu32 SR;              //ADC 状态寄存器
    vu32 CR1;             //ADC 控制寄存器 1
    vu32 CR2;             //ADC 控制寄存器 2
    vu32 SMPR1;           //ADC 采样时间寄存器 1
    vu32 SMPR2;           //ADC 采样时间寄存器 2
    vu32 JOFR1;           //ADC 注入通道偏移寄存器 1
    vu32 JOFR2;           //ADC 注入通道偏移寄存器 2
    vu32 JOFR3;           //ADC 注入通道偏移寄存器 3
    vu32 JOFR4;           //ADC 注入通道偏移寄存器 4
    vu32 HTR;             //ADC 看门狗高阈值寄存器
    vu32 LTR;             //ADC 看门狗低阈值寄存器
    vu32 SQR1;            //ADC 规则序列寄存器 1
    vu32 SQR2;            //ADC 规则序列寄存器 2
    vu32 SQR3;            //ADC 规则序列寄存器 3
    vu32 JSQR;            //ADC 注入序列寄存器
    vu32 JDR1;            //ADC 注入数据寄存器 1
    vu32 JDR2;            //ADC 注入数据寄存器 2
    vu32 JDR3;            //ADC 注入数据寄存器 3
    vu32 JDR4;            //ADC 注入数据寄存器 4
    vu32 DR;              //ADC 规则数据寄存器
} ADC_TypeDef;
```

两个 ADC 外设在 stm32f10x.h 文件中声明如下:

```
…
# define PERIPH_BASE ((u32)0x40000000)
# define APB1PERIPH_BASE PERIPH_BASE
# define APB2PERIPH_BASE (PERIPH_ BASE + 0x10000)
# define AHBPERIPH_BASE (PERIPH_BASE + 0x20000)
…
# define ADC1_BASE (APB2PERIPH_BASE + 0x2400)
# define ADC2_BASE (APB2PERIPH_BASE + 0x2800)
…
# define ADC1 ((ADC_TypeDef * ) ADC1_BASE)
# define ADC2 ((ADC_TypeDef * ) ADC2_BASE)
…
```

2. 常用的固件库函数

下面介绍常用的固件函数，其他库函数请参阅《STM32 固件库手册》。

1) 函数 ADC_Init()

函数原型：

```
void ADC_Init(ADC_TypeDef * ADCx, ADC_InitTypeDef * ADC_InitStruct)
```

函数功能：根据 ADC_InitStruct 中指定的参数初始化外设 ADCx 的寄存器。

输入参数：ADCx，x 可以是 1、2 或 3，用来选择 ADC 外设 ADC1、ADC2 或 ADC3。

输入参数 2：ADC_InitStruct，指向结构 ADC_Init TypeDef 指针，包含了指定 ADC 的配置信息。

ADC_Init TypeDef 在 stm32f10x_adc.h 文件中定义如下：

```
typedef struct
{
    u32 ADC_Mode;
    FunctionalState ADC_ScanConvMode;
    FunctionalState ADC_ContinuousConvMode;
    u32 ADC_ExternalTrigConv;
    u32 ADC_DataAlign;
    u8 ADC_NbrOfChannel;
} ADC_Init TypeDef
```

（1）ADC_Mode 用于设置 ADC 的工作模式，可取的值如表 9.4 所示。

表 9.4　ADC_Mode 定义

ADC_Mode	描　　述
ADC_Mode_Independent	ADC1 和 ADC2 工作在独立模式
ADC_ Mode RegInjecSimult	ADC 和 ADC2 工作在同步规则模式和同步注入模式
ADC_RegSimult_AlterTrig	ADC 和 ADC2 工作在同步规则模式和交替触发模式
ADC_Mode InjecSimult_FastInterl	ADC1 和 ADC2 工作在同步规则模式和快速交替模式
ADC_Mode InjecSimult_SlowInterl	ADC1 和 ADC2 工作在同步注入模式和慢速交替模式
ADC_Mode_InjecSimult	ADC1 和 ADC2 工作在同步注入模式
ADC_Mode_RegSimult	ADC1 和 ADC2 工作在同步规则模式
ADC_Mode_FastInterl	ADC 和 ADC2 工作在快速交替模式
ADC_ Mode_ SlowInterl	ADC 和 ADC2 工作在慢速交替模式
ADC_Mode_AlterTrig	ADC 和 ADC2 工作在交替触发模式

（2）ADC_ScanConvMode 用于指定模数转换工作在扫描模式（多通道）还是单次（单通道）模式，可以设置为 ENABLE 或 DISABLE。

（3）ADC_ContinuousConvMode 用于指定模数转换工作在连续还是单次模式，可以设置为 ENABLE 或 DISABLE。

（4）ADC_ExternalTrigConv 用于指定使用外部触发来启动规则通道的模数转换的触发源，可以取的值如表 9.5 所示。

表 9.5　ADC_ExternalTrigConv 定义

ADC_ExternalTrigConv	描　述
ADC_ExternalTrigConv_T1_CC1	选择定时器 1 的捕获比较 1 作为转换外部触发
ADC_ExternalTrigConv_T1_CC2	选择定时器 1 的捕获比较 2 作为转换外部触发
ADC_ExternalTrigConv_T1_CC3	选择定时器 1 的捕获比较 3 作为转换外部触发
ADC_ExternalTrigConv_T2_CC2	选择定时器 2 的捕获比较 2 作为转换外部触发
ADC_ExternalTrigConv_T3_TRGO	选择定时器 3 的 TRGO 作为转换外部触发
ADC_ExternalTrigConv_T4_CC4	选择定时器 4 的捕获比较 4 作为转换外部触发
ADC_ExternalTrigConv_Ext_IT11_TIM8_TRGO	选择外部中断线 11 事件或定时器 8 的 TRGO 作为转换外部触发
ADC_ExternalTrigConv_None	转换由软件而不是外部触发启动
ADC_ExternalTrigConv_T3_CC1	选择定时器 3 的捕获比较 1 作为转换外部触发
ADC_ExternalTrigConv_T2_CC3	选择定时器 2 的捕获比较 3 作为转换外部触发
ADC_ExternalTrigConv_T8_CC1	选择定时器 8 的捕获比较 1 作为转换外部触发
ADC_ExternalTrigConv_T8_TRGO	选择定时器 8 的 TRGO 作为转换外部触发
ADC_ExternalTrigConv_T5_CC1	选择定时器 5 的捕获比较 1 作为转换外部触发
ADC_ExternalTrigConv_T5_CC3	选择定时器 5 的捕获比较 3 作为转换外部触发

（5）ADC_DataAlign 用于指定 ADC 数据是左对齐还是向右对齐，可取的值如表 9.6 所示。

表 9.6　ADC_DataAlign 定义

ADC_DataAlign	描　述
ADC_DataAlign_Right	ADC 数据右对齐
ADC_DataAlign_Left	ADC 数据左对齐

（6）ADC_NbrOfChannel 用于指定进行规则转换的 ADC 通道数目，取值范围为 1～16。

2）函数 ADC_ITConfig()

函数原型：

```
void ADC_ITConfig(ADC_TypeDef * ADCx, u16 ADC_IT, FunctionalState NewState)
```

函数功能：使能或除能指定的 ADC 中断。

输入参数 1：ADCx，x 可以是 1、2 或 3，用来选择 ADC 外设 ADC1、ADC2 或 ADC3。

输入参数 2：ADC_IT，制动将要被使能或者除能的 ADC 中断源。

输入参数 3：NewState，指定 ADC 中断的新状态，可以取 ENABLE 或 DISABLE。

3）函数 ADC_SoftwareStartConvCmd()

函数原型：

```
void ADC_SoftwareStartConvCmd(ADC_TypeDef * ADCx, FunctionalState NewState)
```

函数功能：使能或除能指定 ADC 的软件转换启动功能。

输入参数 1：ADCx，x 可以是 1、2 或 3，用来选择 ADC 外设 ADC1、ADC2 或 ADC3。

输入参数 2：NewState，指定 ADC 的软件转换启动新状态，可取 ENABLE 或 DISABLE。

4）函数 ADC_RegularChannelConfig()

函数原型：

```
void ADC_RegularChannelConfig(ADC_TypeDef * ADCx, uint8_t ADC_Channel,
uint8_t Rank, uint8_t ADC_SampleTime)
```

函数功能：设置指定 ADC 的规则组通道，设置它们的转化顺序和采样时间。

输入参数 1：ADCx，x 可以是 1、2 或 3，用来选择 ADC 外设 ADC、ADC2 或 ADC3。

输入参数 2：ADC_Channel，指定被设置的 ADC 通道。

输入参数 3：Rank，规则组采样顺序，取值范围为 1～16。

输入参数 4：ADC_SampleTime，指定 ADC 通道的采样时间。

5）函数 ADC_GetConversionValue()

函数原型：

```
u16 ADC_GetConversionValue(ADC_TypeDef * ADCx)
```

函数功能：返回最近一次 ADCx 规则组的转换结果。

输入参数：ADCx，x 可以是 1、2 或 3，用来选择 ADC 外设 ADC1、ADC2 或 ADC3。

9.6.2　STM32 ADC 应用示例

在工程应用中，使用 STM32 处理器 ADC 模块的步骤如下：

（1）使能 ADC 和对应的 GPIO 时钟。

（2）设置 GPIO 接口模式，其对应引脚设置为 GPIO_Mode_AIN。

（3）调用 RCC_ADCCLKConfig()设置 ADC 时钟分频因子。

（4）调用 ADC_DeInit()函数复位 ADC 模块。

（5）调用 ADC_Init()函数进行 ADC 模块参数初始化，包括 ADC 模式、是否开启扫描模式、是否开启连续转换、数据对齐和转换通道数等。

（6）调用 ADC_RegularChannelConfig()函数配置规则通道。

（7）调用 ADC_CMD()函数使能 ADC。

（8）调用 ADC_ResetCalibration()函数复位校准，调用 ADC_GetResetCalibrationStatus()函数检查校准状态，等待校准完成。

（9）调用 ADC_SoftwareStartConvCmd()函数软件启动 ADC。

（10）调用 ADC_GetFlagStatus()函数检查 ADC_FLAG_EOC 标志等待转换结束，或者使用中断方式处理 ADC 转换。

（11）调用 ADC_GetConversionValue()函数读取 ADC 转换结果数据，处理转换结果。

【例 9-1】　通过使用处理器 STM32F103ZET6 的 ADC1 通道 16 来获取内部温度传感器测得的温度值，并在 TFTLCD 液晶屏幕上显示结果。

解：STM32 处理器有一个内部的温度传感器，可用于测量和监控处理器及周围的温度（TA）。该温度传感器和 ADCx_IN16 输入通道相连接，该通道把传感器输出的电压转换成数字量值。温度传感器模拟输入推荐采样时间是 17.1μs。STM32 处理器的内部温度传感器的测温范围为 $-40\sim125℃$。其内部温度传感器的使用很简单,只要设置一下内部 ADC 模块,并激活其内部通道即可。要使用内部温度传感器,先激活 ADC 的内部通道,可通过设置 ADC_CR2 寄存器的 TSVREFE 位,若设置为 1 则启用内部温度传感器。在设置好 ADC 之后,只要读取通道 16 的数据寄存器值即可。随后可根据此值计算出当前温度。其计算公式为

$$T = \{(V_{25} - V_{sense})/\text{Avg\_Slope}\} + 25 \quad (℃)$$

式中,$V_{25} = V_{sense}$ 在 25℃时的数值(典型值为 1.43)。Avg_Slope=温度与 V_{sense} 曲线的平均斜率(单位为 mV/℃或 μV/℃)(典型值为 4.3mV/℃)。根据以上要求和原理,具体实现程序如下:

```
/*函数功能:ADC通道初始化
参数:无
返回值:无*/
void T_Adc_Init(void)
  {
      ADC_InitTypeDef ADC_InitStructure;
      RCC_APB2PeriphClockCmd(RCC_APB2Periph_GPIOA|RCC_APB2Periph_ADC1,ENABLE);
        //使能GPIOA,ADC1通道时钟
      RCC_ADCCLKConfig(RCC_PCLK2_Div6);          //分频因子6时钟为72MHz/6=12MHz
      DC_DeInit(ADC1);                           //将外设ADC1的全部寄存器重设为默认值
      ADC_InitStructure.ADC_Mode = ADC_Mode_Independent;
        //ADC工作模式:ADC1和ADC2工作在独立模式
      ADC_InitStructure.ADC_ScanConvMode = DISABLE;        //模数转换工作在单通道模式
      ADC_InitStructure.ADC_ContinuousConvMode = DISABLE;//模数转换工作在单次转换模式
      ADC_InitStructure.ADC_ExternalTrigConv = ADC_ExternalTrigConv_None;
        //转换由软件而不是外部触发启动
      ADC_InitStructure.ADC_DataAlign = ADC_DataAlign_Right;  //ADC数据右对齐
      ADC_InitStructure.ADC_NbrOfChannel = 1;  //顺序进行规则转换的ADC通道的数目
      ADC_Init(ADC1, &ADC_InitStructure);
        //根据ADC_InitStruct中指定的参数初始化外设ADCx的寄存器
      ADC_TempSensorVrefintCmd(ENABLE); //开启内部温度传感器
      ADC_Cmd(ADC1, ENABLE);                              //使能指定的ADC1
      ADC_ResetCalibration(ADC1);   //重置指定的ADC1的复位寄存器
      while(ADC_GetResetCalibrationStatus(ADC1));
      //取ADC1重置校准寄存器的状态,设置等待状态
      ADC_StartCalibration(ADC1);
      while(ADC_GetCalibrationStatus(ADC1));   //获取指定ADC1的校准程序,设置等待状态
  }
/*函数功能:获取ADC1通道值
参数ch:ADC1通道标号
返回值:ADC1通道值*/
u16 T_Get_Adc(u8 ch)
  {
      ADC_RegularChannelConfig(ADC1,ch,1,ADC_SampleTime_239Cycles5);
      //ADC1,ADC通道3,第一次转换,采样时间为239.5个采样周期
      ADC_SoftwareStartConvCmd(ADC1, ENABLE);        //使能指定的ADC1的软件转换启动功能
while(!ADC_GetFlagStatus(ADC1, ADC_FLAG_EOC ));     //等待转换结束
```

```
        return ADC_GetConversionValue(ADC1);              //返回最近一次 ADC1 规则组的转换结果
    }
/* 函数功能: 取 ADC 采样内部温度传感器的值,读取 10 次并取平均值
参数 : 无
返回值 : ADC 采样内部温度传感器的平均值 */
u16 T_Get_Temp(void)
    {
        u16 temp_val = 0;
        u8 t;
        for(t = 0;t < 10;t++)
                {
                temp_val += T_Get_Adc(ADC_Channel_16);   //TampSensor
                delay_ms(5);
                }
        return temp_val/10;
    }
/* 函数功能: 取通道 ch 的转换值,获取 times 次,并取平均值
参数: 1.ch ADC1 通道标号
      2.times 取平均值的次数
返回值: ADC 采样内部温度传感器的平均值 */
u16 T_Get_Adc_Average(u8 ch,u8 times)
    {
        u32 temp_val = 0;
        u8 t;
        for(t = 0;t < times;t++)
        {
                temp_val += T_Get_Adc(ch);
                delay_ms(5);
        }
        return temp_val/times;
    }
/* 函数功能: 获取内部温度传感器温度值
参数: 无
返回值 : 温度值(扩大了 100 倍,单位: ℃) */
short Get_Temperate(void)
    {
        u32 adcx;
        short result;
        double temperate;
        adcx = T_Get_Adc_Average(ADC_Channel_16,20); //读取通道 16,测量 20 次并取平均
        temperate = (float)adcx * (3.3/4096);        //电压值
        temperate = (1.43 - temperate)/0.0043 + 25;  //转换为温度值
        result = temperate * = 100;                  //扩大 100 倍
        return result;
    }
```

T_Adc_Init()函数中增加了 ADC_TempSensorVrefintCmd(ENABLE)来开启温度传感器。此外,添加了 Get_Temperate()函数,此函数用来获取温度值,即把采集到的电压值根据计算公式转换为温度值,最终得到的温度值扩大了 100 倍。

```
/* 主函数 */
int main(void)
```

```
{
    short temp;
    delay_init();                                    //延时函数初始化
    LCD_Init();                                       //初始化 LCD
    T_Adc_Init();                                     //ADC 初始化
    POINT_COLOR = RED;                                //设置字体为红色
    LCD_ShowString(30,70,200,16,16,"Temperature TEST");
    LCD_ShowString(30,90,200,16,16,"NUIST");
    LCD_ShowString(30,110,200,16,16,"2021/5/24");
    POINT_COLOR = BLUE;                               //设置字体为蓝色
    LCD_ShowString(30,140,200,16,16,"TEMPERATE: 00.00C");
    while(1)
    {
            temp = Get_Temperate();                   //得到温度值
            if(temp < 0)
            {
                    temp = - temp;
                    LCD_ShowString(30 + 10 * 8,140,16,16,16,"-");   //显示负号
            }else LCD_ShowString(30 + 10 * 8,140,16,16,16," ");     //无符号
            LCD_ShowxNum(30 + 11 * 8,140,temp/100,2,16,0);          //显示整数部分
            LCD_ShowxNum(30 + 14 * 8,140,temp % 100,2,16, 0X80);    //显示小数部分
            delay_ms(250);
    }
}
```

程序代码先将温度传感器得到的电压值换算成温度值,然后在 TFTLCD 液晶板上显示结果。

9.7 DAC 工作原理及性能指标

9.7.1 DAC 工作原理

1. DAC 的分类

数模转换器的种类很多,根据译码网络结构不同,DAC 转换器可以分为 T 形、倒 T 形、权电阻和权电流等类型。根据模拟开关种类的不同,DAC 转换器又可分为 CMOS 型和双极型。双极型又分为电流开关型和 ECL 电流开关型。

2. DAC 的工作原理

根据分类不同,DAC 的工作原理也不同。下面仅简单介绍权电阻型数模转换器的工作原理。权电阻型 DAC 就是将某一数字量的二进制代码各位按照它的"权"值转换成相应的模拟量,再把代表各位数值的模拟量叠加起来,即可得到与数字量成正比的总模拟量。8 位的权电阻型 DAC 的原理框图如图 9.10 所示,它就是一个线性电阻网络,先逐个求出每个开关单独接标准电压,其余开关均接地时电阻网络的输出电压分量,将所有标准电压开关的输出分量相加,可得总的输出电压。

$D_i = 0$ 时,S_i 接地;$D_i = 1.5$ 时,S_i 接 V_B($i = 0, 1, \cdots, 7$)。

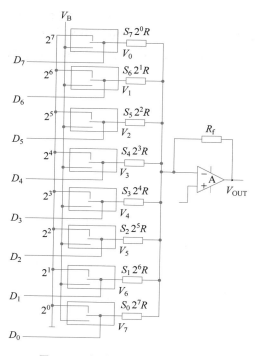

图 9.10 权电阻 DAC 的电原理图

9.7.2 DAC 性能指标

（1）分辨率：分辨率是 DAC 对输入量变化的敏感程度,其与输入数字量的位数有关。

（2）稳定时间：指 DAC 在满度值时,其输出达到稳定所需的时间,常为几十毫秒到几微秒。

（3）输出电平：型号不同,DAC 的输出电平相差较大,电压范围为 $5\sim30V$。也有电流输出型,电流范围为 $20mA\sim3A$。

（4）转换精度：转换后所得的实际值与理想值的接近程度。

（5）输入码：可用如二进制、BCD 码、双极性时的符号数值码、补码、偏移二进制码等。如需要可在 DAC 转换前,先进行代码转换再输入 DAC 模块。

9.8 STM32 处理器 DAC 模块硬件及特性

9.8.1 STM32 DAC 硬件

在 STM32F103ZET6 处理器上集成的数模转换模块是 12 位数字输入、电压输出的DAC,可以配置成 8 位或 12 位模式,也可以与 DMA 控制器一起配合使用。DAC 工作在12 位模式时,数据可以设置成左对齐或右对齐。DAC 转换器有两个输出通道,每个通道都有单独的转换器。在双 DAC 模式下,两个通道可以独立地进行转换,也可以同时进行转换并同步更新两个通道的输出。DAC 模块还可以通过引入外部输入精确参考电压 V_{REF+} 以获得更准确的转换结果。DAC 模块相关引脚有模拟电源 V_{DDA} 和模拟电源地 V_{SSA},高端/模拟参考正极 V_{REF+} 和通道 x 的模拟信号输出端 DAC_OUTx 引脚。图 9.11 为 DAC 转换器内部结构图。

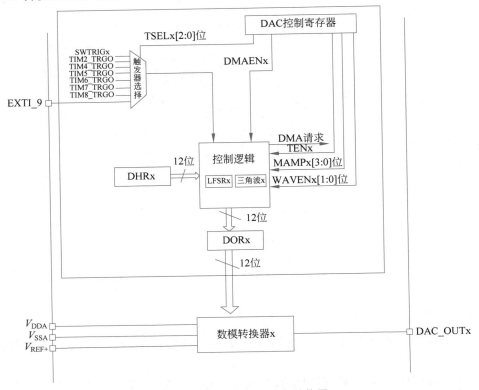

图 9.11　DAC 转换器内部结构图

9.8.2　功能特性

STM32 处理器的 DAC 模块主要特征为:

(1) 拥有两个 DAC 转换器,每个转换器对应一个独立的输出通道;

(2) 可 8 位或 12 位单调输出;

(3) 在 12 位模式下,可用数据左对齐或者右对齐;

(4) 具有同步更新功能;

(5) 可生成噪声波形;

(6) 可生成三角波形;

(7) 可使用双 DAC 通道同时或者分别转换;

(8) 每个通道都具有直接存储器存取 DMA 功能;

(9) 可使用外部触发转换;

(10) 可通过使用外部参考电压 V_{REF+} 提高精度。

9.9 STM32 DAC 功能配置

1. 将寄存器 ENx 位置 1,使能 DAC 通道

将 DAC_CR 寄存器的 ENx 位置 1,可接通对 DAC 通道的供电。经过启动时间 t_{WAKEUP} 后,DAC 通道 x 被使能。ENx 位仅使能 DAC 通道 x 的模拟电路部分,若该位被置 0,则 DAC 通道 x 的数字部分仍然处于工作状态。

2. 使能 DAC 输出缓存

DAC 模块集成了两个输出缓存以减少输出阻抗,因此无须外接驱动就可直接驱动一定的外部负载,还可以通过设置 DAC_CR 寄存器的 BOFFx 位来使能或关闭通道输出缓存。

3. 选择 DAC 数据格式

根据选择单 DAC 通道模式或双 DAC 通道模式,数据均按照下面所述不同情况写入指定相关的寄存器:

(1) 如图 9.12 所示,单 DAC 通道模式下的数据寄存器保存格式有:

① 8 位数据右对齐——数据写入寄存器 DAC_DHR8Rx[7:0]。

② 12 位数据左对齐——数据写入寄存器 DAC_DHR112Lx[15:4]。

③ 12 位数据右对齐——数据写入寄存器 DAC_DHR12Rx[11:0]。

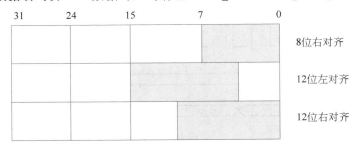

图 9.12 单 DAC 通道数据保存的 3 种格式

根据对 DAC_DHRyyyx 寄存器的操作,经过相应的移位后,写入的数据被转存到内部数据保存寄存器 DHRx,然后 DHRx 寄存器的内容或被自动地传送到 DORx 寄存器,或通过软件触发或外部事件触发而被传送到 DORx 寄存器。

(2) 如图 9.13 所示,双 DAC 通道模式的数据寄存器数据存储格式也有 3 种。详述如下:

① 8 位数据右对齐——将 DAC 通道 1 数据写入寄存器 DAC_DHR8RD[7:0]。

将 DAC 通道 2 数据写入寄存器 DAC_DHR8RD[15:8]。

② 12 位数据左对齐——将 DAC 通道 1 数据写入寄存器 DAC_DHR12LD[15:4]。

将 DAC 通道 2 数据写入寄存器 DAC_DHR12LD[31:20]。

③ 12 位数据右对齐——将 DAC 通道 1 数据写入寄存器 DAC_DHR12RD[11:0]。

将 DAC 通道 2 数据写入寄存器 DAC_DHR12RD[27:16]。

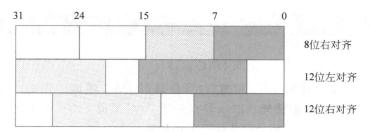

图 9.13　双 DAC 通道数据保存的 3 种格式

根据对 DAC_DHRyyyD 寄存器的操作,经过相应的移位后写入的数据被转存到内部的数据寄存器 DHR1 和 DHR2 中。随后 DHR1 和 DHR2 的数据自动传送到 DORx 寄存器,或者通过软件触发或外部事件触发被而传送到 DORx 寄存器。

4. DAC 转换

由于不能直接对寄存器 DAC_DORx 写入数据,所以输出到 DAC 通道 x 的数据都必须写入 DAC_DHRx 寄存器。在寄存器 DAC_CR1 的 TENx 位清 0,即没有选中硬件触发时,存入寄存器 DAC_DHRx 的数据会在一个 APB1 时钟周期后自动保存至 DAC_DORx 寄存器。在寄存器 DAC_CR1 的 TENx 位置 1,即选中硬件触发时,在触发发生后 3 个 APB1 时钟周期后保存至 DAC_DORx 寄存器。在数据从 DAC_DHRx 装入 DAC_DORx 后,经时间 $t_{SETTLING}$ 后可使得 DAC 输出有效。在 TEN＝0 时,DAC 数据转换和传送时序如图 9.14 所示。

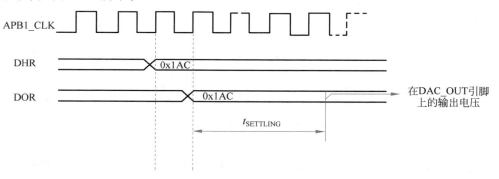

图 9.14　TEN＝0 时 DAC 数据转换和传送时序图

5. DAC 输出模拟电压

经过 DAC 转换器,数据被线性地转换为模拟电压输出,其范围为 $0 \sim V_{REF+}$。DAC 通道引脚上的输出电压满足以下关系:

$$DAC 输出 = V_{REF+} \times (DOR/4095)$$

6. DAC 触发方式配置

在寄存器的 TENx 位被置 1 时,DAC 启动转换可以由定时器或外部中断事件来触发。其控制位 TSELx[2:0] 可选择 8 种触发方式,如表 9.7 所示。

表 9.7 DAC 触发方式

触 发 器	触 发 类 型	TSELx[2:0]配置
定时器 6 TRGO 事件触发		000
定时器 3 TRGO 事件触发或定时器 8 TRGO 事件触发	定时器内部信号	001
定时器 7 TRGO 事件触发		010
定时器 5 TRGO 事件触发		011
定时器 2 TRGO 事件触发		100
定时器 4 TRGO 事件触发		101
EXTI 线路 9 事件触发	外部引脚触发	110
SWTRIG 软件触发	软件控制位	111

注意：在选择软件触发，即 SWTRIG 位置 1 时，DAC 转换开始。在数据从 DAC_DHRx 寄存器传到 DAC_DORx 寄存器后，软件触发 SWTRIG 位由硬件自动清 0。

7. DMA 请求功能

STM32 处理器的任一 DAC 通道都具有 DMA 功能。其两个 DMA 通道也可分别用于各自 DAC 通道的 DMA 请求。若只需要用到一个 DMA 请求，则应仅将相应的 DMAENx 位置 1。在 DMAENx 的某位置 1 时，若发生外部触发，则产生 DMA 请求，DAC_DHRx 寄存器的值传送到 DAC_DORx 寄存器。在双 DAC 模式下，若两个 DMAENx 位均置 1 时，则产生两个 DMA 请求。由于在 DMA 请求没有设置缓冲队列，因此第二个外部触发发生在响应第一个外部触发之前，那么将不会处理第 2 个 DMA 请求，同时 DAC_SR 寄存器中的 DMAUDRx 标志位置 1 报错，且禁止 DMA 数据传输，不再受理其他 DMA 请求，DAC 通道将继续转换原有数据。只有使用软件将 DMAUDRx 标志清 0 且将所用的 DMAEN 位清 0，并重新初始化 DMA，才可重新开始 DMA 请求功能。

8. 伪噪声生成功能

在处理器 DAC 模块中，还设有线性反馈移位寄存器（Linear Feedback Shift Register，LFSR）功能，开发者可利用它产生输出幅度变化的伪噪声信号。要使用此功能，需设置位段 WAVE[1:0] 为 01，即选择 DAC 模块噪声生成功能，此时寄存器 LFSR 预装入值为 0xAAA。在每次触发事件 3 个 APB1 总线时钟周期之后更新 LFSR 寄存器值。LFSR 寄存器的噪声数据生成算法如图 9.15 所示。另外，在使用中需注意如下事项：

（1）设置 DAC_CR 寄存器的位段 MAMP[3:0]，可以屏蔽部分或者全部 LFSR 数据的使用。设置后所得 LSFR 寄存器值与 DAC_DHRx 寄存器值相加，去掉溢出位后数据写入 DAC_DORx 寄存器。

（2）若寄存器 LFSR 寄存器值为 0x0000，处理器则会自动注入 1，防止出现锁定状态。

（3）若将位段 WAVE[1:0] 清 0，即可复位 LFSR 寄存器波数据生成算法。伪噪声数据生成与 DAC 转换时序如图 9.16 所示。

9. 三角波生成功能

利用此功能可以实现在一个直流电压 DC 或者缓慢变化的信号上加上一个小幅度的三角波信号。为使用该功能，需首先设置位段 WAVE[1:0] 为 10，即选择处理器 DAC 模

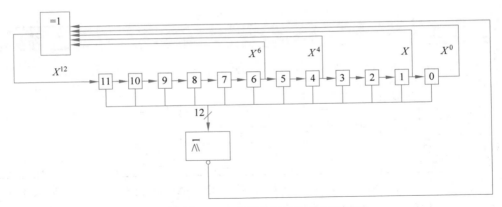

图 9.15　LFSR 寄存器的噪声数据生成算法

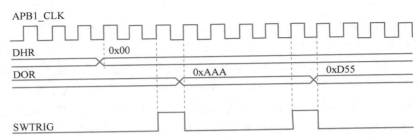

图 9.16　伪噪声数据生成和 DAC 转换时序图

块的三角波生成功能,再设置 DAC_CR 寄存器的位段 MAMP[3:0]去选择三角波的幅度范围。每次触发事件在 3 个 APB1 总线时钟周期后,三角波计数器值累加 1。计数器值与 DAC_DHRx 寄存器值相加,丢弃溢出后写入 DAC_DORx 寄存器。在每次送入 DAC_DORx 寄存器的值小于 MAMP[3:0]位段定义的最大幅度时,三角波计数器再逐步累加,直到达到设置的最大幅度值,然后反转计数器开始递减,直达到 0 后再开始累加,周而复始循环。因此而形成周期性的三角波信号输出。将 WAVE[1:0] 两位清 0 可以复位 DAC 三角波生成功能。DAC 模块三角波信号生成的波形时序如图 9.17 所示。

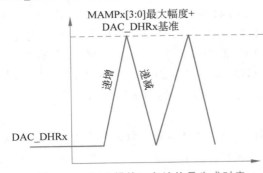

图 9.17　DAC 模块三角波信号生成时序

9.10　STM32 DAC 寄存器

STM32 DAC 寄存器的起始地址是 0x4000 7400。

1. 状态寄存器 DAC_SR

地址偏移:0x00,复位值:0x0000 0000。各位定义如下:

位号	31~29	28	27~24	23~22	21~19	18	17	16
定义	保留	DMAEN2	MAMP2[3:0]	WAVE2[1:0]	TSEL2[2:0]	TEN2	BOFF2	EN2
读写		rw	rw	rw	rw	rw	rw	rw
位号	15~13	12	11~8	7~6	5~3	2	1	0
定义	保留	DMAEN1	MAMP1[3:0]	WAVE1[1:0]	TSEL1[2:0]	TEN1	BOFF1	EN1
读写		rw	rw	rw	rw	rw	rw	rw

位[31:29]——保留。

位[28]——DMAEN2,DAC通道2的DMA,该位由软件设置和清除。

　　　　0:关闭DAC通道2的DMA模式;　　1:使能DAC通道2的DMA模式。

位[27:24]——MAMP2[3:0],DAC通道2屏蔽/幅值选择器。由软件设置这些位,在噪声生成功能下选择屏蔽位,在三角波生成功能下选择波形的幅值。

　　　　　　0000:不屏蔽LSFR位0/三角波幅值等于1;

　　　　　　0001:不屏蔽LSFR位[1:0]/三角波幅值等于3;

　　　　　　0010:不屏蔽LSFR位[2:0]/三角波幅值等于7;

　　　　　　0011:不屏蔽LSFR位[3:0]/三角波幅值等于15;

　　　　　　0100:不屏蔽LSFR位[4:0]/三角波幅值等于31;

　　　　　　0101:不屏蔽LSFR位[5:0]/三角波幅值等于63;

　　　　　　0110:不屏蔽LSFR位[6:0]/三角波幅值等于127;

　　　　　　0111:不屏蔽LSFR位[7:0]/三角波幅值等于255;

　　　　　　1000:不屏蔽LSFR位[8:0]/三角波幅值等于511;

　　　　　　1001:不屏蔽LSFR位[9:0]/三角波幅值等于1023;

　　　　　　1010:不屏蔽LSFR位[10:0]/三角波幅值等于2047;

　　　　　　≥1011:不屏蔽LSFR位[11:0]/三角波幅值等于4095。

位[23:22]——WAVE2[1:0],DAC通道2噪声/三角波生成使能,这两位由软件设置和清除。

　　　　00:关闭波形发生器;　　　　　　10:使能噪声波形发生器;

　　　　1x:使能三角波发生器。

位[21:19]——TSEL2[2:0],DAC通道2触发选择,该3位用于选择DAC通道2的外部触发事件。这3位只能在TEN2=1(DAC通道2触发使能)时设置。

　　　　000:TIM6 TRGO事件;

　　　　001:对于互联型产品是TIM3 TRGO事件,对于大容量产品是TIMB TRGO事件;

　　　　010:TIM7 TRGO事件;　　　　011:TIM5 TRGO事件;

　　　　100:TIM2 TRGO事件;　　　　101:TIM4 TRGO事件;

　　　　110:外部中断线9;　　　　　111:软件触发。

位[18]——TEN2,DAC通道2触发使能。由软件设置和清除,用来使能/关闭DAC通道2的触发。

　　　　0:关闭DAC通道2触发,写入DAC_DHRx寄存器的数据在1个APB1时钟周期后送入DAC_DOR2寄存器;

　　　　1：使能 DAC 通道 2 触发,写入 DAC_DHRx 寄存器的数据在 3 个 APB1 时
　　　　　钟周期后送入 DAC_DOR2 寄存器。

位[17]——BOFF2,关闭 DAC 通道 2 输出缓存。该位由软件设置和清除,用来使能/关
闭 DAC 通道 2 的输出缓存。

　　　　0：使能 DAC 通道 2 输出缓存;　　　　1：关闭 DAC 通道 2 输出缓存。

位[16]——EN2,DAC 通道 2 使能,该位由软件设置和清除,用来使能/关闭 DAC 通道 2。

　　　　0：关闭 DAC 通道 2;　　　　　　1：使能 DAC 通道 2。

位[15:13]——保留。

位[12]——DMAEN1,DAC 通道 1DMA 使能,该位由软件设置和清除。

　　　　0：关闭 DAC 通道 1 DMA 模式;　　　1：使能 DAC 通道 1 DMA 模式。

位[11:8]——MAMP1[3:0],DAC 通道 1 屏蔽/幅值选择器,由软件设置这些位,用来在
噪声生成模式下选择屏蔽位,在三角波生成模式下选择波形的幅值。

　　　　0000：不屏蔽 LSFR 位 0/三角波幅值等于 1;
　　　　0001：不屏蔽 LSFR 位[1:0]/三角波幅值等于 3;
　　　　0010：不屏蔽 LSFR 位[2:0]/三角波幅值等于 7;
　　　　0011：不屏蔽 LSFR 位[3:0]/三角波幅值等于 15;
　　　　0100：不屏蔽 LSFR 位[4:0]/三角波幅值等于 31;
　　　　0101：不屏蔽 LSFR 位[5:0]/三角波幅值等于 63;
　　　　0110：不屏蔽 LSFR 位[6:0]/三角波幅值等于 127;
　　　　0111：不屏蔽 LSFR 位[7:0]/三角波幅值等于 255;
　　　　1000：不屏蔽 LSFR 位[8:0]/三角波幅值等于 511;
　　　　1001：不屏蔽 LSFR 位[9:0]/三角波幅值等于 1023;
　　　　1010：不屏蔽 LSFR 位[10:0]/三角波幅值等于 2047;
　　　　≥1011：不屏蔽 LSFR 位[11:0]/三角波幅值等于 4095。

位[7:6]——WAVE1[2:0],DAC 通道 1 噪声/三角波生成使能,这两位由软件设置和清除。

　　　　00：关闭波形生成;　　10：使噪声波形发生器;　　1x：使能三角波发生器。

位[5:3]——TSEL1[2:0],DAC 通道 1 触发选择,用于选择 DAC 通道 1 的外部触发事
件。这些位只能在 TEN1=1(DAC 通道 1 触发使能)时设置。

　　　　000：TIM6 TRGO 事件;
　　　　001：对于互联型产品是 TIM3 TRGO 事件,对于大容量产品是 TIM8 TRGO
　　　　　　事件;
　　　　010：TIM7 TRGO 事件;
　　　　011：TIM5 TRGO 事件;　　　　100：TIM2 TRGO 事件;
　　　　101：TIM4 TRGO 事件;
　　　　110：外部中断线 9;　　　　　　111：软件触发。

位[2]——TEN1,DA 通道 1 触发使能,由软件设置和清除,用来使能/关闭 DAC 通道 1
的触发。

　　0：关闭 DAC 通道 1 触发,写入寄存器 DAC_DHRx 的数据在 1 个 APB1 时钟
周期后传入寄存器 DAC_DOR1；

　　1：使能 DAC 通道 1 触发,写入寄存器 DAC_DHRx 的数据在 3 个 APB1 时钟
周期后传入寄存器 DAC_DOR1。

位[1]——BOFF1,关闭 DAC 通道 1 输出缓存,该位由软件设置和清除,用来使能/关闭
DAC 通道 1 的输出缓存。

　　0：使能 DAC 通道 1 输出缓存；　　　　　1：关闭 DAC 通道 1 输出缓存。

位[0]——EN1,DAC 通道 1 使能,该位由软件设置和清除用来使能/除能 DAC 通道 1。

　　0：关闭 DAC 通道 1；　　　　　　　　1：使能 DAC 通道 1。

2. 软件触发寄存器 DAC_SWTRIGR

地址偏移：0x04,复位值：0x0000 0000。各位定义如下：

位号	31～2	1	0
定义	保留	SWTRIG2	SWTRIG1
读写		w	w

位[31:2]——保留。

位[1]——SWTRIG2,DAC 通道 2 软件触发。该位由软件设置和清除,用来使能/关闭软
件触发。一旦寄存器 DAC_DHR2 的数据传寄存器 DAC_DOR2(1 个 APB1 时钟周
期后)该位由硬件清 0。

　　0：关闭 DAC 通道 2 软件触发；　　　　　1：使能 DAC 通道 2 软件触发。

位[0]——SWTRIG1,DAC 通道 1 软件触发,该位由软件设置和清除,用来使能/关闭软
件触发,一旦寄存器 DAC_DHR1 的数据传入寄存器 DAC_DOR1,该位由硬件清 0。

　　0：关闭 DAC 通道 1 软件触发；　　　　　1：使能 DAC 通道 1 软件触发。

3. 通道 1 的 12 位右对齐数据保持寄存器 DAC_DHR12R1

地址偏移：0x08,复位值：0x0000 0000。各位定义如下：

位号	31～12	11～0
定义	保留	DACC1DHR[11:0]
读写		rw

位[31:12]——保留。

位[11:0]——DACC1DHR[11:0],DAC 通道 1 的 12 位右对齐数据。此位由软件写入,
表示 DAC 通道 1 的 12 位数据。

4. 双 DAC 的 8 位对齐数据保持寄存器 DAC_DHRERD

地址偏移：0x02,复位值：0x0000 0000,各位定义如下：

位号	31～16	15～8	7～0
定义	保留	DACC2DHR[7:0]	DACC1DHR[7:0]
读写		rw	rw

位[31:16]——保留。

位[15:8]——DACC2DHR[7:0],DAC 通道 2 的 8 位右对齐数据。该位由软件写入,表示 DAC 通道 2 的 8 位数据。

位[7:0]——DACC1DHR[7:0],DAC 通道 1 的 8 位右对齐数据。该位由软件写入,表示 DAC 通道 1 的 8 位数据。

5. DAC 通道 1 数据输出寄存器 DAC_DOR1

地址偏移:0x2C,复位值:0x0000 0000。各位定义如下:

位号	31～12	11～0
定义	保留	DACC1DOR[11:0]
读写		rw

位[31:12]——保留。

位[11:0]——DACC1DOR[11:0],DAC 通道 1 输出数据。该位由软件写入,表示 DAC 通道 1 的输出数据。

6. DAC 通道 2 数据输出寄存器 DAC_DOR2

地址偏移:0x30,复位值:0x0000 0000。各位定义如下:

位号	31～12	11～0
定义	保留	DACC2DOR[11:0]
读写		rw

位[31:12]——保留。

位[11:0]——DACC2DOR[11:0],DAC 通道 2 输出数据,该位由软件写入,表示 DAC 通道 2 的输出数据。

9.11 STM32 处理器的 DAC 应用

9.11.1 STM32 处理器的 DAC 固件库函数

1. DAC 寄存器结构 DAC_TypeDef

DAC 寄存器结构 DAC_TypeDef 在 stm32f10x.h 文件中定义如下:

```
Typedef struct
{
  _IO uint32_t CR;              //DAC 控制寄存器
  _IO uint32_t SWTRIGR;         //DAC 软件触发寄存器
  _IO uint2 t DER12R1;          //DAC 通道 1 的 12 位右对齐数据保持寄存器
  _IO uint32_t DHR12L1;         //DAC 通道 1 的 12 位左对齐数据保持寄存器
  _IO uint32_t DHR8R1;          //DC 通道 1 的 8 位右对齐数据保持寄存器
  _IO uint32_t DHR12R2;         //DC 通道 2 的 12 位右对齐数据保持寄存器
  _IO uint32_t DER12L2;         //DAC 通道 2 的 12 位左对齐数据保持寄存器
  _IO uint32_t DHR8R2;          //DAC 通道 2 的 8 位右对齐数据保持寄存器
  _IO uint32_t DHR12RD;         //双 DAC 的 12 位右对齐数据保持寄存器
  _IO uint32_t DHR12LD:         //双 DAC 的 12 位左对齐数据保持寄存器
```

```
    _IO uint32_t DHR8RD;        //双 DAC 的 8 位右对齐数据保持寄存器
    _IO uint32_t DOR1;          //DAC 通道 1 数据输出寄存器
    _IO uint32_t DOR2;          //DAC 通道 2 数据输出寄存器
…
    }DAC_TypeDef;
```

在 stm32f10x_map.h 文件中,一个 DAC 的外设声明示例如下:

```
#define PERIPH_BASE ((u32)0x4000 0000)
#define APB1PERIPH_BASE PERIPH_BASE
#define APB2PERIPF_BASE (PERIEH_BASE + 0x10000)
#define AHBPERIPH_BASE (PERIPH_BASE + 0x20000)
…
#define DAC_BASE (APB1PERIPH_BASE + 0x7400)
…
#define DAC((DAC_TypeDef * ) DAC_BASE)
```

2. 常用的固件库函数

下面介绍常用的固件库函数,其他库函数请参阅《STM32 固件库手册》。

1) 函数 DAC_Init()

函数原型:

```
void DAC_Init(uint32_t DAC_Channel, DAC_InitTypeDef * DAC_InitStruct)
```

函数功能:根据 DAC_InitStruct 中指定的参数初始化外设 ADC 的寄存器。

输入参数 1:DAC_Channel,用于指定 DAC 输出通道。可以取以下值:

DAC_Channel_1 代表通道 1 或 DAC_Channel_2 代表通道 2。

输入参数 2:DAC_InitStruct,指向结构 dacInitTypeDef 的指针,包含了指定 DAC 的配置信息,DACInitTypeDef 在 stm32f10xdac.h 文件中定义。

2) 函数 DAC_Cmd()

函数原型:

```
void DAC_cmd (uint32_t DAC_Channel, FunctionalState NewState)
```

函数功能:使能或者关闭指定的 DAC 通道。

输入参数 1:DAC_Channel,指定 DAC 通道。可以取如下值:

DAC_Channel_1 代表通道 1 或 DAC_Channel_2 代表通道 2。

输入参数 2:NewState,设置指定 DAC 通道的新状态,可以取 ENABLE 或 DISABLE。

3) 函数 DAC_SetChannellData()

函数原型:

```
void DAC_SetChannellData (uint32_t DAC_Align, u16 Data)
```

函数功能:设置 DAC1 数据保持寄存器的值。

输入参数 1:DAC_Align,设置对齐方式。可以取如下值:

DAC_Align8b——8 位数据右对齐。

DAC_Align12bl——12 位数据左对齐。

DAC_Align12b——12 位数据右对齐。

输入参数 2：Data，装载到数据保持寄存器的值。与 DAC_SetChannel1Data() 库函数对应的函数是 DAC_SetChannel2Data()，用于设定设置 DAC2 数据保持寄存器的值。

9.11.2 STM32 DAC 应用示例

由 STM32 处理器 DAC 模块原理，在应用中开启 DAC 转换的步骤如下：

(1) 使能 DAC 和对应的 GPIO 时钟；

(2) 设置 GPIO 接口模式，设置对应引脚为 GPIO_Mode_AIN；

(3) 调用 DAC_Init() 库函数进行 DAC 模块初始化，即设置是否使用触发功能，是否使用波形发生，屏蔽/幅值选择器和输出缓存控制位等；

(4) 调用 DAC_Cmd() 库函数使能 DAC 模块；

(5) 调用 DAC_SetChannel1_Data() 库函数设置输出值，DAC 通道 1 输出电压会随此输出值变化。

下面通过例子详细说明如何使用处理器 DAC 模块。

【例 9-2】 利用 STM32F103ZET6 处理器的 DAC 通道 1，即在引脚 PA4 输出模拟电压，并把结果显示在液晶板 TFTLCD 屏幕上。

解：STM32 处理器的 DAC 数模转换器是 12 位数字输入，电压输出型 DAC。DAC 可以配置为 8 位或 12 位模式，也可以与 DMA 控制器配合使用。在 12 位模式时，数据可以设置为左对齐或右对齐格式。模块有两个输出通道，每个通道都有单独的 DAC。在双 DAC 模式下，两个通道可以独立地进行转换，也可以同时进行转换并同步更新两个通道的输出。DAC 还可以通过引脚外部输入参考电压 V_{REF+} 以获得更精确的转换结果。由题意在使用前必须对 STM32F103ZET6 的 DAC1 进行适当配置，通过其 DAC 通道 1，在引脚 PA4 输出模拟电压。针对功能要求，处理器 DAC 模块设置步骤如下：

(1) 开启 PA 接口时钟，设置 PA4 为模拟输入。

STM32F103ZET6 处理器的 DAC 通道 1 在 PA4 引脚。所以先要使能 GPIO PA 接口的时钟，然后设置 PA4 为模拟输入引脚口。由于 DAC 模块是输出口，为什么引脚接口要设置为模拟输入口呢？因为使能 DACx 通道之后，相应 GPIO 引脚 PA4 或者 PA5 会自动与 DAC 的模拟输出相连，把引脚先设置为输入口是为避免其他干扰信号串入。首先使能 GPIO PA 接口时钟：

```
RCC_APB2PeriphClockCmd(RCC_APB2Periph_GPIOA, ENABLE );
```

设置 GPIO PA 为模拟输入只需要设置初始化参数即可：

```
GPIO_InitStructure.GPIO_Mode = GPIO_Mode_AIN;
```

(2) 使能 DAC 通道 1 时钟。

开启 DAC 模块相应的时钟。STM32 处理器的 DAC 模块时钟由 APB1 提供，所以调用函数 RCC_APB1PeriphClockCmd() 即可使能 DAC 模块的时钟。

```
RCC_APB1PeriphClockCmd(RCC_APB1Periph_DAC, ENABLE );
```

(3) 初始化设置 DAC 的工作模式。

通过设置 DAC_CR 寄存器实现，包括对使能 DAC 通道 1、关闭 DAC 通道 1 输出缓

存、不使用触发、不使用波形发生器功能等设置。初始化可通过库函数 DAC_Init() 使用
来完成：

```
void DAC_Init(uint32_t DAC_Channel, DAC_InitTypeDef * DAC_InitStruct);
```

首先来看参数设置结构体类型 DAC_InitTypeDef 的定义：

```
typedef struct
{
    uint32_t DAC_Trigger;
    uint32_t DAC_WaveGeneration;
    uint32_t DAC_LFSRUnmask_TriangleAmplitude;
    uint32_t DAC_OutputBuffer;
}DAC_InitTypeDef;
```

该结构体只有如下 4 个成员变量，

参数 1：DAC_Trigger 设置是否使用触发功能。此例不使用触发功能，设为 DAC_Trigger_None。

参数 2：DAC_WaveGeneratio 设置是否使用波形发生功能。此例不使用，设为 DAC_WaveGeneration_None。

参数 3：DAC_LFSRUnmask_TriangleAmplitude 设置屏蔽/幅值选择器，此变量只在使用波形发生器时才有用，设置为 0，即设为 DAC_LFSRUnmask_Bit0。

参数 4：DAC_OutputBuffer 用来设置输出缓存控制位。本例不使用输出缓存，所以值为 DAC_OutputBuffer_Disable。实例代码如下：

```
DAC_InitTypeDef DAC_InitType;
DAC_InitType.DAC_Trigger = DAC_Trigger_None;                            //不使用触发功能 TEN1 = 0
DAC_InitType.DAC_WaveGeneration = DAC_WaveGeneration_None;              //不使用波形发生
DAC_InitType.DAC_LFSRUnmask_TriangleAmplitude = DAC_LFSRUnmask_Bit0;
DAC_InitType.DAC_OutputBuffer = DAC_OutputBuffer_Disable ;              //DAC1 输出缓存关闭
DAC_Init(DAC_Channel_1,&DAC_InitType);                                  //初始化 DAC 通道 1
```

（4）用库函数使能 DAC 转换通道。

```
DAC_Cmd(DAC_Channel_1, ENABLE);
```

（5）读取 DAC 的输出值。

通过前面 4 个步骤对 DAC 模块设置，模块就开始工作了。由于使用 12 位右对齐数据格式，所以通过设置 DHR12R1 就可以在 DAC 输出引脚 PA4 得到不同的电压值。其可使用的库函数为：

```
DAC_GetDataOutputValue(DAC_Channel_1);
```

前面介绍的参考电压 V_{REF+} 在此使用 3.3V，也即 V_{REF+} 引脚连接 VDDA 电源上。由以上步骤设置，就能正常使用 STM32 处理器的 DAC 通道 1 来执行数模转换操作了。具体程序如下：

```
/* 函数功能：初始化 DAC
   参数 ：无
   返回值 ：无 */
```

```
void Dac1_Init(void)
{
GPIO_InitTypeDef GPIO_InitStructure;
DAC_InitTypeDef DAC_InitType;
RCC_APB2PeriphClockCmd(RCC_APB2Periph_GPIOA, ENABLE );        //① 使能 GPIOA 时钟
RCC_APB1PeriphClockCmd(RCC_APB1Periph_DAC, ENABLE );         //② 使能 DAC 时钟
GPIO_InitStructure.GPIO_Pin = GPIO_Pin_4;                    //接口配置
GPIO_InitStructure.GPIO_Mode = GPIO_Mode_AIN;                //模拟输入
GPIO_InitStructure.GPIO_Speed = GPIO_Speed_50MHz;
GPIO_Init(GPIOA, &GPIO_InitStructure);                       //① 初始化 GPIOA
GPIO_SetBits(GPIOA,GPIO_Pin_4) ;                             //PA4 输出高
DAC_InitType.DAC_Trigger = DAC_Trigger_None;                 //不使用触发功能
DAC_InitType.DAC_WaveGeneration = DAC_WaveGeneration_None;   //不使用波形发生
DAC_InitType.DAC_LFSRUnmask_TriangleAmplitude = DAC_LFSRUnmask_Bit0;
DAC_InitType.DAC_OutputBuffer = DAC_OutputBuffer_Disable ;   //DAC1 输出缓存关闭
DAC_Init(DAC_Channel_1,&DAC_InitType);                       //③ 初始化 DAC 通道 1
DAC_Cmd(DAC_Channel_1, ENABLE);                              //④ 使能 DAC1
DAC_SetChannel1Data(DAC_Align_12b_R, 0);    //⑤12 位右对齐,设置 DAC 初始值
}
/ * 函数功能: 设置通道 1 输出电压
    参数 vol : 0～3300,代表 0～3.3V
    返回值 : 无 * /
void Dac1_Set_Vol(u16 vol)
{
    float temp = vol;
    temp/ = 1000;
    temp = temp * 4096/3.3;
    DAC_SetChannel1Data(DAC_Align_12b_R,temp);               // 12 位右对齐设置 DAC 值
}
```

此部分程序代码包括两个函数,Dac1_Init()函数用于初始化 DAC 通道 1。Dac1_Set_Vol()函数用于设置 DAC 通道 1 的输出电压。main()主函数设计如下:

```
/ * 主函数 * /
int main(void)
{
    u16 adcx;
    float temp;
    u8 t = 0;
    u16 dacval = 0;
    u8 key;
    delay_init();              //延时函数初始化
    KEY_Init();                //初始化按键程序
    LCD_Init();                //LCD 初始化
    Dac1_Init();               //DAC 初始化
    POINT_COLOR = RED;         //设置字体为红色
    LCD_ShowString(60,70,200,16,16,"DAC TEST");
    LCD_ShowString(60,90,200,16,16,"NUIST");
    LCD_ShowString(60,110,200,16,16,"2021/7/12");
    LCD_ShowString(60,130,200,16,16,"WK_UP: + KEY1: - ");
    POINT_COLOR = BLUE;        //设置字体为蓝色
    LCD_ShowString(60,150,200,16,16,"DAC VAL:");
```

```
            LCD_ShowString(60,170,200,16,16,"DAC VOL:0.000V");
            DAC_SetChannel1Data(DAC_Align_12b_R, 0);              //初始值为 0
            while(1)
            {
                    t++;
                    key = KEY_Scan(0);
                    if(key == WKUP_PRES)
                    {
                            if(dacval < 4000) dacval += 200;
                            DAC_SetChannel1Data(DAC_Align_12b_R, dacval); //设置 DAC 值
                    }else if(key == KEY1_PRES)
                    {
                            if(dacval > 200)dacval -= 200;
                            else dacval = 0;
                            DAC_SetChannel1Data(DAC_Align_12b_R, dacval); //设置 DAC 值
                    }
                    if(t == 10||key == KEY1_PRES||key == WKUP_PRES)
                    {
                adcx = DAC_GetDataOutputValue(DAC_Channel_1);      //读取前面设置的 DAC 值
                LCD_ShowxNum(124,150,adcx,4,16,0);                 //显示 DAC 寄存器值
                temp = (float)adcx * (3.3/4096);                   //得到 DAC 电压值
                adcx = temp;
                LCD_ShowxNum(124,170,temp,1,16,0);                 //显示电压值的整数部分
                temp -= adcx;
                temp * = 1000;
                LCD_ShowxNum(140,170,temp,3,16,0X80);              //显示电压值的小数部分
                t = 0;
                    }
                    delay_ms(10);
            }
    }
```

主函数首先对需要用到的模块初始化,并显示提示信息。在实验板上通过 WK_UP 和 KEY1 两个按键实现对 DAC 输出电压幅值的增减功能。完成在 TFTLCD 液晶板上显示 DHR12R1 寄存器的值和换算的 DAC 输出电压值,同时可用万用表测试 DAC 输出电压值并与之进行比对检查。

第10章

DMA和FSMC控制器

本章介绍处理器的直接存储器访问（Direct Memory Access，DMA）和灵活静态存储器控制器（Flexible Static Memory Controller，FSMC）模块，它们适用于整个 STM32F10xxx 系列处理器，其中，FSMC 模块只适用于大容量处理器系列产品，如闪存存储器容量为 256～512KB 的 STM32F101xx 和 STM32F103xx 处理器等。下面分别介绍 STM32F 系列处理器的 DMA 和 FSMC 模块原理及其使用方法。

10.1 DMA 简介

DMA 是所有现代中央处理器的重要特色之一，它允许在不同速度的硬件间直接进行沟通，而不需要消耗处理器的大量中断负载，否则处理器需要从来源把每一片段的资料复制到暂存器，然后把它们再写回新的位置。在该过程中，处理器对于其他的工作来说无法使用。因此，DMA 传输方式用来提供在处理器外设和存储器之间或者存储器和存储器之间的高速数据传输，无须处理器直接控制传输，也没有中断处理那样需要保留现场和恢复现场的过程，通过硬件为存储器 RAM 与输入/输出设备间开辟一条直接传送数据的通路，这样就节省了处理器的资源来做其他操作和完成其他功能，使处理器的整体效率大为提高。

如图 10.1 所示，在实现 DMA 传输时，是由 DMA 控制器直接控制总线，因此就存在总线控制权转移处理的问题。即 DMA 在传输前，处理器要把总线控制权交给 DMA 控制器，而在结束 DMA 传输后，DMA 控制器应立即把总线控制权交还处理器。一个完整的 DMA 传输实现流程必须经过以下 4 个步骤：

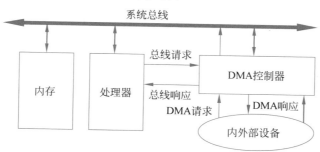

图 10.1 DMA 原理框图

（1）DMA 请求。处理器对 DMA 控制器初始化，并向 GPIO 接口发出操作命令，GPIO 接口要提出 DMA 请求。

（2）DMA 响应。DMA 控制器对 DMA 请求判别其优先级及屏蔽状态，向总线裁决逻辑提出总线请求。当处理器执行完当前总线周期即可释放总线控制权。此时，总线裁决逻辑输出总线应答信号，表示 DMA 已经响应，并通过 DMA 控制器通知 GPIO 接口可开始 DMA 数据传输。

（3）DMA 传输。DMA 控制器获得总线控制权后，处理器即刻挂起或只执行内部操作，暂时不控制总线。由 DMA 控制器输出读写命令，可直接控制多种存储器与 GPIO 接口进行 DMA 数据传输。在 DMA 控制器的控制下，实现在存储器和外部设备之间直接进行数据传送,在传送过程中不需要处理器的参与,但数据传输开始时需提供要传送的数据的起始位置和数据长度。

(4) DMA 结束。当完成规定的批量数据传送后,DMA 控制器即释放总线控制权交还处理器,并向 GPIO 接口发出结束信号。当 GPIO 接口收到结束信号后,即停止设备的工作,向处理器提出中断请求,使处理器从不介入此事件的状态中解脱,并执行一段检查本次 DMA 传输操作正确性的代码。最后带着本次操作结果及状态信息继续执行原来的程序。

10.2 DMA 结构与功能

如图 10.2 所示的 STM32F1 系列处理器内部最多有两个 DMA 控制器(DMA1 和 DMA2 仅存在大容量产品中)。DMA1 有 7 个通道,DMA2 有 5 个通道。每个通道专门用来管理来自一个或多个外设对存储器访问的请求,还有一个仲裁器用来协调各个 DMA 请求的优先权。

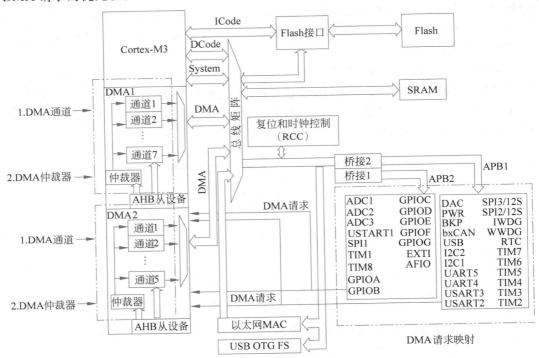

图 10.2　STM32F1 系列处理器的 DMA 内部框图

10.2.1　DMA 主要特征

STM32F1 系列处理器的 DMA 主要有以下特征:

(1) 最多有 12 个可配置的独立通道,其中,DMA1 有 7 个通道,DMA2 有 5 个通道。

(2) 各个通道都直接连接专用的硬件 DMA 请求,且都支持软件触发。

(3) 同一个 DMA 上多个事件请求之间的优先权可以通过软件编程设置,优先权设置相同时由硬件决定最终的优先权。

（4）被传输数据源和目标数据区的传输宽度可设置为字节、半字和全字,源和目标地址必须按照数据传输的宽度对齐。

（5）各个通道都有 DMA 半传输、DMA 传输完成和 DMA 传输失败这 3 个事件标志,这些事件标志逻辑可以形成一个独立的中断请求。

（6）DMA 可以在存储器和存储器、外设和存储器、存储器和外设之间进行传输。

（7）闪存,SRAM,外设的 SRAM,挂在 APB1、APB2 和 AHB 总线的外设均可作为访问的源和目标。

（8）数据传输的数目可以通过软件设置,最大可设置为 65 535。

（9）能支持循环的缓冲器管理机制。

10.2.2　DMA 寄存器

本节对 DMA 寄存器做一个简单介绍。如图 10.2 所示,DMA1 有 7 个通道,DMA2 有 5 个通道,因此在下述的寄存器描述中,对 DMA1 通道 6 和通道 7 相关的位,对 DMA2 不适用。若配置 DMA2 通道 6 和通道 7 相关的位,也属于无效配置。与 DMA 相关的寄存器一共有 6 个,分别是 DMA 中断状态寄存器 DMA_ISR、中断标志清除寄存器 DMA_IFCR、通道 x 配置寄存器 DMA_CCRx、通道 x 传输数量寄存器 DMA_CNDTRx、通道 x 外设地址寄存器 DMA_CPARx、通道 x 存储器地址寄存器 DMA_CMARx(x 均取 1,2,…,7)。

1. 中断状态寄存器 DMA_ISR

第一个寄存器为 DMA 中断状态寄存器 DMA_ISR,该寄存器的各位描述如表 10.1 所示。如果开启了 DMA_ISR 寄存器中的这些中断,在达到条件后就会跳到中断服务函数,在中断服务函数中通过查询这些位来获取当前 DMA 传输的状态。即使没开启 DMA_ISR 中的这些中断,也可以通过主动查询这些位来获得当前 DMA 传输的状态。常用的位是 TCIFx,即通道 DMA 传输完成与否的标志位。该寄存器为只读寄存器,所以在这些位被置为 1 后,只能通过操作其他寄存器来清除,即 1 变为 0。

表 10.1　中断状态寄存器 DMA_ISR

位号	31	30	29	28	27	26	25	24	23	22	21	20	19	18	17	16
定义	保留				TEIF7	HTIF7	TCIF6	GIF7	TEIF6	HTIF6	TCIF6	GIF6	TEIF5	HTIF5	TCIF5	GIF5
读写					r	r	r	r	r	r	r	r	r	r	r	r
位号	15	14	13	12	11	10	9	8	7	6	5	4	3	2	1	0
定义	TEIF4	HTIF4	TCIF4	GIF4	TEIF3	HTIF3	TCIF3	GIF3	TEIF2	HTIF2	TCIF2	GIF2	TEIF1	HTIF1	TCIF1	GIF1
读写	r	r	r	r	r	r	r	r	r	r	r	r	r	r	r	r

位[31:28]——保留,始终读为 0。

位[27,23,19,15,11,7,3]——TEIFx,通道 x 的传输错误标志(x=1~7)。

硬件设置这些位。在 DMA_IFCR 寄存器的相应位写入 1 可以清除这里对应的标志位。

0：在通道 x 没有传输错误(TE)。

　　　　　　　　　　1：在通道 x 发生了传输错误(TE)。

位[26,22,18,14,10,6,2]——HTIFx,通道 x 的半传输标志(x=1～7)。

　　硬件设置这些位。在 DMA_IFCR 寄存器的相应位写入 1 可以清除这里对应的标志位。

　　　　　　　　0：在通道 x 没有半传输事件(HT)。

　　　　　　　　1：在通道 x 产生了半传输事件(HT)。

位[25,21,17,13,9,5,1]——TCIFx,通道 x 的传输完成标志(x=1～7)。

　　硬件设置这些位。在 DMAIFCR 寄存器的相应位写入 1 可以清除这里对应的标志位。

　　　　　　　　0：在通道 x 没有传输完成事件(TC)。

　　　　　　　　1：在通道 x 产生了传输完成事件(TC)。

位[24,20,16,12,8,4,0]——GIFx,通道 x 的全局中断标志(x=1～7)。

　　硬件设置这些位。在 DMA_IFCR 寄存器的相应位写入 1 可以清除这里对应的标志位。

　　　　　　　　0：在通道 x 没有 TE、HT 或 TC 事件。

　　　　　　　　1：在通道 x 产生了 TE、HT 或 TC 事件。

2. 中断标志清除寄存器 DMA_IFCR

　　第二个寄存器为 DMA 中断标志清除寄存器 DMA_IFCR,该寄存器的各位描述如表 10.2 所示。DMA_IFCR 寄存器的各个位用来清除 DMA_ISR 寄存器的对应位,通过写 1 清除。在 DMA_ISR 被置位(0 变为 1)后,必须通过向该位寄存器对应的位写入 1 来清除(1 变为 0),该寄存器为只写寄存器。

表 10.2　中断标志清除寄存器 DMA_IFCR

位号	31	30	29	28	27	26	25	24	23	22	21	20	19	18	17	16
定义	保留				CTE IF7	CHT IF7	CTC IF7	CGI F7	CTE IF6	CHT IF6	CTC IF6	CGI F6	CTE IF5	CHT IF5	CTC IF5	CGI F5
读写					w	w	w	w	w	w	w	w	w	w	w	w

位号	15	14	13	12	11	10	9	8	7	6	5	4	3	2	1	0
定义	CTE IF4	CHT IF4	CTC IF4	CGI F4	CTE IF3	CHT IF3	CTC IF3	CGI F3	CTE IF2	CHT IF2	CTC IF2	CGI F2	CTE IF1	CHT IF1	CTC IF1	CGI F1
读写	w	w	w	w	w	w	w	w	w	w	w	w	w	w	w	w

位[31:28]——保留,始终读为 0。

位[27,19,15,11,7,3]——CTEIFx,清除通道 x 的传输错误标志(x=1～7)。

　　这些位由软件设置和清除。

　　　　　　　　0：不起作用。

　　　　　　　　1：清除 DMA_ISR 寄存器中的对应 TEIF 标志。

位[26,22,18,14,10,6,2]——CHTIFx,清除通道 x 的半传输标志(x=1～7)。

　　这些位由软件设置和清除。

　　　　　　　　0：不起作用。

　　　　　　　　1：清除 DMA_ISR 寄存器中的对应 HTIF 标志。

位[25,21,17,13,9,5,1]——CTCIFx,清除通道 x 的传输完成标志(x=1~7)。

这些位由软件设置和清除。

0：不起作用。

1：清除 DMA_ISR 寄存器中的对应 TCIF 标志。

位[24,20,16,12,8,4,0]——CGIFx,清除通道 x 的全局中断标志(x=1~7)。

这些位由软件设置和清除。

0：不起作用。

1：清除 DMA_ISR 寄存器中的对应的 GIF、TEIF、HTIF 和 TCIF 标志。

3．通道 x 配置寄存器 DMA_CCRx

第三个寄存器为 DMA 通道 x 配置寄存器 DMA_CCRx(x=1,2,…,7),该寄存器的各位功能含义描述如表 10.3 所示。

表 10.3　通道 x 配置寄存器 DMA_CCRx

位号	31	30	29	28	27	26	25	24	23	22	21	20	19	18	17	16
定义	保留															
读写																

位号	15	14	13	12	11	10	9	8	7	6	5	4	3	2	1	0
定义	保留	MEM2MEM	PL[1:0]		MSIZE[1:0]		PSIZE[1:0]		MINC	PINC	CIRC	DIR	TEIE	HTIE	TCIE	EN
读写		rw	rw	rw	rw	rw	rw	rw	rw	rw	rw	rw	rw	rw	rw	rw

位[31:15]——保留,始终读为 0。

位[14]——MEM2MEM,存储器到存储器模式。

该位由软件设置和清除。

0：非存储器到存储器模式。　　1：启动存储器到存储器模式。

位[13:12]——PL[1:0],通道优先级。

这些位由软件设置和清除。

00：低；　　　　　　　　01：中。

10：高；　　　　　　　　11：最高。

位[11:10]——MSIZE[1:0],存储器数据宽度。

这些位由软件设置和清除。

00：8 位；　　　　　　　01：16 位。

10：32 位；　　　　　　　11：保留。

位[9:8]——PSIZE[1:0],外设数据宽度。

这些位由软件设置和清除。

00：8 位；　　　　　　　01：16 位。

10：32 位；　　　　　　　11：保留。

位[7]——MINC,存储器地址增量模式。

该位由软件设置和清除。

0:不执行存储器地址增量操作。　　　1:执行存储器地址增量操作。

位[6]——PINC,外设地址增量模式。

该位由软件设置和清除。

0:不执行外设地址增量操作。　　　1:执行外设地址增量操作。

位[5]——CIRC,循环模式。

该位由软件设置和清除。

0:不执行循环操作。　　　1:执行循环操作。

位[4]——DIR,数据传输方向。

该位由软件设置和清除。

0:从外设读。　　　1:从存储器读。

位[3]——TEIE,允许传输错误中断。

该位由软件设置和清除。

0:禁止 TE 中断。　　　1:允许 TE 中断。

位[2]——HTIE,允许半传输中断。

该位由软件设置和清除。

0:禁止 HI 中断。　　　1:允许 HT 中断。

位[1]——TCIE,允许传输完成中断。

该位由软件设置和清除。

0:禁止 TC 中断。　　　1:允许 TC 中断。

位[0]——EN,通道开启。

该位由软件设置和清除。

0:通道不工作。　　　1:通道开启。

DMA_CCRx(x=1,2,…,7)寄存器用于控制很多 DMA 传输的相关信息,包括数据宽度、外设及存储器的宽度、通道优先级、增量模式、传输方向、中断允许以及使能等。它们都是通过该寄存器来设置的。所以 DMA_CCRx 是 DMA 传输的核心控制寄存器,为读写寄存器。

4. 通道 x 传输数量寄存器 DMA_CNDTRx

第四个寄存器为 DMA 通道 x 传输数量寄存器 DMA_CNDTRx(x=1,2,…,7),该寄存器的各位描述如表 10.4 所示。

表 10.4　通道 x 传输数量寄存器 DMA_CNDTRx

位号	31	30	29	28	27	26	25	24	23	22	21	20	19	18	17	16
定义	保留															
读写																
位号	15	14	13	12	11	10	9	8	7	6	5	4	3	2	1	0
定义	NDT[15:0]															
读写	rw	rw	rw	rw	rw	rw	rw	rw	rw	rw	rw	rw	rw	rw	rw	rw

位[31:16]——保留,始终读为 0。

位[15:0]——NDT[15:0],数据传输数量。

数据传输数量为 0~65 535。这个寄存器只能在通道不工作(DMA_CCRx 的 EN=0)时写入。通道开启后该寄存器变为只读,指示剩余的待传输字节数目。寄存器内容在每次 DMA 传输后递减。

数据传输结束后,寄存器的内容或者变为 0;或者当该通道配置为自动重加载模式时,寄存器的内容将被自动重新加载为之前配置时的数值。

当寄存器的内容为 0 时,无论通道是否开启,都不会发生任何数据传输。

该寄存器控制 DMA 通道 x 的每次所要传输的数据量,其设置范围为 0~65 535。该寄存器的值会随着传输过程的进行而减少,当该寄存器的值为 0 时就代表此次数据传输已经全部发送完成,因此也可以通过这个寄存器的值来判断当前 DMA 传输的进度,此寄存器为读写寄存器。

5. 通道 x 外设地址寄存器 DMA_CPARx

第五个寄存器是 DMA 通道 x 外设地址寄存器 DMA_CPARx(x = 1,2,…,7),该寄存器的各位描述如表 10.5 所示。

表 10.5　通道 x 外设地址寄存器 DMA_CPARx

位号	31	30	29	28	27	26	25	24	23	22	21	20	19	18	17	16
定义	PA[31:16]															
读写	rw	rw	rw	rw	rw	rw	rw	rw	rw	rw	rw	rw	rw	rw	rw	rw
位号	15	14	13	12	11	10	9	8	7	6	5	4	3	2	1	0
定义	PA[15:0]															
读写	rw	rw	rw	rw	rw	rw	rw	rw	rw	rw	rw	rw	rw	rw	rw	rw

位[31:0]——PA[31:0],外设地址。

外设数据寄存器的基地址,作为数据传输的源或目标。

当 PSIZE=01(16 位)时,不使用 PA[0]位。操作自动地与半字地址对齐。

当 PSIZE=10(32 位)时,不使用 PA[1:0]位。操作自动地与字地址对齐。

该寄存器用来存储 STM32 处理器外设的地址,若使用串口 1,则该寄存器必须写入 0x40013804,即 &USART1_DR。若使用其他外设,则修改成相应外设的地址。此寄存器为读写寄存器。注意,在开启通道,即 DMA_CCRx 的位 EN=1 时不能写该寄存器。

6. 通道 x 存储器地址寄存器 DMA_CMARx

第六个寄存器是 DMA 通道 x 存储器地址寄存器 DMA_CMARx(x = 1,2,…,7),该寄存器的各位描述如表 10.6 所示。

表 10.6 通道 x 存储器地址寄存器 DMA_CMARx

位号	31	30	29	28	27	26	25	24	23	22	21	20	19	18	17	16
定义	MA[31:16]															
读写	rw	rw	rw	rw	rw	rw	rw	rw	rw	rw	rw	rw	rw	rw	rw	rw
位号	15	14	13	12	11	10	9	8	7	6	5	4	3	2	1	0
定义	MA[15:0]															
读写	rw	rw	rw	rw	rw	rw	rw	rw	rw	rw	rw	rw	rw	rw	rw	rw

位[31:0]——MA[31:0],存储器地址。

存储器地址作为数据传输的源或目标。

当 MSIZE=01(16 位)时,不使用 MA[0]位。操作自动地与半字地址对齐。

当 MSIZE=10(32 位)时,不使用 MA[1:0]位。操作自动地与字地址对齐。

DMA_CMARx 寄存器和 DMA_CPARx 寄存器配置差不多,但该寄存器是用来放存储器的地址的。若使用 buff[5200]数组作存储器,则在 DMA_CMARx 中写入 &buff 就可以完成。此寄存器为读写寄存器,但在开启通道寄存器 DMA_CCRx 的 EN=1 时,不能写该寄存器。

10.2.3 DMA 通道

如图 10.2 所示,处理器 DMA 具有 12 个独立可编程的通道,其中 DMA1 有 7 个通道,DMA2 有 5 个通道,每个通道对应不同的外设的 DMA 请求。DMA 通道可以接收多个请求,但是同一时间只能接收一个,不能处理多个请求。各个通道都可以在有固定地址的外设寄存器和存储器地址之间进行 DMA 数据传输。DMA 传输的数据量是可编程的,最大可达到 65 535。下面具体介绍 DMA 通道配置与控制等。

1. 传输数据的可编程量

通过配置 DMA_CCRx 寄存器中的 PSIZE 和 MSIZE 位,可以对外设以及存储器的传输数据量进行编程设置。

2. 寄存器指针增量

DMA_CCRx 寄存器中的 PINC 和 MINC 标志位用于编程设置外设和存储器指针在每次传输后选择性地完成自动增量。设置增量模式时,下一个要传输的地址将是前一个地址加上增量值,增量值取决于所选的数据宽度,为 1、2 或 4,且第一个传输的地址存放在 DMA_CPARx 或 DMA_CMARx 寄存器中。在传输过程中,正在传输的地址均不能被改变和读出。

3. 通道配置流程

对 DMA 通道的配置大体上分成 6 个主要流程,在此以 x 通道配置为例介绍如下:

(1) 在 DMA_CPARx 寄存器中设置外设寄存器的地址。发生外设数据传输请求时,这个地址将是数据传输的源或目的地址。

（2）在 DMA_CMARx 寄存器中设置数据存储器的地址。当发生外设数据传输请求时，传输的数据将从这个地址读出或写入这个地址。

（3）在 DMA_CNDTRx 寄存器中设置要传输的数据量。在每个数据传输后，这个数值将随传输过程递减。

（4）在 DMA_CCRx 寄存器的 PL[1:0] 位中设置通道优先级别。

（5）在 DMA_CCRx 寄存器中设置数据传输方向、循环模式、外设和存储器的增量模式、外设和存储器的数据宽度以及传输一半或传输完成时产生中断。

（6）设置 DMA_CCRx 寄存器的 ENABLE 位，启动使能 DMA 该通道。

注意，DMA 通道配置启动后随即响应该通道上的 DMA 请求。通道响应 DMA 请求后，在数据传输过程中，应注意几个标志位。当一半的数据完成传输后，半传输标志位 HTIF 与半传输中断使能位 HTIE 均置位，此时会产生一个中断。而数据传输结束后，传输完成标志位 TCIF 与传输完成中断使能位 TCIE 均置位时，也会产生一个中断。

4. 循环模式

此模式用于处理循环缓冲区与连续数据的传输。通过对 DMA_CCRx 寄存器中的 CIRC 位进行配置，便可开启循环模式。在循环模式下，在最后一次数据传输结束时，寄存器 DMA_CNDTRx 的内容会被自动恢复为配置通道时设置的初值，进而使得 DMA 操作继续进行。在非循环模式下，数据传输结束后，DMA 操作将结束。若要开始新的 DMA 传输，则要在 DMA 通道关闭后重新对寄存器进行配置。

5. 存储器到存储器模式

注意，在没有外设请求触发的情况下，DMA 通道依然可以进行操作，在这种情况下称为存储器到存储器模式。此时，在将 DMA_CCRx 寄存器中的位 MEM2MEM 置位后，由软件置位 DMA_CCRx 寄存器中的 EN 位使能，DMA 通道由存储器到存储器传输随即开始。只有 DMA2 通道的外设接口可以访问存储器，所以只有 DMA2 控制器支持存储器到存储器的传输。另外，该模式与循环模式不能同时使用。

10.2.4　DMA 中断请求

当设置 DMA_BufferSize 后，只有当传输完所设定数量的数据后，才会产生一个 DMA_IT_TC 中断。若使能了半传输标志位 HTIF，则当传送了一半数据后会产生一个中断。如果 DMA 用于 USART 串行接口的接收，那么当把 DMA_BufferSize 设置成 4 后，只有当传输完 4 个数据后，才会产生一个中断。如前所述，DMA 的每个通道都可以设置在 DMA 传输过半、传输完成和传输错误时产生中断。为方便使用，设计者可通过设置寄存器的不同位来打开这些中断。相关的中断事件标志位及对应的使能控制位分别为：传输过半的中断事件标志位是 HTIF，中断使能控制位是 HTIE；传输完成的中断事件标志位是 TCIF，中断使能控制位是 TCIE；传输错误的中断事件标志位是 TEIF，中断使能控制位是 TEIE。

10.2.5　DMA 仲裁器

当同时发生多个 DMA 通道请求时,就意味着有先后响应处理的顺序问题,这由如图 10.2 所示的仲裁器管理。仲裁器对 DMA 各通道的请求管理分为两个阶段。

(1) 在软件阶段,可以在 DMA_CCRx 寄存器中设置优先级别,可以有最高优先级、高优先级、中等优先级和低优先级 4 个等级的设置。

(2) 在硬件阶段,若有两个或两个以上的 DMA 通道请求设置的优先级一样,则它们的优先级取决于它们的通道编号,编号越小优先级越高,如通道 0 高于通道 1。另外,DMA1 控制器(图 10.3)拥有高于 DMA2 控制器的优先级别。

10.2.6　DMA 请求映射

1. DMA1 控制器

DMA1 控制器将一系列外设(如 TIMx、ADC1、SPI1、SPI/I2S2、I2Cx 和 USARTx)产生的 DMA 请求通过逻辑或的方式输入 DMA1 控制器,由此可知,DMA1 同时只能有一个请求有效,因此,DMA1 请求映射如图 10.3 所示。所有外设的 DMA 请求,都可通过设置相应外设寄存器的控制位,被独立地开启或关闭。DMA1 控制器各个通道的请求如表 10.7 所示。

图 10.3　STM32F1 处理器的 DMA1 请求映射图

表 10.7 STM32F1 处理器的 DMA1 各通道外设资源对应表

外设	通道 1	通道 2	通道 3	通道 4	通道 5	通道 6	通道 7
ADC1	ADC1						
SPI/I2S		SPI1_RX	SPI1_TX	SPI/I2S2_RX	SPI/I2S2_TX		
USART		USART3_TX	USART3_RX	USART1_TX	USART1_RX	USART2_RX	USART2_TX
I2C				I2C2_TX	I2C2_RX	I2C1_TX	I2C1_RX
TIM1		TIM1_CH1	TIM1_CH2	TIM1_TX4 TIM1_TRIG TIM1_COM	TIM1_UP	TIM1_CH3	
TIM2	TIM2_CH3	TIM2_UP			TIM2_CH1		TIM2_CH2 TIM2_CH4
TIM3		TIM3_CH3	TIM3_CH4 TIM3_UP			TIM3_CH1 TIM3_TRIG	
TIM4	TIM4_CH1			TIM4_CH2	TIM4_CH3		TIM4_UP

2. DMA2 控制器

TIMx[5:8]、ADC3、SPI/I2S3、UART4、DAC_CH1、DAC_CH2 和 SDIO 等外设,都可通过 DMA 控制寄存器产生 5 个请求,经逻辑或输入到 DMA2 控制器,由 DMA2 请求映射示意图(见图 10.4)可看出,同一时刻只能有一个请求有效。

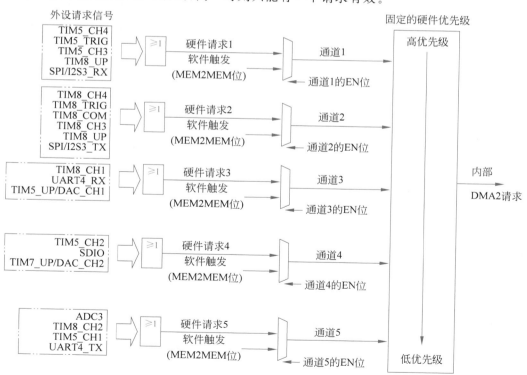

图 10.4 STM32F1 处理器的 DMA2 请求映射示意图

DMA2 控制器各个通道的请求如表 10.8 所示。

表 10.8　STM32F1 处理器的 DMA2 各通道外设资源对应表

外　设	通 道 1	通 道 2	通 道 3	通 道 4	通 道 5
ADC3[1]					ADC3
SPI/I2S3	SPI/I2S3_RX	SPI/I2S3_TX			
UART4			UART4_RX		UART4_IX
SDIO[1]				SDIO	
TIM5	TIM5_CH4 TIM5_TRIG	TIM5_CH3 TIM5_UP		TIM5_CH2	TIM5_CH1
TIM6/DAC_CH1			TIM6_UP/ DAC_CH1		
TIM7/DAC_CH2				TIM7_UP/ DAC_CH2	
TIM8[1]	TIM8_CH3 TIM8_UP	TIM8_CH4 TIM8_TRIG TIM8_COM	TIM8_CH1		TIM8_CH2

(1) ADC3、SDIO 和 TIM8 的 DMA 请求只在大容量产品中存在。

10.3　DMA 重要固件库函数

要使用处理器 DMA 必须初始化,初始化 DMA 控制器之前还需要开启 DMA 时钟。因为处理器的 DMA1 和 DMA2 模块都挂在 AHB 总线上,开启 DMA 时钟需要调用 RCC_AHBPeriphClockCmd()函数。若要使用 DMA1,则需要开启 DMA 时钟时的第一个参数 RCC_AHBPeriph_DMA1,第二个参数为 ENABLE。若要使用 DMA2,则需要开启 DMA 时钟时的第一个参数 RCC_AHBPeriph_DMA2,第二个参数为 ENABLE。DMA 初始化可以通过函数 DMA_Init()来完成,根据 DMA_InitStruct 中的指定相关参数初始化 DMAy_Channelx,该函数的定义为:

```
void DMA_Init(DMA_Channel_TypeDef * DMAy_Channelx, DMA_InitTypeDef * DMA_InitStruct)
```

此函数的第一个参数是 DMAy_Channelx,即要初始化的 DMA 通道号,其中,参数 y 用于选择 DMA(可以是 1 或 2),参数 x 用于选择 DMA1(可以是 1~7)和 DMA2(可以是 1~5)的 DMA 通道号,所有 DMA 控制器通道号的定义如下所示:

```
#define DMA1_Channel1 ((DMA_Channel_TypeDef * ) DMA1_Channel1_BASE)
#define DMA1_Channel2 ((DMA_Channel_TypeDef * ) DMA1_Channel2_BASE)
#define DMA1_Channel3 ((DMA_Channel_TypeDef * ) DMA1_Channel3_BASE)
#define DMA1_Channel4 ((DMA_Channel_TypeDef * ) DMA1_Channel4_BASE)
#define DMA1_Channel5 ((DMA_Channel_TypeDef * ) DMA1_Channel5_BASE)
#define DMA1_Channel6 ((DMA_Channel_TypeDef * ) DMA1_Channel6_BASE)
#define DMA1_Channel7 ((DMA_Channel_TypeDef * ) DMA1_Channel7_BASE)
#define DMA2_Channel1 ((DMA_Channel_TypeDef * ) DMA2_Channel1_BASE)
#define DMA2_Channel2 ((DMA_Channel_TypeDef * ) DMA2_Channel2_BASE)
#define DMA2_Channel3 ((DMA_Channel_TypeDef * ) DMA2_Channel3_BASE)
```

```
#define DMA2_Channel4 ((DMA_Channel_TypeDef *) DMA2_Channel4_BASE)
#define DMA2_Channel5 ((DMA_Channel_TypeDef *) DMA2_Channel5_BASE)
```

初始化函数的第二个参数是 DMA_InitStruct,用于指定 DMA 通道的配置信息的结构体,其结构体原型为:

```
typedef struct
{
    /* DMA 外设基地址 */
    uint32_t DMA_PeripheralBaseAddr;
    /* DMA 存储器基地址 */
    uint32_t DMA_MemoryBaseAddr;
    /* DMA 数据传输方向 */
    uint32_t DMA_DIR;
    /* DMA 数据传输数目 */
    uint32_t DMA_BufferSize;
    /* DMA 外设地址增量模式 */
    uint32_t DMA_PeripheralInc;
    /* DMA 存储器地址增量模式 */
    uint32_t DMA_MemoryInc;
    /* DMA 外设数据宽度 */
    uint32_t DMA_PeripheralDataSize;
    /* DMA 存储器数据宽度 */
    uint32_t DMA_MemoryDataSize;
    /* DMA 模式选择 */
    uint32_t DMA_Mode;
    /* DMA 通道优先级 */
    uint32_t DMA_Priority;
    /* DMA 存储器到存储器的模式 */
    uint32_t DMA_M2M;
}DMA_InitTypeDef;
```

(1) DMA_PeripheralBaseAddr:用于设置 DMA 外设基地址,设置为外设的数据寄存器地址。若要进行串口 1 的 DMA 数据传输,则外设基地址为串口接收发送数据存储器的 USART->DR 的地址,表示方法为(u32)&USART1->DR。若是存储器到存储器模式,则应设置为其中一个存储器地址。

(2) DMA_MemoryBaseAddr:用于设置 DMA 传输存储器基地址,是存放 DMA 传输数据的内存地址,通常设置为自定义存储区的首地址。

(3) DMA_DIR:用于设置 DMA 数据传输方向,可选外设到存储器或存储器到外设。它用于规定外设是作为数据传输的目的地还是来源。若外设作为数据传输的目的地,则值为 DMA_DIR_PeripheralDST(destination);若外设作为数据传输的来源,则值为 DMA_DIR_PeripheralSRC(source)。若使用存储器到存储器功能,则使用时只需要把其中一个存储器当作外设即可。

(4) DMA_BufferSize:设置 DMA 所需数据传输数目,数量可为 0~65 535。

(5) DMA_PeripheralInc:设置 DMA 外设地址增量模式,可设置传输数据时外设地址是不变还是递增的。若设置为传输数据时外设地址递增,则下一次传输时地址加 1,值为 DMA_PeripheralInc_Enable。若设置为传输数据时外设地址不变,则下一次传输时地址依旧是外设基地址,值为 DMA_PeripheralInc_Disable。如果外设是存储器,则需要打开 DMA 控制器的外设增量模式;若是外设是 USART 等,则关闭 DMA 控制器的外设增量模式。

(6) DMA_MemoryInc:设置 DMA 传送存储器地址增量模式,设置传输数据时存储器的地址不变还是递增的。若传输数据时存储器地址递增,则下一次传输时地址加 1,值为 DMA_MemoryInc_Enable。若传输数据时存储器地址不变,则下一次传输时地址依旧是存储器基地址,值为 DMA_MemoryInc_Disable。

(7) DMA_PeripheralDataSize:设置 DMA 外设传输数据宽度,可以设置为 8 位的字节传输、16 位的半字传输和 32 位的字传输。

① 设置为字节传输,值设置为 DMA_PeripheralDataSize_Byte。

② 设置为半字传输,值设置为 DMA_PeripheralDataSize_HalfWord。

③ 设置为字传输,值设置为 DMA_PeripheralDataSize_Word。

(8) DMA_MemoryDataSize:设置 DMA 存储器数据宽度,也可以设置为 8 位的字节传输,16 位的半字传输和 32 位的字传输。

① 设置为字节传输,值设置为 DMA_MemoryDataSize_Byte。

② 设置为半字传输,值设置为 DMA_MemoryDataSize_HalfWord。

③ 设置为字传输,值设置为 DMA_MemoryDataSize_Word。

(9) DMA_Mode:设置 DMA 模式选择,DMA 模式可以设置为是否使用循环采集。若需要重复采集数据,则值设置为 DMA_Mode_Circular。若不需要循环采集,则值设置为 DMA_Mode_Normal。

(10) DMA_Priority:设置 DMA 通道的优先级,可设置有低、中、高和超高 4 种模式。若设置为低优先级模式,则值设置为 DMA_Priority_Low;若设置为中优先级模式,则值设置为 DMA_Priority_Medium;若设置为高优先级模式,则值设置为 DMA_Priority_High;若设置为超高优先级模式,则值设置为 DMA_Priority_VeryHigh。在设计中若需要开启多个通道的 DMA 时,则优先级设置就非常有意义。

(11) DMA_M2M:设置 DMA 存储器到存储器的模式。若外设是存储器,即当前 DMA 是存储器到存储器的模式,如果开启,则其值设置为 DMA_M2M_Enable;若外设不是存储器,即当前 DMA 是外设到存储器或存储器到外设的模式。如果关闭,则其值设置为 DMA_M2M_Disable。

在 DMA 模块配置完成之后,若是外设和存储器的 DMA 传输,则开启外设的 DMA 使能。若是存储器和存储器的 DMA 传输,则无须设置。例如,DMA 传输使用的是外设串口,则需使能串口的 DMA,使用的函数是:

```
void USART_DMACmd(USART_TypeDef * USARTx, uint16_t USART_DMAReq, FunctionalState NewState);
```

若 DMA 使用的外设是 ADC,则使能 ADC 的 DMA,使用的函数是:

```
void ADC_DMACmd(ADC_TypeDef * ADCx, FunctionalState NewState);
```

需要开启其他外设时的 DMA 功能请参考 stm32f10x_xxxx.h 文件。然后接着需要使能 DMA 的传输通道。如果不使能,那么 DMA 即使配置好了也无法工作,因此 DMA 的传输通道需要开启双方使能才能正常工作。使能 DMA 的传输通道函数是:

```
void DMA_Cmd(DMA_Channel_TypeDef * DMAy_Channelx, FunctionalState NewState);
```

函数中第一个参数为 DMA 的通道;第二个参数为是否使能,若为 ENABLE 则表示使能。在使用 DMA 进行数据传输时,还需要指定当前 DMA 通道传输中的数据个数,使用的函数是:

```
void DMA_SetCurrDataCounter(DMA_Channel_TypeDef * DMAy_Channelx, uint16_t DataNumber);
```

若需要设置 DMA1 的通道 4 传输 100 个数据,则函数的第一个参数设置为 DMA1_Channel4,第二个参数设置为 100。在使用 DMA 传输数据时,有时需要查询 DMA 的传输通道的状态,使用的函数是:

```
FlagStatus DMA_GetFlagStatus(uint32_t DMAy_FLAG);
```

若需要查询 DMA1 的通道 1 是否传输完成,则函数的参数设置为 DMA1_FLAG_TC1。有时在使用 DMA 时,可能需要查询 DMA1 的某个通道还剩下多少数据没传输,使用的函数是:

```
uint16_t DMA_GetCurrDataCounter(DMA_Channel_TypeDef * DMAy_Channelx);
```

若要查询 DMA1 的通道 4 还剩下多少数据没传输,则函数的参数设置为 DMA1_Channel4。

10.4 DMA 存储器到外设模式操作示例

【例 10-1】 针对以上的 DMA 模块原理和功能,设计基于 STM32 处理器的 DMA 实现串口数据的传送,即实现 DMA 存储器到外设模式的实现。数据传送的进度在外设 TFTLCD 屏上显示。本例采用本书配套的高级实验板,具体电路和实验硬件平台请见第 3 章和附录 D。

解:本例的解答分两部分:硬件设计和软件设计。下面详细介绍。

1. 硬件设计

为实现本次的实验,首先需要使用实验板上的按键模块(KEY1、KEY2、KEY3 以及 KEY_UP),其中,KEY_UP 用于待机模式下的唤醒功能,其他 3 个按键用于人机交互的输入。本例归根结底是实验板上的 GPIO 接口作为输入使用,并通过读取 IDR 的内容来读取 GPIO 口的状态。在本次实验中,KEY3 按键用于启动 DMA 通道进行一次数据传输,注意,KEY1~KEY3 均为低电平启动。此外,为了辅助调试,还利用了 LED 的显示灯来指示程序运行的状态,关于 LED 模块的部分,此处不再赘述。在本实验中,还用到了两个非常重要的部分,即 STM32 处理器的串口与 DMA 控制器,这里利用 USB 串口将 DMA 通道传输的数据与 PC 端实现相互通信,并在串口调试助手上显示传输的内容。需要注意,本次实验利用的是 DMA1 通道 4。最后,用到的模块是 TFTLCD 液晶屏,通过它显示相关信息以及数据传输的进度。综上所述,本实验需要用到的硬件如下:LED

指示灯、KEY 按键、TFTLCD 模块、DMA 控制器和串行通信接口。整体实验流程为：每按一次 KEY3，DMA 便可传输一次数据到 USART1，同时在 TFTLCD 模块上显示传输进度等信息，LED 显示灯被设置为程序运行时的指示灯。

2. 软件设计

软件部分的设计是基于 MDK5 软件平台构建的，一个完整的工程文件包括 4 个文件夹，分别为 HARDWARE（用于存储与硬件相关的代码）、OBJ（用于存放中间文件）、SYSTEM（用于存放系统代码）、USER（用于存放启动文件）。本实验需要使用的硬件模块分别为 LED 指示灯、KEY 按键、TFTLCD 模块以及 DMA 控制器，因此分别需要相应的代码文件来启动。

首先在 HARDWARE 文件夹中新建 LED 文件夹，并新建 led.c 文件，其代码如下：

```
#include "led.h"
//初始化 PE5 和 PF5 为输出口,并使能这两个口的时钟
//LED GPIO 接口初始化
void LED_Init(void)
{
    RCC -> APB2ENR| = 1<<6;              //使能 PORTE 时钟
    RCC -> APB2ENR| = 1<<7;              //使能 PORTF 时钟

    GPIOB -> CRL& = 0xFF0FFFFF;
    GPIOB -> CRL| = 0x00300000;          //GPIO PE5 推挽输出
    GPIOB -> ODR| = 1 << 5;              //GPIO PE5 输出高

    GPIOE -> CRL& = 0xFF0FFFFF;
    GPIOE -> CRL| = 0x00300000;          //GPIO PF5 推挽输出
    GPIOE -> ODR| = 1 << 5;              //GPIO PF5 输出高
}
```

随后还需建立一个 led.h 文件，依然保存在 LED 文件夹下面，其代码如下：

```
#ifndef __LED_H
#define __LED_H
#include "sys.h"                    //LED 接口定义
#define LED1 PBout(5)               // LED1
#define LED8 PEout(5)               // LED8
void LED_Init(void);                //初始化
#endif
```

至此 LED 灯的代码配置完成。在进行实验时，当 KEY3 按键按下前以及数据传输完成后，LED 灯会一直闪烁，在数据进行传输的过程中，LED 则会常亮，表示数据正在传输中。注意，扩展名为.h 的头文件要将包含路径加入到工程中，后续实验与此步骤一致，将不再赘述。至此指示灯部分的代码配置完成。

同理，在 HARDWARE 文件夹中新建一个 KEY 文件夹，用于存放按键功能实现的代码，包括 key.c 和 key.h，分别如下：

```
//key.c 文件代码
#include "key.h"
#include "delay.h"                  //按键初始化函数
```

```
void KEY_Init(void)
{
    RCC -> APB2ENR| = 1 << 2;              //使能 GPIO PORTA 时钟
    RCC -> APB2ENR| = 1 << 6;              //使能 GPIO PORTE 时钟
    GPIOA -> CRL& = 0XFFFFFFF0;            //GPIO PA0 设置成输入,默认下拉
    GPIOA -> CRL| = 0X00000008;
    GPIOE -> CRL& = 0XFFF00FFF;            //GPIO PE3/PE4 设置成输入
    GPIOE -> CRL| = 0X00088000;
    GPIOE -> ODR| = 3 << 3;                //GPIO PE3/PE4 上拉
}
//按键处理函数
//返回按键值
//mode:0 表示不支持连续按 ;1 表示支持连续按 ;
//0,没有任何按键按下
//1 KEY0 按下
//2 KEY1 按下
//3 KEY_UP 按下
//注意,此函数有响应优先级, KEY0 > KEY1 > KEY_UP!
u8 KEY_Scan(u8 mode)
{
    static u8 key_up = 1;                  //按键松开标志
     if(mode)key_up = 1;                   //支持连按
    if(key_up&&(KEY0 == 0||KEY1 == 0||WK_UP == 1))
      {
        delay_ms(10);                      //去抖动
        key_up = 0;
        if(KEY0 == 0)return 1;
        else if(KEY1 == 0)return 2;
        else if(WK_UP == 1)return 3;
      }else if(KEY0 == 1&&KEY1 == 1&&WK_UP == 0)key_up = 1;
    return 0;                              // 无按键按下
}
//key.h 文件的代码
#ifndef __KEY_H
#define __KEY_H
#include "sys.h"
#define KEY0 PEin(4)                       //GPIO PE4
#define KEY1 PEin(3)                       //GPIO PE3
#define WK_UP PAin(0)                      //GPIO PA0 WK_UP 按键
#define KEY0_PRES 1                        //KEY0 按下
#define KEY1_PRES 2                        //KEY1 按下
#define WKUP_PRES 3                        //KEY_UP 按下
void KEY_Init(void);                       //GPIO 初始化
u8 KEY_Scan(u8);                           //按键扫描函数
#endif
```

至于 TFTLCD 屏幕的显示,首先依然在 HARDWARE 文件夹中新建一个 LCD 文件夹,在 LCD 文件夹中新建 lcd.h 文件,用于定义 TFTLCD 屏幕的操作结构体,并对其进行驱动,其代码如下:

```
#ifndef __LCD_H
#define __LCD_H
```

```
# include "sys. h"
# include "stdlib. h"
//LCD 重要参数集
typedef struct
{
    u16 width;                          //LCD 宽度
    u16 height;                         //LCD 高度
    u16 id;                             //LCD ID
    u8 dir;                             //横屏还是竖屏控制：0 表示竖屏；1 表示横屏
    u16wramcmd;                         //开始写 gram 指令
    u16 setxcmd;                        //设置 x 坐标指令
    u16 setycmd;                        //设置 y 坐标指令
}_lcd_dev;
//LCD 参数
extern _lcd_dev lcddev;                 //管理 LCD 重要参数
//LCD 的画笔颜色和背景色
extern u16 POINT_COLOR;                 //默认红色
extern u16 BACK_COLOR;                  //背景颜色,默认为白色
//////////////////////////////////////////////////////////////////////
//---------------- LCD 接口定义 ----------------
# define LCD_LED PBout(0) //LCD 背光 PB0
//LCD 地址结构体
typedef struct
{
    vu16 LCD_REG;
    vu16 LCD_RAM;
} LCD_TypeDef;
//使用 NOR/SRAM 的 Bank1. sector4,地址位 HADDR[27,26] = 11,A10 作为数据命令区分线
//注意,设置时 STM32 内部会右移一位对齐!
# define LCD_BASE ((u32)(0x6C000000 | 0x000007FE))
# define LCD ((LCD_TypeDef * ) LCD_BASE)
//////////////////////////////////////////////////////////////////////
//扫描方向定义
# define L2R_U2D 0                      //从左到右,从上到下
# define L2R_D2U 1                      //从左到右,从下到上
# define R2L_U2D 2                      //从右到左,从上到下
# define R2L_D2U 3                      //从右到左,从下到上
# define U2D_L2R 4                      //从上到下,从左到右
# define U2D_R2L 5                      //从上到下,从右到左
# define D2U_L2R 6                      //从下到上,从左到右
# define D2U_R2L 7                      //从下到上,从右到左
# define DFT_SCAN_DIR L2R_U2D           //默认的扫描方向

//画笔颜色
# define WHITE           0xFFFF
# define BLACK           0x0000
# define BLUE            0x001F
# define BRED            0xF81F
# define GRED            0xFFE0
# define GBLUE           0x07FF
# define RED             0xF800
# define MAGENTA         0xF81F
# define GREEN           0x07E0
# define CYAN            0x7FFF
```

```
# define YELLOW            0xFFE0
# define BROWN             0xBC40              //棕色
# define BRRED             0xFC07              //棕红色
# define GRAY              0x8430              //灰色
//GUI 颜色
# define DARKBLUE          0x01CF              //深蓝色
# define LIGHTBLUE         0x7D7C              //浅蓝色
# define GRAYBLUE          0x5458              //灰蓝色
//以上三色为 PANEL 的颜色

# define LIGHTGREEN        0x841F              //浅绿色
# define LIGHTGRAY         0xEF5B              //浅灰色(PANNEL)
# define LGRAY             0xC618              //浅灰色(PANNEL),窗体背景色

# define LGRAYBLUE         0xA651              //浅灰蓝色(中间层颜色)
# define LBBLUE            0x2B12              //浅棕蓝色(选择条目的反色)


void LCD_Init(void);                                            //初始化
void LCD_DisplayOn(void);                                       //开显示
void LCD_DisplayOff(void);                                      //关显示
void LCD_Clear(u16 Color);                                      //清屏
void LCD_SetCursor(u16 Xpos, u16 Ypos);                         //设置光标
void LCD_DrawPoint(u16 x,u16 y);                                //画点
void LCD_Fast_DrawPoint(u16 x,u16 y,u16 color);                 //快速画点
u16 LCD_ReadPoint(u16 x,u16 y);                                 //读点
void LCD_Draw_Circle(u16 x0,u16 y0,u8 r);                       //画圆
void LCD_DrawLine(u16 x1, u16 y1, u16 x2, u16 y2);              //画线
void LCD_DrawRectangle(u16 x1, u16 y1, u16 x2, u16 y2);         //画矩形
void LCD_Fill(u16 sx,u16 sy,u16 ex,u16 ey,u16 color);          //填充单色
void LCD_Color_Fill(u16 sx,u16 sy,u16 ex,u16 ey,u16 * color);  //填充指定颜色
void LCD_ShowChar(u16 x,u16 y,u8 num,u8 size,u8 mode);         //显示一个字符
void LCD_ShowNum(u16 x,u16 y,u32 num,u8 len,u8 size);          //显示一个数字
void LCD_ShowxNum(u16 x,u16 y,u32 num,u8 len,u8 size,u8 mode); //显示数字字符
void LCD_ShowString(u16 x,u16 y,u16 width,u16 height,u8 size,u8 * p);  //显示一个字符串,
                                                                       //12/16 字体

void LCD_WriteReg(u16 LCD_Reg, u16 LCD_RegValue);
u16 LCD_ReadReg(u16 LCD_Reg);
void LCD_WriteRAM_Prepare(void);
void LCD_WriteRAM(u16 RGB_Code);
void LCD_SSD_BackLightSet(u8 pwm);                              //SSD1963 背光控制
void LCD_Scan_Dir(u8 dir);                                      //设置屏扫描方向
void LCD_Display_Dir(u8 dir);                                   //设置屏幕显示方向
void LCD_Set_Window(u16 sx,u16 sy,u16 width,u16 height);       //设置窗口
//LCD 分辨率设置
# define SSD_HOR_RESOLUTION       800          //LCD 水平分辨率
# define SSD_VER_RESOLUTION       480          //LCD 垂直分辨率
//LCD 驱动参数设置
# define SSD_HOR_PULSE_WIDTH      1            //水平脉宽
# define SSD_HOR_BACK_PORCH       46           //水平后廊
# define SSD_HOR_FRONT_PORCH      210          //水平前廊
# define SSD_VER_PULSE_WIDTH      1            //垂直脉宽
# define SSD_VER_BACK_PORCH       23           //垂直后廊
# define SSD_VER_FRONT_PORCH      22           //垂直前廊
//下述参数的定义以及计算方式
```

```
# define SSD_HT(SSD_HOR_RESOLUTION + SSD_HOR_BACK_PORCH + SSD_HOR_FRONT_PORCH)
# define SSD_HPS(SSD_HOR_BACK_PORCH)
# define SSD_VT (SSD_VER_RESOLUTION + SSD_VER_BACK_PORCH + SSD_VER_FRONT_PORCH)
# define SSD_VPS (SSD_VER_BACK_PORCH)
# endif
```

此外,LCD 文件夹中还需要用到的文件为 ILI93XX.c,此文件用于对显示屏进行相关的参数配置,还有文件 font.c,此文件用于 ASCII 相关字符集的设置。由于两个文件代码行数非常多,这里不再列出(其完整的标准程序代码可以在 http://course.sdu.edu.cn/arm.html 下载),将这两个文件保存在 HARDWARE 下的 LCD 文件夹中。

与本次实验最相关的两个文件为 dma.c 和 dma.h。在 HARDWARE 文件夹中新建DMA 文件夹,将以上两个文件保存在 DMA 文件夹中。dma.c 文件代码如下:

```
# include "delay.h"
u16 DMA1_MEM_LEN;                          //保存 DMA 每次数据传送的长度
//DMA1 的各通道配置
//这里的传输形式是固定的,这点要根据不同的情况来修改
//从存储器 -> 外设模式/8 位数据宽度/存储器增量模式
//DMA_CHx:DMA 通道 CHx
//cpar:外设地址
//cmar:存储器地址
//cndtr:数据传输量
void MYDMA_Config(DMA_Channel_TypeDef * DMA_CHx,u32 cpar,u32 cmar,u16 cndtr)
{
    RCC -> AHBENR| = 1 << 0;                //开启 DMA1 时钟
    delay_ms(5);                           //等待 DMA 时钟稳定
    DMA_CHx -> CPAR = cpar;                //DMA1,外设地址
        DMA_CHx -> CMAR = (u32)cmar;       //DMA1,存储器地址
    DMA1_MEM_LEN = cndtr;                  //保存 DMA 传输数据量
    DMA_CHx -> CNDTR = cndtr;              //DMA1,传输数据量
    DMA_CHx -> CCR = 0X00000000;           //复位
    DMA_CHx -> CCR| = 1 << 4;              //从存储器读
    DMA_CHx -> CCR| = 0 << 5;              //普通模式
    DMA_CHx -> CCR| = 0 << 6;              //外设地址非增量模式
    DMA_CHx -> CCR| = 1 << 7;              //存储器增量模式
    DMA_CHx -> CCR| = 0 << 8;              //外设数据宽度为 8 位
    DMA_CHx -> CCR| = 0 << 10;             //存储器数据宽度为 8 位
    DMA_CHx -> CCR| = 1 << 12;             //中等优先级
    DMA_CHx -> CCR| = 0 << 14;             //非存储器到存储器模式
}
//开启一次 DMA 传输
void MYDMA_Enable(DMA_Channel_TypeDef * DMA_CHx)
{
    DMA_CHx -> CCR& = ~(1 << 0);           //关闭 DMA 传输
    DMA_CHx -> CNDTR = DMA1_MEM_LEN;       //DMA1,传输数据量
    DMA_CHx -> CCR| = 1 << 0;              //开启 DMA 传输
}
```

该部分代码仅包含两个函数:MYDMA_Config()函数,用于初始化 DMA;MYDMA_Enable()函数,用于产生一次 DMA 传输,该函数每执行一次,DMA 就发送一次数据。在本实验中,DMA 传输的数据内容为"STM32F103 DMA 串口实验 NUIST",

并以一定的数据总量重复发送。随后是 dma. h 文件的代码:

```
# ifndef __DMA_H
# define__DMA_H
# include "sys. h"
//配置 DMA1_CHx
void MYDMA_Config(DMA_Channel_TypeDef * DMA_CHx,u32 cpar,u32 cmar,u16 cndtr);
void MYDMA_Enable(DMA_Channel_TypeDef * DMA_CHx);            //使能 DMA1_CHx
# endif
```

由此,各模块部分的代码文件均配置完成。最后要对主函数进行代码的配置,如下:

```
# include "sys. h"
# include "delay. h"
# include "usart. h"
# include "led. h"
# include "lcd. h"
# include "key. h"
# include "dmaa. h"
# define SEND_BUF_SIZE 8200    //发送数据长度,最好等于 sizeof(TEXT_TO_SEND) + 2 的整数倍

u8 SendBuff[SEND_BUF_SIZE];   //发送数据缓冲区
const u8 TEXT_TO_SEND[ ] = {"ALIENTEK ELITE STM32F103 DMA 串口实验"};
int main(void)
{
    u16 i;
    u8 t = 0;
    u8 j,mask = 0;
    float pro = 0;                          //进度
    Stm32_Clock_Init(9);                    //系统时钟设置
    uart_init(72,115200);                   //串口初始化为 115200
    delay_init(72);                         //延时初始化
    LED_Init();                             //初始化与 LED 连接的硬件接口
    LCD_Init();                             //初始化 LCD
    KEY_Init();                             //按键初始化
//DMA1 通道 4,外设为串口 1,存储器为 SendBuff,长度 SEND_BUF_SIZE
    MYDMA_Config(DMA1_Channel4,(u32)&USART1 - > DR,(u32)SendBuff,SEND_BUF_SIZE);
    POINT_COLOR = RED;                       //设置字体为红色
    LCD_ShowString(30,50,200,16,16,"STM32F103 ^_^");
    LCD_ShowString(30,70,200,16,16,"DMA TEST");
    LCD_ShowString(30,90,200,16,16,"NUIST ");
    LCD_ShowString(30,110,200,16,16,"2023/03/29");
    LCD_ShowString(30,130,200,16,16,"KEY3:Start");  //显示提示信息
    j = sizeof(TEXT_TO_SEND);
    for(i = 0;i < SEND_BUF_SIZE;i++)                 //填充 ASCII 字符集数据
{
        if(t > = j)                                  //加入换行符
        {
            if(mask)
            {
                SendBuff[i] = 0x0a;
                t = 0;
            }else
            {
                SendBuff[i] = 0x0d;
```

```
                            mask++;
                }
        }else                                    //复制 TEXT_TO_SEND 语句
        {
                mask = 0;
                SendBuff[i] = TEXT_TO_SEND[t];
                t++;
        }
    }
    POINT_COLOR = BLUE;                           //设置字体为蓝色
    i = 0;
    while(1)
    {
        t = KEY_Scan(0);
        if(t == KEY0_PRES)                        //KEY3 按下
        {
            LCD_ShowString(30,150,200,16,16,"Start Transmit...");
            LCD_ShowString(30,170,200,16,16," %");   //显示百分号
            printf("\r\nDMA DATA:\r\n");
            USART1 -> CR3 = 1 << 7;                //使能串口 1 的 DMA 发送
            MYDMA_Enable(DMA1_Channel4);           //开始一次 DMA 传输
//等待 DMA 传输完成可完成点灯任务
//实际应用中,传输数据期间,可以执行另外的任务
            while(1)
            {
                    if(DMA1 -> ISR&(1 << 13))      //等待通道 4 传输完成
                    {
                    DMA1 -> IFCR| = 1 << 13;       //清除通道 4 传输完成标志
                    break;
                }
                    pro = DMA1_Channel4 -> CNDTR;  //得到当前还剩余多少个数据
                    pro = 1 - pro/SEND_BUF_SIZE;   //得到百分比
                    pro *= 100;                    //扩大 100 倍
                    LCD_ShowNum(30,170,pro,3,16);
            }
                LCD_ShowNum(30,170,100,3,16);        //显示 100 %
                LCD_ShowString(30,150,200,16,16,"Transmit Finished!");  //提示传输完成
        }
        i++;
        delay_ms(10);
        if(i == 20)
        {
            LED1 = !LED1;                          //提示系统正在运行
            i = 0;
        }
    }
}
```

至此,DMA 的串口传输软件设计完成。

3. 功能下载验证

以上步骤完成后,便要将程序通过串口下载到实验板中实现其功能。首先在 MDK5
中对工程文件进行预编译、编译后,若编译成功,则表示代码没有错误,随即会生成该工

程文件编译后的. hex 文件,如图 10.5 所示。

dma.hex   2021/6/10 13:20   HEX 文件   79

图 10.5 生成的. hex 文件

随后打开 FlyMcu 软件将代码下载到实验板中,选中. hex 文件后,设置波特率为 115 200bps 并选择对应的串口,单击"开始编程"按钮,可以看到程序文件正在下载,如图 10.6 所示。

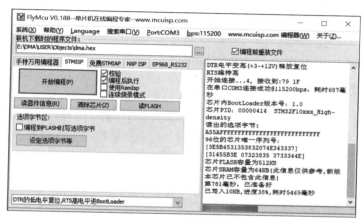

图 10.6 程序下载过程

程序下载完成后,可以看到 LED1 指示灯正在闪烁,同时 TFTLCD 屏幕上显示相关的信息,表示程序下载成功,如图 10.7 所示。

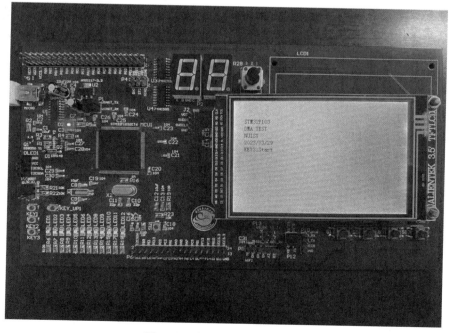

图 10.7 程序下载后的实验板

此时若按下 KEY3 按键,则屏幕上出现新的一行信息,表示正在传输数据的进度,如图 10.8 所示。

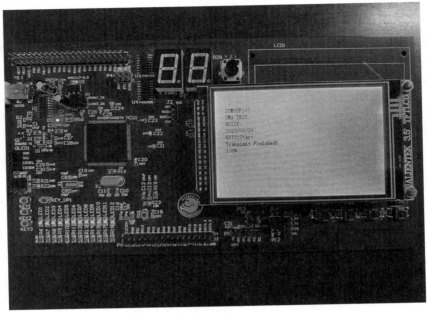

图 10.8　按下 KEY3 按键后的实验板

可以看到,数据传输时,LED1 由闪烁状态变为常亮状态,当显示屏最后一行的进度显示为 100% 时,LED1 再次恢复为闪烁状态,打开串口调试助手,在数据传输过程中,可以看到每行重复的数据“STM32F103 DMA 串口实验 NUIST\0 ”,即为此实验中 DMA 传输的数据内容,如图 10.9 所示。

图 10.9　打开串口调试助手后显示传输的数据内容

至此,整个 DMA 实验结束。

10.5　FSMC 简介

灵活静态存储器控制器 FSMC 是 STM32 系列处理器采用的一种新型的存储器扩展技术。它在外部存储器扩展方面具有独特的优势,可根据系统的应用需要,方便地进行不同类型的大容量静态存储器的扩展;能够在不增加外部以及中间器件的情况下,扩展多种不同类型和容量的存储芯片,可降低系统设计和存储器扩展的复杂性,提高了系统的可靠性。

10.6　FSMC 结构与功能

STM32 系列处理器的 FSMC 接口可支持包括静态随机存储器(SRAM)、NAND Flash、NOR Flash、PSRAM 等多种存储器芯片,以及 PC 卡等,其控制器 FSMC 的内部结构如图 10.10 所示。

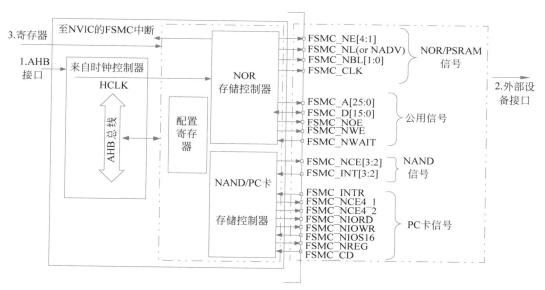

图 10.10　FSMC 原理内部结构

可以看出,STM32 处理器的 FSMC 将外部设备分为 3 类: NOR/PSRAM 设备、NAND 设备和 PC 卡设备。它们共用地址和数据总线等信号,具有不同的片选信号(CS)。

10.6.1　FSMC 功能特点

灵活静态存储器控制器 FSMC 主要有以下特征:

(1) 具有静态存储器接口的器件包括静态随机存储器(SRAM)、只读存储器(ROM)、NOR Flash 和 PSRAM 四种存储器芯片。

(2) 两种 NAND Flash 芯片,支持硬件 ECC 并可检测多达 8KB 数据。

(3) 可兼容 16 位的 PC 卡设备。

（4）支持对同步器件的成组（Burst）访问模式，例如，对 NOR Flash 和 PSRAM 芯片。

（5）支持 8 位或 16 位宽的外部设备。

（6）每个存储器芯片都有独立的片选控制。

（7）每个存储器芯片都可以进行独立配置。

（8）可以灵活修改时序，来支持各种不同的器件；多达 15 个周期的可编程等待周期；多达 15 个周期的可编程总线恢复周期；多达 15 个周期的可编程输出使能和写使能延迟；有独立的读写时序和协议，可支持多种存储器和时序需求。

（9）支持 PSRAM 和 SRAM 器件使用的写入和字节选择输出功能。

（10）支持 AHB 总线转换到外部设备的操作。当选择的外部存储器的数据通道是 16 位或 8 位时，在 AHB 总线上的 32 位数据会被分割成连续的 16 位或 8 位进行操作。

（11）具有 16 个字，每个字 32 位宽的写入先入先出（FIFO）功能，允许在写入较慢的存储器时释放 AHB 总线进行其他操作。注意，在开始一次新的 FSMC 操作前，FIFO 要先被清空。

10.6.2　AHB 总线接口

AHB 总线接口为内部处理器和其他总线控制设备访问外部静态存储器提供了接口通道。FSMC 外设挂载在 AHB 总线上，时钟信号来自于 HCLK（默认为 72MHz），FSMC 控制器的同步时钟输出就是由它分频得到的。如 NOR 控制器的 FSMC_CLK 引脚输出的时钟，可用于与同类型的 SRAM 芯片进行同步通信，它的时钟频率可通过 FSMC_BTR 寄存器的 CLKDIV 位来配置，可以配置为 HCLK 的 1/2 或 1/3 分频，即如果用它与同步类型的 SRAM 通信时，同步时钟最高频率可达 36MHz。

10.6.3　外部设备接口

图 10.10 右侧是与 FSMC 外设相关的控制引脚，由于需要控制不同类型存储器的时候会有一些不同的引脚，所以引脚看起来非常多。其中，地址线 FSMC_A 和数据线 FSMC_D 是所有控制器共用的。这些 FSMC 控制器引脚具体对应的 GPIO 接口及引脚号可在《STM32F103 规格书》或者网络中搜索查询，在此不详细列出。

这些引脚中比较特殊的 FSMC_NE 是用于控制 SRAM 芯片的片选控制信号线，STM32 处理器具有 FSMC_NE1/FSMC_NE2/FSMC_NE3/FSMC_NE4 引脚，不同的引脚对应 STM32 处理器内部不同的地址区域。如当 STM32 处理器要访问 0x6C000000～0x6FFFFFFF 地址空间时，FSMC_NE4 引脚会自动设置为低电平，由于它连接到 SRAM 的 $\overline{CE}$ 引脚，所以 SRAM 的片选被使能；而访问 0x60000000～0x63FFFFFF 地址时，FSMC_NE1 就会输出低电平片选信号。当使用不同的 FSMC_NE 引脚连接外部存储器时，STM32 处理器访问 SRAM 的地址就不一样，从而达到可以控制多块 SRAM 芯片的目的。各引脚对应的地址会在 10.6.5 节中讲解。在本章后面的实验示例中，将采用 TFTLCD 液晶屏当作 SRAM 芯片来设计显示系统。

10.6.4　FSMC 寄存器

上面所述不同类型的外设芯片引脚是连接到 FSMC 内部对应的存储控制器中的。NOR/PSRAM/SRAM 设备使用相同的控制器，NAND 和 PC 卡使用相同的控制器，不同的控制器有专用寄存器用于配置其控制器的工作模式。在此对 FSMC 寄存器进行简单介绍，FSMC 共有 3 个寄存器，分别是 NOR Flash 和 PSRAM 控制器寄存器 FSMC_BCRx(x=1,2,3,4)、SRAM/NOR Flash 片选时序寄存器 FSMC_BTRx(x=1,2,3,4)、SRAM/NOR 闪存的写时序寄存器 FSMC_BWTRx(x=1,2,3,4)。

1. NOR Flash 和 PSRAM 控制器寄存器 FSMC_BCRx

FSMC 的第一个寄存器为 NOR Flash 和 PSRAM 控制器寄存器 FSMC_BCRx(x=1,2,3,4)，该寄存器的各位功能描述如表 10.9 所示。

表 10.9　控制寄存器 FSMC_BCRx

位号	31	30	29	28	27	26	25	24	23	22	21	20	19	18	17	16
定义	保留												CBURSTRW RW	保留		
读写	res												rw	res		

位号	15	14	13	12	11	10	9	8	7	6	5	4	3	2	1	0
定义	保留	EXTMOD	WAITEN	WREN	WAITCFG	WRAPMOD	WAITPOL	BURSTEN	保留	FACCEN	MWID		MTYP		MUXEN	MBKEN
读写	res	rw	rw	rw	rw	rw	rw	rw	res	rw	rw		rw		rw	rw

位[31:20]、位[18:16]——保留。

位[19]——CBURSTRW，成组写使能位。

对于 Cellular RAM，该位使能写操作的同步成组传输协议。

对于处于成组传输模式的闪存存储器，这一位允许/禁止通过 NWAIT 信号插入等待状态。读操作的同步成组传输协议使能位是 FSMC_BCRx 寄存器的 BURSTEN 位。

　　0：写操作始终处于异步模式。

　　1：写操作为同步模式。

位[14]——EXTMOD，扩展模式使能。

该位允许 FSMC 使用 FSMC_BWTR 寄存器，即允许读和写使用不同的时序。

　　0：不使用 FSMC_BWTR 寄存器，这是复位后的默认状态。

　　1：FSMC 使用 FSMC_BWTR 寄存器。

位[13]——WAITEN，等待使能位。

当闪存存储器处于成组传输模式时，这一位允许/禁止通过 NWAIT 信号插入等待状态。

　　0：禁用 NWAIT 信号，在设置的闪存保持周期之后不会检测 NWAIT 信号插入等待态。

1：使用 NWAIT 信号,在设置的闪存保持周期之后根据 NWAIT 信号插入等待状态(这是复位后的默认状态)。

位[12]——WREN,写使能位。

该位指示 FSMC 是否允许/禁止对存储器的写操作。

0：禁止 FSMC 对存储器的写操作,否则产生一个 AHB 错误。

1：允许 FSMC 对存储器的写操作,这是复位后的默认状态。

位[11]——WAITCFG,配置等待时序。

当闪存存储器处于成组传输模式时,NWAIT 信号指示从闪存存储器出来的数据是否有效或是否需要插入等待周期。该位决定存储器是在等待状态之前的一个时钟周期产生 NWAIT 信号,还是在等待状态期间产生 NWAIT 信号。

0：NWAIT 信号在等待状态前的一个数据周期有效,这是复位后的默认状态。

1：NWAIT 信号在等待状态期间有效(不适用于 Cellular RAM)。

位[10]——WRAPMOD,支持非对齐的成组模式。

该位决定控制器是否支持把非对齐的 AHB 成组操作分割成 2 次线性操作。

该位仅在存储器的成组模式下有效。

0：不允许直接的非对齐成组操作,这是复位后的默认状态。

1：允许直接的非对齐成组操作。

位[9]——WAITPOL,等待信号极性。

设置存储器产生的等待信号的极性;该位仅在存储器的成组模式下有效。

0：NWAIT 等待信号为低时有效,这是复位后的默认状态。

1：NWAIT 等待信号为高时有效。

位[8]——BURSTEN,成组模式使能。

允许对闪存存储器进行成组模式访问;该位仅在闪存的同步成组模式下有效。

0：禁用成组访问模式,这是复位后的默认状态。

1：使用成组访问模式。

位[7]——保留。

位[6]——FACCEN,闪存访问使能。

允许对 NOR Flash 的访问操作。

0：禁止对 NOR Flash 的访问操作。　　1：允许对 NOR Flash 的访问操作。

位[5:4]——MWID,存储器数据总线宽度。

定义外部存储器总线的宽度,适用于所有类型的存储器。

00：8 位;　　　　　　　　　　　　01：16 位(复位后的默认状态)。

10：保留,不能用;　　　　　　　　11：保留,不能用。

位[3:2]——MTYP,存储器类型。

定义外部存储器的类型:

00：SRAM、ROM(存储器块 2～4 在复位后的默认值)。

01：PSRAM(Cellular RAM：CRAM)。

10：NOR Flash(存储器块 1 在复位后的默认值)。

11：保留。

位[1]——MUXEN,地址/数据复用使能位。

当设置了该位后,地址的低 16 位和数据将共用数据总线,该位仅对 NOR 和 PSRM 存储器有效。

0:地址/数据不复用。

1:地址/数据复用数据总线,这是复位后的默认状态。

位[0]——MBKEN,存储器块使能位。

开启对应的存储器块。复位后存储器块 1 是开启的,其他所有存储器块为禁用。

访问一个禁用的存储器块将在 AHB 总线上产生一个错误。

0:禁用对应的存储器块。   1:启用对应的存储器块。

NOR Flash 和 PSRAM 控制器寄存器用于配置存储器类型、访问模式、数据线宽度以及信号有效及性能参数,此寄存器为读写寄存器。

2. SRAM/NOR Flash 片选时序寄存器 FSMC_BTRx

FSMC 的第二个寄存器为 SRAM/NOR Flash 片选时序寄存器 FSMC_BTRx(x=1, 2,3,4),该寄存器的各位功能描述如表 10.10 所示。

表 10.10 片选时序寄存器 FSMC_BTRx

位号	31	30	29	28	27	26	25	24	23	22	21	20	19	18	17	16
定义	保留		ACCMOD		DATLAT				CLKDIV				BUSTURN			
读写	res		rw		rw				rw				rw			
位号	15	14	13	12	11	10	9	8	7	6	5	4	3	2	1	0
定义	DATAST								ADDHLD				ADDSET			
读写	rw												rw			

位[31:30]——保留。

位[29:28]——ACCMOD,访问模式。

定义异步访问模式。这 2 位只在 FSMC_BCRx 寄存器的 EXTMOD 位为 1 时起作用。

00:访问模式 A;   01:访问模式 B。

10:访问模式 C;   11:访问模式 D。

位[27:24]——DATLAT,(同步成组式 NOR Flash 的)数据保持时间。

处于同步成组模式的 NOR Flash,需要定义在读取第一个数据之前等待的存储器周期数目。

这个时间参数不是以 HCLK 表示,而是以闪存时钟(CLK)表示。在访问异步 NOR Flash、SRAM 或 ROM 时,这个参数不起作用。操作 CRAM 时,这个参数必须为 0。

0000:第一个数据的保持时间为 2 个 CLK 时钟周期。

……

1111:第一个数据的保持时间为 17 个 CLK 时钟周期(这是复位后的默认数值)。

位[23:20]——CLKDIV,时钟分频比(CLK 信号)。

定义 CLK 时钟输出信号的周期,以 HCLK 周期数表示。

0000：保留。

0001：1 个 CLK 周期＝2 个 HCLK 周期。

0010：1 个 CLK 周期＝3 个 HCLK 周期。

……

1111：1 个 CLK 周期＝16 个 HCLK 周期(这是复位后的默认数值)。

在访问异步 NOR Flash、SRAM 或 ROM 时,这个参数不起作用。

位[19:16]——BUSTURN,总线恢复时间。

这些位用于定义一次读操作之后在总线上的延迟(仅适用于总线复用模式的 NOR Flash 操作)一次读操作之后控制器需要在数据总线上为下次操作送出地址,这个延迟就是为了防止总线冲突。如果扩展的存储器系统不包含总线复用模式的存储器,或最慢的存储器可以在 6 个 HCLK 时钟周期内将数据总线恢复到高阻状态,可以设置这个参数为其最小值。

0000：总线恢复时间＝1 个 HCLK 时钟周期。

……

1111：总线恢复时间＝16 个 HCLK 时钟周期(这是复位后的默认数值)。

位[15:8]——DATAST,数据保持时间。

这些位定义数据的保持时间,适用于 SRAM、ROM 和异步总线复用模式的 NOR Flash 操作。

0000 0000：保留。

0000 0001：DATAST 保持时间＝2 个 HCLK 时钟周期。

0000 0010：DATAST 保持时间＝3 个 HCLK 时钟周期。

……

1111 1111：DATAST 保持时间＝256 个 HCLK 时钟周期(这是复位后的默认数值)。

对于每一种存储器类型和访问方式的数据保持时间,请参考对应的图表。

例如,模式 1、读操作、DATAST＝1；数据保持时间＝DATAST＋3＝4 个 HCLK 时钟周期。

位[7:4]——ADDHLD,地址保持时间。

这些位定义地址的保持时间,适用于 SRAM、ROM 和异步总线复用模式的 NOR Flash 操作。

0000：ADDHLD 保持时间＝1 个 HCLK 时钟周期。

……

1111：ADDHLD 保持时间＝16 个 HCLK 时钟周期(这是复位后的默认数值)。

注意：在同步操作中,这个参数不起作用,地址保持时间始终是 1 个存储器时钟周期。

位[3:0]——ADDSET：地址建立时间。

这些位定义地址的建立时间,适用于 SRAM、ROM 和异步总线复用模式的 NOR 闪存操作。

0000：ADDSET 建立时间＝1 个 HCLK 时钟周期。

……

1111：ADDSET 建立时间＝16 个 HCLK 时钟周期(这是复位后的默认数值)。

对于每一种存储器类型和访问方式的地址建立时间,请参考对应的图表。

例如,模式 2、读操作、ADDSET＝1; 地址建立时间＝ADDSET＋1＝2 个 HCLK 时钟周期。

注:在同步操作中,这个参数不起作用。地址建立时间始终是 1 个存储器时钟周期。

SRAM/NOR Flash 片选时序寄存器用于配置 SRAM 访问时的各种时间延迟,如数据保持时间、地址保持时间等,此寄存器为读写寄存器。

3. SRAM/NOR Flash 写时序寄存器 FSMC_BWTRx

FSMC 的第三个寄存器为 SRAM/NOR Flash 写时序寄存器 FSMC_BWTRx(x＝1, 2,3,4),该寄存器的各位描述如表 10.11 所示。

表 10.11　写时序寄存器 FSMC_BWTRx

位号	31	30	29	28	27	26	25	24	23	22	21	20	19	18	17	16
定义	保留		ACCMOD		DATLAT				CLKDIV				保留			
读写	res		rw		rw				rw				res			
位号	15	14	13	12	11	10	9	8	7	6	5	4	3	2	1	0
定义	DATAST								ADDHLD				ADDSET			
读写	rw								rw				rw			

位[31:30]——保留。

位[29:28]——ACCMOD,访问模式。

定义异步访问模式。这 2 位只在 FSMC_BCRx 寄存器的 EXTMOD 位为 1 时起作用。

00：访问模式 A; 　　　　　　　　01：访问模式 B。

10：访问模式 C; 　　　　　　　　11：访问模式 D。

位[27:24]——DATLAT,(NOR Flash 的同步成组模式)数据保持时间。

处于同步成组模式的 NOR Flash,需要定义在读取第一个数据之前等待的存储器周期数目。

0000：第一个数据的保持时间为 2 个 CLK 时钟周期。

……

1111：第一个数据的保持时间为 17 个 CLK 时钟周期(这是复位后的默认数值)。

注:这个时间参数不是以 HCLK 表示,而是以闪存时钟(CLK)表示。

在访问异步 NOR Flash、SRAM 或 ROM 时,这个参数不起作用。

操作 CRAM 时,这个参数必须为 0。

位[23:20]——CLKDIV,时钟分频比(CLK 信号)。

定义 CLK 时钟输出信号的周期,以 HCLK 周期数表示。

0000：保留

0001：1 个 CLK 周期＝2 个 HCLK 周期。

0010：1 个 CLK 周期＝3 个 HCLK 周期。

……

1111：1 个 CLK 周期＝16 个 HCLK 周期（这是复位后的默认数值）。

在访问异步 NOR Flash、SRAM 或 ROM 时，这个参数不起作用。

位[19:16]——保留。

位[15:8]——DATAST：数据保持时间。

这些位定义数据的保持时间，适用于 SRAM、ROM 和异步总线复用模式的 NOR Flash 操作。

    0000 0000：保留。

    0000 0001：DATAST 保持时间＝2 个 HCLK 时钟周期。

    0000 0010：DATAST 保持时间＝3 个 HCLK 时钟周期。

    ……

    1111 1111：DATAST 保持时间＝256 个 HCLK 时钟周期（这是复位后的默认数值）。

位[7:4]——ADDHLD：地址保持时间。

这些位定义地址的保持时间，适用于 SRAM、ROM 和异步总线复用模式的 NOR Flash 操作。

    0000：保留。

    0001：ADDHLD 保持时间＝2 个 HCLK 时钟周期。

    0010：ADDHLD 保持时间＝3 个 HCLK 时钟周期。

    ……

    1111：ADDHLD 保持时间＝16 个 HCLK 时钟周期（这是复位后的默认数值）。

注：在同步 NOR Flash 操作中，这个参数不起作用，地址保持时间始终是 1 个闪存时钟周期。

位[3:0]——ADDSET，地址建立时间。

这些位以 HCLK 周期数定义地址的建立时间，适用于 SRAM、ROM 和异步总线复用模式的 NOR Flash 操作。

    0000：ADDSET 建立时间＝1 个 HCLK 时钟周期。

    ……

    1111：ADDSET 建立时间＝16 个 HCLK 时钟周期（这是复位后的默认数值）。

注：在同步 NOR Flash 操作中，这个参数不起作用，地址建立时间始终是 1 个闪存时钟周期。

SRAM/NOR Flash 写时序寄存器与 SRAM/NOR Flash 片选时序寄存器控制的参数类似，它专门用于控制写时序的时间参数。

10.6.5　FSMC 的地址映射

FSMC 控制器连接好外部的存储器并初始化后，就可以直接通过访问地址来读写数据了。这种地址访问与 I2C EEPROM 和 SPI Flash 是不一样的，后两种方式都需要控制 I2C 或 SPI 总线给存储器发送地址，然后获取数据。在程序中，地址和数据需要分开使用不同的变量存储，并且访问时还需要使用代码控制发送读写命令。当使用 FSMC 控制器外接存储器时,其存储单元是直接映射到 STM32 处理器的内部寻址空间中的。在程序里只要定义一个指向这些地址的指针,就可以通过指针直接修改该存储单元的内容。FSMC 外设会自动完成数据访问过程以及读写命令等操作,不需要程序控制。基于 Cortex-M3 内核存储分配及 FSMC 外设地址映射如图 10.11 所示。

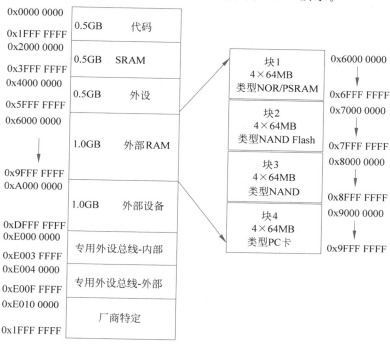

图 10.11　基于 Cortex-M3 内核存储分配及 FSMC 外设地址映射图

　　图 10.11 中左侧是 Cortex-M3 内核的存储空间分配图,右侧是 STM32 处理器 FSMC 外设的地址映射。可以看到,FSMC 的 NOR/PSRAM/SRAM/NAND Flash 以及 PC 卡的地址都设置在外部 RAM 地址空间内。正因为存在这样的地址映射,使得访问 FSMC 控制的存储器时,就与直接访问 STM32 处理器的片上外设寄存器一样简单直接。

　　FSMC 把整个外部 RAM 存储区域分成了 4 个块区域,并分配了地址范围及适用的存储器类型,如 NOR 和 SRAM 存储器只能使用块 1 的地址。在每个块的内部又分成了 4 个小块,每个小块有相应的控制引脚用于连接片选信号,如 FSMC_NE[4:1]信号线可用于选择块 1 内部的 4 小块地址区域,如图 10.12 所示。当 STM32 访问 0x68000000~0x6BFFFFFF 地址空间时,会访问到块 1 的第 3 小块区域,相应的 FSMC_NE3 信号线会输出控制信号。

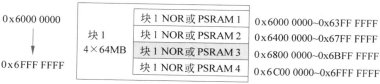

图 10.12　块 1 内部的小块地址范围分布

10.7 FSMC 重要固件库函数

初始化 FSMC 之前需要开启 FSMC 时钟,因为 FSMC 模块挂在 AHB 总线上,因此开启 FSMC 时钟需要调用 RCC_AHBPeriphClockCmd()函数。若需要使用 FSMC,则开启 FSMC 时钟时的第一个参数为 RCC_AHBPeriph_FSMC,第二个参数为 ENABLE。另外,初始化 FSMC 模块主要是初始化 3 个关联寄存器 FSMC_BCRx、FSMC_BTRx 和 FSMC_BWTRx,那么在固件库中是怎么初始化这 3 个寄存器呢? 下面逐一详细介绍。固件库中提供了 3 个 FSMC 模块初始化函数,分别为:

```
void FSMC_NORSRAMInit(FSMC_NORSRAMInitTypeDef * FSMC_NORSRAMInitStruct);
void FSMC_NANDInit(FSMC_NANDInitTypeDef * FSMC_NANDInitStruct);
void FSMC_PCCARDInit(FSMC_PCCARDInitTypeDef * FSMC_PCCARDInitStruct);
```

这 3 个函数分别用来初始化 4 种类型的存储器,这里直接根据名字就能判断对应关系。初始化 NOR 和 SRAM 使用同一个函数 FSMC_NORSRAMInit(),该函数定义如下:

```
void FSMC_NORSRAMInit(FSMC_NORSRAMInitTypeDef * FSMC_NORSRAMInitStruct);
```

函数的参数是 FSMC_NORSRAMInitStruct,是配置信息的结构体,结构体原型为:

```
typedef struct
{
    /* 指定将要使用的 NOR/SRAM 内存库(存储块标号和区号) */
    uint32_t FSMC_Bank;
    /* 指定地址和数据值是否在数据总线上复用 */
    uint32_t FSMC_DataAddressMux;
    /* 指定存储器类型 */
    uint32_t FSMC_MemoryType;
    /* 指定存储器数据宽度 */
    uint32_t FSMC_MemoryDataWidth;
    /* 设置是否支持存储器的突发访问模式,只支持同步类型的存储器 */
    uint32_t FSMC_BurstAccessMode;
    /* 设置是否使能在异步传输时的等待信号,只支持异步类型的存储器 */
    uint32_t FSMC_AsynchronousWait;
    /* 设置等待信号的极性,只支持以突发模式访问的存储器 */
    uint32_t FSMC_WaitSignalPolarity;
    /* 设置是否支持对齐的突发访问模式,只支持以突发模式访问的存储器 */
    uint32_t FSMC_WrapMode;
    /* 配置等待信号在等待前有效还是等待期间有效,只支持以突发模式访问的存储器 */
    uint32_t FSMC_WaitSignalActive;
    /* 设置是否支持所选存储块的写操作 */
    uint32_t FSMC_WriteOperation;
    /* 设置是否使能等待状态插入,只支持以突发模式访问的存储器 */
    uint32_t FSMC_WaitSignal;
    /* 设置扩展模式使能位 */
    uint32_t FSMC_ExtendedMode;
    /* 设置是否使能写突发操作 */
    uint32_t FSMC_WriteBurst;
```

```
    /* 当不使用扩展模式时,本参数用于配置 FSMC 读写时序,否则用于配置读时序 */
    FSMC_NORSRAMTimingInitTypeDef * FSMC_ReadWriteTimingStruct;
    /* 当使用扩展模式时,本参数用于配置写时序 */
    FSMC_NORSRAMTimingInitTypeDef * FSMC_WriteTimingStruct;
}FSMC_NORSRAMInitTypeDef;
```

（1）FSMC_Bank：此参数用于选择 FSMC 控制器映射的存储区域,可选的参数为 FSMC_Bank1_NORSRAM1、FSMC_Bank1_NORSRAM2、FSMC_Bank1_NORSRAM3、FSMC_Bank1_NORSRAM4,其各自对应的内核地址映射范围如图 10.12 所示。

（2）FSMC_DataAddressMux：设置地址总线与数据总线是否复用,在控制 NOR Flash 时,地址总线与数据总线可以分时复用,以减少使用 STM32 信号线的数量。若设置地址总线和数据总线不复用,则值为 FSMC_DataAddressMux_Disable；若设置地址总线和数据总线复用,则值为 FSMC_DataAddressMux_Enable。

（3）FSMC_MemoryType：设置要控制的存储器类型,它支持控制的存储器类型为 SRAM、PSRAM 和 NOR Flash。若存储器类型 SRAM,则值为 FSMC_MemoryType_SRAM；若存储器类型为 PSRAM,则值为 FSMC_MemoryType_PSRAM；若存储器类型为 NOR Flash,则值为 FSMC_MemoryType_NOR。

（4）FSMC_MemoryDataWidth：设置要控制的存储器的数据宽度。若设置的存储器数据宽度为 8 位,则值为 FSMC_MemoryDataWidth_8b；若设置的存储器数据宽度为 16 位,则值为 FSMC_MemoryDataWidth_16b。

（5）FSMC_BurstAccessMode：设置在同步类型的存储器上是否使用突发访问模式（也称成组访问模式）,突发访问模式是指发送一个地址后连续访问多个数据,非突发模式下每访问一个数据都需要输入一个地址。若使用突发访问模式,则值为 FSMC_BurstAccessMode_Enable；若不使用突发访问模式,则值为 FSMC_BurstAccessMode_Disable。

（6）FSMC_AsynchronousWait：设置在异步类型的存储器（如 NOR 或 PSRAM）是否使能在异步传输时使用的等待信号,存储器可以使用 FSMC_NWAIT 引脚通知 STM32 处理器需要等待。若选择使能,则值为 FSMC_AsynchronousWait_Enable；若选择不使能,则值为 FSMC_AsynchronousWait_Disable。

（7）FSMC_WaitSignalPolarity：设置等待信号的有效极性,只支持以突发模式访问的存储器。意思就是要求等待时,信号使用高电平还是低电平。等待信号的有效极性为高电平,则值为 FSMC_WaitSignalPolarity_High；等待信号的有效极性为低电平,则值为 FSMC_WaitSignalPolarity_Low。

（8）FSMC_WrapMode：设置是否支持对齐的突发访问模式,只支持以突发模式访问的存储器。若选择支持,则值为 FSMC_WrapMode_Enable；若选择不支持,则值为 FSMC_WrapMode_Disable。

（9）FSMC_WaitSignalActive：决定存储器是在等待状态之前的一个数据周期有效还是在等待状态期间有效,仅只支持以突发模式访问的存储器。若决定存储器在等待状态之前的一个数据周期有效,则值为 FSMC_WaitSignalActive_BeforeWaitState；若决定存储器在等待状态期间有效,则值为 FSMC_WaitSignalActive_DuringWaitState。

(10) FSMC_WriteOperation:设置是否写使能,若禁止写使能,FSMC 只能从存储器中读取数据,不能写入。若允许写操作,则值为 FSMC_WriteOperation_Enable;若禁止写操作,则值为 FSMC_WriteOperation_Disable。

(11) FSMC_WaitSignal:是否允许通过 NWAIT 信号插入等待状态,只支持以突发模式访问的存储器。允许时则值为 FSMC_WaitSignal_Enable;不允许时则值为 FSMC_WaitSignal_Disable。

(12) FSMC_ExtendedMode:设置是否使用扩展模式,在非扩展模式下,对存储器读写的时序都只使用 FSMC_BCR 寄存器中的配置,即下面的 FSMC_ReadWriteTimingStruct 结构体成员;在扩展模式下,对存储器的读写时序可以分开配置,读时序使用 FSMC_BCR 寄存器,写时序使用 FSMC_BWTR 寄存器的配置,即下面的 FSMC_WriteTimingStruct 结构体。若设置扩展模式,则值为 FSMC_ExtendedMode_Enable;若设置非扩展模式,则值为 FSMC_ExtendedMode_Disable。

(13) FSMC_WriteBurst:设置是否使能写突发操作。若设置写突发模式,则值为 FSMC_WriteBurst_Enable;若不设置写突发模式,该值为 FSMC_WriteBurst_Disable。

(14) FSMC_ReadWriteTimingStruct:该成员是一个指针,在赋值时使用时序结构体 FSMC_NORSRAMInitTypeDef 设置。当不使用扩展模式时,读写时序都使用本成员的参数配置;当使用扩展模式时,读时序使用本成员的参数配置,写时序使用 FSMC_WriteTimingStruct 成员的参数配置。

(15) FSMC_WriteTimingStruct:该成员也是一个时序结构体的指针,只有使用扩展模式时生效,用于写操作使用的时序。

上面提到了时序结构体 FSMC_NORSRAMInitTypeDef,该结构体的原型为:

```
typedef struct
{
    /* 定义要配置的 HCLK 周期数的地址建立时间 */
    uint32_t FSMC_AddressSetupTime;
    /* 定义要配置的 HCLK 周期数的地址保持时间 */
    uint32_t FSMC_AddressHoldTime;
    /* 定义要配置的 HCLK 周期数的数据保存时间 */
    uint32_t FSMC_DataSetupTime;
    /* 定义要配置的 HCLK 周期数的总线周转(延迟)时间 */
    uint32_t FSMC_BusTurnAroundDuration;
    /* 定义 CLK 时钟输出信号的周期 */
    uint32_t FSMC_CLKDivision;
    /* 定义要发出的内存时钟周期数 */
    uint32_t FSMC_DataLatency;
    /* 设置访问模式 */
    uint32_t FSMC_AccessMode;
}FSMC_NORSRAMTimingInitTypeDef;
```

(1) FSMC_AddressSetupTime:该参数用于设置地址建立时间,它可以被设置为

0x00～0x0F 个 HCLK 时钟周期数，按 STM32 处理器标准库的默认配置，HCLK 的时钟频率为 72MHz，即一个 HCLK 时钟周期为 1/72μs。

（2）FSMC_AddressHoldTime：该参数用于设置数据建立时间，可以被设置为 0x00～0x0F 个 HCLK 时钟周期数。

（3）FSMC_DataSetupTime：该参数用于设置数据建立时间，可以被设置为 0x00～0xFF 个 HCLK 时钟周期数。

（4）FSMC_BusTurnAroundDuration：该参数用于设置总线转换周期，在 NOR Flash 存储器中，地址线与数据线可以分时复用，总线转换周期是指总线在这两种状态间切换需要的延时，以防止冲突产生。控制其他存储器时这个参数无效（配置为 0 即可），它也可以被设置为 0x00～0x0F 个 HCLK 时钟周期数。

（5）FSMC_CLKDivision：该参数用于设置时钟分频，它以 HCLK 时钟作为输入，经过 FSMC_CLKDivision 分频后输出到 FSMC_CLK 引脚作为通信使用的同步时钟。控制其他异步通信的存储器时这个参数无效，配置为 0 即可。

（6）FSMC_DataLatency：该参数用于设置数据保持时间，它表示在读取第一个数据之前要等待的周期数。这里的周期是指同步时钟的周期，该参数仅用于同步 NOR Flash 类型的存储器，控制其他类型的存储器时，该参数无效。

（7）FSMC_AccessMode：该参数用于设置存储器访问模式，不同的模式下 FSMC 访问存储器地址时引脚输出的时序不一样，可选 FSMC_AccessMode_A/B/C/D 模式。如控制异步 NOR Flash 时使用 B 模式。

以上初始化 FSMC 完后，还需要对 FSMC 进行使能，否则无法使用。FSMC 对于不同的存储器类型同样提供了不同的使能函数，提供的函数分别为：

```
void FSMC_NORSRAMCmd(uint32_t FSMC_Bank, FunctionalState NewState);
void FSMC_NANDCmd(uint32_t FSMC_Bank, FunctionalState NewState);
void FSMC_PCCARDCmd(FunctionalState NewState);
```

以上 3 个函数分别用来初始化 4 种类型存储器。这里也是直接根据名字就能判断对应关系。例如 void FSMC_NORSRAMCmd() 的使用，该函数定义：

```
void FSMC_NORSRAMCmd(uint32_t FSMC_Bank, FunctionalState NewState);
```

第一个参数用于选择 FSMC 映射的存储区域，可选的参数为 FSMC_Bank1_NORSRAM1、FSMC_Bank1_NORSRAM2、FSMC_Bank1_NORSRAM3、FSMC_Bank1_NORSRAM4，对应的内核地址映射范围如图 10.12 所示。

第二个参数选择是否使能。若使能 FSMC 模块，则该值为 ENABLE；若不使能，则该值为 DISABLE。

10.8 FSMC 对 TFTLCD 液晶屏幕操作例

【例 10-2】 在 10.4 节的 DMA 实验中，将 DMA 传输数据的进度以及其他信息在 TFTLCD 屏上显示了出来，但是未对 TFTLCD 的显示没有做过多介绍。实际上硬件设计上就是 FSMC 将 TFTLCD 屏当成 SRAM 来控制，前述所知 STM32 处理器的 FSMC

将外部设备分为 3 类：NOR/PSRAM 设备、NAND 设备和 PC 卡设备。它们共用地址数据总线等信号，具有不同的使用 CS 以区分不同的设备，而我们用到的 TFTLCD 就是用 FSMC_NE4 做片选。TFTLCD 通过 RS 信号决定传送的是数据还是命令。例如，如果将 RS 连接到 B0 上，那么当 FSMC 控制器写地址 0 时，TFTLCD 为写命令，而当 FSMC 控制器写地址 1 时，TFTLCD 为写数据。

在本实验中，利用 FSMC 接口来控制 TFTLCD 屏的显示，LED 灯来辅助表示程序的运行状态，并在屏幕上显示相关信息、切换屏幕的背景。本节的实验使用附录 D 的高级实验平台，此实验既是对 10.4 节实验的理论补充，又是对 FSMC 控制器的工作原理与具体应用做进一步的强化。

解：本例解答分两部分：硬件设计和软件设计。下面逐一介绍。

1. 硬件设计

STM32F1 处理器的 FSMC 控制器与 TFTLCD 连接电路图详见第 3 章。此实验中需要用到的硬件模块相对较少，且与 10.4 节内容有相似之处，用到的模块为 LED 指示灯和 TFTLCD 显示屏，在此针对 TFTLCD 屏再做一些补充详细说明。在本实验板上 TFTLCD 模块直接对插到实验板的 GPIO 接口，对应关系如下：

(1) LCD_BL(背光控制)对应 GPIO PB0 接口引脚。

(2) LCD_CS 对应 GPIO PG12 引脚，即 FSMC_NE4。

(3) LCD _RS 对应 GPIO PG0 引脚，即 FSMC_A10。

(4) LCD _WR 对应 GPIO PD5 引脚，即 FSMC_NEW。

(5) LCD _RD 对应 GPIO PD4 引脚，即 FSMC_NOE。

(6) LCD _D[15:0]直接连接 FSMC_D15～FSMC_D0。

同时，TFTLCD 显示需要 3 个基本步骤，即：

(1) 设置 STM32F1 与 TFTLCD 模块相连接的 GPIO(即利用 FSMC 对相应 GPIO 接口进行初始化，从而驱动 TFTLCD)。

(2) 初始化 TFTLCD 模块。

(3) 通过函数将字符和数字显示到 TFTLCD 显示屏上。因此本次实验用到的硬件资源有 LED 指示灯和 TFTLCD 模块。

2. 软件设计

本次实验需要的开发软件平台依然为 MDK5，新建的工程文件夹依然包括 HARDWARE(用于存储与硬件相关的代码)、OBJ(用于存放中间文件)、SYSTEM(用于存放系统代码)、USER(用于存放启动文件)。首先依然在 HARDWARE 文件夹中新建 LED 文件夹，并在 LED 文件夹中新建 led. c、led. h 文件，用于实现 LED 灯辅助指示程序运行的情况。led. c 与 led. h 文件在 10.4 节中已经做了相应说明，这里只给出程序代码。

```
//led.c
# include "led.h"
//初始化 GPIO PE5 和 PF5 为输出口,并使能这两个口的时钟
//LED GPIO 初始化
```

```
void LED_Init(void)
{
    RCC -> APB2ENR| = 1 << 6;          //使能 PORTE 时钟
    RCC -> APB2ENR| = 1 << 7;          //使能 PORTF 时钟
    GPIOB -> CRL& = 0XFF0FFFFF;
    GPIOB -> CRL| = 0X00300000;        //GPIO PE5 推挽输出
    GPIOB -> ODR| = 1 << 5;            //GPIO PE5 输出高
    GPIOE -> CRL& = 0XFF0FFFFF;
    GPIOE -> CRL| = 0X00300000;        //GPIO PF5 推挽输出
    GPIOE -> ODR| = 1 << 5;            //GPIO PF5 输出高
}
//led.h//
# ifndef __LED_H
# define __LED_H
# include "sys.h"
//LED 接口定义
# define LED1 PBout(5)                 // LED1
# define LED8 PEout(5)                 // LED8
void LED_Init(void);                   //初始化
# endif
```

随后在 HARDWARE 文件夹中再新建一个 LCD 文件夹,其中需要的代码文件为 lcd.h、font.c、ILI93xx.c(font.c 和 ILI93xx.c 在 10.4 节中已经给出了可找到完整代码的网址)。在此首先给出 lcd.h 的代码(在 10.4 节实验中对此进行过介绍,这里只给出代码),随后对 ILI93xx.c 中的一个重要函数进行讲解。

```
//lcd.h//
# ifndef __LCD_H
# define __LCD_H
# include "sys.h"
# include "stdlib.h"
//LCD 重要参数集
typedef struct
{
    u16 width;                         //LCD 宽度
    u16 height;                        //LCD 高度
    u16 id;                            //LCD ID
    u8 dir;                            //横屏还是竖屏控制: 0 表示竖屏; 1 表示横屏
    u16wramcmd;                        //开始写 ram 指令
    u16 setxcmd;                       //设置 x 坐标指令
    u16 setycmd;                       //设置 y 坐标指令
} lcd_dev;
//LCD 参数
extern _lcd_dev lcddev;                //管理 LCD 重要参数
//LCD 的画笔颜色和背景色
extern u16 POINT_COLOR;                //默认红色
extern u16 BACK_COLOR;                 //背景颜色,默认为白色
/////////////////////////////////////////////////////////////////////
```

```
//----------------LCD 接口定义----------------
# defineLCD_LED PBout(0)                    //LCD 背光 PB0
//LCD 地址结构体
typedef struct
{
    vu16 LCD_REG;
    vu16 LCD_RAM;
} LCD_TypeDef;
//使用 NOR/SRAM 的 Bank1.sector4,地址位 HADDR[27,26] = 11 A10 作为数据命令区分线
//注意:16 位数据总线时,STM32 内部会右移一位对齐!
# define LCD_BASE                 ((u32)(0x6C000000 | 0x000007FE))
# define LCD                      ((LCD_TypeDef * ) LCD_BASE)
/////////////////////////////////////////////////////////////////////////////
//扫描方向定义
# define L2R_U2D 0                          //从左到右,从上到下
# define L2R_D2U 1                          //从左到右,从下到上
# define R2L_U2D 2                          //从右到左,从上到下
# define R2L_D2U 3                          //从右到左,从下到上
# define U2D_L2R 4                          //从上到下,从左到右
# define U2D_R2L 5                          //从上到下,从右到左
# define D2U_L2R 6                          //从下到上,从左到右
# define D2U_R2L 7                          //从下到上,从右到左
# define DFT_SCAN_DIR L2R_U2D               //默认的扫描方向
//画笔颜色
# define WHITE          0xFFFF
# define BLACK          0x0000
# define BLUE           0x001F
# define BRED           0XF81F
# define GRED           0XFFE0
# define GBLUE          0X07FF
# define RED            0xF800
# define MAGENTA        0xF81F
# define GREEN          0x07E0
# define CYAN           0x7FFF
# define YELLOW         0xFFE0
# define BROWN          0XBC40           //棕色
# define BRRED          0XFC07           //棕红色
# define GRAY           0X8430           //灰色
//GUI 颜色
# define DARKBLUE       0X01CF           //深蓝色
# define LIGHTBLUE      0X7D7C           //浅蓝色
# define GRAYBLUE       0X5458           //灰蓝色
//以上 3 色为 PANEL 的颜色
# define LIGHTGREEN     0X841F           //浅绿色
//# define LIGHTGRAY    0XEF5B           //浅灰色(PANEL)
# define LGRAY          0XC618           //浅灰色(PANEL),窗体背景色
# define LGRAYBLUE      0XA651           //浅灰蓝色(中间层颜色)
# define LBBLUE         0X2B12           //浅棕蓝色(选择条目的反色)
```

```
void LCD_Init(void);                                              //初始化
void LCD_DisplayOn(void);                                         //开显示
void LCD_DisplayOff(void);                                        //关显示
void LCD_Clear(u16 Color);                                        //清屏
void LCD_SetCursor(u16 Xpos, u16 Ypos);                           //设置光标
void LCD_DrawPoint(u16 x,u16 y);                                  //画点
void LCD_Fast_DrawPoint(u16 x,u16 y,u16 color);                   //快速画点
u16 LCD_ReadPoint(u16 x,u16 y);                                   //读点
void LCD_Draw_Circle(u16 x0,u16 y0,u8 r);                         //画圆
void LCD_DrawLine(u16 x1, u16 y1, u16 x2, u16 y2);                //画线
void LCD_DrawRectangle(u16 x1, u16 y1, u16 x2, u16 y2);           //画矩形
void LCD_Fill(u16 sx,u16 sy,u16 ex,u16 ey,u16 color);            //填充单色
void LCD_Color_Fill(u16 sx,u16 sy,u16 ex,u16 ey,u16 * color);    //填充指定颜色
void LCD_ShowChar(u16 x,u16 y,u8 num,u8 size,u8 mode);           //显示一个字符
void LCD_ShowNum(u16 x,u16 y,u32 num,u8 len,u8 size);            //显示一个数字
void LCD_ShowxNum(u16 x,u16 y,u32 num,u8 len,u8 size,u8 mode);   //显示数字
void LCD_ShowString(u16 x,u16 y,u16 width,u16 height,u8 size,u8 * p);
                                       //显示一个字符串,字体大小参数为 12 或 16
void LCD_WriteReg(u16 LCD_Reg, u16 LCD_RegValue);
u16 LCD_ReadReg(u16 LCD_Reg);
void LCD_WriteRAM_Prepare(void);
void LCD_WriteRAM(u16 RGB_Code);
void LCD_SSD_BackLightSet(u8 pwm);         //SSD1963 背光控制
void LCD_Scan_Dir(u8 dir);                 //设置屏扫描方向
void LCD_Display_Dir(u8 dir);              //设置屏幕显示方向
void LCD_Set_Window(u16 sx,u16 sy,u16 width,u16 height);          //设置窗口
//LCD 分辨率设置
#define SSD_HOR_RESOLUTION      800       //LCD 水平分辨率
#define SSD_VER_RESOLUTION      480       //LCD 垂直分辨率
//LCD 驱动参数设置
#define SSD_HOR_PULSE_WIDTH     1         //水平脉宽
#define SSD_HOR_BACK_PORCH      46        //水平后廊,水平方向的图像同步
#define SSD_HOR_FRONT_PORCH     210       //水平前廊,水平方向的图像同步
#define SSD_VER_PULSE_WIDTH     1         //垂直脉宽
#define SSD_VER_BACK_PORCH      23        //垂直后廊,垂直方向的图像同步
#define SSD_VER_FRONT_PORCH     22        //垂直前廊,垂直方向的图像同步
//如下几个参数,自动计算
#define SSD_HT(SSD_HOR_RESOLUTION + SSD_HOR_BACK_PORCH + SSD_HOR_FRONT_PORCH)
#define SSD_HPS(SSD_HOR_BACK_PORCH)
#define SSD_VT (SSD_VER_RESOLUTION + SSD_VER_BACK_PORCH + SSD_VER_FRONT_PORCH)
#define SSD_VPS (SSD_VER_BACK_PORCH)
#endif
```

下面要介绍的函数为 TFTLCD 模块的初始化函数 LCD_Init(),该函数先初始化 STM32 与 TFTLCD 连接的 GPIO 口,并配置 FSMC 控制器,然后读取 LCD 控制器的型号,根据控制 IC 的型号执行不同的初始化代码,其简化代码如下:

```
void LCD_Init(void)
{
```

```
RCC - - > AHBENR| = 1 < < 8;                          //使能 FSMC 时钟
RCC - - > APB2ENR| = 1 < < 3;                         //使能 PORTB 时钟
RCC - - > APB2ENR| = 1 < < 5;                         //使能 PORTD 时钟
RCC - - > APB2ENR| = 1 < < 6;                         //使能 PORTE 时钟
RCC - - > APB2ENR| = 1 < < 8;                         //使能 PORTG 时钟
GPIOB - - > CRL& = 0XFFFFFFF0;                        //GPIO PB0 背光 推挽输出
GPIOB - - > CRL| = 0X00000003;                        //PORTD 复用推挽输出
GPIOD - - > CRH& = 0X00FFF000;
GPIOD - - > CRH| = 0XBB000BBB;
GPIOD - - > CRL& = 0XFF00FF00;
GPIOD - - > CRL| = 0X00BB00BB;                        //PORTE 复用推挽输出
GPIOE - - > CRH& = 0X00000000;GPIOE - - > CRH| = 0XBBBBBBBB;
GPIOE - - > CRL& = 0X0FFFFFFF;GPIOE - - > CRL| = 0XB0000000;   //PORTG12 复用推挽输出
GPIOG - - > CRH& = 0XFFF0FFFF;GPIOG - - > CRH| = 0X000B0000;GPIOG - - > CRL& = 0XFFFFFFF0;
GPIOG - - > CRL| = 0X0000000B;                        //寄存器清 0
FSMC_Bank1 - > BTCR[6] = 0X00000000;
FSMC_Bank1 - > BTCR[7] = 0X00000000;
FSMC_Bank1E - > BWTR[6] = 0X00000000;
//操作 BCR 寄存器使用异步模式
FSMC_Bank1 - > BTCR[6]| = 1 < < 12;                   //存储器写使能
FSMC_Bank1 - > BTCR[6]| = 1 < < 14;                   //读写使用不同的时序
FSMC_Bank1 - > BTCR[6]| = 1 < < 4;                    //存储器数据宽度为 16 位
//操作 BTR 寄存器
//读时序控制寄存器
FSMC_Bank1 - > BTCR[7]| = 0 < < 28;                   //模式 A
FSMC_Bank1 - > BTCR[7]| = 1 < < 0;
//地址建立时间(ADDSET)为 2 个 HCLK,1/36M = 27ns(实际> 200ns)
//因为液晶驱动 IC 读数据时,速度不能太快,尤其对 IC 编号为 1289 的液晶驱动屏
FSMC_Bank1 - > BTCR[7]| = 0XF < < 8;                  //数据保存时间为 16 个 HCLK
//写时序控制寄存器
FSMC_Bank1E - > BWTR[6]| = 0 < < 28;                  //模式 A
FSMC_Bank1E - > BWTR[6]| = 0 < < 0;                   //地址建立时间(ADDSET)为 1 个 HCLK
//4 个 HCLK(HCLK = 72MHz)液晶驱动 IC 的写脉宽,最少为 50ns。72MHz/4 = 24MHz(即 55ns)
FSMC_Bank1E - > BWTR[6]| = 3 < < 8;                   //数据保存时间为 4 个 HCLK
//使能 BANK1,区域 4
FSMC_Bank1 - > BTCR[6]| = 1 < < 0;                    //使能 BANK1,区域 4
delay_ms(50);                                         // delay 50 ms
lcddev.id = LCD_ReadReg(0x0000);                      //读 ID
if(lcddev.id < 0XFF||lcddev.id == 0XFFFF||lcddev.id == 0X9300)
//ID 不正确,新增 0X9300 判断,因为 9341 在未被复位的情况下会被读成 9300
{
//尝试 9341 ID 的读取
LCD_WR_REG(0XD3);
lcddev.id = LCD_RD_DATA();                            //虚拟读取
lcddev.id = LCD_RD_DATA();                            //读到 0X00
lcddev.id = LCD_RD_DATA();                            //读取 93
lcddev.id < < = 8;
lcddev.id| = LCD_RD_DATA();                           //读取 41
```

```
if(lcddev.id!= 0X9341)                      //非 9341,尝试是不是 6804
{
LCD_WR_REG(0XBF);
lcddev.id = LCD_RD_DATA();                   //虚拟读取
lcddev.id = LCD_RD_DATA();                   //读回 0X01
lcddev.id = LCD_RD_DATA();                   //读回 0XD0
lcddev.id = LCD_RD_DATA();                   //这里读回 0X68
lcddev.id < < = 8;
lcddev.id| = LCD_RD_DATA();                  //这里读回 0X04
 if(lcddev.id!= 0X6804)   //该液晶显示屏 IC 驱动不是 6804,判断其驱动是否为 NT35310
 {
LCD_WR_REG(0XD4);
lcddev.id = LCD_RD_DATA();                   //虚拟读取
lcddev.id = LCD_RD_DATA();                   //读回 0X01
lcddev.id = LCD_RD_DATA();                   //读回 0X53
lcddev.id < < = 8;
lcddev.id| = LCD_RD_DATA();                  //这里读回 0X10
 if(lcddev.id!= 0X5310)                      //也不是 NT35310,尝试看看是否是 NT35510
 {
LCD_WR_REG(0XDA00);
lcddev.id = LCD_RD_DATA();                   //读回 0X00
LCD_WR_REG(0XDB00);
lcddev.id = LCD_RD_DATA();                   //读回 0X80
lcddev.id < < = 8;
LCD_WR_REG(0XDC00);
lcddev.id| = LCD_RD_DATA();                  //读回 0X00
 if(lcddev.id == 0x8000)lcddev.id = 0x5510;
//NT35510 读回的 ID 是 8000H,为方便区分,强制设置为 5510
 if(lcddev.id!= 0X5510)                      //也不是 NT5510,尝试看看是否为 SSD1963
 {
LCD_WR_REG(0XA1);
lcddev.id = LCD_RD_DATA();
lcddev.id = LCD_RD_DATA();                   //读回 0X57
lcddev.id < < = 8;
lcddev.id| = LCD_RD_DATA();                  //读回 0X61
 if(lcddev.id == 0X5761)lcddev.id = 0x1963;
//SSD1963 读回的 ID 是
//5761H,为方便区分,强制设置为 1963
 }
 }
 }
 }
}
printf(" LCD ID: % x\r\n",lcddev.id);        //打印 LCD ID
if(lcddev.id == 0X9341)                      //9341 初始化
{
……//9341 初始化代码
}else if(lcddev.id == 0xXXXX)                //其他 LCD 初始化代码
```

```
{
    ……//其他 LCD 驱动 IC,初始化代码
}
LCD_Display_Dir(0);                         //默认为竖屏显示
LCD_LED = 1;                                //点亮背光
LCD_Clear(WHITE);
}
```

该函数先对 FSMC 相关 GPIO 进行初始化,然后是 FSMC 的初始化,最后根据读到的 LCD ID,对不同的驱动器执行不同的初始化代码,从上面的代码可以看出,这个初始化函数可以针对十多款不同的驱动 IC 执行初始化操作,因此大大提高了整个程序的通用性。最后,给出主函数 main()代码如下:

```
#include "sys.h"
#include "delay.h"
#include "usart.h"
#include "led.h"
#include "lcd.h"
int main(void)
{
    u8 x = 0;
    u8 lcd_id[12];                          //存放 LCD ID 字符串
    Stm32_Clock_Init(9);                    //系统时钟设置
    uart_init(72,115200);                   //串口初始化为 115200bps
    delay_init(72);                         //延时初始化
    LED_Init();                             //初始化与 LED 连接的硬件接口
    LCD_Init();
    POINT_COLOR = RED;
    sprintf((char * )lcd_id,"LCD ID:%04X",lcddev.id);   //将 LCD ID 打印到 lcd_id 数组
    while(1)
    {
        switch(x)
        {
            case 0:LCD_Clear(WHITE);break;
            case 1:LCD_Clear(BLACK);break;
            case 2:LCD_Clear(BLUE);break;
            case 3:LCD_Clear(RED);break;
            case 4:LCD_Clear(MAGENTA);break;
            case 5:LCD_Clear(GREEN);break;
            case 6:LCD_Clear(CYAN);break;
            case 7:LCD_Clear(YELLOW);break;
            case 8:LCD_Clear(BRRED);break;
            case 9:LCD_Clear(GRAY);break;
            case 10:LCD_Clear(LGRAY);break;
            case 11:LCD_Clear(BROWN);break;
        }
        POINT_COLOR = RED;
        LCD_ShowString(30,40,210,24,24,"STM32F1 SHIYAN");
        LCD_ShowString(30,70,200,16,16,"NUIST");
        LCD_ShowString(30,90,200,16,16,"FSMC control TEST");
        LCD_ShowString(30,110,200,16,16,lcd_id);        //显示 LCD ID
```

```
            LCD_ShowString(30,130,200,12,12,"2023/03/29");
            x++;
            if(x == 12)x = 0;
            LED8 = !LED8;
            delay_ms(1000);
        }
    }
```

至此代码部分的配置全部完成,随后可以进行代码的编译以及程序下载的流程。

3. 功能下载验证

工程文件构建完成后,要对其进行预编译、编译的操作,若无报错,说明编译成功,如图 10.13 所示。

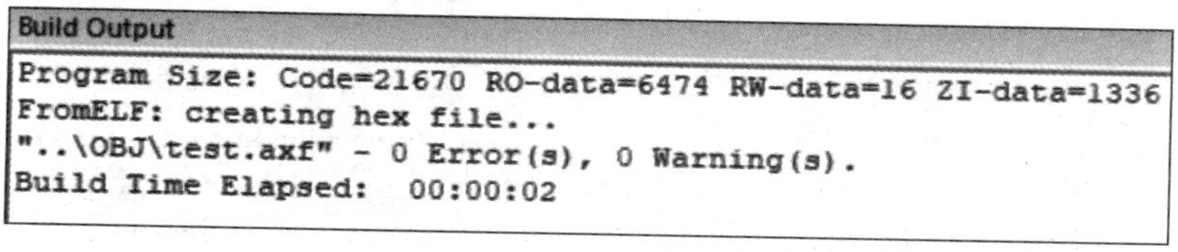

```
Build Output
Program Size: Code=21670 RO-data=6474 RW-data=16 ZI-data=1336
FromELF: creating hex file...
"..\OBJ\test.axf" - 0 Error(s), 0 Warning(s).
Build Time Elapsed:  00:00:02
```

图 10.13　编译成功显示图

编译成功后,则会自动生成.hex 文件,随后打开 FlyMcu 软件设置相关参数,波特率设置为 115 200bps,找到该工程文件中的.hex 文件,配置好串口后(实验板 COM3),则可以单击"开始编程"按钮进行程序的下载,如图 10.14 所示。

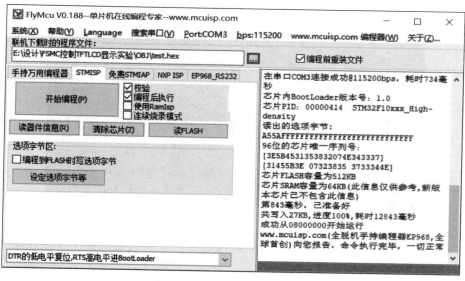

图 10.14　FlyMcu 操作界面

程序下载成功后,实验板上的 LED1 开始闪烁,说明程序正在运行,可以看到,TFTLCD 屏幕上显示在主函数中设置的一些基本信息以及 TFTLCD 屏的 ID。与此同时,LED1 每闪烁一次,屏幕的背景色也会随之切换一次,表明程序运行成功,部分显示效果如图 10.15 所示。

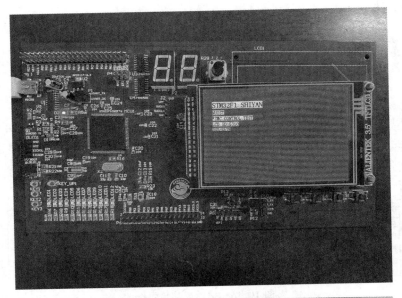

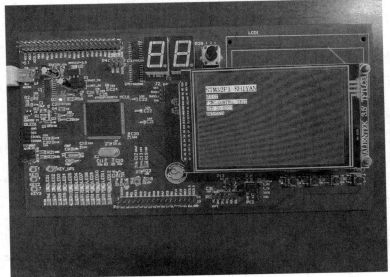

图 10.15　程序执行后的部分显示效果

　　由此利用 FSMC 接口来控制 TFTLCD 液晶屏的显示实验的硬件和软件设计全部
完成。

第11章

FreeRTOS实时操作系统

11.1　FreeRTOS 简介

FreeRTOS 可以分为两部分：Free 和 RTOS。Free 即为免费的、自由的和不受约束的，RTOS(Real Time Operating System)是指实时操作系统，可见，FreeROTS 是一个免费的 RTOS 类实时操作系统。注意，RTOS 并不是指某一个确定的系统，而是指一类系统，嵌入式领域中比较常见的 UCOS、FreeRTOS、RT-Thread 等系统都属于 RTOS 类操作系统。

FreeRTOS 是一个轻量级的操作系统，可以在资源有限的处理器中运行，其功能包括任务管理、时间管理、内存管理、记录功能、软件定时器管理等，它可以满足较小应用系统的需要。其主要特点包括：

(1) FreeRTOS 的内核支持抢占式、合作式和时间片调度功能。

(2) 系统的组件在创建时可以选择动态或者静态的 RAM，如任务、消息队列、信号量、软件定时器等。

(3) 已经在超过 30 种架构的芯片上进行了移植。

(4) FreeRTOS 系统简单小巧、易于使用，通常情况下在内核仅占用 4～9KB 的空间。

(5) 具有高可移植性，代码主要使用 C 语言编写。

(6) 支持实时任务和协程。

(7) 任务与任务、任务与中断之间可以使用任务通知、消息队列、二值信号量、数值型信号量、递归互斥信号量和互斥信号量进行通信和同步。

(8) 具有优先级继承特性的互斥信号量。

(9) 高效的软件定时器。

(10) 任务数量不限。

(11) 任务优先级不限。

11.2　FreeRTOS 基础知识

11.2.1　FreeRTOS 系统配置

在实际使用 FreeRTOS 时，嵌入式开发人员通常需要根据实际需求来配置 FreeRTOS 操作系统，不同架构的处理器在具体使用时配置也有所区别。FreeRTOS 的系统配置文件为 FreeRTOSConfig.h，它对于整个系统而言非常重要。开发人员可以在此文件中对 FreeRTOS 进行裁剪和配置。

在系统配置文件中，FreeRTOS 的配置基本是通过使用 ♯define 这类宏定义语句实现的。而主要的宏定义可以分为两类：以 INCLUDE_开始的宏和以 config 开头的宏。以 INCLUDE_开头的宏用于表示使能或除能 FreeRTOS 中相应的 API 函数，用来配置 FreeRTOS 中的可选 API 函数。如语句"♯define INCLUDE_vTaskSuspend 1"将宏 INCLUDE_vTaskSuspend 设置为 1，表示可以使用函数 vTaskSuspend()。反之，语句"♯define INCLUDE_vTaskSuspend 0"表示不能使用该函数，若在编程时调用该函数则

会报错。这个功能的实现本质上就是使用了条件编译的原理,如在 tasks.c 文件中有如
下定义:

```
#if ( INCLUDE_vTaskSuspend = 1 )
void vTaskSuspend( TaskHandle_t xTaskToSuspend )
{函数具体实现;}
#endif /* INCLUDE_vTaskSuspend */
```

可见,当满足宏 INCLUDE_vTaskSuspend 的值为 1 这个条件时,函数 vTaskSuspend()
才会被编译。条件编译的好处就是节省空间,即不需要的功能不编译,如此便可以根据实
际需求来减少系统占用的空间大小,根据自己所使用的处理器具体情况来调整系统消耗和
降低成本。以 config 开头的宏也是用于实现配置和裁剪 FreeRTOS 系统,其主要原理与
INCLUDE_开头的宏类似。

11.2.2 FreeRTOS 中断配置

中断是所有处理器的一个很常见的特性。一般中断由硬件产生,当中断产生以后处理
器就会中断当前的流程转而去处理中断服务。如前面所述,基于 Cortex-M3 内核的处理器
提供了一个用于中断管理的嵌套向量中断控制器 NVIC。它的 NVIC 控制器最多支持 240
个 IRQ 中断请求、1 个不可屏蔽中断 NMI、1 个 SysTick 滴答定时器中断和多个系统异常。

1. 优先级分组

在第 2 章中讲过,当多个中断来临时处理器应该响应哪一个中断是由中断的优先级
来决定的。设置的机制是高优先级的中断(优先级编号较小)首先得到响应,而且高优先
级的中断可以抢占低优先级的中断。基于 Cortex-M3 内核的处理器中有些中断具有固
定的优先级,如复位、NMI 和 Hard Fault,这些中断的优先级都是负数,即它们的优先级
是最高的。因此,基于 Cortex-M3 内核的处理器有 3 个固定优先级和 256 个可编程的优
先级,最多有 128 个抢占等级,但是其实际的优先级数量是由芯片厂商决定的。绝大多
数的芯片都会精简设计,因此实际上可支持的优先级数会更少,如 8 级、16 级或 32 级等。
在设计芯片的时候会裁掉表示优先级的几个低端有效位。

STM32 系列处理器使用了优先级配置寄存器的高 4 位来配置优先级,因此最多有 5
组优先级分组设置,这 5 个分组在 msic.h 文件中有定义,分组信息如表 11.1 所示。若选
择分组 4,即 NVIC_PriorityGroup_4,则 4 位优先级就全是抢占式优先级,即有 0~15 这
16 个优先级。因为 FreeRTOS 的中断配置中没有处理亚优先级这种情况,所以只能将中
断优先级分组配置为分组 4,这样使用起来较为简单。

表 11.1　STM32 处理器优先级分组

Cortex-M3 优先级分组	STM32 优先级分组	表示抢占式优先级位	表示亚优先级位
3	NVIC_PriorityGroup_4	[7:4]	[3:0]
4	NVIC_PriorityGroup_3	[7:5]	[4:0]
5	NVIC_PriorityGroup_2	[7:6]	[5:0]
6	NVIC_PriorityGroup_1	[7:7]	[6:0]
7	NVIC_PriorityGroup_0	无	[7:0]

2. FreeRTOS 中断配置宏

FreeRTOS 中比较重要的中断配置宏有如下几种：

1）configPRIO_BITS

该宏用来设置处理器使用几位优先级。因为 STM32 处理器使用了 4 位，因此宏为 4。

2）configLIBRARY_LOWEST_INTERRUPT_PRIORITY

该宏用来设置最低优先级。因为 STM32 处理器优先级使用了 4 位，且优先级分组配置为分组 4，即 4 位都是抢占式优先级。因此优先级数就是 16 个，最低优先级为 15，该宏的值也就设置为 15。注意，不同的处理器此值不同，具体是多少要看所使用的处理器架构情况。

3）configKERNEL_INTERRUPT_PRIORITY

该宏用来设置内核中断优先级。

4）configLIBRARY_MAX_SYSCALL_INTERRUPT_PRIORITY

该宏用来设置 FreeRTOS 系统可管理的最大优先级数，其可以自由设置。例如，设置为 5，就是指高于 5 的优先级（RTOS 仅管理优先级数小于 5 的中断）不归 FreeRTOS 系统管理。

5）configMAX_SYSCALL_INTERRUPT_PRIORITY

该宏是 configLIBRARY_MAX_SYSCALL_INTERRUPT_PRIORITY 左移 4 位得到的。在宏设置好以后，低于此优先级的中断可以安全地调用 FreeRTOS 的 API 函数。高于此优先级的中断，FreeRTOS 是不能禁止的，且中断服务函数中也不能调用 FreeRTOS 的 API 函数。

3. FreeRTOS 开关中断

FreeRTOS 开关中断函数 portENABLE_INTERRUPTS（ ）和 portDISABLE_INTERRUPTS（ ）。这两个函数其实是宏定义，在 portmacro.h 文件中有定义，具体如下：

```
#define portDISABLE_INTERRUPTS() vPortRaiseBASEPRI()
#define portENABLE_INTERRUPTS() vPortSetBASEPRI(0)
```

由上述定义部分可知，开关中断实际上是通过函数 vPortRaiseBASEPRI（ ）和 vPortSetBASEPRI（0）来实现的。函数 vPortSetBASEPRI（ ）的作用是向寄存器 BASEPRI 写入一个值，而函数 portENABLE_INTERRUPTS（）则定义一个开中断，当它传递一个 0 值给 vPortSetBASEPRI（）函数时，表示开中断。函数 vPortRaiseBASEPRI（ ）是向寄存器 BASEPRI 写入宏 configMAX_SYSCALL_INTERRUPT_PRIORITY，则优先级低于 configMAX_SYSCALL_INTERRUPT_PRIORITY 的中断就会被屏蔽不能响应。

11.2.3　FreeRTOS 临界段代码保护

临界段代码又称为临界区，是指那些必须完整运行、不能被打断的代码段。例如，有的外设的初始化有严格的时序要求,因此其初始化过程不能被打断。在 FreeRTOS 源代码中,就存在很多的临界段代码,且都加了临界段代码保护功能。

FreeRTOS 在进入临界段代码的时候需要先关闭中断,处理完临界段代码以后再打开中断。源码中与临界段代码保护相关的函数有 4 个: taskENTER_CRITICAL()、taskEXIT_CRITICAL()、taskENTER_CRITICAL_FROM_ISR() 和 taskEXIT_CRITICAL_FROM_ISR()。这 4 个函数的区别是:前两个是用于任务级临界段代码保护,后两个是用于中断级临界段代码保护。

1. 任务级临界段代码保护

taskENTER_CRITICAL() 和 taskEXIT_CRITICAL() 是任务级的临界代码保护函数,分别是进入临界段和退出临界段函数。这两个函数是成对使用的,其定义如下:

```
# define taskENTER_CRITICAL()      portENTER_CRITICAL()
# define taskEXIT_CRITICAL()       portEXIT_CRITICAL()
# define portENTER_CRITICAL()      vPortEnterCritical()
# define portEXIT_CRITICAL()       vPortExitCritical()
```

可见,函数 taskENTER_CRITICAL() 和 taskEXIT_CRITICAL() 本质上分别调用的是函数 vPortEnterCritical() 和 vPortExitCritical()。函数 vPortEnterCritical() 和 vPortExitCritical() 具体实现如下:

```
void vPortEnterCritical( void )
{
    portDISABLE_INTERRUPTS();
    uxCriticalNesting++;
    if( uxCriticalNesting == 1 )
    {
        configASSERT( ( portNVIC_INT_CTRL_REG & portVECTACTIVE_MASK ) == 0 );
    }
}
void vPortExitCritical( void )
{
    configASSERT( uxCriticalNesting );
    uxCriticalNesting -- ;
    if( uxCriticalNesting == 0 )
    {
        portENABLE_INTERRUPTS();
    }
}
```

由此可见,进入函数 vPortEnterCritical() 以后首先关闭中断,然后给变量 uxCriticalNesting 加 1。uxCriticalNesting 是一个全局变量,用来记录临界段嵌套次数。函数 vPortExitCritical() 用于退出临界段,在函数内部,每次将变量 uxCriticalNesting 减 1,且只有当 uxCriticalNesting 值减到 0 时才会调用函数 portENABLE_INTERRUPTS() 去使能中断。这就保证了当程序中有多个临界段代码时不会因为某一个临界段代码的退出而打乱其他临界段的保护,也就是说,只有当所有的临界段代码都退出以后才会使能中断。

2. 中断级临界段代码保护

函数 taskENTER_CRITICAL_FROM_ISR() 和 taskEXIT_CRITICAL_FROM_ ISR()用于中断级别的临界段代码保护,即用在中断服务程序中。注意,若需要在某个中断服务函数中使用这两个函数,则这个中断的优先级一定要低于 configMAX_SYSCALL_ INTERRUPT_PRIORITY。上述两个函数定义如下:

```
#define taskENTER_CRITICAL_FROM_ISR() portSET_INTERRUPT_MASK_FROM_ISR()
#define taskEXIT_CRITICAL_FROM_ISR(x) portCLEAR_INTERRUPT_MASK_FROM_ISR(x)
#define portSET_INTERRUPT_MASK_FROM_ISR() ulPortRaiseBASEPRI()
#define portCLEAR_INTERRUPT_MASK_FROM_ISR(x) vPortSetBASEPRI(x)
```

函数 vPortSetBASEPRI()在前面提到过,是向 BASEPRI 寄存器中写入一个值。另外,函数 ulPortRaiseBASEPRI()在 portmacro.h 文件中也有定义,具体实现代码如下:

```
static portFORCE_INLINE uint32_t ulPortRaiseBASEPRI(void)
{
    uint32_t ulReturn, ulNewBASEPRI = configMAX_SYSCALL_INTERRUPT_PRIORITY;
    __asm
    {
        mrs ulReturn, basepri              //见注解 ①
        msr basepri, ulNewBASEPRI          //见注解 ②
        dsb
        isb
    }
    return ulReturn;                       //见注解 ③
}
```

注解:
① 先读出 BASEPRI 的值,保存在 ulReturn 中。
② 将 configMAX_SYSCALL_INTERRUPT_PRIORITY 写入寄存器 BASEPRI。
③ 返回 ulReturn,退出临界区代码保护时要使用到此值。

11.2.4 FreeRTOS 任务基础知识

有人可能使用过 MCS51、AVR 或 ARM 等其他系列处理器,但是主要进行的是裸机开发,即未使用操作系统。通常大部分裸机开发都是在主函数中用 while 循环来完成所有的操作,即应用程序是一个无限的循环,在循环中调用相应的函数完成所需的处理。此外,也经常需要利用中断来完成一些处理。相对于多任务系统而言,前面所描述的就是单任务系统,也常称作前后台系统,其特点就是中断服务函数作为前台程序,大循环作为后台程序,其具体相互关系如图 11.1 所示。

前后台系统的实时性差,各个应用任务排队轮流执行,相当于所有应用任务的优先级都一样。在较大的嵌入式应用中前后台系统明显力不从心,此时就需要引入多任务系统。多任务系统会把一个大的应用问题分而治之,把大问题划分成很多个小问题,逐步地把小问题解决掉,大问题也就随之被解决,而这些小问题可以单独作为一个小任务来

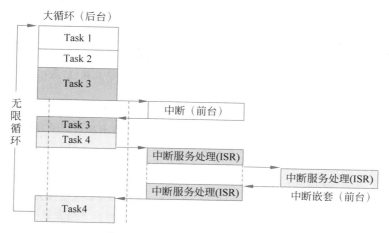

图 11.1　前后台系统的相互关系

处理。注意，看起来这些小任务是并发处理的，然而并不是同一时刻执行多个任务，只是由于每个任务执行的时间很短，导致看起来像是同一时刻执行了很多个小任务。在RTOS中，安排任务运行先后次序的就是任务调度器，不同系统的任务调度器的实现方法不同，比如 FreeRTOS 采用的是一个抢占式的实时多任务系统，则其任务调度器也是抢占式的，其运行过程如图 11.2 所示。

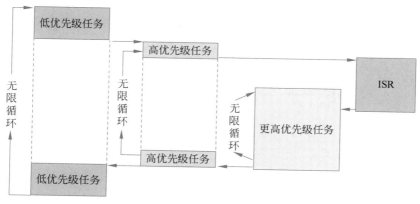

图 11.2　抢占式多任务系统原理

如图 11.2 所示，高优先级的任务可以打断低优先级任务的运行而取得处理器的使用权，这样就可保证紧急任务的运行。如此就可以为那些对实时性要求高的任务设置一个很高的优先级。高优先级的任务执行完成以后重新把处理器的使用权归还给低优先级的任务，这就是抢占式多任务系统的基本原理。

1. 任务状态

FreeRTOS 中的任务状态分为运行态、就绪态、阻塞态和挂起态。各个状态的具体含义如表 11.2 所示。各任务状态之间的转换流程如图 11.3 所示。

表 11.2　任务状态及其介绍

任 务 状 态	具 体 介 绍
运行态	若一个任务正在运行,则说这个任务处于运行态,处于运行态的任务就是当前正在使用处理器的任务。若使用的是单核处理器,则在任何时刻永远都只有一个任务处于运行态
就绪态	处于就绪态的任务是那些已经准备就绪(这些任务没有被阻塞或者挂起),可以运行的任务,但是处于就绪态的任务还没有运行。因为有一个同优先级或者更高优先级的任务正在运行
阻塞态	若一个任务当前正在等待某个外部事件,则说它处于阻塞态,例如,若某个任务调用了函数 vTaskDelay(),则会进入阻塞态,直到延时周期完成。任务在等待队列、信号量、事件组、通知或互斥信号量时也会进入阻塞态。任务进入阻塞态会有一个超时时间,当超过这个时间任务就会退出阻塞态,即使所等待的事件还没有来临
挂起态	像阻塞态一样,任务进入挂起态以后也不能被调度器调用进入运行态,但是进入挂起态的任务没有超过超时时间。任务进入和退出挂起态通过调用函数 vTaskSuspend()和 xTaskResume()实现

图 11.3　各任务状态之间的转换机制

2. 任务优先级

每个任务都可以分配一个 0～(configMAX_PRIORITIES－1)的优先级,其中 configMAX_PRIORITIES 是一个宏,相关具体定义可以查看文件 FreeRTOSConfig.h。若所使用的硬件平台支持类似计算前导零这样的指令,即可以通过该指令选择下一个要运行的任务(Cortex-M3 处理器支持该指令),并且宏 configUSE_PORT_OPTIMISED_TASK_SELECTION 也设置为 1,则宏 configMAX_PRIORITIES 不能超过 32,即优先级不能超过 32 级。在其他情况下,宏 configMAX_PRIORITIES 可以为任意值,但是考虑到对存储器内存的消耗,宏 configMAX_PRIORITIES 最好设置为一个满足应用的最小值。

在 FreeRTOS 中,优先级数字越低表示任务的优先级越低。由此可见,优先级数字为 0 的任务优先级最低,优先级数字为 configMAX_PRIORITIES−1 的任务优先级最高。一般设定系统中空闲任务的优先级最低,所以其优先级数字为 0。FreeRTOS 调度器确保处于就绪态或运行态的高优先级的任务获取处理器使用权,即处于就绪态的最高优先级的任务才会运行。当宏 configUSE_TIME_SLICING 定义为 1 时,多个任务可以共用一个优先级且任务数量不限。通常宏 configUSE_TIME_SLICING 在头文件 FreeRTOS.h 中已经默认定义为 1,此时处于就绪态的优先级相同的任务就会使用时间片轮转调度器来获取运行时间。

3. 任务函数

在使用 FreeRTOS 操作系统的过程中,需要使用函数 xTaskCreate()或 xTaskCreateStatic()来创建任务。两个函数的第一个参数是 pxTaskCode,即这个任务的任务函数。所谓任务函数,就是完成本任务工作的函数。FreeRTOS 官方给出的任务函数模板如下:

```
void vATaskFunction(void * pvParameters)        //见注解①
{
    for(;;)                                     //见注解②
    {
        -- 任务应用程序 --                        //见注解③
        vTaskDelay();                           //见注解④
    }
    vTaskDelete(NULL);                          //见注解⑤
}
```

注解:

① 任务函数本质上也是函数,但是其函数命名格式有一定要求。注意:任务函数的返回值类型一定要为 void 类型,且任务参数也是 void 指针类型。任务函数名则可以根据实际情况定义。

② 任务的具体执行过程是一个循环体,可用 for(;;)语句或 while(1)语句。

③ 循环体中是真正的任务程序,任务具体要执行的操作就在此处实现。

④ 该语句是调用的 FreeRTOS 的延时函数。最常用的就是 FreeRTOS 的延时函数,但是也可以调用其他能让 FreeRTOS 发生任务切换的 API 函数,甚至可以直接调用任务调度器。

⑤ 任务函数通常不允许跳出循环。若一定要跳出循环,则跳出循环后一定要调用函数 vTaskDelete(NULL)来删除该任务。

4. 任务控制块

在 FreeRTOS 中,每个任务都有一些属性需要存储,把这些属性集合到一起并用一个结构体来表示,该结构体称为任务控制块。若使用函数 xTaskCreate()创建任务,则会自动给每个任务分配一个任务控制块。在早期的 FreeRTOS 操作系统版本中,其任务控制块称为 tskTCB,新版本则将之重命名为 TCB_t,但其本质上还是 tskTCB。在本章中任务控制块均用 TCB_t 表示。此结构体在 tasks.c 文件中有定义,具体如下:

```
typedef struct tskTaskControlBlock
{
```

```
        volatile StackType_t * pxTopOfStack;                    //任务堆栈栈顶
        #if ( portUSING_MPU_WRAPPERS == 1 )
            xMPU_SETTINGSxMPUSettings; //MPU 相关设置
        #endif
            ListItem_t xStateListItem;                          //状态列表项
            ListItem_t xEventListItem; //事件列表项
            UBaseType_t uxPriority;                             //任务优先级
            StackType_t * pxStack;                              //任务堆栈起始地址
            char pcTaskName[ configMAX_TASK_NAME_LEN ];         //任务名字
        #if ( portSTACK_GROWTH > 0 )
            StackType_t * pxEndOfStack;                         //任务堆栈栈底
        #endif
        #if ( portCRITICAL_NESTING_IN_TCB == 1 )
            UBaseType_t uxCriticalNesting;                      //临界区嵌套深度
        #endif
        #if ( configUSE_TRACE_FACILITY == 1 )                   //输出调试信息的时候用到
            UBaseType_t uxTCBNumber;
            UBaseType_t uxTaskNumber;
        #endif
        #if ( configUSE_MUTEXES == 1 )
            UBaseType_t uxBasePriority;         //任务基础优先级,优先级反转时用到
            UBaseType_t uxMutexesHeld;          //任务获取到的互斥信号量个数
        #endif
        #if ( configUSE_APPLICATION_TASK_TAG == 1 )
            TaskHookFunction_t pxTaskTag;
        #endif
        #if( configNUM_THREAD_LOCAL_STORAGE_POINTERS > 0 )   //与本地存储有关
        void * pvThreadLocalStoragePointers[configNUM_THREAD_LOCAL_STORAGE_POINTERS];
        #endif
        #if( configGENERATE_RUN_TIME_STATS == 1 )
            uint32_t ulRunTimeCounter;                          //记录任务运行总时间
        #endif
        #if ( configUSE_NEWLIB_REENTRANT == 1 )
            struct _reent xNewLib_reent;        //定义一个 NewLib 结构体变量
        #endif
        #if( configUSE_TASK_NOTIFICATIONS == 1 )                //任务通知相关变量
            volatile uint32_t ulNotifiedValue;                  //任务通知值
            volatile uint8_t ucNotifyState;                     //任务通知状态
        #endif
        #if( tskSTATIC_AND_DYNAMIC_ALLOCATION_POSSIBLE != 0 )
        //用来标记任务是动态创建的还是静态创建的,若是静态创建的,则此变量为 pdTRUE,
        //如果是动态创建的,则为 pdFALSE
            uint8_t ucStaticallyAllocated;
        #endif
        #if( INCLUDE_xTaskAbortDelay == 1 )
            uint8_t ucDelayAborted;
        #endif
        } tskTCB; //新版本的 FreeRTOS 任务控制块重命名为 TCB_t,但是本质上还是 tskTCB,主要是
            //为了兼容旧版本的应用
        typedef tskTCB TCB_t;
```

可见,FreeRTOS 的任务控制块中的成员变量比 UCOS-Ⅲ 操作系统少很多,并且大多数都与裁剪有关。当在不需要使用某些功能时,与其相关的变量就不参与编译,这样

任务控制块占用的内存空间就会进一步减小,从而提高系统效率。

5. 任务堆栈

任务堆栈用于保存和恢复现场。正因为有了任务堆栈,FreeRTOS才能正确地恢复某个任务的运行。任务调度器在进行任务切换时会将当前任务的现场(即处理器寄存器值等)保存在此任务的任务堆栈中,等到此任务下次运行时就会先用堆栈中保存的值来恢复现场,恢复现场以后任务就会接着从上次中断的地方开始运行。

在创建任务时就需要给任务指定堆栈。若使用函数 xTaskCreate()创建任务,则任务堆栈就会由函数 xTaskCreate()自动创建;若使用函数 xTaskCreateStatic()创建任务,则需要程序员自行定义任务堆栈,并将堆栈首地址作为函数的参数 puxStackBuffer 传递给函数。无论是使用函数 xTaskCreate()还是 xTaskCreateStatic()创建任务,都需要指定给任务堆栈大小。任务堆栈的数据类型为 StackType_t,本质上是 uint32_t 类型,其具体定义如下:

```
#define portSTACK_TYPE uint32_t
#define portBASE_TYPE long
  typedef portSTACK_TYPE StackType_t;
  typedef long BaseType_t;
  typedef unsigned long UBaseType_t;
```

由此可以看出,StackType_t 类型的变量为 4 字节,那么任务的实际堆栈大小就为所定义的 4 倍。

11.3 FreeRTOS 开发重要函数

11.3.1 任务创建和删除函数

FreeRTOS 操作系统最基本的功能就是任务管理,而任务管理最基本的操作就是创建和删除任务,FreeRTOS 的任务创建和删除函数如表 11.3 所示。

表 11.3 任务创建和删除函数

函 数 名	功 能 描 述
xTaskCreate()	使用动态方法创建一个任务
xTaskCreateStatic()	使用静态方法创建一个任务
xTaskCreateRestricted()	创建一个使用内存保护单元(MPU)进行限制的任务,相关内存使用动态内存分配
vTaskDelete()	删除一个任务

1. 函数 xTaskCreate()

此函数用来创建一个任务。任务需要存储器 RAM 来保存与任务有关的状态信息,也称任务控制块,任务本身也需要一定的 RAM 作为任务堆栈。如果使用函数 xTaskCreate()来创建任务,那么所需的 RAM 就会自动从 FreeRTOS 的堆中分配。因此必须提供内存管理文件,而且宏 configSUPPORT_DYNAMIC_ALLOCATION 必须为 1。新创建的任务默认是就绪态的,如果当前没有比它更高优先级的任务在运行,那么此任务就会立即进入运行态开始运行。另外,无论在任务调度器启动前还是启动后,都可以创建任务。
该函数是创建任务时经常用到的,其函数原型如下:

```
BaseType_t xTaskCreate(TaskFunction_t pxTaskCode,
                       const char * const pcName,
                       const uint16_t usStackDepth,
                       void * const pvParameters,
                       UBaseType_t uxPriority,
                       TaskHandle_t * const pxCreatedTask)
```

此函数的各个参数及其含义如表 11.4 所示。若返回值为 pdPASS,则表示任务创建
成功,若为 errCOULD_NOT_ALLOCATE_REQUIRED_MEMORY,则表示因堆栈内
存不足而导致任务创建失败。

表 11.4　函数 xTaskCreate() 参数及其含义

参　　数	含　　义
pxTaskCode	任务函数
pcName	任务名字,一般用于追踪和调试,任务名字长度不能超过 configMAX_TASK_NAME_LEN
usStackDepth	任务堆栈大小。注意,实际申请到的堆栈是 usStackDepth 的 4 倍。其中空闲任务的任务堆栈大小为 configMINIMAL_STACK_SIZE
pvParameters	传递给任务函数的参数
uxPriority	任务优先级,范围为 0~configMAX_PRIORITIES-1
pxCreatedTask	任务句柄,任务创建成功以后会返回此任务的任务句柄,这个句柄其实就是任务的任务堆栈。此参数用来保存这个任务句柄

2. 函数 xTaskCreateStatic()

此函数和 xTaskCreate() 的功能相同。但是使用此函数创建任务时,任务所需的
RAM 空间需要用户来提供。若使用此函数,则需要将宏 configSUPPORT_STATIC_
ALLOCATION 定义为 1。函数原型如下:

```
TaskHandle_t xTaskCreateStatic(TaskFunction_t pxTaskCode,
                               const char * const pcName,
                               const uint32_t usStackDepth,
                               void * const pvParameters,
                               UBaseType_t uxPriority,
                               StackType_t * const puxStackBuffer,
                               StaticTask_t * const pxTaskBuffer)
```

该函数各参数及其含义如表 11.5 所示。当函数返回值为 NULL 时,则表示任务创
建失败;若为其他值,则表示任务创建成功,且返回的是任务的任务句柄。

表 11.5　函数 xTaskCreateStatic() 的参数及其含义

参　　数	含　　义
pxTaskCode	任务函数
pcName	任务名字,一般用于追踪和调试,任务名字长度不能超过 configMAX_TASK_NAME_LEN

参　　数	含　　义
usStackDepth	任务堆栈大小,由于函数 xTaskCreateStatic()是静态方法创建任务,所以任务堆栈由用户给出,一般是个数组,此参数就是这个数组的大小
pvParameters	传递给任务函数的参数
uxPriotiry	任务优先级,范围为 0～configMAX_PRIORITIES−1
puxStackBuffer	任务堆栈,一般为数组,数组类型要为 StackType_t 类型
pxTaskBuffer	任务控制块

3. 函数 xTaskCreateRestricted()

此函数也是用来创建任务的,只不过此函数要求所使用的处理器有内存保护单元 MPU,用此函数创建的任务会受到 MPU 的保护。其他的功能和函数 xTaxkCreate()一样。其函数原型如下:

```
BaseType_t xTaskCreateRestricted(const TaskParameters_t * const pxTaskDefinition,
                                 TaskHandle_t * pxCreatedTask)
```

函数 xTaskCreateRestricted()的参数及其含义如表 11.6 所示。若返回值为 pdPASS,则表示任务创建成功;若返回其他值,则表示任务创建失败。

表 11.6　函数 xTaskCreateRestricted()的参数及其含义

参　　数	含　　义
pxTaskDefinition	指向一个结构体 TaskParameters_t,该结构体描述了任务的任务函数、堆栈大小、优先级等。此结构体在文件 task.h 中定义
pxCreatedTask	任务句柄

4. 函数 vTaskDelete()

该函数用于删除一个用函数 xTaskCreate()或 xTaskCreateStatic()创建的任务。任务被删除之后将不再存在,再也不会进入运行态,并且不能再使用该任务的句柄。若该任务是使用动态方法创建的,即使用函数 xTaskCreate()创建的,则在此任务被删除后此任务之前申请的堆栈和控制块内存会在空闲任务中被释放掉,因此当调用函数 vTaskDelete()删除任务以后必须给空闲任务一定的运行时间。只有那些由内核分配给任务的内存才会在任务被删除以后自动释放,用户分配给任务的内存需要用户自行释放,比如某个任务中用户调用函数 pvPortMalloc()分配了 500B 的内存,那么在此任务被删除以后用户也必须调用函数 vPortFree()将这 500B 的内存释放掉,否则会导致内存泄漏。此函数原型如下:

```
vTaskDelete(TaskHandle_t xTaskToDelete)
```

其中,参数 xTaskToDelete 表示要删除的任务句柄。

11.3.2　任务挂起和恢复函数

有时程序中需要暂停某个任务的运行,过一段时间再重新继续运行此任务。此情况下就需要使用任务挂起和恢复函数。若某个任务要停止运行一段时间,则将这个任务挂起；若要重新运行这个任务，则恢复这个任务的运行。FreeRTOS 操作系统的任务挂起和恢复函数如表 11.7 所示。

表 11.7 FreeRTOS 任务挂起和恢复函数

函　　数	功　能　描　述
vTaskSuspend()	挂起一个任务
vTaskResume()	恢复一个任务的运行
xTaskResumeFromISR()	中断服务函数中恢复一个任务的运行

1. 函数 vTaskSuspend()

此函数用于将某个任务设置为挂起态，进入挂起态的任务永远都不会进入运行态。退出挂起态的唯一方法就是调用任务恢复函数 vTaskResume() 或 xTaskResumeFromISR()。其函数原型如下：

```
void vTaskSuspend(TaskHandle_t xTaskToSuspend)
```

函数中的参数 xTaskToSuspend 表示要挂起的任务句柄，创建任务的时候会为每个任务分配一个任务句柄。如果使用函数 xTaskCreate() 创建任务，那么函数的参数 pxCreatedTask 就是此任务的任务句柄；如果使用函数 xTaskCreateStatic() 创建任务，那么函数的返回值就是此任务的任务句柄。也可以通过函数 xTaskGetHandle() 来根据任务名字来获取某个任务的任务句柄。如果其参数为 NULL，则表示挂起任务。

2. 函数 vTaskResume()

如果要将一个任务从挂起态恢复到就绪态，只有通过函数 vTaskSuspend() 设置为挂起态的任务才可以使用 vTaskRexume() 恢复。其函数原型如下：

```
void vTaskResume(TaskHandle_t xTaskToResume)
```

其中，参数 xTaskToResume 表示要恢复的任务句柄。

3. 函数 xTaskResumeFromISR()

此函数是 vTaskResume() 的中断版本，用于在中断服务函数中恢复一个任务。其函数原型如下：

```
BaseType_t xTaskResumeFromISR(TaskHandle_t xTaskToResume)
```

其中，参数 xTaskToResume 表示要恢复的任务句柄。函数的返回值为 pdTRUE，表示恢复运行的任务的优先级等于或者高于正在运行的任务（即将被中断打断的任务），这意味着在退出中断服务函数以后必须进行一次上下文切换，函数返回值为 pdFALSE，表示恢复运行的任务的优先级低于当前正在运行的任务，这意味着在退出中断服务函数的以后不需要进行上下文切换。

11.4 FreeRTOS 信号量

11.4.1 信号量简介

信号量是操作系统中很重要的内容，通常用来实现资源管理和任务同步，如在 Linux

和 UCOS 等系统中都有与此相关的概念。在 FreeRTOS 操作系统中,信号量又分为二值信号量、计数信号量、互斥信号量和递归互斥信号量等多种。不同信号量的应用场景不同,在某些应用场景下是可以互换使用的。信号量常用于控制对共享资源的访问管理和任务同步:

(1) 在用于控制共享资源访问时相当于一个上锁机制,只有得到了这个锁的钥匙之后代码才能够顺利执行;

(2) 另一个重要的应用场合就是任务同步,即用于任务与任务或中断与任务之间的同步。

在执行中断服务函数时,服务函数可以向任务发送信号量,以此来通知任务其所期待的事件已经发生;在退出中断服务函数以后,在任务调度器的调度下同步的任务就会执行。因此,在编写中断服务函数时,需要遵循"快进快出"原则,即中断服务函数中不能放太多代码,否则会影响中断的实时性。在进行裸机开发时,通常会设置一系列的标记变量用于标记某种事件是否发生,然后在中断服务函数中改变某个变量的值,最后在其他地方根据标记来做具体的处理过程。在使用 RTOS 系统时,开发者可以很方便地借助系统的信号量实现此功能。当中断发生时,中断服务函数释放信号量而不做具体的处理,具体的处理过程由特定的任务完成。具体的任务会获取信号量,若信号量获取成功则开始相应的处理工作。这种中断安排会使执行时间非常短,此即为使用信号量完成中断与任务间的同步。

11.4.2　二值信号量

二值信号量通常用于互斥访问或同步功能。二值信号量和互斥信号量非常类似,但有一些细微的差别。互斥信号量拥有优先级继承机制,二值信号量则没有。因此二值信号量更适用于同步,如任务与任务或任务与中断的同步,而互斥信号量只适合用于简单的互斥访问。二值信号量本质上是一个只有一个队列项的队列,这个特殊的队列只有满和空两种状态,即所谓二值,所以称为二值信号量。任务和中断使用这个特殊队列时不需要关注队列中保存的是什么消息,只需要知道这个队列是满的还是空的。通过利用这个机制可以实现任务与中断之间的同步。

信号量 API 函数允许设置一个阻塞时间,阻塞时间是当任务获取信号量的时候由于信号量无效从而导致任务进入阻塞态的最大时钟节拍数。若多个任务同时阻塞在同一个信号量上,则优先级最高的任务优先获得信号量,这样当信号量有效的时候高优先级的任务就会优先解除阻塞状态。在实际应用中,通常使用一个任务来处理 CPU 的某个外设,如在网络应用中,最简单的方法就是使用一个任务去轮询 CPU 的以太网外设是否有数据,当有数据的时候就处理这个网络数据。这样使用轮询的方式是很浪费处理器资源的,也阻止了其他任务的运行。最理想的方法就是当没有网络数据时,网络任务进入阻塞态,把处理器资源让给其他任务使用,当有数据时网络任务才去执行。使用二值信号量就可以实现这样的功能:任务通过获取信号量来判断是否有网络数据,没有就进入阻塞态,而网络中断服务函数(很多网络外设都有中断功能,如 STM32 处理器的介质访问控制 MAC 专用 DMA 中断,因此通过中断可以判断是否接收到数据)通过释放信号量来通知任务以太网外设接收到了网络数据,网络任务可以去提取处理数据。网络任务只是在一直获取二值信号量,它不会释放信号量,而中断服务函数是一直在释放信号量,它不会获取信号量。在中断服务函数中,发送信号量可以使用函数 xSemaphoreGiveFromISR(),也可以使用任务通知功能来替代二值信号量。在使用任务通知功能时,其处理速度更快,需要的代码量更少。

综上所述,在使用二值信号量来完成中断与任务同步的这个机制中,任务优先级确保了外设能够得到及时的处理,这样做其实相当于推迟了中断处理过程。另外,设计中也可以使用队列来替代二值信号量,在外设事件的中断服务函数中获取相关数据,并将相关的数据通过队列发送给任务。若队列无效,则任务进入阻塞态,直至队列中有数据,任务接收到数据以后就开始相关的处理过程。

11.4.3　计数信号量

计数信号量也称为数值信号量。二值信号量相当于长度为 1 的队列,计数信号量是长度大于 1 的队列。与二值信号量一样,用户不需要关心队列中存储了什么数据,只需要关心队列是否为空即可。计数信号量通常用于如下两个场合。

1. 事件计数

在此情况下,每次事件发生就在事件处理函数中释放信号量,即增加信号量的计数值,其他任务会获取信号量来处理事件。若此信号量被获取了,信号量值计数值减 1。信号量值就是队列结构体成员变量 uxMessagesWaiting。一般的计数信号量初始计数值为 0。

2. 资源管理

在此情况下,信号量值代表当前资源的可用数量,就如停车场当前剩余的停车位数量。若一个任务要想获得资源的使用权,首先必须获取信号量,信号量被获取成功以后信号量值就会减 1。当信号量值为 0 时,说明没有资源可用了。当一个任务使用完资源以后一定要释放信号量,释放信号量后信号量值会加 1。因此创建的计数信号量初始值应该是资源的数量,若停车场一共有 100 个停车位,则创建信号量值就应该为 100。

11.4.4　互斥信号量

互斥信号量其实就是一个拥有优先级继承的二值信号量。二值信号量最适用于同步的应用,而互斥信号量适用于那些需要互斥访问的应用。在互斥访问中,信号量相当于一个钥匙,如果某个任务想要使用处理器资源就必须先获得这个钥匙,并且在使用完资源以后必须归还这个钥匙。这样的机制使其他任务可以拿着这个钥匙去使用资源。

互斥信号量使用与二值信号量相同的 API 操作函数。如前所述,互斥信号量可以设置阻塞时间,具有优先级继承的特性。当一个互斥信号量正在被一个低优先级任务使用,同时有个高优先级任务也尝试获取这个互斥信号量时其任务就会被阻塞。不过高优先级任务会将低优先级任务的优先级提升到与自己相同的优先级,这个过程就称为优先级继承。优先级继承尽可能降低了高优先级任务处于阻塞态的时间,将已经出现的"优先级翻转"的影响降到最低。

优先级继承机制并不能完全地消除优先级翻转现象,只是尽可能地降低优先级翻转带来的影响。在硬实时应用系统中,设计时就要避免优先级翻转现象发生。另外,互斥信号量不能用于中断服务函数中,原因如下:

(1)互斥信号量有优先级继承机制,所以其只能用在任务中,而不能用于中断服务函数。

(2)在中断服务函数中,系统在等待互斥信号量时不能设置阻塞时间进入阻塞态。

11.4.5 递归互斥信号量

递归互斥信号量可以看作一个特殊的互斥信号量。如前所述,如果某个任务获取了互斥信号量,则不能再次获取这个互斥信号量。但是递归互斥信号量不同,已经获取了递归互斥信号量的任务可以再次获取这个递归互斥信号量,且次数不限。同时,一个任务使用函数 xSemaphoreTakeRecursive()成功地获取了多少次递归互斥信号量就要使用函数 xSemaphoreGiveRecursive()释放多少次。另外,如互斥信号量、递归互斥信号量也有优先级继承机制,所以当任务使用完递归互斥信号量以后一定要释放。此外,若需要使用递归互斥信号量,则宏 configUSE_RECURSIVE_MUTEXES 必须设置为 1。与互斥信号量一样,递归互斥信号量不能用在中断服务函数中,具体原因请见 11.4.4 节。

11.5 FreeRTOS 移植

11.5.1 系统移植准备工作

在进行 FreeRTOS 操作系统移植之前,需要准备两项:基础工程目录和 FreeRTOS 源码。基础工程可以理解为在计算机上建立一个简单的基于 STM32 处理器的工程项目,其中包含必要的固件库相关文件。基础工程目录结构如图 11.4 所示;而 FreeRTOS 源码可以很容易地从官方网站获取,本节将使用的源码版本是 V9.0.0,其文件目录如图 11.4 和图 11.5 所示。

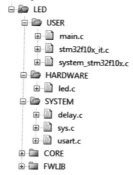

图 11.4 基础工程目录结构

图 11.5　FreeRTOS 源码文件目录

11.5.2　FreeRTOS 移植

FreeRTOS 移植过程具体如下：

（1）将 FreeRTOS 源码复制到基础工程的 FreeRTOS 文件夹中。首先在基础工程中新建一个 FreeRTOS 文件夹，如图 11.6 所示。

CORE	2020/11/3 18:11	文件夹
FreeRTOS	2020/11/3 18:15	文件夹
HARDWARE	2020/11/3 18:11	文件夹
OBJ	2020/11/3 18:13	文件夹
STM32F10x_FWLib	2020/11/3 18:11	文件夹
SYSTEM	2020/11/3 18:11	文件夹
USER	2020/11/3 18:11	文件夹

图 11.6　新建 FreeRTOS 文件夹

将如图 11.5 所示目录结构中 Source 文件夹下的源代码文件复制到如图 11.6 所示的 FreeRTOS 文件夹下，Source 文件夹内容如图 11.7 所示。Source 文件夹下 protable 文件夹的内容如图 11.8 所示，只需要保留 Keil、MemMang 和 RVDS 这 3 个文件夹，其他文件夹或文件都可以删除。

include	2020/3/2 9:17	文件夹	
portable	2020/3/2 9:17	文件夹	
croutine.c	2016/5/21 0:23	C Source File	16 KB
event_groups.c	2016/5/21 0:23	C Source File	26 KB
list.c	2016/5/21 0:23	C Source File	11 KB
queue.c	2016/5/21 0:23	C Source File	82 KB
readme.txt	2013/9/17 16:17	文本文档	1 KB
tasks.c	2016/5/21 0:23	C Source File	155 KB
timers.c	2016/5/21 0:23	C Source File	41 KB

图 11.7　Source 文件夹

（2）向基础工程中添加源代码文件。在基础工程中新建工程分组 FreeRTOS_CORE 和 FreeRTOS_PORTABLE，如图 11.9 所示。然后向这两个分组添加源代码文件，如图 11.10 所示。

其中，croutine. c、event_groups. c、list. c、queue. c、tasks. c 和 timers. c 这 6 个文件都在工程文件的 FreeRTOS 路径下；heap_4. c 在 FreeRTOS_PORTABLE 路径下；port. c 在 FreeRTOS_PORTABLE 路径下。

（3）向基础工程添加头文件路径。添加完 FreeRTOS 源码中的 C 文件以后还要添

BCC	2020/11/3 18:36	文件夹
CCS	2020/11/3 18:36	文件夹
CodeWarrior	2020/11/3 18:36	文件夹
Common	2020/11/3 18:36	文件夹
GCC	2020/11/3 18:36	文件夹
IAR	2020/11/3 18:36	文件夹
Keil	2020/11/3 18:36	文件夹
MemMang	2020/11/3 18:36	文件夹
MikroC	2020/11/3 18:36	文件夹
MPLAB	2020/11/3 18:36	文件夹
MSVC-MingW	2020/11/3 18:36	文件夹
oWatcom	2020/11/3 18:36	文件夹
Paradigm	2020/11/3 18:36	文件夹
Renesas	2020/11/3 18:36	文件夹
Rowley	2020/11/3 18:36	文件夹
RVDS	2020/11/3 18:36	文件夹
SDCC	2020/11/3 18:36	文件夹
Softune	2020/11/3 18:36	文件夹
Tasking	2020/11/3 18:36	文件夹
WizC	2020/11/3 18:36	文件夹
readme.txt	2016/2/11 23:54	文本文档 1 KB

图 11.8 portable 文件夹内容

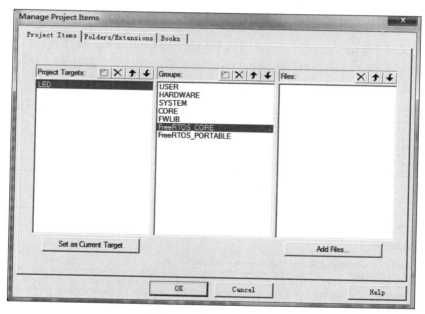

图 11.9 新建工程分组

加 FreeRTOS 源码的头文件路径,具体头文件路径配置如图 11.11 所示。

（4）添加 FreeRTOSConfig.h 文件。除上述的步骤外,还需要添加 FreeRTOSConfig.h 文件到基础工程中。此文件可以自行创建,也可以参考 FreeRTOS 官方例程。注意,配置文件对于 FreeRTOS 的开发特别重要。一旦配置文件的内容有问题,就很容易导致程序无法实现预期目的,因此需要反复斟酌和验证。

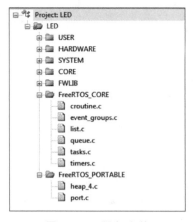

图 11.10　添加文件

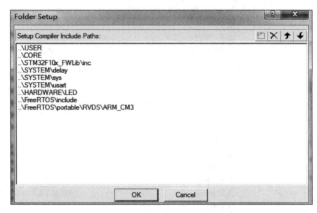

图 11.11　头文件路径

11.5.3　关键问题解决方案

1. FreeRTOSConfig.h 配置文件问题

移植完 FreeRTOS 后,编译工程很有可能会出现如图 11.12 所示的错误。从错误提示可以看出,出现该错误是因为 PendSV_Handler 和 SVC_Handler 重复定义了。按照提示分别打开文件 port.c、stm32f10x_it.c 和 FreeRTOSConfig.h。由图 11.13～图 11.15 可见,PendSV_Handler 和 SVC_Handler 确实重复定义了,在此需要将文件 stm32f10x_it.c 中的这两个函数注释掉,之后再次编译就会成功生成.hex 文件。

```
Build Output
..\OBJ\LED.axf: Error: L6200E: Symbol PendSV_Handler multiply defined (by port.o and stm32f10x_it.o).
..\OBJ\LED.axf: Error: L6200E: Symbol SVC_Handler multiply defined (by port.o and stm32f10x_it.o).
Not enough information to list image symbols.
Not enough information to list the image map.
Finished: 2 information, 0 warning and 2 error messages.
"..\OBJ\LED.axf" - 2 Error(s), 0 Warning(s).
Target not created.
```

图 11.12　编译输出

```
__asm void vPortSVCHandler( void )
{
    PRESERVE8

    ldr r3, =pxCurrentTCB   /* Restore the context. */
    ldr r1, [r3]            /* Use pxCurrentTCBConst to get the pxCurrentTCB address. */
    ldr r0, [r1]            /* The first item in pxCurrentTCB is the task top of stack. */
    ldmia r0!, {r4-r11}     /* Pop the registers that are not automatically saved on e:
    msr psp, r0             /* Restore the task stack pointer. */
    isb
    mov r0, #0
    msr basepri, r0
    orr r14, #0xd
    bx r14
}
```

图 11.13　port.c 文件

2. FreeRTOS 中断优先级设置问题

在项目开发中,经常需要使用外部中断、串口中断等,都需要对其进行一系列配置。

```
/********************************************************************************/
/*                         FreeRTOS与中断服务函数有关的配置选项                   */
/********************************************************************************/
#define xPortPendSVHandler   PendSV_Handler
#define vPortSVCHandler      SVC_Handler
```

图 11.14　FreeRTOSConfig. h 文件

```
void SVC_Handler(void)
{
}

void DebugMon_Handler(void)
{
}

void PendSV_Handler(void)
{
}
```

图 11.15　stm32f10x_it. c 文件

根据前面 FreeRTOS 中断配置的相应介绍,设置中断优先级时需要格外注意。例如,在一个涉及串口中断的项目中,编译输出如图 11.16 所示,这里显然没有语法错误。但是,当使用串口助手进行调试时,FreeRTOS 在界面上提示了错误信息,如图 11.17 所示。之所以出现这个问题,是因为配置的中断优先级超过了 FreeRTOS 系统能够管理的最大优先级。

```
*** Using Compiler 'V5.06 update 4 (build 422)', folder: 'D:\Keil_v5\ARM\ARMCC\Bin'
Build target 'FreeRTOS'
compiling usart.c...
linking...
Program Size: Code=11956 RO-data=336 RW-data=204 ZI-data=23020
FromELF: creating hex file...
"..\OBJ\LED.axf" - 0 Error(s), 0 Warning(s).
Build Time Elapsed:  00:00:01
```

图 11.16　编译结果

图 11.17　串口助手调试结果

打开串口中断的配置文件,查看配置代码,如图 11.18 所示,发现中断优先级设置为 4。FreeRTOS 系统可管理的最高中断优先级为 5,具体如图 11.19 所示。

```
//Usart1 NVIC 配置
NVIC_InitStructure.NVIC_IRQChannel = USART1_IRQn;
NVIC_InitStructure.NVIC_IRQChannelPreemptionPriority=4 ;//抢占优先级4
NVIC_InitStructure.NVIC_IRQChannelSubPriority = 0;          //子优先级0
NVIC_InitStructure.NVIC_IRQChannelCmd = ENABLE;          //IRQ通道使能
NVIC_Init(&NVIC_InitStructure); //根据指定的参数初始化VIC寄存器
```

图 11.18　串口中断优先级设置

```
#define configLIBRARY_LOWEST_INTERRUPT_PRIORITY        15                    //中断最低优先级
#define configLIBRARY_MAX_SYSCALL_INTERRUPT_PRIORITY   5                     //系统可管理的最高中断优先级
#define configKERNEL_INTERRUPT_PRIORITY         ( configLIBRARY_LOWEST_INTERRUPT_PRIORITY << (8 - configPRIO_BITS) )
#define configMAX_SYSCALL_INTERRUPT_PRIORITY  ( configLIBRARY_MAX_SYSCALL_INTERRUPT_PRIORITY << (8 - configPRIO_BITS) )
```

图 11.19　FreeRTOS 可管理的最高中断优先级

11.6　FreeRTOS 操作系统使用示例

【例 11-1】　设计 3 个任务: start_task、task1 和 task2,这 3 个任务的任务功能如下:

(1) start_task——用来创建 task1 和 task2 两个任务。

(2) task1——当此任务控制 LED0 的闪烁,运行 6 次以后就会调用函数 vTaskDelete()删除任务 task2。

(3) task2——此任务控制 LED1 的闪烁,作为普通的应用任务。

解:具体设计的程序代码如下:

```
# define START_TASK_PRIO 1                              //start 任务优先级
# define START_STK_SIZE 128                             //start 任务堆栈大小
void start_task(void * pvParameters);                   //start 任务函数声明
TaskHandle_t StartTask_Handler;                         //start 任务句柄
# define TASK1_PRIO 2                                   //TASK1 任务优先级
# define TASK1_STK_SIZE 128                             //TASK1 任务堆栈大小
void task1(void * pvParameters);                        //TASK1 任务函数声明
TaskHandle_t Task1_Handler;                             //TASK1 任务句柄
# define TASK2_PRIO 3                                   //TASK2 任务优先级
# define TASK2_STK_SIZE 128                             //TASK2 任务堆栈大小
void task2(void * pvParameters);                        //TASK2 任务函数声明
TaskHandle_t Task2_Handler;                             //TASK2 任务句柄
int main(void)                                          //主函数
{
    NVIC_PriorityGroupConfig(NVIC_PriorityGroup_4);     //中断优先级分组配置为组 4
    delay_init();                                       //延时函数初始化
    uart_init(115200);                                  //串口初始化
    LED_Init();                                         //LED 初始化
      xTaskCreate((TaskFunction_t)start_task,           //创建 start_task
          (char * )"start_task",                        //任务名
          (uint16_t)START_STK_SIAE,                     //任务堆栈大小
          (void * )NULL,                                //任务函数传入参数
          (UBaseType_t)START_TASK_PRIO,                 //任务优先级
          (TaskHandle_t * )&StartTask_Handler);         //任务句柄
```

```
    vTaskStartScheduler();                          //开启任务调度
}
void start_task(void * pvParameters)                //start_task 函数
{
    taskENTER_CRITICAL();                           //进入临界区
    xTaskCreate( (TaskFunction_t) task1,            //创建 task1 任务
        (const char * )"task1",                     //任务名
        (uint16_t)TASK1_STK_SIAE,                   //任务堆栈大小
        (void * )NULL,                              //任务函数传入参数
        (UBaseType_t) TASK1_PRIO,                   //任务优先级
        (TaskHandle_t * )&Task1_Handler);           //任务句柄
    xTaskCreate((TaskFunction_t) task2,             //创建 task2 任务
        (const char * )"task2",                     //任务名
        (uint16_t)TASK2_STK_SIAE,                   //任务堆栈大小
        (void * )NULL,                              //任务函数传入参数
        (UBaseType_t) TASK2_PRIO,                   //任务优先级
        (TaskHandle_t * )&Task2_Handler);           //任务句柄
    vTaskDelete(StartTask_Handler);                 //删除 start_task
    taskEXIT_CRITICAL();                            //退出临界区
}
void task1(void * pvParameters)                     //task1 任务函数
{
    u8 task1_num = 0;                               //定义变量用于计数
    while(1)                                        //while 循环
    {
        task1_num++;
        LED0 = !LED0;                               //位带操作,使 GPIO 引脚输出取反
        printf("任务 1 已经执行: %d次\r\n",task1_num); //串口助手打印提示信息
        if(task1_num == 6)                          //判断任务 1 是否已经执行了 6 次
        {
            vTaskDelete(Task2_Handler);             //删除 task2 任务
            Task2_Handler = NULL;                   //清空 task2 任务句柄
            printf("任务 1 删除了任务 2!\r\n"); //串口助手打印提示信息
        }
        vTaskDelay(1000); //延时 1000 个时钟节拍,即 1000ms = 1s
    }
}
void task2 ( void * pvParameters )                  //task2 任务函数
{
    u8 task2_num = 0;
    while(1)
    {
        task2_num++;
        LED1 = !LED1;                               //位带操作,使 GPIO 引脚输出取反
        printf("任务 2 已经执行: %d次\r\n",task2_num);   //串口助手打印提示信息
        vTaskDelay(1000); //延时 1000 个时钟节拍,即 1000ms = 1s
    }
}
```

编译程序并下载到开发板。刚开始 LED0 和 LED1 都在以 1s 的时间间隔闪烁,但是当任务 1 执行到第 6 次后就会删除任务 2,在这之后 LED0 仍处于闪烁状态,而 LED1 则

停止闪烁。串口调试助手打印的提示信息如图 11.20 所示。

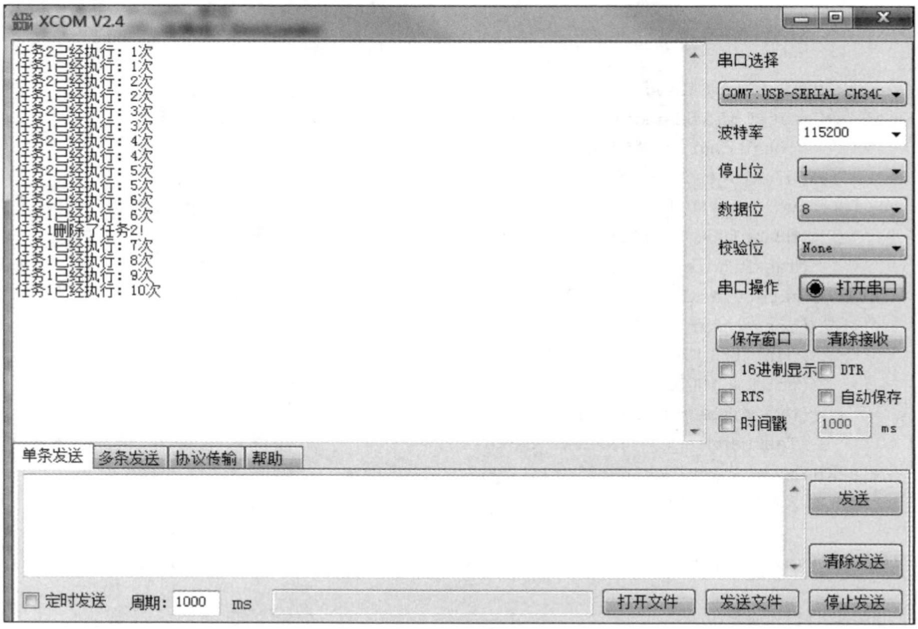

图 11.20　串口调试助手信息

【例 11-2】　设计一个程序，通过串口发送特定的指令来控制开发板上的 LED1 和 BEEP 开关，具体指令如表 11.8 所示。这些指令通过串口发送给开发板，且不区分字母大小写。开发板使用中断接收，当接收到数据以后就释放二值信号量。

表 11.8　指令及功能说明

指　　令	功　　能	指　　令	功　　能
LED1ON	打开 LED1	BEEPON	打开蜂鸣器
LED1OFF	关闭 LED1	BEEPOFF	关闭蜂鸣器

解：设计 3 个任务，即 start_task、task1_task 和 DataProcess_task。这 3 个任务的功能如下：

（1）start_task——用来创建其他两个任务。

（2）task1_task——控制 LED1 闪烁，提示系统正在运行。

（3）DataProcess_task——指令处理任务，根据接收到的指令来控制不同的外设。

另外还需要创建一个二值信号量用于完成串口中断和任务 DataProcess_task 之间的同步。任务 DataProcess_task()用于处理指令，会一直尝试获取二值信号量。当获取到信号量就会从串口接收缓冲区中提取指令，然后根据指令控制相应的外设。具体实现代码如下：

```
#define START_TASK_PRIO        1              //任务优先级
#define START_STK_SIZE         256            //任务堆栈大小
TaskHandle_t StartTask_Handler;               //任务句柄
```

```
    void start_task(void * pvParameters);          //任务函数
    # define TASK1_TASK_PRIO        2               //任务优先级
    # define TASK1_STK_SIZE         256             //任务堆栈大小
    TaskHandle_t Task1Task_Handler;                 //任务句柄
    void task1_task(void * pvParameters);           //任务函数
    # define DATAPROCESS_TASK_PRIO  3               //任务优先级
    # define DATAPROCESS_STK_SIZE   256             //任务堆栈大小
    TaskHandle_t DataProcess_Handler;               //任务句柄
    void DataProcess_task(void * pvParameters);     //任务函数
    SemaphoreHandle_t BinarySemaphore;              //二值信号量句柄
    # define LED1ON     1
    # define LED1OFF    2
    # define BEEPON     3
    # define BEEPOFF    4
    # define COMMANDERR  0XFF                        //用于命令解析用的命令值
//函数功能: 将字符串中的小写字母转换为大写字母。str指要转换的字符串,len指字符串长度
void LowerToCap(u8 * str,u8 len)
{
    u8 i;
    for(i = 0;i < len;i++)
    {
        if((96 < str[i])&&(str[i]< 123))            //小写字母
        str[i] = str[i] - 32;                        //转换为大写字母
    }
}
//函数功能: 命令处理函数,将字符串命令转换成命令值
//str:命令    返回值: 0XFF,命令错误; 其他值,命令值
u8 CommandProcess(u8 * str)
{
    u8 CommandValue = COMMANDERR;
    if(strcmp((char * )str,"LED1ON") == 0) CommandValue = LED1ON;
    else if(strcmp((char * )str,"LED1OFF") == 0) CommandValue = LED1OFF;
    else if(strcmp((char * )str,"BEEPON") == 0) CommandValue = BEEPON;
    else if(strcmp((char * )str,"BEEPOFF") == 0) CommandValue = BEEPOFF;
    return CommandValue;
}
int main(void)
{
    NVIC_PriorityGroupConfig(NVIC_PriorityGroup_4);  //设置系统中断优先级分组4
    delay_init();                                    //延时函数初始化
    uart_init(115200);                               //初始化串口
    LED_Init();                                      //初始化LED
    KEY_Init();                                      //初始化按键
    BEEP_Init();                                     //初始化蜂鸣器
    xTaskCreate((TaskFunction_t )start_task,         //任务函数
        (const char * )"start_task",                 //任务名称
        (uint16_t )START_STK_SIZE,                   //任务堆栈大小
        (void * )NULL,                               //传递给任务函数的参数
        (UBaseType_t )START_TASK_PRIO,               //任务优先级
        (TaskHandle_t * )&StartTask_Handler);        //任务句柄
    vTaskStartScheduler();                           //开启任务调度
}
```

```
void start_task(void * pvParameters)                         //开始任务函数
{
  taskENTER_CRITICAL();                                       //进入临界区
    BinarySemaphore = xSemaphoreCreateBinary();               //创建二值信号量
  xTaskCreate((TaskFunction_t )task1_task,                    //创建 task1 任务
        (const char * )"task1_task",
        (uint16_t )TASK1_STK_SIZE,
        (void * )NULL,
        (UBaseType_t )TASK1_TASK_PRIO,
        (TaskHandle_t * )&Task1Task_Handler);
    xTaskCreate((TaskFunction_t )DataProcess_task,            //创建 DataProcess_task
        (const char * )"DataProcess_task",
        (uint16_t )DATAPROCESS_STK_SIZE,
        (void * )NULL,
        (UBaseType_t )DATAPROCESS_TASK_PRIO,
        (TaskHandle_t * )&DataProcess_Handler);
  vTaskDelete(StartTask_Handler);                             //删除开始任务
  taskEXIT_CRITICAL();                                        //退出临界区
}
void task1_task(void * pvParameters)                          //task1 任务函数
{
    while(1){LED0 = !LED0;
        vTaskDelay(500);}
}
void DataProcess_task(void * pvParameters)                   //DataProcess_task()函数
{
    u8 len = 0;                                               //用于保存串口接收到的数据长度
    u8 CommandValue = COMMANDERR;                             //命令值
    BaseType_t err = pdFALSE;
    u8 * CommandStr;                                          //保存命令字符串
    while(1)
    {
        if(BinarySemaphore!= NULL)
        {
            err = xSemaphoreTake(BinarySemaphore,portMAX_DELAY); //见注解①
            if(err == pdTRUE)                                 //获取信号量成功
            {
                len = USART_RX_STA&0x3fff;                    //得到此次接收到的数据长度
                CommandStr = mymalloc(SRAMIN,len + 1);        //申请内存
                sprintf((char * )CommandStr," % s",USART_RX_BUF);
                //将 USART_RX_BUF 中的字符串保存到 CommandStr 中
                CommandStr[len] = '\0';                       //加上字符串结尾符号
                LowerToCap(CommandStr,len);                   //将字符串转换为大写
                CommandValue = CommandProcess(CommandStr);
                //命令解析,将字符串转换为命令值
                if(CommandValue!= COMMANDERR)
                {
                    printf("命令为: % s\r\n",CommandStr);      //在串口调试助手上显示命令
                    switch(CommandValue)                      //命令处理
                    {
                        case LED1ON: LED1 = 0; break;
                        case LED1OFF: LED1 = 1; break;
                        case BEEPON: BEEP = 1; break;
                        case BEEPOFF: BEEP = 0; break;
```

```
                                    }
                                }
                            else printf("无效的命令,请重新输入!\r\n");
                            USART_RX_STA = 0;
                            memset(USART_RX_BUF,0,USART_REC_LEN);  //串口接收缓冲区清 0
                            myfree(SRAMIN,CommandStr);              //释放内存
                        }
                    }
                else if(err == pdFALSE)                         //延时 10ms,也就是 10 个时钟节拍
                {vTaskDelay(10);}
            }
    }
    void USART1_IRQHandler(void)                                //串口 1 中断服务程序具体实现
    {
        u8 Res;
        BaseType_t xHigherPriorityTaskWoken;
        if(USART_GetITStatus(USART1, USART_IT_RXNE) !=  RESET)
        //接收中断(接收到的数据必须是 0x0d 0x0a 结尾)
        { Res = USART_ReceiveData(USART1);                      //读取接收到的数据
            if((USART_RX_STA&0x8000) == 0)                      //接收未完成
                {
                if(USART_RX_STA&0x4000)                         //接收到了 0x0d
                    {
                    if(Res!= 0x0a)USART_RX_STA = 0;            //接收错误,重新开始
                    else USART_RX_STA| = 0x8000;               //接收完成了
                    }
                else                                            //还没收到 0X0D
                    {
                    if(Res == 0x0d)USART_RX_STA| = 0x4000;
                    else{
                        USART_RX_BUF[USART_RX_STA&0X3FFF] = Res ;
                        USART_RX_STA++;
                        if(USART_RX_STA >(USART_REC_LEN − 1))USART_RX_STA = 0;
                        }
                    }
                }
        }
        if((USART_RX_STA&0x8000)&&(BinarySemaphore!= NULL))
        //接收到数据,并且二值信号量有效
        {xSemaphoreGiveFromISR(BinarySemaphore,&xHigherPriorityTaskWoken); //见注释②
        //释放二值信号量
        portYIELD_FROM_ISR(xHigherPriorityTaskWoken);           //如果需要,就进行一次任务切换
        }
    }
```

注释:

① xSemaphoreTake()函数的第二个参数为 portMAX_DELAY,表示若无法获取二值信号量,则该任务会处于阻塞态,即代码无法往下继续执行。

② xSemaphoreGiveFromISR()函数的第二个参数用在 portYIELD_FROM_ISR()函数中,用于判断从中断退出时是否需要进行任务切换。

参考文献

［1］　徐灵飞,黄宇,贾国强.嵌入式系统设计[M].北京：电子工业出版社,2020.

［2］　陈桂友.基于 ARM 的微机原理与接口技术[M].北京：清华大学出版社,2020.

［3］　王宜怀,邵长星,黄熙.汽车电子 S32K 系列微控制器-基于 ARM Cortex-M4 内核[M].北京：电子工业出版社,2018.

［4］　罗蕾.嵌入式系统及应用[M].北京：电子工业出版社,2016.

［5］　马维华.嵌入式系统原理及应用[M].北京：北京邮电大学出版社,2017.

［6］　陈志旺.STM32 嵌入式控制器快速上手[M].北京：电子工业出版社,2014.

［7］　姚文详.ARM Cortex-M3 权威指南[M].宋岩,译.北京：北京航空航天大学出版社,2009.

［8］　温子棋.ARM Cortex-M0 微控制器深度实战[M].北京：北京航空航天大学出版社,2017.

［9］　STMicroelectronics. Reference Manual of STM32F1（F102xx，F103xx，F105xx and F107xx）Advanced ARM-based 32-Bit MCUs,2010.

［10］　STMicroelectronics. STM32F10x_StdPeriph_Driver 固件库手册 3.5.0.

［11］　楼顺天,周佳社,张伟涛.微机原理与接口技术[M].北京：电子工业出版社,2006.

［12］　周杰,张银胜,刘金铸,等.PIC 单片机原理与系统设计[M].北京：气象出版社,2008.

［13］　周杰,周先春,罗宏,等.C 语言与系统仿真[M].北京：气象出版社,2009.

附录 A   ASCII 码表

ASCII 值	十六进制	控制字符	ASCII 值	十六进制	控制字符	ASCII 值	十六进制	控制字符	ASCII 值	十六进制	控制字符
0	0	NUL	32	20	(space)	64	40	@	96	60	`
1	1	SOH	33	21	!	64	41	A	97	61	a
2	2	STX	34	22	"	66	42	B	98	62	b
3	3	ETX	35	23	#	67	43	C	99	63	c
4	4	EOT	36	24	$	68	44	D	100	64	d
5	5	END	37	25	%	69	45	E	101	65	e
6	6	ACK	38	26	&	70	46	F	102	66	f
7	7	BEL	39	27	'	71	47	G	103	67	g
8	8	BS	40	28	(	72	48	H	104	68	h
9	9	HT	41	29	)	73	49	I	105	69	i
10	0A	LF	42	2A	*	74	4A	J	106	6A	j
11	0B	VT	43	2B	+	75	4B	K	107	6B	k
12	0C	FF	44	2C	,	76	4C	L	108	6C	l
13	0D	CR	45	2D	—	77	4D	M	109	6D	m
14	0E	SO	46	2E	.	78	4E	N	110	6E	n
15	0F	SI	47	2F	/	79	4F	O	111	6F	o
16	10	DLE	48	30	0	80	50	P	112	70	p
17	11	DC1	49	31	1	81	51	Q	113	71	q
18	12	DC2	50	32	2	82	52	R	114	72	r
19	13	DC3	51	33	3	83	53	S	115	73	s
20	14	DC4	52	34	4	84	54	T	116	74	t
21	15	NAK	53	35	5	85	55	U	117	75	u
22	16	SYN	54	36	6	86	56	V	118	76	v
23	17	ETB	55	37	7	87	57	W	119	77	w
24	18	CAN	56	38	8	88	58	X	120	78	x
25	19	EM	57	39	9	89	59	Y	121	79	y
26	1A	SUB	58	3A	:	90	5A	Z	122	7A	z
27	1B	ESC	59	3B	;	91	5B	[	123	7B	{
28	1C	FS	60	3C	<	92	5C	\	124	7C		
29	1D	GS	61	3D	=	93	5D	]	125	7D	}
30	1E	RS	62	3E	>	94	5E	^	126	7E	~
31	1F	US	63	3F	?	95	5F	—	127	7F	DEF

附录 B 最小实验系统

附录 C　扩展实验系统

附录 D　高级实验系统